E. FABRY
PROFESSEUR A L'UNIVERSITÉ DE MONTPELLIER

PROBLÈMES ET EXERCICES

DE

MATHÉMATIQUES

GÉNÉRALES

PARIS

LIBRAIRIE SCIENTIFIQUE A. HERMANN & FILS

LIBRAIRES DE S. M. LE ROI DE SUÈDE

6, RUE DE LA SORBONNE, 6

1910

PROBLÈMES ET EXERCICES

DE

MATHÉMATIQUES GÉNÉRALES

E. FABRY

PROFESSEUR A L'UNIVERSITÉ DE MONTPELLIER

PROBLÈMES ET EXERCICES

DE

MATHÉMATIQUES GÉNÉRALES

PARIS

LIBRAIRIE SCIENTIFIQUE A. HERMANN & FILS

LIBRAIRES DE S. M. LE ROI DE SUÈDE

6, RUE DE LA SORBONNE, 6

1910

PROBLÈMES ET EXERCICES
DE MATHÉMATIQUES GÉNÉRALES — ÉNONCÉS

PREMIÈRE PARTIE

ALGÈBRE

CHAPITRE PREMIER

INCOMMENSURABLES. LIMITES. CONTINUITÉ

1. a, b, c, d étant des nombres commensurables, x incommensurable, quelle est la condition pour que $\dfrac{ax + b}{cx + d}$ soit commensurable.

2. a, b, c, d étant commensurables, c et d positifs, non carrés, montrer que $a\sqrt{c} + b\sqrt{d}$ n'est jamais égal à un nombre commensurable, non nul.

3. On forme les quantités $x_1 = \sqrt{\dfrac{ab^2 + x_0^2}{a + 1}}, \ldots x_{n+1} = \sqrt{\dfrac{ab^2 + x_n^2}{a + 1}}$, où $0 < x_0 < b$, $a > 0$. Montrer que x_n augmente avec n; trouver sa limite, pour n infini.

4. On forme les quantités
$$x_0 = a, \ x_1 = a + \frac{bx_0}{ax_0 + b} \cdots x_{n+1} = a + \frac{bx_n}{ax_n + b}, \text{ où } a > 0, b > 0.$$
Montrer que x_n augmente avec n; trouver sa limite pour n infini.

5. Déterminer la limite de $\sqrt{n + 1} - \sqrt{n}$, lorsque n devient infini (T. M. G.).

6. Limite de $\sqrt{n^2 + an + b} - \sqrt{n^2 + a'n + b'}$, pour n infini (T. M. G.).

7. Soit $x_1 = \sqrt{a}$, $x_2 = \sqrt{a + \sqrt{a}}$, $x_3 = \sqrt{a + \sqrt{a + \sqrt{a}}}$, … Trouver la limite de x_n, pour n infini.

8. Quelle est la plus grande limite de $\sin\left(\dfrac{n + 1}{\sqrt{n}}\pi\right)$, pour n infini. Former une suite de termes ayant cette limite (T. M. G.).

9. Que devient $\sin\left(\dfrac{\pi}{4}\sqrt{n^2 + an}\right)$, si le nombre entier n augmente indéfiniment, quelle est sa plus grande limite.

10. Trouver la plus grande limite de $\operatorname{tg}\left(\dfrac{\pi}{2p + 1}\sqrt{n^2 + a}\right)$, p étant un nombre entier fixe, n un nombre entier qui devient infini.

11. Quelles sont les valeurs de x pour lesquelles $\operatorname{tg}\dfrac{\pi x}{x + 1}$ cesse d'être continu (T. M. G.).

12. Si y représente une quantité positive, inférieure à 1, telle que $\sqrt{x} - y$ soit entier, quelles sont les valeurs de x pour lesquelles y est continu.

13. Avec l'hypothèse de la question précédente, quel est le maximum de $\sin\dfrac{\pi y}{4}$, si x varie entre 0 et 2.

CHAPITRE II

RADICAUX. BINÔME

14. Simplifier l'expression $\dfrac{2}{\sqrt{3} - \sqrt{2}} - \dfrac{3}{3\sqrt{2} - 2\sqrt{3}} - \dfrac{5}{2\sqrt{3} - \sqrt{2}}$ (T. M. G.).

15. Vérifier la relation $\sqrt[3]{7 + 5\sqrt{2}} = 1 + \sqrt{2}$.

16. Calculer la limite, pour n infini de $\dfrac{\sqrt[3]{n + 1} - \sqrt[3]{n}}{\sqrt[2]{n + 1} - \sqrt[2]{n}}\, n^{1/6}$ (T. M. G.).

17. Résoudre l'équation $\sqrt{x + a} + \sqrt{x - a} = \sqrt{3x}$.

18. Montrer que $\sqrt{a + 2b\sqrt{a - b^2}} + \sqrt{a - 2b\sqrt{a - b^2}}$ est égal à $2b$ si $2b^2 > a > b^2$, et à $2\sqrt{a - b^2}$ si $a > 2b^2$.

19. Rendre rationnelle la relation $b = \sqrt[3]{a} + \sqrt[3]{a^2}$.

20. Vérifier que $\sqrt[3]{a + \dfrac{a+1}{3}\sqrt{\dfrac{8a-1}{3}}} + \sqrt[3]{a - \dfrac{a+1}{3}\sqrt{\dfrac{8a-1}{3}}} = 1$,

pour toute valeur de a supérieure à $\dfrac{1}{8}$.

21. Résoudre l'équation $(x+1)^{\frac{1}{3}} + (x-1)^{\frac{1}{3}} = (5x)^{\frac{1}{3}}$ (T. M. G.).

22. Vérifier l'identité :

$$(1+x)(1+x^2)(1+x^4)\ldots(1+x^{2^n}) = 1 + x + x^2 + x^3 + \ldots + x^{2^{n+1}-1}.$$

23. Simplifier l'expression :

$$(a+b+c)^3 - (a+b-c)^3 - (b+c-a)^3 - (c+a-b)^3.$$

24. Former le développement de $(1 + x + x^2 + \ldots + x^n)^2$.

25. Calculer la somme des carrés des n premiers nombres impairs.

26. Calculer la somme : $1.2.3 + 2.3.4 + \ldots + n(n+1)(n+2)$ (T. M. G.).

27. Calculer la limite de

$$\frac{1}{n}\left[\left(a + \frac{1}{n}\right)^2 + \left(a + \frac{2}{n}\right)^2 + \ldots + \left(a + \frac{n-1}{n}\right)^2\right]$$

lorsque n augmente indéfiniment.

CHAPITRE III

DÉTERMINANTS

28. Montrer que $\begin{vmatrix} 1 & 1 & 1 \\ x & y & z \\ x^2 & y^2 & z^2 \end{vmatrix} = (x-y)(y-z)(z-x)$ (T. M. G.).

Calculer la valeur des déterminants :

$$
29.\quad \begin{vmatrix} 1 & 1 & 1 \\ 1 & 1+a & 1 \\ 1 & 1 & 1+b \end{vmatrix}. \qquad\qquad
30.\quad \begin{vmatrix} x & y & x+y \\ y & x+y & x \\ x+y & x & y \end{vmatrix}.
$$

$$
31.\quad \begin{vmatrix} 1+a & 1 & 1 & 1 \\ 1 & 1+b & 1 & 1 \\ 1 & 1 & 1+c & 1 \\ 1 & 1 & 1 & 1+d \end{vmatrix}. \qquad
32.\quad \begin{vmatrix} 0 & a & b & c \\ -a & 0 & c' & b' \\ -b & -c' & 0 & a' \\ -c & -b' & -a' & 0 \end{vmatrix} \text{(T.M.G.)}.
$$

$$
33.\quad \begin{vmatrix} \cos(a-b) & \cos(b-c) & \cos(c-a) \\ \cos(a+b) & \cos(b+c) & \cos(c+a) \\ \sin(a+b) & \sin(b+c) & \sin(c+a) \end{vmatrix}.
$$

34. Montrer que le déterminant :

$$
\begin{vmatrix} a_1-b_1 & a_1-b_2 & \dots & a_1-b_n \\ a_2-b_1 & a_2-b_2 & \dots & a_2-b_n \\ \cdot & \cdot & \cdot & \cdot \\ a_n-b_1 & a_n-b_2 & \dots & a_n-b_n \end{vmatrix}
$$

est nul, si $n > 2$.

35. Entre les côtés et les angles d'un triangle on a :

$$
a = b\cos C + c\cos B, \quad b = c\cos A + a\cos C, \quad c = a\cos B + b\cos A
$$

éliminer a, b, c entre ces équations (T. M. G.).

36. Si r, r', r'', r''' sont les rayons des circonférences tangentes aux trois côtés d'un triangle, S sa surface, on a :

$$
2S = r(a+b+c) = r'(b+c-a) = r''(c+a-b) = r'''(a+b-c)
$$

en déduire une relation entre les quatre rayons.

37. Connaissant les longueurs des côtés d'un quadrilatère inscriptible, calculer sa surface, et le rayon de la circonférence circonscrite.

38. Il y a, en général, 8 sphères tangentes aux 4 faces d'un tétraèdre, trouver les relations qui existent entre leurs rayons.

CHAPITRE IV

—

SÉRIES

Dans quels cas les séries suivantes sont-elles convergentes ou divergentes.

39. $\displaystyle\sum \frac{x^n}{n + \sqrt{n}}$ (T. M. G.).

40. $\displaystyle\sum n(n+1)x^n$.

41. $\displaystyle\sum \frac{1}{1 + x^n}$.

42. $\displaystyle\sum x^n \operatorname{tg} \frac{a}{2^n}$.

43. $\displaystyle\sum \left(1 - \cos(ax^n)\right)$.

44. $\displaystyle\sum \left(1 - \cos \frac{x}{n^2}\right)$ (T. M. G.).

45. $\displaystyle\sum x^n \sin n\theta$.

46. $\displaystyle\sum \sin \left(n + \frac{a}{n}\right)\pi$.

47. $\displaystyle\sum \sqrt[n]{\frac{1}{n^{n+1}}}$.

48. $\displaystyle\sum \frac{x^n}{(1+x)(1+x^2)\dots(1+x^n)}$.

49. $\displaystyle\sum \frac{a_0 n^p + a_1 n^{p-1} + \dots + a_p}{b_0 n^q + b_1 n^{q-1} + \dots + b_q}$,

où p et q sont entiers (T. M. G.).

50. $\displaystyle\sum \frac{(a+c)(2a+c)\dots(na+c)}{(b+c)(2b+c)\dots(nb+c)}$.

51. Calculer la somme de la série $\dfrac{1}{1.2} + \dfrac{1}{2.3} + \dots + \dfrac{1}{n(n+1)} + \dots$ (T. M. G.).

52. Calculer la somme $\dfrac{1}{1.2.3} + \dots + \dfrac{1}{n(n+1)(n+2)} + \dots$ (T. M. G.).

53. Si $0 < x < 1$, démontrer la convergence de la série $\displaystyle\sum_1^\infty \frac{1.3\dots(2n-1)}{2.4\dots 2n} x^n$; calculer pour sa valeur, pour $x = \frac{1}{3}$, à 10^{-4} près. (Lyon, 1903).

54. En prenant n termes de la série $\displaystyle\sum \frac{x^{2a-1}}{2a-1}$, montrer que

l'erreur est moindre que $\dfrac{1}{1-x^2} \cdot \dfrac{x^{2n+1}}{2n+1}$. Calculer la valeur de la série, avec 7 décimales, pour $x = \dfrac{1}{10}$. (Lyon, prat. 1899).

55. Trouver la limite de $\sqrt[n]{\dfrac{(a+1)(a+2)\ldots(a+n)}{1.2\ldots n}}$, lorsque n augmente indéfiniment.

56. Si $P(x)$ est un polynôme, quelle est la limite de $\sqrt[n]{P(n)}$, pour n infini.

CHAPITRE V

FONCTION EXPONENTIELLE. LOGARITHMES

57. Déterminer une fonction continue $f(x)$, telle que $f(x+y) = f(x) + f(y) + a$, pour toutes valeurs de x et y (T. M. G.).

58. Etudier les variations de la fonction $\dfrac{e^x - e^{-x}}{e^x + e^{-x}}$.

59. Calculer la valeur de e^2, à un dix-millième près, sans supposer connue celle de e. (E. P., 1905).

60. Résoudre l'équation $e^x + e^{-x} = a$.

61. Étudier les variations de la fonction $L(a^2 + x^2) - L(1 + x^2)$.

62. Si $0 < x < 1$, montrer que e^x est compris entre $1 + x$ et $\dfrac{1}{1-x}$. En déduire la limite de $\dfrac{1}{n} + \dfrac{1}{n+1} + \ldots + \dfrac{1}{pn}$ où p est un nombre entier fixe, n un nombre entier qui augmente indéfiniment. (T. M. G.).

63. Trouver la limite de $\dfrac{L\,\mathrm{tg}\,ax}{L\,\mathrm{tg}\,bx}$, pour $x = 0$.

64. Trouver la limite de $\left(1 + \dfrac{1}{2} + \dfrac{1}{3} + \ldots + \dfrac{1}{n}\right)^{\frac{1}{Ln}}$, pour n infini.

65. Démontrer la convergence du produit

$$\cos x \, \cos\frac{x}{2} \, \cos\frac{x}{3} \ldots \cos\frac{x}{n} \ldots \quad (\text{T. M. G.})$$

66. Montrer que le produit $\left(\cos x - \sin x\right)\left(\cos \dfrac{x}{2} - \sin \dfrac{x}{2}\right)\dots$ $\left(\cos \dfrac{x}{n} - \sin \dfrac{x}{n}\right)\dots$ tend vers zéro, si $x > 0$. (T. M. G.).

67. Démontrer la convergence, et trouver la limite du produit $$\cos \frac{x}{2} \cos \frac{x}{2^2} \dots \cos \frac{x}{2^n} \dots$$

68. Pour quelles valeurs de a, b, c, le produit $\displaystyle\prod_1^\infty \operatorname{tg} \frac{an^2 + bn + c}{n^2}$ est-il convergent.

69. Monter que la série $L\left(1 - \dfrac{1}{2^2}\right) + L\left(1 - \dfrac{1}{3^2}\right) + \dots + L\left(1 - \dfrac{1}{n^2}\right) + \dots$ est convergente. Trouver sa valeur.

CHAPITRE VI

—

DÉRIVÉES

Calculer la dérivée des fonctions suivantes. (T. M. G.).

70. $\dfrac{x^2 + 1}{(x + 1)^2}.$

71. $\dfrac{a + x}{(b + x)^2}.$

72. $\dfrac{1}{\sqrt{1 - x^2}}.$

73. $\dfrac{x}{\sqrt{a^2 + x^2}}.$

74. $\sqrt{\dfrac{x - a}{x - b}}.$

75. $\sqrt[3]{x^2 + a}.$

76. $x(1 - Lx).$

77. $L\dfrac{x + a}{x - a}.$

78. $L \operatorname{tg}\left(\dfrac{\pi}{4} + \dfrac{x}{2}\right).$

79. $L(Lx).$

80. $(x^2 - 1)e^x.$

81. $x^{\cos x}.$

82. $\arcsin(2x^2 - 1).$

83. $\operatorname{arc\,tg} \dfrac{x + a}{1 - ax}.$

84. $\arccos(3x - 4x^3).$

85. $\operatorname{arc\,tg} \dfrac{\sqrt{1 - x^2}}{x}.$

86. $L(x + \sqrt{1 + x^2}).$

87. $L(\sqrt{1 + x^2} - \sqrt{1 - x^2})$

Calculer la dérivée d'ordre n des fonctions :

88. $\dfrac{1+x}{1-x}$.

89. $\dfrac{x}{a^2-b^2x^2}$.

90. $(ax+b)e^x$.

91. $x^2\,\mathrm{L}x$.

92. $\mathrm{L}\dfrac{a+bx}{a-bx}$.

93. $(1-\cos x)\cos x$.

CHAPITRE VII

APPLICATIONS DES DÉRIVÉES

Déterminer le maximum ou le minimum des fonctions :

94. $x\,\dfrac{x-1}{x+1}$ (T. M. G.).

95. $\dfrac{\mathrm{L}x}{x^n}$ (T. M. G.).

96. $a^2\cos^2 x+b^2\cos^2 y$, où $x+y=\dfrac{\pi}{4}$.

97. $\dfrac{1}{x}\sqrt{1+x^2}+\mathrm{L}(x+\sqrt{1+x^2})$ (T. M. G.).

98. Étudier les variations de la fonction
$$y=\frac{3x-2}{x-1}+\mathrm{L}(x^2). \qquad \text{(Lyon, 1905).}$$

99. Parmi les cônes inscrits dans une sphère donnée, ayant pour base un petit cercle, et pour sommet un point de la sphère, quels sont ceux dont le volume est maximum. (T. M. G.)

100. Parmi les vases cylindriques, à une base, de volume donné, quel est celui dont la surface est minima.

Trouver la limite, pour $x=0$, des fonctions (T. M. G.) :

101. $\dfrac{x-\sin x}{x^3}$.

102. $\dfrac{e^x-e^{\sin x}}{x-\sin x}$.

103. $(\cos x)^{\frac{1}{x}}$.

104. $\dfrac{\mathrm{L}(1-\cos x)}{\mathrm{L}x}$.

105. x^x.

106. $(\cotg^2 ax-\cotg^2 bx)\sin ax\sin bx$.

Trouver la limite, pour x infini, des fonctions :

107. $xL \dfrac{1+x}{x}$. (T. M. G). 108. $\sqrt[3]{x^3+ax^2}-\sqrt[3]{x^3-ax^2}$.

109. $\left(1+\dfrac{a}{x}\right)^x$. (T. M. G.). 110. $x \dfrac{L^2(1+x)-L^2x}{Lx}$ (T. M. G.).

111. $\sqrt[3]{x^3+x+1}-\sqrt{x+\dfrac{1}{\sin(x^{-2})}}$. (Montpellier, 1906).

Trouver la limite, pour $x=1$, des fonctions : (T. M. G.).

112. $\dfrac{1-x^n}{Lx}$. 113. $\dfrac{1}{Lx}\cos\dfrac{\pi x}{2}$.

114. $(2-x)^{\operatorname{tg}\frac{\pi x}{2}}$. 115. $\dfrac{x-nx^n+(n-1)x^{n+1}}{(1-x)^2}$.

116. Montrer que la fraction

$$\frac{(2x+a)\sin^2 x \sin(\cotg x)+(x^2+ax)\cos(\cotg x)}{\sin^2 x \sin(\cotg x)+x\cos(\cotg x)}$$

n'a pas de limite, pour $x=0$, quoiqu'elle se présente sous la forme $\dfrac{0}{0}$, et que le rapport des dérivées ait une limite.

CHAPITRE VIII

DÉVELOPPEMENTS EN SÉRIE

117. Pour quelles valeurs de x la série $\Sigma \sin x \cos^n x$ est-elle uniformément convergente.

Développer suivant les puissances de x les fonctions :

118. $\left(\dfrac{1+x}{1-x}\right)^2$. 119. $\dfrac{1-x}{\sqrt{1+x}}$.

120. $(1-ax)^{-\frac{b}{x}}$. 121. $(x-\operatorname{tg} x)\cos x$.

122. $\cos^2 x$. (T. M. G.).

123. $\dfrac{\sin 4x}{\sin x}$.

124. $\arc \sin x$ (T. M. G.).

125. $\dfrac{(1 + x)^2}{x} \, L(1 + x)$.

126. $\arc \operatorname{tg} \dfrac{a - x}{a + x}$.

127. $L(x + \sqrt{1 + x^2})$ (T. M. G.).

128. Dans une circonférence de rayon R, un angle au centre 2ϑ correspond à une corde de longueur $2l = 2R \sin \vartheta$, et à une flèche $f = R(1 - \cos \vartheta)$. Connaissant l et $\dfrac{f}{l} = x$, calculer la longueur de l'arc, et développer cette fonction suivant les puissances de x. (T. M. G.).

129. Trouver la somme de la série $\sum \dfrac{1}{2^n} \operatorname{tg} \dfrac{x}{2^n}$.

130. Développer Lx suivant les puissances de $z = \dfrac{1 - x}{1 + x}$.

131. Pour calculer π avec 4 décimales par l'une des formules :

$$\frac{\pi}{4} = \arc \operatorname{tg} 1 = 1 - \frac{1}{3} + \frac{1}{5} \cdots + \frac{(-1)^n}{2n + 1} + \cdots$$

$$\frac{\pi}{4} = 4 \arc \operatorname{tg} \frac{1}{5} - \arc \operatorname{tg} \frac{1}{239} = 4\left(\frac{1}{5} - \frac{1}{3.5^3} + \cdots\right) - \left(\frac{1}{239} - \frac{1}{3.239^3} + \cdots\right).$$

Combien faut-il prendre de termes dans chaque série. (T. M. G.).

132. Montrer que $1 + \dfrac{1}{2} + \dfrac{1}{3} + \ldots + \dfrac{1}{n} - Ln$ a une limite, si le nombre entier n augmente indéfiniment.

133. Pour quelles valeurs de x la série dont le terme général est $x^{1 + \frac{1}{2} + \frac{1}{3} + \ldots + \frac{1}{n}}$ est-elle convergente.

134. Quelle valeur doit avoir n pour que $\dfrac{x + L(\sqrt{1 + x^2} - x)}{x^n}$ ait une limite finie, pour $x = 0$.

CHAPITRE IX

FONCTIONS DE PLUSIEURS VARIABLES

Développer suivant les puissances de x et y les fonctions :

135. $\dfrac{1}{1 - x - y + xy}$.

136. $\mathrm{L}(1 - x).\,\mathrm{L}(1 - y)$.

137. $\arctan \dfrac{x - y}{1 + xy}$.

138. $\mathrm{L}\,\dfrac{1 - x - y + xy}{1 - x - y}$.

139. Parmi les cônes de révolution ayant une surface latérale donnée, quel est celui dont le volume est maximum. (T. M. G.).

140. Parmi les polygones convexes de n côtés, inscrits dans une circonférence donnée, quel est celui de surface maxima.

141. Quel est le maximum de la surface d'un quadrilatère ayant quatre côtés de longueur donnée.

142. Parmi les pyramides ayant pour base un triangle donné, et de hauteur donnée, quelle est celle qui a la plus petite surface totale.

Déterminer le maximum ou le minimum des fonctions :

143. $x^4 + y^4 + 4xy - 2x^2 - 2y^2$ (T. M. G.).   144. $x^2 y^2 (a - x - y)$.

145. $(a \cos x + b \cos y)^2 + (a \sin x + b \sin y)^2$.

146. $x^a y^b z^c$,   où $x + y + z$ est constant.

Déterminer le maximum ou le minimum de la fonction y donnée par l'une des équations :

147. $y^3 + 3yx^2 - 4x = 3$.   148. $y^3 + x^3 = 3axy$.

Calculer la dérivée d'ordre n des fonctions :

149. $x^n e^x$.

150. $e^x \cos x$.

151. $x(x + a)^n$.

152. $\dfrac{x^3}{(x + a)^n}$.

153. Développer suivant les puissances de x la fonction $(\arcsin x)^2$ supposée nulle pour $x = 0$. (T. M. G.).

154. Développer suivant les puissances de x la fonction y définie par l'équation :

$$y\sqrt{1 + x^2} + x\sqrt{1 + y^2} = a.$$

CHAPITRE X

—

IMAGINAIRES

155. Mettre sous la forme $x + yi$ l'expression

$$\frac{1}{1 - i} + \frac{1}{a - i} + \frac{1}{1 - ai}.$$

156. Calculer les valeurs de la racine carrée de i, sous la forme $x + yi$. (T. M. G.).

157. Effectuer le produit $(a + b + c)(a + b\alpha + c\alpha^2)(a + b\alpha^2 + c\alpha)$, où $\alpha = \dfrac{-1 + i\sqrt{3}}{2}$.

158. Quelles sont les valeurs de $1 + x + x^2$, si $x^3 = 1$.

Déterminer les valeurs, réelles ou imaginaires, qui vérifient les équations :

159. $x^4 - 2 = 0$ (T. M. G.).   **160.** $x^3 + 8 = 0$ (T. M. G.).
161. $x^6 + 1 = 0$ (T. M. G.).   **162.** $x^4 - 2x^3 = 3$.
163. $x^4 - 2x^2 + 5 = 0$.   **164.** $x^6 - 3x^3 + 1 = 0$.

165. Mettre $\sqrt{a + bi}$ sous la forme $x + yi$.

166. Montrer que toute quantité de module 1 peut se mettre sous la forme $\dfrac{x + i}{x - i}$, où x est réel.

167. Calculer les sommes :

$$\cos a + \cos(a + b) + \cos(a + 2b) + \ldots + \cos(a + (n - 1)b)$$
$$\sin a + \sin(a + b) + \sin(a + 2b) + \ldots + \sin(a + (n - 1)b).$$

Montrer que, si l'une est nulle pour deux valeurs de n, les deux s'annulent pour une infinité de valeurs. (T. M. G.)

168. Calculer les sommes :

$$\cos \frac{2\pi}{n} + 2\cos \frac{4\pi}{n} + 3\cos \frac{6\pi}{n} + \ldots + (n - 1)\cos \frac{2(n - 1)\pi}{n}$$

$$\sin \frac{2\pi}{n} + 2\sin \frac{4\pi}{n} + 3\sin \frac{6\pi}{n} + \ldots + (n - 1)\sin \frac{2(n - 1)\pi}{n}.$$

169. Calculer la somme des deux séries, supposées convergentes.

$$1 + a\cos \omega + a^2 \cos 2\omega + \ldots + a^n \cos n\omega + \ldots$$
$$a\sin \omega + a^2 \sin 2\omega + \ldots + a^n \sin n\omega + \ldots$$

Développer, suivant les puissances de x, les fonctions :

170. $\dfrac{1 - x\cos a}{1 - 2x\cos a + x^2}$.   171. $e^{x\,\cot g\,a}\cos x$.

CHAPITRE XI

ÉQUATIONS ALGÉBRIQUES

172. x_1, x_2, x_3, étant les racines de l'équation $x^3 + px + q = 0$, calculer $x_1^2 + x_2^2 + x_3^2$ en fonction des coefficients. (T. M. G.).

173. Condition pour que l'équation $x^3 + ax^2 + bx + c = 0$ ait deux racines dont la somme soit nulle. Dans ce cas calculer les trois racines. (T. M. G.).

174. Trouver la condition pour qu'une équation du troisième degré ait ses racines en progression arithmétique.

175. Quelle est la condition pour qu'une équation du troisième degré ait ses racines en progression géométrique.

176. Déterminer a de façon que l'équation $x^3 - 2x^2 + ax + 3 = 0$ ait deux racines de produit égal à 1.

177. Montrer que $(x - 1)^{2n} - x^{2n} + 2x - 1$ est divisible par $2x^3 - 3x^2 + x$.

178. Montrer que $x^{2n} - n^2 x^{n+1} + 2(n^2 - 1)x^n - n^2 x^{n-1} + 1$ est divisible par $(x - 1)^4$.

179. Pour quelles valeurs de n, le polynôme $x^{3n} - x^{2n} + x^n - 1$ est-il divisible par $x^3 - x^2 + x - 1$.

180. Montrer que $(x + 1)^n - x^n - 1$ est divisible par $x^2 + x + 1$, si n est un multiple de 6, $+ 1$ ou $- 1$.

Déterminer les racines multiples des équations :

181. $x^5 + 2x^4 - 8x^3 - 16x^2 + 16x + 32 = 0$ (T. M. G.).

182. $x^4 - 4x^3 + 2x^2 + 3x - 2 = 0$.

183. $x^6 + 6x^5 + 3x^4 + 12x^3 + 3x^2 + 6x + 1 = 0$.

184. $x^6 - 15x^4 - 14x^3 + 36x^2 + 24x - 32 = 0$.

185. $(x + 1)^7 - x^7 + 7x + 6 = 0$.

186. Condition pour que l'équation $x^4 + 4ax + 3b = 0$ ait une racine double.

187. Trouver les racines communes aux équations :

$$(b - c)^3 (x - a)^3 = (c - a)^3 (x - b)^3 = (a - b)^3 (x - c)^3.$$

188. Trouver la condition pour qu'une équation du quatrième degré ait deux racines dont la somme soit égale à la somme des deux autres.

189. Calculer la surface du triangle dont les côtés sont les racines de l'équation $x^3 - 2px^2 + qx - r = 0$.

190. Former l'équation ayant pour racines les carrés des médianes du triangle dont les côtés sont les racines d'une équation du troisième degré donnée.

191. Former l'équation qui a pour racines les longueurs des côtés d'un triangle dont on connaît le périmètre $2p$, la somme des hauteurs $2h$, et la suface s. Calculer les côtés en supposant $2p = 16$ mètres, $2h = 13^m,6$, $s = 12$ mètres carrés. (E. P. 1907).

192. Si les côtés d'un quadrilatère inscriptible sont les racines d'une équation du quatrième degré donnée, calculer sa surface, et le rayon du cercle circonscrit.

CHAPITRE XII

RACINES RÉELLES

Déterminer les racines commensurables, et séparer les racines réelles des équations :

193. $2x^4 - 4x^3 + 3x^2 - 5x - 2 = 0$ (T. M. G).

194. $4x^6 + 13x^5 + 16x^4 + 23x^3 - 5x^2 - 45x + 18 = 0$ (T. M. G).

195. $2x^3 + 12x^2 + 13x + 15 = 0$.

196. $2x^6 + x^5 - 9x^4 - 6x^3 - 5x^2 - 7x + 6 = 0$.

197. $x^4 - 2x^3 - 2x^2 + 1 = 0$. (T. M. G.).

198. $1 + x + \dfrac{x^2}{2} + \dfrac{x^3}{6} + \dfrac{x^4}{24} + \dfrac{x^5}{120} = 0$.

199. $x^3 - 20x + a = 0$.

200. $x^4 - 4ax^3 + 27b = 0$.

201. $x = 2\sin x$ (T. M. G.).

202. $x = \operatorname{tg} x$.

203. $2(1 - \cos x) = x \sin x$.

204. $2^x - 3x = 5$.

205. $nx^n - x^{n-1} - x^{n-2} - \dots - x - 1 = 0$.

206. $(x + 1)^{2n} - x^{2n} - 2x - 1 = 0$.

207. $\dfrac{b_1^2}{x - a_1} + \dfrac{b_2^2}{x - a_2} + \dots + \dfrac{b_n^2}{x - a_n} = 1$.

208. Montrer que, si l'équation entière $f(x) = 0$ a p racines réelles, l'équation $f(x) - f'(x) = 0$ en a au moins $p - 1$.

CHAPITRE XIII

RACINES INCOMMENSURABLES
ÉQUATION DU TROISIÈME DEGRÉ

Calculer, avec deux chiffres décimaux, les racines réelles des équations :

209. $x^3 + 2x^2 - 6x + 2 = 0$ (T. M. G.).
210. $x^4 + x^3 - 4x^2 - 2 = 0$ (T. M. G.).
211. $4x^3 - 6x^2 - 7x + 2 = 0$.   212. $x^3 - 12x^2 + 3 = 0$.

213. Calculer avec trois chiffres significatifs les deux racines de l'équation $x^2 - 10 \log x - 3 = 0$, la base du log. étant 10. (Toulouse, prat. 1907).

214. Calculer, à $\frac{1}{100}$ près, la racine unique de l'équation :

$$e^x - x = 0. \text{ (Grenoble, prat. 1906).}$$

215. Calculer, à un dix-millième près, les racines réelles de l'équation $2x^4 - 7x^3 + 2x^2 + 25x - 112 = 0$. (Lyon, prat. 1899).

Résoudre les équations :

216. $x^3 - 3x + 1 = 0$.   217. $x^3 + 6x^2 + 9x + 4 = 0$ (T. M. G.).
218. $x^4 + x^3 + 6x^2 + 8x + 2 = 0$, 219. $x^3 - 3ax^2 - 3x + a = 0$.

220. Le rayon d'une sphère étant de 1 mètre, calculer avec cinq décimales la hauteur du segment à une base de volume égal au quart de la sphère. (Caen, prat. 1906).

CHAPITRE XIV

FRACTIONS RATIONNELLES. ÉLIMINATION

Décomposer en fractions simples les fractions rationnelles :

221. $\dfrac{x^2+1}{x(x^3-1)}$ (T. M. G.).   222. $\dfrac{x^3+2x^2+2}{(x^4-1)(x^2+1)}$ (T. M. G.).

223. $\dfrac{1}{x^4+4}$ (T. M. G.).   224. $\dfrac{x^2+1}{(x^2+x+1)^3}$.

225. $\dfrac{1}{x^{2n}+1}$.   226. $\dfrac{x^2+1}{x^4-2x^2\cos 2\alpha + 1}$.

227. $\dfrac{x^{2n}+1}{x^{2n}-1}$.   228. $\dfrac{x^3-1}{x^3-3x+1}$.

229. Décomposer $\dfrac{f'(x)}{f(x)}$ en fractions simples, connaissant les racines du polynôme $f(x)$.

230. Trouver la condition pour que les équations

$$x^3 + px + q = 0 \quad , \quad qx^3 + px^2 + 1 = 0$$

aient une racine commune, et déterminer la racine commune (T. M. G.).

231. Éliminer x et y entre les équations :

$$x + y = a \quad , \quad x^2 + y^2 = b \quad , \quad x^3 + y^3 = c$$

232. Trouver la condition pour que l'équation

$$x^5 + ax^3 + b = 0 \text{ ait une racine double.}$$

CHAPITRE XV

—

INTERPOLATION

233. Déterminer un polynôme du quatrième degré, qui prenne les valeurs de $\sin x$ pour $x = 0$, $\pm \frac{\pi}{2}$, $\pm \pi$. (T. M. G.).

234. Déterminer un polynôme du troisième degré égal à 0, 1, 4 et 27 pour $x = 0$, 1, 2, 3. (T. M. G.).

235. En donnant à x les valeurs 0, 1, 2, 3, 4, 5, on a obtenu, pour la fonction y, les valeurs correspondantes 0, 103, 252, 439, 668, 932. Vérifier, par l'examen des différences, que la fonction peut être convenablement représentée par $y = ax + bx^2$. Déterminer les valeurs les plus avantageuses de a et b. (Toulouse, Phot. 1904.)

DEUXIÈME PARTIE

GÉOMÉTRIE ANALYTIQUE

CHAPITRE PREMIER

NOTIONS FONDAMENTALES

a, b, c, étant des longueurs, si l'unité reste arbitraire, quelles sont les relations qui résultent de chacune des équations :

236. $\qquad (1 + a + a^2)^2 = (1 + b + c^2)^2$

237. $\qquad (a + b^3 + c^4)^2 = (b + c^4 + a^3)^2$

238. $(a - b)(1 - ab)\sin C + (b - c)(1 - bc)\sin A$
$$+ (c - a)(1 - ac)\sin B = 0.$$

239. Si A, B, C, D sont des points en ligne droite, on a la relation :

$$\overline{AB}.\overline{CD} + \overline{AC}.\overline{DB} + \overline{AD}.\overline{BC} = 0.$$

240. Calculer la distance de deux points de coordonnées données (T. M. G.)

241. Si A, B, C sont trois points en ligne droite, M un point variable du plan, montrer que $\overline{CM}^2 . AB + \overline{AM}^2 . BC - \overline{BM}^2 . AC$ est constant.

242. En prenant pour axes le côté AB d'un triangle, et la perpendiculaire au milieu, calculer la longueur de la médiane CO, en fonction des côtés. Calculer la somme des quatrièmes puissances des médianes.

243. Que devient l'équation $x^2 - y^2 = 2a(x - y + a)$, si on ramène l'origine au point $x = y = a$, les nouveaux axes étant parallèles aux bissectrices des angles des premiers, supposés rectangulaires (T. M. G).

Que représentent les équations (axes rectangulaires) :

244. $y^3 - xy^2 + x^2 y - x^3 = a^2 (y - x)$ (T. M. G)

245. $x^4 - 4ax^3 + 6a^2 x^2 - 4a^3 x + a^4 - y^4 = 0.$

246. $y^4 - x^4 = a^2 (y^2 - x^2).$

247. Démontrer que, dans un quadrilatère, les trois droites joignant les milieux de deux côtés opposés, ou des diagonales, se coupent en leur milieu.

CHAPITRE II

LIGNE DROITE

248. A et B étant deux points fixes, trouver le lieu des points M, tels que $\overline{MA}^2 + \overline{MB}^2$ soit constant.

249. On donne trois points A, B, C, et une longueur k ; trouver le lieu des points M tels que $\overline{MA}^2 + \overline{MB}^2 - 2.\overline{MC}^2 = k^2.$

250. On donne trois points A, B, C. On prend AB pour axes des y, la perpendiculaire au milieu pour axe des x. Déterminer l'angle A C B. Trouver le lieu des points C tels que cet angle reste constant.

251. Sur deux droites fixes AOB, on prend deux points A, B, tels que le triangle AOB ait une surface constante. Montrer qu'il existe deux points, autres que O, d'où l'on voit la base AB sous un angle constant.

252. Lieu des points tels que la somme de leurs distances à deux droites données soit constante.

253. Démontrer que la somme des distances d'un point, intérieur à un triangle équilatéral, aux trois côtés du triangle est constante.

254. On prend pour axes le coté BA, et la hauteur CO d'un triangle (*fig.* 1) ; soient a, b les abscisses de A et B, c l'ordonnée de C. 1° Former les équations des hauteurs, vérifier qu'elles passent par un même point, et calculer ses coordonnées. 2° Former les équations des médianes et calculer les coordonnées de leur point de rencontre. 3° Déterminer le point à égale distance des trois sommets (centre de la circonférence circonscrite). 4° Démontrer que ces trois points sont en ligne droite, et déterminer le rapport de leurs distances. (T. M. G)

255. Trouver le lieu d'un point M, tel que ses projections sur les côtés d'un triangle rectangle soient en ligne droite (T. M. G).

256. Même question pour un triangle quelconque.

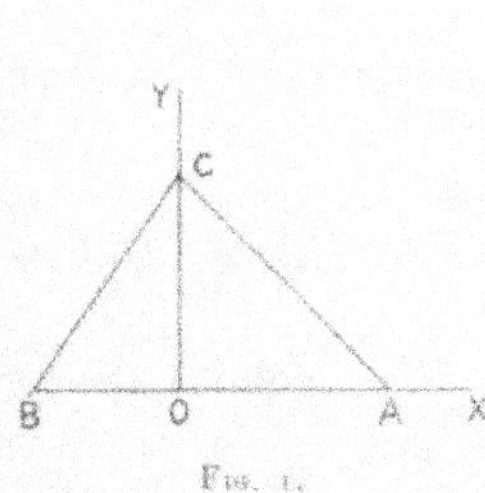

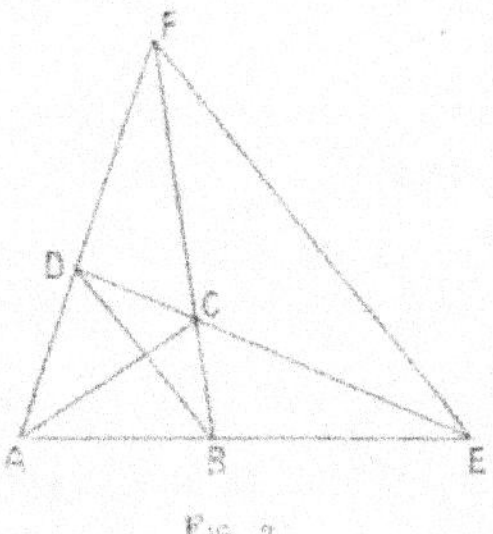

257. Dans un quadrilatère ABCD (*fig.* 2), les côtés opposés se coupent en E et F. On prend pour axes AB et AD, et l'on suppose données les coordonnées de B, E, D, F. Démontrer que les milieux de AC, BD, EF (diagonales du quadrilatère complet) sont en ligne droite. (T. M. G)

258. Calculer la surface d'un triangle, connaissant les coordonnées des sommets.

259. Déterminer les coordonnées d'un point M, symétrique du point (x, y) par rapport à la droite $y = mx + p$.

260. Sur deux droites rectangulaires fixes XOY, on construit un rectangle OABC, de périmètre constant $2p$. Démontrer que la perpendiculaire abaissée du sommet B, sur la diagonale AC, passe par un point fixe.

261. Une parallèle à la base AB d'un triangle coupe les cotés en A' et B', trouver le lieu du point de rencontre des droites AB' et BA'.

262. Dans un parallélogramme, on mène deux cordes AB, CD, parallèles aux côtés. Les droites AC et BD se coupent en M, AD et BC en N. Trouver le lieu de ces points lorsque l'une des cordes se déplace parallèlement à elle-même.

CHAPITRE III

LIEUX GÉOMÉTRIQUES

263. Lieu des centres C des cercles passant par un point A, et vus d'un point B sous un angle constant 2α.

264. Par le point A commun à deux cercles, on mène une corde qui les coupe en B et C. Lieu du milieu de BC lorsque la corde tourne autour de A.

265. On donne un angle ACB fixe, avec lequel AB forme un triangle de surface constante. Trouver le lieu du point de rencontre des médianes.

266. Lieu des centres des cercles qui passent par un point fixe C, et coupent une droite suivant une corde de longueur $2c$ donnée (T. M. G.).

267. Construire la courbe $y = x^4 - x^3$. La tangente au point M (x, y) coupe la courbe au point M'. Trouver le lieu du milieu de MM'. (T. M. G.)

268. On donne la courbe $4y^3 = 27\, ax^2$. Déterminer une tangente de coefficient angulaire m. Montrer que trois tangentes passent par chaque point du plan. Trouver le lieu des intersections de deux tangentes perpendiculaires (T. M. G.).

269. On donne un point A sur un cercle fixe. Trouver le lieu des intersections de deux cercles ayant pour diamètres deux cordes perpendiculaires passant par A (T. M. G.).

270. Sur une tangente à un cercle, se déplace un segment AB, de longueur constante. Trouver le lieu du point d'intersection des autres tangentes menées par les extrémités A et B.

271. On donne la cissoïde $y^2 (a - x) = x^3$. Par l'origine on mène deux rayons perpendiculaires qui coupent la courbe en M et M', trouver le lieu du milieu de MM'.

272? Sur un cercle de centre O, on prend un point fixe A et un point mobile B. Trouver le lieu du point de rencontre des hauteurs du triangle AOB.

273? Sur un cercle on a un point fixe A et un point mobile B ; trouver le lieu du point d'intersection de la droite AB avec le diamètre perpendiculaire à OB.

274. On donne la strophoïde

$$y^2 (3a - x) = x (x - a)^2,$$

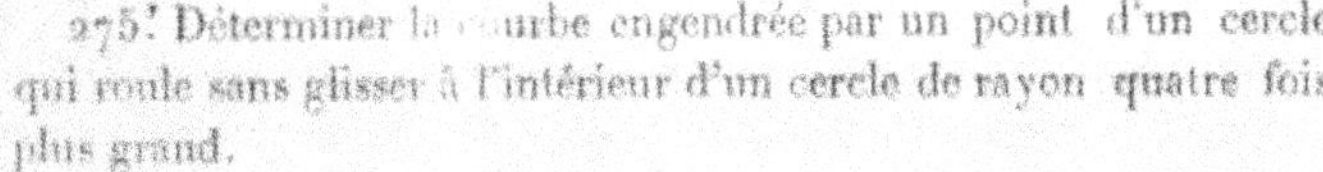

Un rayon vecteur, passant par l'origine, la coupe en deux points M, M'. Trouver le lieu des points de rencontre des tangentes en M et M' (*fig. 3*).

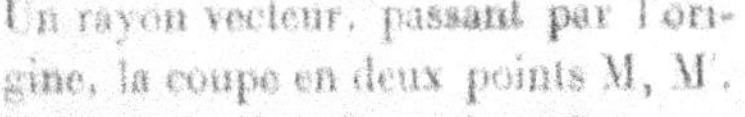

Fig. 3.

275? Déterminer la courbe engendrée par un point d'un cercle qui roule sans glisser à l'intérieur d'un cercle de rayon quatre fois plus grand.

Construire les courbes suivantes :

276. $y^2 = a^2 (b - x)$.   277. $x^2 y^2 = a^3 (b - x)$

278. $xy = e^x$ 279? $y = \sin x + \cos x$

CHAPITRE IV

POINTS MULTIPLES. ASYMPTOTES

Déterminer les points multiples, et les asymptotes des courbes suivantes :

280. $x^3 - y^3 + x^2 + y^2 - 5x + y + 2 = 0.$ (T. M. G.)

281. $x^2 + y^3 = y^3 - x^3$ (T. M. G.)

282. $x^3 + 2x^2y - xy^2 + y^3 = 0$ (T. M. G.)

283. $x^3 - y^3 + (y + x)^2 = 0.$

284. $y^3 + x^2 + 2y - x = 0.$

285. $2y^2x - y^4 = x(y - x)^2$

286. Pour quelles valeurs de a la courbe

$$x^4 + y^4 - 2x^2 - 2y^2 + a = 0$$

a-t-elle des points multiples. Déterminer les tangentes en ces points. (T. M. G).

287. Montrer que si une courbe du troisième degré a trois asymptotes, elles coupent la courbe en trois points en ligne droite.

288. Déterminer une courbe du quatrième degré ayant pour asymptotes les quatre cotés d'un carré, et pour point double le centre du carré.

CHAPITRE V

COURBES DU SECOND DEGRÉ

Déterminer le centre, et la position des axes, des coniques suivantes :

289. $x^2 + xy + y^2 - 5x - 4y + 2 = 0.$

290. $2x^2 - xy\sqrt{3} + y^2 - 5y + 1 = 0.$

291. $9y^2 - 6xy + x^2 - 4x + y = 0.$

292. Une droite AB, de longueur constante, s'appuye sur deux droites fixes, qui se coupent en O. Trouver le lieu du centre de la circonférence circonscrite au triangle AOB (T. M. G.).

293. Lieu des milieux des cordes d'une ellipse qui passent par un point fixe A. Déterminer la partie du lieu qui correspond à des points réels de l'ellipse (T. M. G.).

294. Lieu des milieux des cordes normales à une parabole. Construire la courbe obtenue (T. M. G.).

295. Lieu du centre de la conique

$$ax^2 + 2\,axy - y^2 - 2x - 2ay + a = 0$$

lorsque a varie. Distinguer la partie du lieu provenant des centres d'ellipses ou d'hyperboles (T. M. G.).

296. On donne trois points en ligne droite C, A, B. Un cercle de rayon variable est tangent en C à cette droite. Trouver le lieu du point de rencontre des tangentes menées par A et B.

297. Lieu des centres des cercles qui coupent deux droites données suivant des cordes de longueurs constantes.

298. Une droite AB de longueur constante se déplace, A et B restent sur des droites fixes AOB ; on mène par A une perpendiculaire à OA, par B une perpendiculaire à OB, lieu de leur point de rencontre.

299. On donne un angle droit XOY et un point A sur OX, par un point quelconque B de OY on mène une perpendiculaire à AB, qui coupe OX en C. Trouver le lieu du quatrième sommet D du rectangle BOCD.

300. La normale en M à une courbe coupe les axes de coordonnées en A et B. On considère le lieu du quatrième sommet C du rectangle AOBC. Quel est ce lieu, si la courbe donnée est la parabole $y^2 = 2px$ (Lyon 1902).

301. La normale au point M d'une parabole coupe son axe en P, on la prolonge d'une longueur PM' = MP. Trouver le lieu du point M'. Lieu du point de rencontre des tangentes en M et M' aux deux courbes.

302. L'angle A d'un triangle ABC reste fixe, le côté BC passe par un point fixe, trouver le lieu du point de rencontre des médianes.

303. Démontrer que toute corde d'une hyperbole divise en parties égales la portion de chaque asymptote limitée par les tangentes aux extrémités de la corde.

CHAPITRE VI

DIAMÈTRES CONJUGUÉS. FOYERS

304. Par deux points fixes A, B, on mène des droites AM, BM, parallèles à deux diamètres conjugués d'une ellipse (*fig.* 4) ; AM' et BM' perpendiculaires à BM et AM. Démontrer que la droite MM' est perpendiculaire sur AB. Lieu des points M et M' (T. M. G).

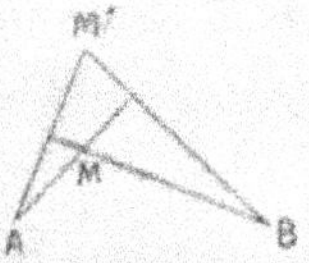

305. Trouver le lieu des points de rencontre des tangentes aux extrémités de deux diamètres conjugués d'une ellipse.

306. On donne une ellipse et une tangente fixe. Par les extrémités A, B d'une corde parallèle à la tangente, on mène des perpendiculaires à cette tangente. Déterminer la corde AB qui forme un rectangle d'aire maxima (Montpellier, prat. 1906).

307. Sur les prolongements de deux diamètres conjugués OA, OB d'une ellipse, on prend des points A' et B', tels que

$$AA'.BB' = 3\,OA.OB.$$

Démontrer que les droites AB' et BA' se coupent sur l'ellipse.

308. Connaissant les axes d'une ellipse, calculer les longueurs de deux diamètres conjugués dont l'angle est θ. Entre quelles limites peut varier θ (T. M. G).

309. Parmi les parallélogrammes construits sur deux diamètres conjugués d'une ellipse quels sont ceux ayant le périmètre maximum ou minimum (T. M. G).

310. Un triangle ABC a ses trois sommets sur une hyperbole, deux côtés AB, AC sont parallèles à des directions fixes, trouver le lieu du milieu du troisième côté.

311. Démontrer qu'un demi-diamètre d'une ellipse est moyenne proportionnelle entre les droites qui joignent les foyers à l'extrémité du diamètre conjugué.

312. La normale au point M d'une ellipse coupe le petit axe en P. On joint P à un foyer F, montrer que le rapport $\frac{MP}{PF}$ est constant, lorsque M se déplace sur l'ellipse.

313. La normale au point M d'une ellipse coupe le grand axe au point N, on joint M au foyer F. Montrer que le rapport $\frac{FN}{FM}$ est constant.

314. On considère les ellipses et hyperboles représentées par l'équation $\frac{x^2}{a^2 + h} + \frac{y^2}{b^2 + h} = 1$, où a et b sont fixes. Ces courbes ont les mêmes foyers. Trouver le lieu des points de contact des tangentes parallèles à une direction donnée (T. M. G).

315. On a, en coordonnées rectangulaires, la conique $4xy + 4y = 1$. Montrer que c'est une hyperbole équilatère ; construire le centre, les axes, les asymptotes, les sommets, les foyers et directrices (Lyon 1899).

316. Montrer que les cercles tangents à l'axe non focal d'une hyperbole équilatère (à asymptotes perpendiculaires), qui ont leurs centres sur l'hyperbole, découpent sur l'autre axe des segments égaux.

317. Lieu des projections du foyer d'une parabole sur les normales (T. M. G).

318. Sur l'axe d'une parabole on prend deux points fixes à égales distances du foyer. Montrer que la différence des carrés de leurs distances à une tangente quelconque est constante.

319. Soit M un point quelconque d'une parabole ; démontrer que la corde parallèle à la tangente en M et passant par le foyer F est égale à 4 fois MF.

320. Si un rectangle quelconque est circonscrit à une ellipse, le parallélogramme qui a pour sommets les points de contact a un périmètre constant.

321. Démontrer que la normale, limitée au grand axe d'une ellipse, a une projection constante sur le rayon vecteur issu d'un foyer.

CHAPITRE VII

—

INTERSECTIONS POLAIRES

322. Déterminer les points communs aux deux courbes

$$x^2 + 2y = 1 \quad , \quad xy - 2x - 6y = 2 \qquad \text{(T. M. G.)}.$$

323. Par un point fixe intérieur à une ellipse, on mène deux cordes également inclinées sur les axes. Montrer que, par les quatre points d'intersection, on peut faire passer une circonférence. Lieu de son centre, lorsque les cordes tournent autour du point fixe (T. M. G.).

324. Par les points d'intersection d'une ellipse et d'un cercle, on peut faire passer deux paraboles. Trouver le lieu des sommets de ces paraboles lorsque le rayon du cercle varie, le centre restant fixe. Examiner le cas où ce centre est sur l'un des axes de l'ellipse (T. M. G.).

325. Démontrer que toutes les hyperboles équilatères qui passent par les sommets d'un triangle passent par le point de rencontre des hauteurs. Trouver le lieu de leurs centres.

326. Former l'équation du cercle passant par les milieux des côtés du triangle ABC (*fig.* 1. probl. 254). Déterminer les points où ce cercle coupe les hauteurs.

327. Lieu des centres des coniques bitangentes à une ellipse en deux points donnés (T. M. G.).

328. On donne deux points, A, B sur OX, un point C sur OY. On considère les hyperboles équilatères passant par ces trois points. Calculer, en fonction d'un paramètre variable, les coordonnées du quatrième point M de rencontre de l'une de ces hyperboles avec le cercle passant par A, B, C. Vérifier que le diamètre de l'hyperbole, passant par M, passe par un point fixe. Trouver le lieu des points de contact des tangentes aux hyperboles parallèles à une direction fixe ; examiner le cas où cette direction est parallèle à l'un des axes de coordonnées (E. P. 1901).

329. Si on mène la tangente au point M d'une conique, et si A et B sont les points de contact des tangentes perpendiculaires, démontrer que MA et MB font des angles égaux avec la tangente en M.

330. Par un point d'une circonférence on mène trois cordes, on trace des circonférences ayant ces cordes pour diamètres ; démontrer qu'elles se coupent deux à deux en trois autres points, en ligne droite.

331. On considère les hyperboles équilatères qui passent par deux points fixes et dont les asymptotes ont des directions fixes. Trouver le lieu de leurs centres, et de leurs sommets.

332. Montrer que le point de rencontre des hauteurs du triangle formé par trois tangentes à une parabole est sur la directrice.

333. On donne deux points A et B sur les axes, $OA = OB$. Former l'équation générale des coniques c passant par O, B, et tangentes en A à la parallèle à OB. Trouver le lieu de leurs centres. Par chaque point du plan passe une conique c, séparer les régions du plan suivant la nature de cette conique (E. C. 1896).

334. Sur la normale en M à une ellipse, on porte extérieurement une longueur MN, égale au demi-diamètre conjugué de OM. Montrer que les droites NM et NO font des angles égaux avec les tangentes issues de N.

335. Par un point M d'une parabole on mène deux cordes, également inclinées sur l'axe, qui coupent la parabole en P et Q ; montrer que le cercle passant par les points P, Q, M, est tangent en M à la parabole. Lieu de son centre lorsque M décrit la parabole, les cordes conservant la même direction.

CHAPITRE VIII

COORDONNÉES POLAIRES.
COURBES UNICURSALES

336. On appelle sous-tangente et sous-normale en M, les rayons vecteurs de la tangente et de la normale perpendiculaires à OM. Trouver le lieu des extrémités de la sous-tangente et de la sous-normale à la spirale logarithmique $\rho = e^{a\omega}$.

337. Trouver le lieu des projections du centre de la lemniscate $\rho^2 = 2a^2 \cos 2\omega$ sur les tangentes (T. M. G).

338. Construire la courbe $\rho = a \sin^3 \frac{\omega}{3}$, chaque rayon vecteur la coupe en trois points autres que O. Montrer que les tangentes en ces points forment un triangle équilatéral (T. M. G).

339. Lieu des foyers des paraboles qui passent par deux points fixes A et B et restent tangentes à une droite parallèle à AB.

340. Par le foyer F d'une ellipse on mène deux cordes perpendiculaires. Trouver la relation qui existe entre leurs longueurs. Ces cordes étant les diagonales d'un quadrilatère, dans quel cas sa surface est-elle maximum ou minimum (T. M. G).

341. Un angle droit tourne autour du foyer d'une conique, aux points où les cotés coupent la conique on mène les tangentes, trouver le lieu du point de rencontre de ces tangentes.

342. Si les tangentes, à une conique de foyer F, aux points M et M' se coupent en P, la droite FP forme des angles égaux avec FM et FM'.

343. Montrer que la distance d'un point P du plan au foyer d'une parabole est moyenne proportionnelle entre les distances au foyer des points de contact des tangentes passant par ce point P.

344. Montrer que trois points du Folium, $x = \dfrac{3at}{1+t^3}$, $y = \dfrac{3at^2}{1+t^3}$, sont en ligne droite si le produit des trois valeurs de t est égal à -1. La tangente au point M coupe la courbe en un point M'. Si trois points M_1, M_2, M_3 sont en ligne droite, montrer que les points M'_1, M'_2, M'_3, où les trois tangentes coupent la courbe, sont aussi en ligne droite (T. M. G).

345. Une strophoïde est représentée par les équations :

$$x = \frac{2at^2}{1+t^2} \quad , \quad y = at\,\frac{t^2-1}{1+t^2},$$

il existe deux tangentes passant par un point M de la courbe, soient P et Q leurs points de contact. Démontrer que les droites OP et OQ sont symétriques par rapport à OX, et que les quatre points OPQM sont sur un cercle.

346. Une cissoïde est représentée par les équations $x = \dfrac{at^2}{t^2+1}$, $y = tx$. La tangente au point M coupe la courbe en M', par le symétrique

de M par rapport à OX, on mène une sécante, qui coupe la courbe en deux autres points P, Q. Montrer que la circonférence passant par P, Q, M est tangente à la cissoïde en M.

Construire les courbes représentées par les équations :

347. $\rho = a(2 + \cos 2\omega)$.

348. $\rho = a(1 + \cos 3\omega)$.   349. $\rho(1 + \cos \omega) = a \sin \omega$.

350. $\rho = a \cos \dfrac{\omega}{3}$.   351. $\rho = a \dfrac{3\cos^2 \omega + 2\sin^2 \omega}{\cos^2 \omega - 2\sin^2 \omega}$.

352. $x = \dfrac{t}{t-1}$, $y = \dfrac{t-2}{t-1}$

353. $x = \dfrac{at}{1+t}$, $y = b\dfrac{t+1}{t-1}$

354. $x = \dfrac{2t}{t^2+1}$, $y = \dfrac{t+1}{t^2+1}$

355. $x = \dfrac{at^2}{t-1}$, $y = \dfrac{at}{t^2-1}$

356. $x = a \cos^3 t$. $y = b \sin^3 t$

357. $x = \dfrac{(t+2)^2}{t+1}$, $y = \dfrac{(t-2)^2}{t-1}$ Caen (1906).

CHAPITRE IX

ENVELOPPES. COURBURE

358. Montrer que l'enveloppe d'une droite de longueur constante, dont les extrémités restent sur deux droites rectangulaires, est une épicycloïde.

359. Enveloppe des hauteurs d'un triangle dont un sommet A est fixe, le côté BC, de longueur donnée, glissant sur une droite fixe.

360. On donne les paraboles $y^2 = 2px$, $y^2 = -2qx$. La première se déplace, par une translation, son sommet O décrivant la seconde parabole. Trouver l'enveloppe de cette parabole mobile. Examiner le cas où $p = q$. (T. M. G).

361. Enveloppe de la corde qui joint les extrémités de deux diamètres conjugués d'une ellipse. (T. M. G).

362. Enveloppe des cercles ayant pour diamètres les demi-diamètres d'une ellipse.

363. Enveloppe des cercles ayant pour diamètres des cordes parallèles d'une ellipse.

364. La tangente au point M d'une hyperbole coupe l'axe focal en T ; trouver l'enveloppe de la perpendiculaire abaissée de T sur le diamètre OM.

365. Trouver l'enveloppe des côtés d'un triangle dont les sommets restent sur trois droites fixes et dont le point de rencontre des médianes est fixe.

366. Enveloppe des cercles ayant pour diamètres les cordes d'une parabole qui passent par le foyer.

367. Enveloppe des paraboles qui ont un foyer fixe et dont la directrice passe par un point fixe.

Déterminer le centre de courbure, le rayon de courbure, et la développée des courbes suivantes : (T. M. G).

368. $y^2 = \dfrac{x^3}{a - x}$.

369. Cycloïde.

370. $3ay^2 = x^3$.

371. $\rho = e^{a\omega}$.

372. $\rho = 2a \cos^2 \dfrac{\omega}{2}$.

373. $y = \dfrac{a}{2}\left(e^{\frac{x}{a}} + e^{-\frac{x}{a}}\right)$.

374. Démontrer que le rayon de courbure d'une conique est inversement proportionnel au cube de la distance du centre à la tangente.

375. La tangente au point M d'une ellipse coupe les axes aux points P, Q ; la normale les coupe en P', Q'. Soit C le centre de courbure. Démontrer que : $\dfrac{MP}{MQ} = \dfrac{CP'}{CQ'}$.

376. Par un point P du plan passent trois normales à la parabole $y^2 = 2px$; elles coupent l'axe aux points N, N', N'' ; trouver le lieu du point P tel que l'un de ces points N' soit le milieu de NN''.

377. Par un point M d'une parabole passent deux normales, outre la normale en M. Montrer que le cercle qui passe par les pieds de ces 3 normales passe par le sommet, trouver le lieu de son centre.

CHAPITRE X

COORDONNÉES DANS L'ESPACE

378. Montrer que, dans un tétraèdre, les droites qui joignent les milieux des arêtes opposées passent par un même point, qui est leur milieu. (T. M. G).

379. On donne sur les axes trois points A, B, C, à la distance + 1 de O. On prend pour nouveaux axes la droite BA, la perpendiculaire menée par C sur BA, dans le plan ABC, et une perpendiculaire à ce plan. Quelles sont les formules de transformation. Déterminer, dans le premier système, les équations du cercle passant par A, B, C. (T. M. G).

380. On trace les bissectrices des angles formés par les directions positives des axes, et une droite formant des angles égaux avec les trois axes. Déterminer les angles de ces droites deux à deux. (T. M. G).

381. Déterminer trois points A, B, C, pris dans chacun des plans de coordonnées, de façon que le tétraèdre OABC soit régulier, l'arête ayant une longueur donnée.

382. Dans un tétraèdre, calculer la somme des carrés des trois droites joignant chaque sommet au point de rencontre des médianes de la face opposée, en fonction des six arêtes.

383. Démontrer que tout hexagone gauche, dont les côtés opposés sont égaux et parallèles, a les milieux des côtés dans un même plan.

384. Démontrer que dans tout quadrilatère gauche, la somme des carrés des diagonales est double de la somme des carrés des droites qui joignent les milieux des côtés opposés.

385. Montrer que les plans passant par chaque arête d'un trièdre et la bissectrice de la face opposée se coupent suivant une seule droite.

386. Quelle est l'intersection des deux cylindres

$$x^2 + 2y^2 = a^2, \qquad x^2 + 2z^2 = a^2.$$

387. Que devient l'équation

$$x^2 + y^2 + 2z^2 + 2xy - 2z\sqrt{2}\,(x + y) = a^2$$

si on prend de nouveaux axes rectangulaires, OX′ formant avec OX et OY des angles égaux à $\frac{\pi}{3}$, et un angle aigu avec OZ, OY′ formant avec OX un angle égal à $\frac{\pi}{4}$ et un angle obtus avec OY.

CHAPITRE XI

PLAN. DROITE

388. Lieu du milieu d'une droite de longueur constante, dont les extrémités restent sur deux droites rectangulaires, non situées dans le même plan. (T. M. G).

389. En prenant pour axes trois arêtes d'un tétraèdre, former les équations des plans qui passent par une arête et le milieu de l'arête opposée. Démontrer que ces six plans passent par un même point. (T. M. G).

390. Tout plan divise les côtés d'un quadrilatère gauche en segments tels que le produit des quatre segments qui n'ont pas d'extrémité commune est égal au produit des quatre autres.

391. Connaissant les coordonnées des sommets d'un tétraèdre, former l'équation du plan perpendiculaire au milieu d'une arête; vérifier que les six plans analogues passent par un même point. (T. M. G).

392. Démontrer que, si deux systèmes d'arêtes opposées d'un tétraèdre sont perpendiculaires, les autres sont aussi perpendiculaires.

393. Démontrer que, si les arêtes opposées d'un tétraèdre sont perpendiculaires, les quatre hauteurs passent par un même point.

394. On projette un point M sur les plans de coordonnées en A, B, C. Montrer que le plan ABC divise la droite OM dans un rapport constant.

395. On donne un trièdre et une droite passant par le sommet : les plans passant par cette droite et chaque arête divisent la face opposée en deux parties. Montrer que le produit des sinus des trois angles non consécutifs est égal au produit des trois autres sinus.

396. Une droite a pour équations $\dfrac{x - x_0}{a} = \dfrac{y - y_0}{b} = \dfrac{z - z_0}{c}$, calculer les angles λ, μ, ν, qu'elle forme avec ses projections sur les plans de coordonnées, et les distances l, m, n de l'origine à ces projections. Si d est la distance de l'origine à cette droite, démontrer la formule

$$d^2 = l^2 \cos^2 \lambda + m^2 \cos^2 \mu + n^2 \cos^2 \nu. \qquad \text{(T. M. G)}.$$

CHAPITRE XII

GÉNÉRATION DES SURFACES

397. Trouver le lieu des points à égale distance de deux droites données.

398. Équation de la surface engendrée par une droite qui coupe l'axe OZ à angle droit, et rencontre un cercle situé dans un plan parallèle à YOZ. Sections de la surface parallèles au plan YOZ. (T. M. G).

399. Lieu des points dont le rapport des distances à deux points fixes est constant.

400. Former l'équation de la surface engendrée par un cercle qui rencontre OX, OY, et la droite $y = x$, $z = a$, et dont le plan reste parallèle au plan $x + y = o$. (T. M. G).

401. Démontrer que les sphères qui coupent deux sphères fixes suivant des grands cercles passent par deux points fixes.

402. Quelles sont les surfaces de révolution du second degré. (T. M. G).

403. Déterminer la surface engendrée par une droite qui rencontre deux droites données, et formé avec elles des angles égaux.

404. Former l'équation de la surface engendrée par une droite qui tourne autour de OZ. Déterminer la courbe méridienne. (T. M. G).

405. Une sphère variable passe par trois points fixes, démontrer que le plan du cercle d'intersection avec une sphère fixe passe par une droite fixe.

406. Lieu des centres des sphères tangentes à trois sphères données.

407. Une sphère passe par deux points donnés, et reste tangente à une sphère fixe. Trouver le lieu du point de contact.

408. Une ellipse tourne autour de son grand axe, un cône a pour sommet un foyer de l'ellipse, et pour base une section plane de l'ellipsoïde engendré. Démontrer que le cône est de révolution.

409. Si une ellipse est située sur un cône de révolution, montrer que la somme des distances du sommet du cône aux extrémités d'un diamètre est constante.

CHAPITRE XIII

SURFACES DU SECOND DEGRÉ

410. Trouver le lieu des centres des surfaces du second degré, qui passent par une ellipse donnée, et par deux points symétriques par rapport au plan de l'ellipse.

411. Montrer qu'il existe une surface du second degré tangente aux milieux des six arêtes d'un tétraèdre, déterminer son centre.

412. Lieu des centres des surfaces du second degré qui passent par un cercle fixe, et par une droite qui coupe ce cercle.

413. Lieu des milieux des cordes d'un ellipsoïde, qui passent par un point fixe. (T. M. G).

414. Montrer qu'il existe une infinité de systèmes de diamètres conjugués et égaux d'un ellipsoïde. Trouver le lieu de leurs extré-

mités. Lieu de leurs intersections avec le plan tangent à l'extrémité du grand axe.

415. Trouver l'équation du cône ayant pour sommet le centre d'un ellipsoïde, et pour base une section plane. Déterminer le plan de la section de façon que le cône soit coupé suivant des cercles par les plans perpendiculaires au grand axe de l'ellipsoïde. Dans ce cas trouver le lieu des centres de ces sections. (T. M. G).

416. Démontrer que la somme des carrés des distances des extrémités de trois diamètres conjugués d'un ellipsoïde à un diamètre fixe est constante. Quels sont les diamètres donnant la somme maximum ou minimum. (T. M. G).

417. Lieu des cordes d'une surface du second ordre qui ont leur milieu en un point donné.

418. Montrer que, dans un ellipsoïde, la somme des carrés des inverses de trois diamètres perpendiculaires est constante.

419. Lieu des points d'intersection des plans tangents aux extrémités de trois diamètres conjugués d'un ellipsoïde.

420. Lieu des foyers des sections d'un paraboloïde par des plans parallèles à l'un des plans principaux. (T. M. G).

421. Lieu des milieux des cordes normales à la surface

$$y^2 + z^2 = 2px.$$

422. Quel est le système de diamètres conjugués d'un ellipsoïde pour lequel le produit des longueurs des trois diamètres est maximum.

423. Lieu des sommets des sections d'un paraboloïde dont les plans passent par un diamètre fixe.

424. Trouver le lieu des traces, sur un plan principal d'un ellipsoïde, des normales à l'ellipsoïde aux points d'une section parallèle à ce plan principal.

425. Démontrer que tout plan tangent à un hyperboloïde à deux nappes, perpendiculaire à un plan principal, limite, dans le cône asymptote, un volume constant.

426. Lieu du milieu de la droite qui joint les projections d'un point d'un paraboloïde hyperbolique sur les plans directeurs.

427. Un plan tangent au paraboloïde hyperbolique coupe la surface et les plans directeurs suivant des droites qui forment un parallélogramme, quel est le lieu des points tels que la diagonale passant par le point de contact ait une longueur constante.

CHAPITRE XIV

INTERSECTIONS

428. Soient OX, OY deux génératrices d'un hyperboloïde, de systèmes différents. Deux génératrices parallèles quelconques coupent, l'une OX en A, l'autre OY en B. Démontrer que le produit OA.OB est constant. (T. M. G).

429. Lieu des points d'intersection de deux génératrices rectangulaires d'un hyperboloïde.

430. Deux génératrices d'un paraboloïde hyperbolique, de sommet O, coupent le plan tangent au sommet en A et B, trouver le lieu des points d'intersection des génératrices telles que le triangle AOB ait une surface constante.

431. On a le cercle $x = a$, $y^2 + z^2 = a^2$. Un cône a pour base ce cercle, son sommet sur OZ. Une surface S est engendrée par des perpendiculaires à OZ qui rencontrent le cercle. Déterminer l'intersection du cône et de la surface S.

432. Trouver le lieu des centres des surfaces du second ordre qui ont deux coniques communes.

433. On donne deux droites P et Q. Trouver l'intersection de l'hyperboloïde engendré par la droite Q tournant autour de P, et du paraboloïde engendré par une droite perpendiculaire à P qui rencontre les deux droites P et Q.

434. A, B, C étant trois points pris sur les axes OX, OY, OZ, former l'équation générale des hyperboloïdes passant par les droites OA, AB, BC, CO. Lieu de leurs centres. Montrer que, par ces droites, passe un paraboloïde. (T. M. G).

435. Lieu des centres des surfaces du second degré qui passent par la cubique :

$$x = at, \qquad y = bt^2, \qquad z = ct^3. \qquad \text{(T. M. G)}.$$

436. On donne un point M sur la cubique précédente. Vérifier que, par la cubique et la droite OM passe une infinité de surfaces du second ordre. Trouver le lieu de leurs centres.

437. Montrer que la courbe

$$x = t^2, \qquad y = t^3 - a^2 t, \qquad z = t^5,$$

a un point double. Former l'équation générale des surfaces du second ordre passant par cette courbe.

438. On a la courbe

$$x = t^2, \qquad y = t^4 - t, \qquad z = t^5 + a t^3 + b t^2.$$

Pour quelles valeurs réelles de a et b cette courbe a-t-elle un point double. Former dans ce cas l'équation générale des surfaces du second ordre qui passent par cette courbe.

439. Déterminer la surface du second ordre qui passe par la courbe

$$x = a t, \qquad y = b t (t^2 - 1), \qquad z = c t^2 (t^2 - 1).$$

Former l'équation des génératrices rectilignes qui coupent la courbe en trois points. Étant donné un point M de la courbe, déterminer deux autres points en ligne droite avec M. (T. M. G).

440. Montrer que l'intersection des deux surfaces :

$$x^2 = z, \qquad y^2 = x (z - 2 a^2 x + a^4)$$

est une courbe unicursale, et qu'elle est l'intersection de deux cônes du second degré.

441. Montrer que les deux surfaces $x^3 + y^3 - x z^2 = y$, $x y = z$ se coupent suivant deux droites, et une courbe unicursale.

442. Démontrer que quatre sphères se coupent deux à deux suivant six cercles dont les plans passent par un même point.

CHAPITRE XV

SECTIONS CIRCULAIRES.
CÔNES CIRCONSCRITS

443. Former l'équation générale des sphères qui coupent un paraboloïde elliptique suivant deux cercles égaux. (T. M. G).

444. On considère toutes les surfaces du second ordre ayant un centre fixe, et passant par un cercle donné de centre C. Trouver le

lieu des cercles tracés sur ces surfaces, dont les plans passent par le point C.

445. Trouver le lieu des sommets des cônes de révolution qui passent par une parabole donnée.

446. Deux cônes sont circonscrits à la même sphère, montrer que leur intersection est formée de deux courbes planes. Quelle est la condition pour que les plans de ces courbes soient perpendiculaires.

447. Lieu des sommets des cônes circonscrits à un ellipsoïde suivant un cercle. (T. M. G).

448. Lieu des sommets des paraboloïdes qui passent par un cercle fixe, et ont leur axe parallèle à une direction donnée.

449. Démontrer que deux quadriques, circonscrites à une troisième, se coupent suivant deux courbes planes. (T. M. G).

450. Démontrer que, si deux cônes circonscrits à un ellipsoïde ont leurs sommets sur le même diamètre, les plans des coniques d'intersection, et les plans des courbes de contact, sont parallèles. (T. M. G).

451. Démontrer que toute quadrique circonscrite à une sphère est une surface de révolution, et que tout plan tangent à la sphère coupe la surface suivant une conique dont le point de contact est un foyer.

452. On coupe un cône de révolution par un plan, de façon à former un cône de volume constant. Trouver le lieu des centres des ellipses de base.

Déterminer la nature des surfaces : (T. M. G).

453. $x^2 - y^2 + 2z^2 - xy = 1$.

454. $2x^2 + y^2 + z^2 + 2xy - 2yz = az$.

455. $x^2 + y^2 + z^2 - 2yz\cos\alpha - 2zx\cos\beta - 2xy\cos(\alpha + \beta) = 1$.

456. $y^2 - x^2 + 2ayz + az^2 + 1 = 0$.

457. $x^2 + 2ayz + bx = 0$.

458. $(x + y)^2 - z^2 = 3x + 2y - 1$.

459. $x^2 + y^2 + z^2 + 2xy = 3x - 2y + z$.

CHAPITRE XVI

ENVELOPPES. COURBURE

460. Deux paraboles ont même axe, même sommet et sont dans des plans perpendiculaires. Trouver l'enveloppe d'un plan qui reste tangent aux deux paraboles.

461. Trouver l'enveloppe des sphères ayant pour grand cercle un cercle tracé sur un paraboloïde donné.

462. On coupe un ellipsoïde par deux plans perpendiculaires au grand axe, par les deux courbes de section on fait passer un paraboloïde. Enveloppe de ce paraboloïde si les deux plans se déplacent, leur distance restant constante. (T. M. G).

463. Enveloppe des sphères qui coupent un ellipsoïde suivant deux cercles égaux.

464. Par chaque génératrice d'un paraboloïde hyperbolique on mène deux plans perpendiculaires dont l'un passe par le sommet, trouver l'arête de rebroussement de la surface enveloppe du second plan.

465. On donne un paraboloïde; trouver l'enveloppe des plans polaires des points d'une sphère, dont le centre est sur l'axe du paraboloïde. (T. M. G).

466. Trouver l'enveloppe des plans qui forment, avec un angle trièdre fixe, un tétraèdre de volume donné.

467. Trouver l'enveloppe des plans qui forment, avec un cône de révolution, un cône de volume donné.

468. Trouver l'enveloppe des plans passant par les extrémités de trois diamètres conjugués d'un ellipsoïde.

469. On mène les plans osculateurs en trois points A, B, C de la cubique

$$x = at, \qquad y = bt^2, \qquad z = ct^3,$$

démontrer que ces plans coupent le plan ABC suivant trois droites concourantes.

Déterminer le plan osculateur, le centre et le rayon de courbure en un point des courbes suivantes :

470. $x = e^t \cos t$, $y = e^t \sin t$, $z = e^t$.   (T. M. G).

471. $x = 3t$, $y = 3t^2$, $z = 2t^3$.

472. $x = \dfrac{1}{y} = e^{az}$.

473. Par le sommet d'un paraboloïde on trace, sur la surface, une courbe quelconque. Lieu des centres de courbure de toutes les courbes en ce point. (T. M. G).

474. Le centre d'une sphère décrit une courbe C, son rayon est fonction du paramètre dont dépend la position du centre. L'enveloppe des caractéristiques de ces sphères est une courbe C'. Au centre γ de la sphère correspond un point γ' de C'. Montrer que la droite polaire (caractéristique du plan normal) de la courbe C en γ' passe par le point γ. (Bordeaux, 1903).

475. Trouver le lieu des centres de courbure principaux aux points d'un ellipsoïde situés dans un plan principal.

476. Trouver le lieu des centres de courbure principaux de la surface $az = xy$ aux points de l'axe OX.

TROISIÈME PARTIE

ANALYSE

CHAPITRE PREMIER

DIFFÉRENTIELLES

477. Soient $f(t)$, $\varphi(t)$ deux fonctions de t, $f'(t)$, $\varphi'(t)$ leurs dérivées.

$$x = f(t) - \varphi'(t), \qquad\qquad y = \varphi(t) + f'(t),$$
$$X = f'(t)\sin t - \varphi'(t)\cos t, \qquad Y = f'(t)\cos t + \varphi'(t)\sin t.$$

Démontrer l'identité $dx^2 + dy^2 = dX^2 + dY^2$. (E. P., 1907).

478. x et y étant des fonctions de t, soit $ax + by = c$; en déduire une relation différentielle indépendante des constantes a, b, c.

479. Soit

$$z = x^m f\left(\frac{y}{x}\right) + y^n \varphi\left(\frac{y}{x}\right);$$

en déduire, entre les dérivées partielles de z, une relation indépendante de f et φ.

480. Que devient l'équation

$$(1 - x^2)\frac{d^2 y}{dx^2} - x\frac{dy}{dx} + a^2 y = 0$$

si on prend pour variable t, $x = \cos t$. (T. M. G).

481. Que devient l'expression

$$\frac{\left(x\dfrac{dy}{dx} - y\right)^2}{1 + \left(\dfrac{dy}{dx}\right)^2}$$

si on pose $x = r \cos \omega$, $y = r \sin \omega$, en considérant r comme fonction de ω.

Calculer le rayon de courbure en un point des courbes suivantes : (T. M. G).

482. $\rho = ae^{\omega}$.

483. $\rho^2 = a^2 \cos 2\omega$.

484. $\rho = a\omega$.

485. $\rho = a \cos^2 \frac{\omega}{2}$.

486. Que devient l'équation

$$\frac{dy}{dx}\frac{d^3y}{dx^3} = 3 \left(\frac{d^2y}{dx^2}\right)^2$$

si on considère x comme fonction de y. (T. M. G).

487. u étant une fonction de x, y, z, que devient l'expression

$$\left(\frac{\delta u}{\delta x}\right)^2 + \left(\frac{\delta u}{\delta y}\right)^2 + \left(\frac{\delta u}{\delta z}\right)^2,$$

si on change de variables, par une transformation de coordonnées rectangulaires.

CHAPITRE II

INTÉGRALES

Calculer les intégrales suivantes : (T. M. G).

488. $\displaystyle\int \frac{x\,dx}{\sqrt{a^4 - x^4}}$.

489. $\displaystyle\int \frac{x\,dx}{a^4 + x^4}$.

490. $\displaystyle\int \frac{x^3\,dx}{a^4 + x^4}$.

491. $\displaystyle\int \frac{dx}{1 + e^x}$.

492. $\displaystyle\int x^2 a^x\,dx$.

493. $\displaystyle\int x^2 \arcsin x\,dx$.

494. $\displaystyle\int x \operatorname{L} x\,dx$.

495. $\displaystyle\int \operatorname{arctg} x\,dx$.

$496.\ \displaystyle\int e^x \cos x\, dx.$

$497.\ \displaystyle\int (Lx)^2\, dx.$

$498.\ \displaystyle\int \frac{dx}{1-x^4}.$

$499.\ \displaystyle\int \frac{x^2 dx}{1-x^4}.$

$500.\ \displaystyle\int \frac{1+x}{(1-x)^2}\, dx.$

$501.\ \displaystyle\int \frac{x^2 dx}{x^4+x^2-2}.$

$502.\ \displaystyle\int \frac{x^2 dx}{x^3+5x^2+8x+4}.$

$503.\ \displaystyle\int \frac{dx}{(2+x)\sqrt{1+x}}.$

$504.\ \displaystyle\int \frac{x^2 dx}{\sqrt{1-x}}.$

$505.\ \displaystyle\int \frac{3-8x^4}{\sqrt{1+x^3}}\, dx.$

$506.\ \displaystyle\int \frac{dx}{(1-x^2)\sqrt{1-x^2}}.$

$507.\ \displaystyle\int \frac{x^2 dx}{(a+bx^2)\sqrt{a+bx^2}}.$

$508.\ \displaystyle\int \frac{dx}{x+\sqrt[3]{x}}.$

$509.\ \displaystyle\int \frac{dx}{\sin x}.$

$510.\ \displaystyle\int \frac{dx}{a+b\cos x}.$

$511.\ \displaystyle\int \operatorname{tg}^3 x\, dx.$

512. Soient $f(x)$, $\varphi(x)$, $F(x)$ des fonctions liées par les relations

$$\varphi(x) = a\int \frac{dx}{f(x)}, \qquad F(x) = f(x)\,\varphi(x).$$

démontrer les identités :

$$\frac{F'(x)}{F(x)} = \frac{f'(x)}{f(x)} + \frac{\varphi'(x)}{\varphi(x)} + \frac{2a}{f(x)\,\varphi(x)}, \qquad \frac{F''(x)}{F(x)} = \frac{f''(x)}{f(x)} + \frac{\varphi''(x)}{\varphi(x)}.$$

$$(\text{E. P., 1906}).$$

CHAPITRE III

INTÉGRALES DÉFINIES. SURFACES

Calculer les intégrales :

513. $\displaystyle\int_0^1 \frac{x^3\,dx}{1+x^2}$.

514. $\displaystyle\int_0^2 \frac{1-x}{1-x^3}\,dx$.

515. $\displaystyle\int_a^b \sqrt{\frac{x-a}{b-x}}\,dx$.   (T. M. G.).

516. $\displaystyle\int_0^1 \frac{dx}{1-x^2+2\sqrt{1-x^2}}$.   (Grenoble, prat. 1906).

517. $\displaystyle\int_0^\pi \frac{\sin\theta\,d\theta}{(2+\cos\theta)^2}$ et $\displaystyle\int_0^\pi \frac{d\theta}{(2+\cos\theta)^2}$.   (Rennes, prat. 1907).

518. $\displaystyle\int_{-\pi}^\pi \frac{dx}{1-\cos a\,\sin x}$ et $\displaystyle\int_{-\pi}^{2\pi} \frac{(1+\cos x)\,dx}{(1-\cos a\,\sin x)^2}$.

$$\text{(Rennes, prat. 1906).}$$

Calculer l'aire intérieure aux branches fermées des courbes suivantes : (T. M. G.).

519. $y^4 = x\dfrac{(x-a)^2}{2a-x}$.   520. $x^3+y^3=3axy$.

521. $(x^2+y^2)^2 = a^2x^2+b^2y^2$.   522. $\rho = a+b\cos\omega$.

523. Par un point fixe O d'un cercle, on mène une corde OM, que l'on prolonge d'une longueur MP égale à la distance de M à la tangente en O. Trouver le lieu du point P, et l'aire de la courbe obtenue quand M décrit la circonférence. (Montpellier, prat. 1906).

524. Construire la courbe $y = e^{-x}\sin x$. Déterminer ses points d'inflexion. Calculer

$$I_1 = \int_0^{2\pi} e^{-x}\sin x\,dx.$$

K entier positif. Indiquer la signification géométrique de cette intégrale, et sa limite pour $K = + \infty$. (E. N., 1907).

525. Soit OA un rayon fixe d'un cercle, par un point P du cercle on mène une droite PM parallèle à OA et égale à l'arc AP. Déterminer : 1° la trajectoire du point M, quand P décrit la circonférence, à partir de A ; 2° la longueur de cette trajectoire ; 3° les aires balayées par la droite PM et par le rayon vecteur OM, quand P décrit un quart de cercle à partir de A. (Caen, 1897).

526. Trouver la longueur de la développée d'une ellipse.

527. Calculer l'arc de la courbe $x^2 = 3y$, $2xy = 9z$, à partir de O. Montrer que sa tangente forme un angle constant avec une direction fixe. (T. M. G).

Calculer à $\frac{1}{100}$ près les intégrales : (Paris, prat. 1904 et 1905)

528. $\displaystyle\int_0^\infty \frac{dx}{x^2 + 2x + 5}.$

529. $\displaystyle\int_1^2 \frac{dx}{\sqrt{(x-1)(2-x)}}$

530. $\displaystyle\int_0^{\frac{\pi}{2}} x^2 \sin x\, dx.$

531. $\displaystyle\int_0^1 \frac{dx}{2 + \sqrt{1 - x^2}}.$

532. $\displaystyle\int_0^{2\pi} \frac{dx}{5 + 4\cos x}.$

533. $\displaystyle\int_0^{\frac{\pi}{4}} \mathrm{tg}^4\, x\, dx.$

534. $\displaystyle\int_0^1 x^2 e^x\, dx.$

535. Evaluer

$$\int_0^\alpha \frac{dx}{(2x^2 + 1)\sqrt{x^2 + 1}},$$

et calculer sa valeur à $\frac{1}{100}$ près, pour $\alpha = \frac{1}{\sqrt{2}}$. (E. P., 1906).

536. Montrer que l'équation

$$\int_0^x \frac{x^2 dx}{1 + x^3} = \frac{1}{2}$$

n'a qu'une racine. La calculer par approximation. (Grenoble, prat. 1906).

537. Évaluer, par la méthode de Simpson, en divisant en six intervalles, l'intégrale :

$$\int_0^{\frac{1}{2}} \frac{dx}{\sqrt{1-x^2}}.$$ (Toulouse, prat. 1903).

538. Calculer par la méthode de Simpson, en divisant en six intervalles :

$$\frac{2}{\sqrt{\pi}} \int_0^2 e^{-x^2}\, dx, \quad \log. e = 0,43429$$ (Toulouse prat. 1906).

539. Calculer à 1 millimètre près la longueur d'une ellipse dont les demi-axes sont $a = 1$ mètre, $b = 0^m,75$ (T. M. G).

CHAPITRE IV

APPLICATIONS

540. Calculer les rayons de courbure et de torsion de la courbe
$$x = 2 \cos t \quad , \quad y = 2 \sin t \quad , \quad z = e^t + e^{-t}\ (\text{T. M. G}).$$
Calculer le rayon de torsion des courbes suivantes :

541. $x = e^t \cos t \quad , \quad y = e^t \sin t \quad , \quad z = e^t$

542. $x = 2\, a^2 t \quad , \quad y = 3\, abt^2 \quad , \quad z = 3\, b^2 t^3$

543. $x = \dfrac{1}{y} = e^{ab}.$

544. Former une série trigonométrique égale à e^x entre o et 2π (T. M. G).

545. Former une série trigonométrique égale à $\sin x$ entre o et π, et à o entre π et 2π (T. M. G).

546. Représenter par une série trigonométrique une fonction de x, de période T, égale à C quand x est compris entre o et $\dfrac{T}{2}$, et à o quand x est compris entre $\dfrac{T}{2}$ et T (Toulouse 1903).

CHAPITRE V

VOLUMES ET SURFACES

547. Un ellipsoïde de révolution est coupé par deux plans perpendiculaires à l'axe symétriques par rapport au centre. La portion de l'ellipsoïde comprise entre ces deux plans représente un tonneau dont on demande de calculer le volume connaissant la hauteur le rayon de la base, et celui de la section moyenne (Montpellier, prat. 1907).

548. Déterminer le volume compris à l'intérieur des deux surfaces

$$\frac{x^2}{a^2} + \frac{y^2}{b^2} + \frac{z^2}{c^2} = 1 \quad , \quad \frac{y^2}{b^2} + \frac{z^2}{c^2} = \frac{x}{a}.$$

549. Un prisme droit a pour base le triangle ayant pour sommets les points de coordonnées $(0, 0, 0)\,(1, 0, 0)\,(0, \frac{1}{2}, 0)$. Calculer son volume limité à la surface $z = x^2 + y + 1$ (Paris 1905).

550. On donne un ellipsoïde de révolution ; un cône circonscrit a son sommet sur l'axe ; déterminer le volume de ce cône limité au plan perpendiculaire à l'axe mené par le centre de l'ellipsoïde. Étudier la variation de ce volume et son minimum, si le sommet se déplace sur l'axe (Montpellier prat. 1907).

551. Calculer le volume limité par les surfaces $z = x^2 + y^2$, $y = x^2$ et les plans $y = 1$, $z = 0$ (Grenoble prat. 1906).

552. Un prisme parallèle à OZ a pour base le triangle OAB, A et B étant sur les axes OX et OY, OA $=$ OB $=$ 1. Calculer le volume de ce prisme limité à la surface $z = x^3 + y^3$ et au plan des xy (Paris 1904).

553. Calculer le volume commun, intérieur aux deux surfaces :

$$\frac{x^2}{a^2} + \frac{y^2}{b^2} + \frac{z^2}{c^2} = 1 \quad , \quad \frac{2x^2}{a^2} + \frac{2y^2}{b^2} = 1 \quad \text{(Bordeaux 1903)}.$$

554. Calculer le volume et la surface du solide limité par les deux paraboloïdes $y^2 + z^2 = 2p\,(x + aq)$, $y^2 + z^2 = -2q\,(x - ap)$ (T. M. G).

555. Calculer la surface du cylindre $y^2 = 2px$, intérieure à la sphère $x^2 + y^2 + z^2 = (2p + a)\,x$ (T. M. G).

556. Déterminer le volume et la surface du solide limité par la surface $x^2 + y^2 = az$ et le plan $z = a$ (Caen 1897).

557. Sur la parabole $x^2 = 2y$ on prend un point M, on mène MP perpendiculaire au plan de la parabole, égal au double de l'aire comprise entre la corde et l'arc OM. Calculer la longueur de la courbe, lieu de P, à partir de O. Calculer l'aire du cylindre engendré par MP, entre O et une génératrice quelconque. Faire le calcul numérique à 1 centimètre carré près, pour le point M d'abscisse 2 mètres, le mètre étant pris pour unité (Caen prat. 1906).

558. Calculer le volume intérieur à la sphère de centre O, de rayon a, et au cylindre parallèle à OZ, dont la base est la spirale $\rho = \dfrac{2a\omega}{\pi}$, où ω varie de $-\dfrac{\pi}{2}$ à $+\dfrac{\pi}{2}$ (T. M. G).

559. Calculer l'aire du paraboloïde $\dfrac{x^2}{a} + \dfrac{y^2}{b} = 2z$, intérieure au cylindre $\dfrac{x^2}{a^2} + \dfrac{y^2}{b^2} = c^2$.

560. Calculer l'aire de la surface $xy = az$, intérieure au cylindre $(x^2 + y^2)^2 = 2a^2xy$.

Calculer les intégrales doubles (T. M. G) :

561. $\displaystyle\iint x^2 y^2 \sqrt[3]{1 - x^3 - y^3}\; dx\,dy$, $x > 0,\ y > 0,\ x^3 + y^3 < 1$

562. $\displaystyle\iint \frac{dx\,dy}{(x + y)^3}$, $x > 1$, $y > 1$, $x + y < 3$

563. $\displaystyle\int_0^\infty \int_0^\infty \frac{dx\,dy}{(x^2 + y^2 + a^2)^2}$.

564. La chaînette $y = \dfrac{a}{2}\left(e^{\frac{x}{a}} + e^{-\frac{x}{a}}\right)$ coupe OY en A, par un point M de la courbe on mène la perpendiculaire MP sur OX. On fait tourner la figure autour de OX. Calculer le volume engendré par OAMP ; l'aire engendrée par l'arc AM (Paris 1904).

565. Dans quel cas l'intégrale $\displaystyle\iint \frac{y^2 - x^2}{(y^2 + x^2)^p}\, dx\,dy$, prise dans un cercle de centre O, a-t-elle un sens.

CHAPITRE VI

INTÉGRALES CURVILIGNES

566. Montrer qu'il existe une fonction dont la différentielle totale est $\dfrac{(3y - x)\,dx + (y - 3x)\,dy}{(x + y)^3}$. Déterminer cette fonction (T.M.G).

567. L'expression $\dfrac{(x + 2y)\,dx + y\,dy}{(x + y)^2}$ est-elle la différentielle exacte d'une fonction de x et y. Dans le cas de l'affirmative, déterminer cette fonction (Paris 1905).

568. Montrer qu'on peut choisir les constantes a et b de façon que $\dfrac{(y^2 + 2xy + ax^2)\,dx - (x^2 + 2xy + by^2)\,dy}{(x^2 + y^2)^2}$ soit la différentielle d'une fonction de x et y, qu'on demande de déterminer.

569. Quelles relations doit-il y avoir entre les constantes a, b, a', b', pour que

$$(a \sin x \cos y + b \cos x \sin y)\,dx + (a'\cos x \sin y + b' \sin x \cos y)\,dy$$

soit une différentielle exacte.

570. L'expression $\dfrac{2x\,(1 - e^y)}{(1 + x^2)^2}\,dx + \dfrac{e^y}{1 + x^2}\,dy$ est-elle une différentielle exacte. Calculer $\displaystyle\int \dfrac{2x\,(1 - e^y)}{(1 + x^2)^2}\,dx + \dfrac{e^y}{1 + x^2}\,dy$ le long d'une courbe allant du point $x = y = 0$ au point $x = 2$, $y = 4$ (Paris 1904).

571. Calculer $\displaystyle\int y^2\,dx - x^2\,dy$ entre les points A $(0, 1)$ et B $(1, 0)$ 1° sur la droite AB, 2° sur l'arc de cercle de centre O, de rayon 1 (T. M. G) (Paris 1904).

572. Calculer l'intégrale curviligne $\displaystyle\int x\,dy - y\,dx$, le point (x, y) décrivant une ellipse ; en déduire l'aire de l'ellipse.

573. Calculer l'aire intérieure à la boucle fermée de la courbe $x^3 + y^3 = 3\,axy$, en la ramenant à une intégrale curviligne.

574. Calculer les intégrales triples $\iiint x^2\, dx\, dy\, dz$, $\iiint y^2\, dx\, dy\, dz$,

$\iiint z^2\, dx\, dy\, dz$ et $\iiint \left(\dfrac{x^2}{a^2} + \dfrac{y^2}{b^2} + \dfrac{z^2}{c^2}\right) dx\, dy\, dz$, à l'intérieur

de l'ellipsoïde $\dfrac{x^2}{a^2} + \dfrac{y^2}{b^2} + \dfrac{z^2}{c^2} = 1$ (T. M. G).

575. Calculer $\iiint \dfrac{dx\, dy\, dz}{(x + y + z + 1)^3}$, où $x > 0$, $y > 0$, $z > 0$,

$x + y + z < 1$.

576. Calculer $\displaystyle\int_0^\infty \int_0^\infty \int_0^\infty \dfrac{dx\, dy\, dz}{(x^2 + y^2 + z^2 + a^2)^3}$.

577. Calculer $\iiint (x + y + z)^2\, dx\, dy\, dz$, où $x^2 + y^2 < 3\, az$,

$x^2 + y^2 + z^2 < 3\, a^2$.

578. Montrer que l'on peut déterminer les coefficients de façon
que $\dfrac{(x + y + 2z)\, dx + (ax + by + cz)\, dy + (a'x + b'y + c'z)\, dz}{(x + y + z)^3}$

soit la différentielle d'une fonction de x, y, z. Déterminer cette
fonction.

579. Déterminer la fonction dont l'expression

$$\dfrac{x + y + z}{(x^2 + y^2 + z^2)^2} \left[(y^2 + z^2 - xy - xz)\, dx + (z^2 + x^2 - yz - yx)\, dy \right.$$
$$\left. + (x^2 + y^2 - zx - zy)\, dz \right] \text{ est la différentielle exacte.}$$

580. Calculer l'intégrale curviligne $\displaystyle\int y\, dx + z\, dy + x\, dz$, prise

sur la courbe d'intersection des surfaces $x^2 + y^2 + z^2 = R^2$,
$x + z = R$, dans un sens tel qu'en partant du point $(R, 0, 0)$, y
commence par augmenter (T. M. G).

581. Calculer l'intégrale $\displaystyle\int (y^2 + z^2)\, dx + (z^2 + x^2)\, dy + (x^2 + y^2)\, dz$

sur la partie de l'intersection des deux surfaces.
$x^2 + y^2 + z^2 = 2\, ax$, $x^2 + y^2 = 2\, bx$, $a > b > 0$, pour laquelle
$z > 0$.

CHAPITRE VII

INTÉGRALES DE SURFACE

582. Calculer l'intégrale de surface $\iint x^3\,dy\,dz + y^2\,dz\,dx + z^3\,dx\,dy$ sur la surface extérieure de la sphère

$$(x - a)^2 + (y - b)^2 + (z - c)^2 = R^2 \quad (\text{T. M. G}).$$

583. Remplacer l'intégrale double précédente par une intégrale triple. Calculer sa valeur à l'intérieur de la sphère (T. M. G).

584. Calculer l'intégrale $\iint \dfrac{dy\,dz}{x} + \dfrac{dz\,dx}{y} + \dfrac{dx\,dy}{z}$ prise sur la face extérieure de l'ellipsoïde $\dfrac{x^2}{a^3} + \dfrac{y^2}{b^3} + \dfrac{z^2}{c^3} = 1$.

585. Transformer l'intégrale précédente en une intégrale double prise sur la sphère $x^2 + y^2 + z^2 = 1$, et calculer cette intégrale double.

586. Dans la question n° 581, transformer l'intégrale curviligne en une intégrale double, sur la sphère $x^2 + y^2 + z^2 = 2ax$, et calculer cette intégrale double.

587. Déterminer la constante h et l'exposant n de façon que

$$\iint \frac{(x + a)\,dy\,dz + (y + b)\,dz\,dx + (z + c)\,dx\,dy}{(x + y + z + h)^n}$$

puisse se remplacer par une intégrale curviligne. Dans ce cas, en déduire la valeur de l'intégrale sur la portion de la sphère $x^2 + y^2 + z^2 = R^2$, limitée au plan $x + y + z = 0$, du coté des parties positives des axes.

588. Appliquer la formule de Stokes à l'intégrale $\int y\,dx + z\,dy + x\,dz$. En particulier former l'intégrale curviligne sur le cercle $x = R\cos^2 t$,

$y = \dfrac{R}{\sqrt{2}} \sin 2\,t$, $z = R \sin^2 t$, l'intégrale double sur la surface du cercle, et vérifier l'égalité des résultats (T. M. G.).

589. Transformer l'intégrale de surface

$$\iint \frac{x^3}{a^2}\, dy\,dz + \frac{y^3}{b^2}\, dz\,dx + \frac{z^3}{c^2}\, dx\,dy$$

en une intégrale triple ; en déduire la valeur de l'intégrale double sur la surface extérieure de l'ellipsoïde $\dfrac{x^2}{a^2} + \dfrac{y^2}{b^2} + \dfrac{z^2}{c^2} = 1$.

CHAPITRE VIII

ÉQUATIONS DIFFÉRENTIELLES

Intégrer les équations différentielles :

590. $(x^2 + y^2)\, dx = 2\,xy\, dy$ (T. M. G.).   (Lyon, 1902).

591. $\left(y + x\,\dfrac{dy}{dx}\right)^2 = 4x^2\,\dfrac{dy}{dx}$ (T. M. G.).

592. $\dfrac{dy}{dx} - 3\,\dfrac{y}{x} = x$, construire la courbe intégrale qui passe par le point $x = 1$, $y = 0$ (Paris 1904).

593. $(1 - x^2)\,\dfrac{dy}{dx} + xy = 1$. Construire la courbe intégrale qui passe par le point $x = 0$, $y = 1$ (T. M. G) (Paris 1905).

594. $\dfrac{dy}{dx} = \dfrac{y}{x} + \sqrt{\dfrac{y^2}{x^2} - 1}$. Représenter les courbes intégrales (Paris prat. 1905).

595. $\dfrac{dy}{dx} - \dfrac{1 + 3x^2}{x(1 + x^2)}\,y = x\,\dfrac{1 - x^2}{1 + x^2}$, déterminer la constante de façon que $y = 0$, pour $x = 1$ (Rennes prat. 1907).

596. $\dfrac{d^2y}{dx^2} - 2\,\dfrac{dy}{dx} + y = x^2\, e^x$ (T. M. G.).

597. $\dfrac{d^2y}{dx^2} - 6\dfrac{dy}{dx} + 9y = \dfrac{9x^2 + 6x + 2}{x^2}$,   (T. M. G.).

598. $\dfrac{d^2y}{dx^2} - 2\dfrac{dy}{dx} + y = e^{-x}\sin x + 4\,e^x$.   (Toulouse, 1906).

599. $\dfrac{d^2y}{dx^2} + 9\,y = \cos 3\,x$.   (Bordeaux, prat. 1903).

600. $\dfrac{d^2y}{dx^2} + \dfrac{2}{a}\dfrac{dy}{dx} + \dfrac{1}{a^2}\,y^2 = e^{\frac{x}{c}} + e^{-\frac{x}{c}}$.   Cas particulier où $c = \pm\,a$ (Rennes 1907).

601. $\dfrac{d^2y}{dx^2} - 2\dfrac{dy}{dx} + ky = 0$. Diverses formes de l'intégrale suivant les valeurs de k, examiner les cas où $k = 1$, 2 et -3. (Paris 1904).

602. $\dfrac{d^2y}{dx^2} + 4y = \sin ax$.   (Paris 1905).

603. $\dfrac{d^2y}{dx^2} - 3\dfrac{dy}{dx} - 2y = 10\,(\sin x + x\cos x) - 8\,x^2$, déterminer l'intégrale y, qui s'annule pour $x = 0$, ainsi que ses deux premières dérivées, et calculer $\displaystyle\int_0^\pi y\,dx$ (Poitiers prat. 1907).

604. $\dfrac{d^4y}{dx^4} - 2\dfrac{d^3y}{dx^3} + 2\dfrac{d^2y}{dx^2} - 2\dfrac{dy}{dx} + y = \dfrac{\pi}{2} + 4\cos x$. Déterminer la courbe intégrale qui passe par les points $x = 0$, $y = 0$, et $x = \pi$, $y = 0$, et tangente en ces points à OX. Calculer l'aire comprise entre OX et la branche de courbe qui relie ces deux points (Montpellier 1907).

605. $y^2\dfrac{d^2y}{dx^2} = -1$. Construire la courbe intégrale qui passe au point $x = y = 1$, et a, en ce point, une tangente parallèle à OX (Paris 1905).

606. $x^2\dfrac{d^2y}{dx^2} - 4x\dfrac{dy}{dx} + 6y = ax + \dfrac{b}{x}$.

607. $x^4\dfrac{d^4y}{dx^4} + 6\,x^3\dfrac{d^3y}{dx^3} + 5\,x^2\dfrac{d^2y}{dx^2} - x\dfrac{dy}{dx} + y = x^2$.

608. Trouver les trajectoires orthogonales des ellipses $3x^2 + y^2 = cx$ (T. M. G.).

609. Construire la courbe $x - y = b\,e^{\frac{y}{a}}$, $a > 0$. Calculer l'aire limitée par la courbe, l'axe des x, et la bissectrice de l'angle XOY, dans la région des y négatifs. Trouver les trajectoires orthogonales de ces courbes, lorsque b varie (Toulouse, 1904).

610. On transporte la parabole $y^2 = 2\,px$, parallèlement à elle-même, de façon que son sommet devienne un point de la parabole $y^2 + 2\,px = 0$. Trouver les trajectoires orthogonales de la famille de paraboles ainsi formées (Caen 1906).

611. Trajectoires orthogonales des strophoïdes

$$x\,(x^2 + y^2) = a\,(x^2 - y^2).$$

Construire une de ces trajectoires (Caen 1906).

612. Enveloppe et trajectoires orthogonales des paraboles qui ont OX pour axe, OY pour directrice (Caen 1900).

Intégrer les systèmes d'équations différentielles.

613. $\dfrac{dy}{dx} - y + z = \dfrac{3}{2}\,x^2$

$\dfrac{dz}{dx} + 4\,y + 3\,z = 1 + 4\,x$ (T. M. G.).

614. $x^2\,\dfrac{d^2y}{dx^2} + \dfrac{bc}{a}\,x\,\dfrac{dz}{dx} + ay + bz = b\,(x + c)$.

$x^2\,\dfrac{d^2z}{dx^2} + \dfrac{ac}{b}\,x\,\dfrac{dy}{dx} - \dfrac{a^2}{b}\,y - az = - a\,(x + c)$.

examiner les cas particuliers $c = 0$, $c = \pm 1$.

615. $\dfrac{d^2y}{dx^2} + 2\,a\,\dfrac{dz}{dx} - a^2y + 2a^2z = b$

$\dfrac{d^2z}{dx^2} + 2\,a\,\dfrac{dy}{dx} + 2\,a^2y - a^2z = cx$.

616. Sur la surface $z^2 = 2\,ay$, déterminer une courbe dont les tangentes font un angle constant θ avec le plan XOY. Construire les projections sur le plan XOY (Caen, 1904).

617. La tangente et la normale au point M d'une courbe coupent OX en T et N. Déterminer la courbe telle que $ON \times OT = c^2$. Par un point P du plan passent deux courbes, une ellipse et une hyperbole. Le point P ayant pour coordonnées $x = c$, $y = \dfrac{c}{\sqrt{2}}$, l'hyperbole divise l'ellipse en trois parties, on demande de calculer leurs aires (Lyon 1907).

618. La tangente au point M d'une courbe coupe OY en T, soit P la projection de M sur OX. Déterminer la courbe telle que l'aire du trapèze MTOP soit constante (E. N. 1907)

CHAPITRE IX

ÉQUATIONS AUX DÉRIVÉES PARTIELLES

Intégrer les équations aux dérivées partielles :

619. $a \dfrac{\delta z}{\delta x} + b \dfrac{\delta z}{\delta y} = 0$ (T. M. G.).

620. $x \dfrac{\delta z}{\delta x} + y \dfrac{\delta z}{\delta y} = 0$ (T. M. G.).

621. $x^2 \dfrac{\delta z}{\delta x} + y^2 \dfrac{\delta z}{\delta y} = z^2$. Déterminer la surface intégrale qui passe par la droite $x = 2y = 3z$.

622. $2 yz \dfrac{\delta z}{\delta x} - xz \dfrac{\delta z}{\delta y} + xy = 0$. Déterminer la surface intégrale qui passe par le cercle $z = 0$, $x^2 + y^2 = y$ (T. M. G.).

623. $(y + z) \dfrac{\delta z}{\delta x} + (x + z) \dfrac{\delta z}{\delta y} = y - x$. Déterminer la surface intégrale qui passe par le cercle $y = 0$, $x^2 + z^2 = 1$.

624. $z = x \dfrac{\delta z}{\delta x} + y \dfrac{\delta z}{\delta y} + \dfrac{\delta z}{\delta x} \cdot \dfrac{\delta z}{\delta y}$.

CHAPITRE X

QUESTIONS GÉNÉRALES D'ANALYSE ET GÉOMÉTRIE ANALYTIQUE

625. Trouver la surface S, lieu des points équidistants d'un plan P et d'un point F donné. Montrer que ses sections planes se projettent sur P suivant des cercles. Aire de la partie de S comprise entre le sommet et un plan parallèle à P passant par F. Montrer que les lignes tracées sur S, qui forment avec P un angle α, se projettent sur P suivant des développantes de cercle (Caen 1900).

626. Construire la courbe $c : x = Kt^2$, $y = Kt^3 — at$; 1° déterminer ses points à l'infini, ses points singuliers, ses points d'inflexion. 2° Calculer le rayon de courbure, dans quel cas est-il une fonction rationnelle de x. 3° La cubique c présente une boucle, calculer l'aire de cette boucle, et le volume qu'elle engendre en tournant autour de OX. 4° L'arc de la courbe c s'exprime par une intégrale elliptique, dans quel cas l'arc est-il une fonction rationnelle de t. 5° Dans ce cas, A étant le point double, trouver un arc AB tel que sa longueur soit la demi-longueur de la boucle (Lille 1905).

627. On donne un cercle c tangent à OY en O. 1° Montrer que le lieu des projections de O sur les tangentes au cercle est une cardioïde K. 2° M et M' étant deux points de K tels que MOM' soit un angle droit, trouver le lieu du milieu de MM'. 3° Sur OM on prend un point P tel que $OM \times OP = \lambda^2$ constant, montrer que P décrit une parabole; trouver les trajectoires orthogonales de ces paraboles, lorsque λ varie. 4° La cardioïde K rencontre OX en O et A, OY en B et B', calculer l'aire engendrée par l'arc AB tournant autour de OX, et le volume limité par cette surface et le plan que décrit OY. 5° On considère un cylindre droit dont la base est la cardioïde, et une sphère de centre O, de rayon égal au diamètre de c, calculer l'aire de la portion de sphère intérieure au cylindre, et l'aire du cylindre intérieure à la sphère (Marseille 1905).

628. On a la courbe $x = a (t — \sin t)$, $y = a \cos t$; calculer la longueur de l'arc entre les points $t = — \pi$ et $t = + \pi$; déterminer le centre de courbure C, et le rayon de courbure en un point M. Trouver le lieu du point C, et du milieu de MC. Trouver l'enveloppe de la perpendiculaire menée au milieu de MC (Montpellier 1907).

629. Déterminer les coordonnées d'un point de l'enveloppe de la droite $x \sin \alpha — y \cos \alpha = 2 \alpha \sin \alpha + 2 \cos \alpha$. Trouver la longueur de l'arc, à partir de $\alpha = 0$, et le rayon de courbure (Rennes prat. 1906).

630. Déterminer a et b de façon que

$$F(x) = \int (x^2 + ax + b) e^{-x} dx$$

s'annule pour x infini, et admette la racine double $x = 1$. Construire la courbe $y = F(x)$ et ses points d'inflexion. La série dont le terme général $u_n = F(n)$ est-elle convergente (Caen 1907).

631. $\frac{dy}{dx} = y\sqrt{1 - y^2}$. Montrer que la courbe intégrale, qui passe par $x = 0$, $y = 1$, peut se représenter par $x = L\,\mathrm{tg}\frac{t}{2}$, $y = \sin t$: construire cette courbe, calculer l'aire comprise entre la courbe, les axes XOY, et la droite $x = a$. Limite de cette aire lorsque a croît indéfiniment. Déterminer le rayon de courbure, et les points d'inflexion. Volume du solide engendré par la courbe tournant autour de OX (Grenoble 1906).

632. Déterminer une surface de révolution telle qu'en tout point M l'un des centres de courbure principaux soit à la même distance de l'axe que M. Calculer l'aire de la surface comprise entre deux points consécutifs de rencontre avec l'axe; volume limité par cette surface (Caen 1901).

633. Un cylindre a pour équation $x^2 + y^2 = 2\,ax$, un cône, de sommet O, est engendré par les droites formant avec OZ un angle de 45°. Déterminer les projections sur XOZ et YOZ de la courbe d'intersection c. 2° Calculer le volume intérieur au cylindre, limité par le cône et le plan XOY, du côté des $z > 0$. Calculer les aires du cylindre et du cône qui limitent ce volume. 4° Trouver le lieu des traces des tangentes à c sur le plan XOZ (Caen 1903).

634. On considère les deux courbes $x = R\cos t$, $y = R\sin t$, $z = at$ et $x = R\cos t'$, $y = R\sin t'$, $z = -at'$. Si $t' = t$, les tangentes aux points correspondants m, m' se coupent en un point T, dont le lieu est une développante de cercle, orthogonale à Tm et Tm'. L'angle mTm' est constant. En le supposant droit, calculer le volume engendré par le triangle mTm', et l'aire décrite par son périmètre, quand t varie de 0 à π (Caen 1905).

635. Déterminer les pieds M_1, M_2 des normales réelles menées de l'origine à la courbe $x^2 y = 2\,a^3$. 2° Calculer l'aire limitée par OM$_1$, la courbe, et OX. 3° Trouver la relation pour que la droite $y = mx + p$ soit tangente à la courbe, et le lieu des points d'où l'on peut mener deux tangentes perpendiculaires. 4° montrer que la sous-normale au point (x, y) est égale à $\dfrac{Ky^2}{x}$; trouver les courbes plus générales telles que la sous-normale soit égale à $K\dfrac{y^{n+1}}{x^n}$, et

montrer que, pour certaines valeurs de n ces courbes sont des ellipses ou des hyperboles. 5° Calculer le volume commun au cylindre engendré par la droite M_1M_2 tournant autour de OX, et au prisme dont la base est le triangle OM_1M_2, les arêtes perpendiculaires au plan XOY (Lille 1906).

636. Intégrer le système d'équations différentielles

$$\frac{dx}{dt} = x - y - t - 2 \quad , \quad \frac{dy}{dt} = y + t.$$

Déterminer une solution telle que $x = y = 0$, pour $t = 0$. Construire la courbe obtenue. Déterminer 1° l'aire comprise entre la courbe, OX et la droite $x = 1$, 2° l'aire comprise entre la courbe et la droite $x = 1$. Montrer que, par le point $x = 1$, $y = -1$, on ne peut mener qu'une tangente à la courbe (Grenoble 1906).

637. Trouver une solution de l'équation différentielle
$\frac{d^2y}{dx^2} + \frac{2}{a}\frac{dy}{dx} + \left(\frac{1}{a^2} + \frac{1}{b^2}\right)y = 0$, telle que $y = h$, $\frac{dy}{dx} = 0$, pour $x = 0$. Construire la courbe qui représente cette fonction, déterminer les points où la tangente est parallèle à OX, et le rayon de courbure en ces points (Rennes, 1907).

638. Soit la courbe $c : x = a \cos t$, $y = a \sin t$, $z = au$, où u est une fonction de t. Former les équations de la tangente, et du plan osculateur. La tangente coupe le plan XOY en A ; déterminer la fonction u de façon que A décrive un cercle de centre O, et que la courbe c passe par le point $x = z = a$, $y = 0$. Dans ce cas rectifier la courbe c. Dans le cas général, déterminer u de façon que le plan osculateur fasse un angle constant avec OZ (Toulouse, 1907).

639. Intégrer le système d'équations différentielles :

$$\frac{dy}{dt} = \sqrt{a^2 - y^2} \quad , \quad \frac{dx}{dt} = \frac{a^2 - y^2}{y}.$$

Si, pour $t = \frac{\pi}{2}$, $x = 0$, $y = a$, on aura :

$$y = a \sin t \quad , \quad x = a \cos t + at.\operatorname{tg}\frac{t}{2}$$

étudier cette courbe, calculer l'angle de la tangente avec OX, l'arc, compté à partir du point $t = \frac{\pi}{2}$, le rayon de courbure, le centre de courbure, l'aire comprise entre la courbe, les axes XOY et une ordonnée variable ; limite de cette aire lorsque l'ordonnée s'éloigne indéfiniment. Déterminer la développée. (Rennes, 1907.)

640. Soit la droite $x \sin t - y \cos t = u$, où u est une fonction de t. Déterminer le point M où cette droite touche son enveloppe, et le rayon de courbure de l'enveloppe. Indiquer la signification géométrique de t, u, $\dfrac{du}{dt}$. Déterminer u de façon que le rayon de courbure soit une fonction linéaire, $as + b$, de l'arc s. Montrer que l'expression de u peut se simplifier en choisissant les axes. (Toulouse, 1907.)

641. La tangente en M à une courbe coupe OX en T. Déterminer les courbes c telles que $MT = AT$, A étant un point fixe sur OY. Trouver les trajectoires orthogonales c' de ces courbes. Montrer que c et c' sont des courbes à centre. On choisit deux courbes c et c' telles que la ligne, joignant leurs centres, soit parallèle à la bissectrice de l'angle XOY. Déterminer le lieu de leurs points d'intersection, et l'aire comprise entre ce lieu et l'axe OY. (Caen, 1903.)

642. On donne une sphère, et un grand cercle c de pôles A et A', au point M de la sphère on fait correspondre, 1° sa projection P sur le plan du grand cercle, 2° l'intersection Q de c avec le demi-cercle AMA'. Sur quelle courbe doit se déplacer M pour que les points P et Q décrivent des arcs égaux. Trouver les trajectoires orthogonales de ces courbes, et rectifier l'une de ces trajectoires à partir du cercle c (Caen, 1905.)

643. Trouver le lieu des pieds des perpendiculaires abaissées de l'origine sur les tangentes à l'ellipse $\dfrac{x^2}{a^2} + \dfrac{y^2}{b^2} = 1$. Calculer l'aire intérieure à ce lieu c. La courbe c située dans le plan $z = 0$, est la base d'un cylindre droit. Construire la projection sur le plan XOZ, de l'intersection de ce cylindre et de la sphère de centre O et de rayon a. Calculer le volume limité par le cylindre et la sphère. Si a et b varient, $a^2 - b^2$ restant constant, déterminer les trajectoires orthogonales des courbes c. (Lille, 1906.)

644. Déterminer les courbes planes telles que la tangente forme avec OX un angle α, $\sin \alpha = \dfrac{2ax}{a^2 + x^2}$. Montrer que ces courbes

peuvent se représenter par l'une des équations

$$(1) \quad y = c \pm a \log\left(1 - \frac{x^2}{a^2}\right) \quad , \quad (2) \quad y = c \pm a \log\left(\frac{x^2}{a^2} - 1\right)$$

Déterminer la forme de ces courbes, les asymptotes, le rayon de courbure, et les trajectoires orthogonales des courbes (1) et (2). (Rennes, 1906.)

645. La tangente en M à une courbe c coupe OY en P. On mène une droite PA perpendiculaire à PM. 1° Déterminer les coordonnées du point A où PA touche son enveloppe. 2° Quelle doit être la courbe c pour que la droite MA ait une longueur constante. Quelle est alors la courbe lieu de A. 3° Quelle doit être la courbe c pour que MA passe par O ; quelles sont les trajectoires orthogonales des courbes ainsi obtenues. (Toulouse, 1906).

646. On considère la lemniscate $z = 0$, $(x^2 + y^2)^2 = a^2(x^2 - y^2)$. 1° Montrer qu'il existe deux points F et F', sur OX, tels que, pour tout point M de la courbe, le produit MF . MF' soit constant. 2° Former l'équation de la surface engendrée par la lemniscate tournant autour de OX, déterminer la section par un plan parallèle à XOY. 3° volume limité par cette surface. 4° Déterminer les trajectoires orthogonales des lemniscates lorsque a varie. 5° Calculer le volume limité par la sphère $x^2 + y^2 + z^2 = a^2$ et le cylindre droit dont la base est la lemniscate. 6° Surface de la portion de sphère intérieure au cylindre. (Lille, 1907.)

647. Calculer $\int y^2 dx + (x^2 - 2xy)dy$, le long d'un quart de cercle de rayon 1, de centre O, dans l'angle XOY, 2° le long de la corde qui joint les extrémités de cet arc. 3° Déterminer une fonction λ de la seule variable x, telle que $\lambda y^2 dx + \lambda(x^2 - 2xy)dy$ soit une différentielle exacte ; former la fonction dont elle est la différentielle. (Paris, 1905.)

648. On considère les plans $\lambda^3 z + \lambda^2 y + \lambda x + 1 = 0$, où λ est variable. 1° Trouver la surface S qui limite la région où doit se trouver un point A, pour qu'un seul plan réel passe par ce point. Quand A est sur S, il passe par A deux plans réels, former leurs équations. 2° La surface S est l'enveloppe des plans p : trouver les génératrices rectilignes, et l'arête de rebroussement de cette surface. Vérifier que z, fonction de x et y, satisfait la relation $\frac{\delta^2 z}{\delta x^2} \cdot \frac{\delta^2 z}{\delta y^2} = \left(\frac{d^2 z}{\delta x \delta y}\right)^2$. 3° Si

$y = f(x)$ est l'équation de la projection, sur XOY, d'une génératrice rectiligne, former l'équation différentielle des fonctions $f(x)$, et intégrer cette équation (Poitiers, 1907.)

649. On considère la surface S, $x = e^{-u} \cos v$, $y = e^{-u} \sin v$, $z = \int_0^{u} \sqrt{1 - e^{-2u}}\, du$. 1° effectuer l'intégrale qui donne z. 2° Montrer que S est de révolution autour de OZ, déterminer la méridienne, et son rayon de courbure, montrer que la tangente, limitée à OZ, a une longueur constante. (Caen, 1907.)

QUATRIÈME PARTIE

MÉCANIQUE

CHAPITRE PREMIER

CINÉMATIQUE

650. Un point se déplace sur une cycloïde avec une vitesse constante, déterminer son accélération.

651. Un point M se déplace sur un cercle passant par O, le rayon vecteur OM décrivant une aire proportionnelle au temps. Déterminer la vitesse et l'accélération du point M.

652. Déterminer la trajectoire d'un point mobile, sachant que l'accélération passe par un point fixe O, qu'elle est inversement proportionnelle à la cinquième puissance du rayon vecteur et que la vitesse initiale, perpendiculaire au rayon vecteur r, est liée à l'accélération par la relation $v_0^2 = r_0 \gamma_0$.

653. Un point M décrit le limaçon de Pascal $\rho = a + b \cos \omega$ de façon que le rayon vecteur OM tourne uniformément, déterminer la vitesse et l'accélération du point M.

654. Une figure plane se déplace dans son plan de façon que deux points A et B restent l'un sur OX, l'autre sur OY. Trouver le lieu des centres instantanés de rotation dans le plan fixe, et dans le plan mobile. (T. M. G.)

655. Un plan glisse sur un plan fixe de façon qu'une droite reste tangente à un cercle fixe, un point de la droite décrivant une tangente au cercle. Déterminer les courbes qui roulent l'une sur l'autre sans glisser.

656. Une figure se meut dans son plan; trouver, à un instant donné, le lieu des points dont l'accélération passe par un point donné.

657. Un parallélipipède rectangle a pour faces les plans $x = \pm 6$, $y = \pm 11$, $z = \pm 16$. Une sphère solide, de rayon 1, se meut à l'intérieur. Le mouvement du centre est rectiligne et uniforme; mais, lorsque la sphère vient toucher une face, la vitesse du centre conserve la même valeur, sa direction subissant la loi de la réflexion; la normale commune à la sphère et au plan est la bissectrice de l'angle des vitesses avant et après le choc. Au temps $t = 0$, le centre de la sphère est en O, les projections de sa vitesse sur les axes sont 1, $\sqrt{2}$, $\sqrt{3}$. Calculer 1° les coordonnées du centre au temps $t = 10$. 2° le z au temps $t = 1000$. On effectuera le calcul numérique à un centième près. (E. N., 1908.)

658. Une sphère de centre fixe se déplace de façon que deux points de la sphère décrivent des grands cercles d'une sphère fixe situés dans des plans perpendiculaires. Déterminer les cônes qui roulent l'un sur l'autre dans ce mouvement.

659. Un solide tourne autour d'un point fixe; quel est, à un instant donné, le lieu des points pour lesquels l'accélération tangentielle est nulle.

660. Si une droite se déplace, montrer que les droites suivant lesquelles sont dirigées les vitesses de ses points sont sur une surface du second degré.

661. Un point M se meut sur une droite OA, avec une vitesse constante; cette droite OA tourne autour de OZ d'un mouvement uniforme. Déterminer la vitesse et l'accélération du point M (T. M. G.)

662. On donne une sphère de centre O; un point M, situé d'abord sur OX, décrit le grand cercle du plan XOZ, avec une vitesse angulaire constante ω; en même temps, le plan de ce cercle tourne autour de OZ, avec la même vitesse angulaire. 1° Déterminer, en fonction du temps, les coordonnées du point M, sa vitesse, son accélération, l'accélération tangentielle et l'accélération normale. 2° Projections de la trajectoire de M sur les plans de coordonnées. 3° L'accélération de M coupe le plan XOY en P, déterminer le mouvement du point P. Montrer que la droite MP rencontre une droite fixe. (E. P., 1904.)

663. Un cercle tangent à OZ roule sur cette droite, le mouvement du point de contact étant uniforme. Le plan du cercle tourne autour de OZ avec une vitesse angulaire constante. Trouver la vitesse et l'accélération d'un point du plan. Trouver le lieu des axes instantanés dans l'espace et par rapport aux axes mobiles.

CHAPITRE II

DYNAMIQUE D'UN POINT LIBRE

664. Mouvement d'un point matériel, partant du repos, repoussé par un point O, en raison inverse du cube de la distance.

665. Mouvement d'un point M, de masse 1, attiré vers O, par une force $F = c^4 \left(2 \dfrac{a^2 + b^2}{r^5} - 3 \dfrac{a^2 b^2}{r^7} \right)$, où a, b, c sont constants, $r = OM$. Pour $t = 0$, $r = a$, la vitesse initiale étant $\dfrac{c^2}{a}$, perpendiculaire à OM.

666. Étudier le mouvement d'un point pesant attiré par une droite verticale OZ ; cette force d'attraction étant perpendiculaire à la droite, et proportionnelle à la distance. (T. M. G.)

667. Un point matériel libre attiré vers O décrit une spirale logarithmique de pôle O, déterminer la force d'attraction.

668. Un point, attiré par un centre O en raison inverse du carré des distances, est, en outre, soumis à une force constante en grandeur et direction. Déterminer la fonction des forces, les lignes de forces, les surfaces de niveau. (T. M. G.)

669. Un solide homogène remplit l'espace compris entre deux sphères, non concentriques, dont l'une est intérieure à l'autre. Calculer l'attraction de ce solide sur un point matériel extérieur, d'après la loi de Newton.

670. Un point M, de masse 1, est soumis à son poids, et à une force constante, égale à ce poids, dirigée vers O. 1° Montrer qu'il y a une fonction des forces U, qu'on supposera nulle en O. 2° Dé-

terminer les surfaces de niveau. 3° Calculer, dans le système c. g. s., le travail des forces, quand M passe du point A situé au-dessus de O à 1 mètre, sur la verticale de ce point, au point B situé à $0^m,50$ de O, sur une horizontale de ce point. 4° M étant lancé de A, avec une vitesse de $0^m,04$ par seconde, de direction arbitraire, déduire du théorème des forces vives la vitesse de M en une position quelconque. On prendra $g = 980$. (Paris, prat., 1905).

671. Un point M, de masse 1, se meut sur OX sous l'action de la force $F = -\dfrac{a^2}{4} x - K \dfrac{dx}{dt}$. 1° Étudier le mouvement de M dans les divers cas possibles. 2° Si K est assez petit, la vitesse initiale étant nulle, M arrive en O après un temps T. Comment peut-on le déterminer. Calculer les premiers termes du développement de T suivant les puissances de K. (Poitiers, prat., 1907.)

672. A tout point $M(x, y, z)$ on fait correspondre le point P de coordonnées $\dfrac{a^2x}{x^2 + y^2}$, $\dfrac{a^2y}{x^2 + y^2}$, o. M, de masse 1, est soumis à une force dirigée vers MP, et égale à $MP.K^2$. 1° Déterminer les projections de cette force sur les axes. 2° Les surfaces de niveau et les lignes de forces. 3° Le mouvement de la projection de M sur OZ. 4° Montrer qu'on peut choisir les conditions initiales de façon que la trajectoire de M ait pour projection, sur XOY, un cercle de centre O, et de rayon supérieur à a; dans ce cas, calculer les coordonnées de M en fonction du temps. (E. P., 1907).

673. Un point est attiré, en raison inverse de la quatrième puissance de la distance, par les points d'une sphère homogène. Le point attiré étant extérieur à la sphère, calculer la fonction des forces, et la résultante de ces forces. (T. M. G.)

674. Un point pesant M est attiré par un point fixe A proportionnellement à la distance. Trouver le mouvement du point M, supposé abandonné au point A, sans vitesse initiale; quelle est la durée de l'oscillation. Quelle est sa vitesse au point B tel que la force d'attraction soit égale au poids de M. *Application*. On supposera $AB = 10$ centimètres, $g = 980$. (Paris, prat., 1904.)

675. Un point M est attiré vers O par une force $\dfrac{2ma^4}{5r^4}$, pour $t = 0$, $r_0 = v_0 = a$, v_0 faisant avec r_0 prolongé un angle aigu, dont le sinus est $\dfrac{2}{\sqrt5}$. Déterminer la trajectoire, et le mouvement de M. (Caen, 1903.)

676. Une surface sphérique homogène attire un point M, de masse 1, en raison inverse du carré des distances. La fonction des forces $V(x, y, z)$ ne dépend que de la distance ρ de M au centre de la sphère : $V(x, y, z) = F(\rho)$. 1° Calculer les dérivées $\frac{\delta V}{\delta x}$, $\frac{\delta V}{\delta y}$, $\frac{\delta V}{\delta z}$, $\frac{\delta^2 V}{\delta x^2}$, $\frac{\delta^2 V}{\delta y^2}$, $\frac{\delta^2 V}{\delta z^2}$ en fonction de x, y, z, F, $\frac{\delta F}{\delta \rho}$, $\frac{\delta^2 F}{\delta \rho^2}$. 2° Montrer que l'équation de Laplace $\frac{\delta^2 V}{\delta x^2} + \frac{\delta^2 V}{\delta y^2} + \frac{\delta^2 V}{\delta z^2} = 0$, à laquelle satisfait V, se réduit à une équation différentielle linéaire entre F et ρ. Intégrer cette équation. 3° Montrer que, si on connait la valeur de V au centre de la sphère, et à l'infini, on peut déterminer les constantes, et obtenir V pour un point, soit intérieur, soit extérieur à la sphère. 4° Achever le calcul en déterminant V au centre et à l'infini à l'aide d'une intégrale double, sur la surface de la sphère. (Montpellier, 1906.)

CHAPITRE III

DYNAMIQUE D'UN POINT NON LIBRE

677. Mouvement d'un point M assujetti à rester sur un cercle de rayon R, et attiré par un point C du cercle par la force $\frac{4\,m\mathrm{K}^2\mathrm{R}^2}{\mathrm{CM}^3}$. Pour $t = 0$, l'arc CM est un quadrant, $v_0 = \mathrm{K}$, M s'éloignant de C. (Caen, 1897.)

678. Mouvement d'un point assujetti à rester sur un cercle, et repoussé par un diamètre fixe en raison inverse du cube de la distance, la position initiale étant sur le rayon perpendiculaire.

679. Un point M, de masse m, assujetti à rester sur un cercle de rayon a, est attiré vers un point C du cercle, par la force $mh^2 r$, $r = \mathrm{CM}$. Pour $t = 0$, $\mathrm{CM} = a\sqrt{2}$, $v_0 = ah\sqrt{2}$, M se rapprochant de C. Déterminer le mouvement de M, et la pression sur le cercle. (Caen, 1906.)

680. Un point M de masse 1 est assujetti à rester sur la cardioïde $r = a(1 + \cos \omega)$, il est attiré vers le pôle par la force $\frac{3a^2}{r^4}$; pour $t = 0$, il est sur l'axe polaire au sommet de la courbe, avec la vitesse $\frac{a}{3}$. Trouver le mouvement, et la réaction de M. (Caen, 1907.)

681. Déterminer une courbe dans un plan vertical, telle qu'un point pesant, assujetti à rester sur cette courbe, puisse avoir une vitesse dont la composante verticale soit constante. (T. M. G.)

682. Mouvement d'un point non pesant, assujetti à rester sur un cône de révolution, dont les génératrices font avec l'axe un angle de 30°, et attiré vers le sommet du cône proportionnellement à la distance. (Caen, 1905.)

683. Mouvement d'un point pesant, assujetti à rester sur un cylindre de révolution incliné sur la verticale.

684. Mouvement d'un point pesant sur un cône de révolution, à axe vertical, dont les génératrices font avec l'axe un angle de 45°. A l'instant initial, le point mobile est à une distance a de l'axe au-dessous du sommet, la vitesse initiale est horizontale, égale à $2\sqrt{2ga}$ (Caen, 1901.)

685. Un point M de masse 1, attiré par un point fixe O proportionnellement à la distance, est mobile sur une droite D, avec frottement. La vitesse initiale est nulle. 1° Le point M se met-il en mouvement. 2° Déterminer le mouvement, et le point où la vitesse devient nulle. 3° Soit P la projection de O sur D, on suppose $PM_0 = \frac{OP}{2}$, le coefficient de frottement $f = \frac{1}{9}$, à quel instant le point s'arrête-t-il définitivement. (Toulouse, 1906.)

686. Un point pesant de masse m est abandonné sans vitesse, il tombe dans un milieu qui oppose une résistance $\frac{2mvt}{1+t^2}$, où v est la vitesse, après le temps t. Déterminer le mouvement, et la vitesse en fonction du temps. (Caen, 1897.)

687. Mouvement d'un point pesant sur une cycloïde, située dans un plan vertical, le sommet en bas; l'air exerçant une résistance proportionnelle à la vitesse; la vitesse initiale étant nulle.

688. Un plan P, formant avec un plan horizontal un angle dont la tangente est $\sqrt{2}$, tourne autour d'un axe vertical, avec une vitesse angulaire constante. Etudier le mouvement relatif d'un point pesant

assujetti à rester dans ce plan. Montrer qu'il existe une position d'équilibre. (T. M. G.)

689. Mouvement d'un point, assujetti à rester sur un cône de révolution, et attiré par l'axe du cône en raison inverse du cube de la distance. (T. M. G.)

690. Mouvement d'un point pesant, placé dans un tube rectiligne, qui tourne uniformément autour d'un axe horizontal.

691. Dans un wagon en marche, on abandonne un point pesant, sans vitesse relative, à 2 mètres au-dessus du plancher du wagon. Étudier le mouvement relatif, en supposant : 1° le mouvement du wagon rectiligne, uniformément accéléré, l'accélération étant $0^m,50$ par seconde, la vitesse 40 kilomètres à l'heure, à l'instant où on lâche le point pesant. 2° le wagon ayant une vitesse constante de 30 kilomètres à l'heure sur un cercle de 80 mètres de rayon. (Lille, 1906.)

692. Mouvement d'un pendule simple dans un milieu dont la résistance est proportionnelle à la vitesse. Les oscillations étant assez petites pour qu'on puisse remplacer $\sin \theta$ par l'angle d'écart θ. (Paris, prat., 1904.)

693. Un pendule simple OM a une longueur de 1 mètre, le point M a une masse de 10 grammes ; il est abandonné à lui-même, OM faisant un angle droit avec la verticale. Calculer, en unités C. G. S, la vitesse du point M, et la tension du fil, quand OM est vertical. $g = 980$. (Paris, 1905.)

CHAPITRE IV

STATIQUE

694. Déterminer la position d'équilibre d'un point attiré vers des points fixes proportionnellement à la distance.

695. On donne le paraboloïde $xy = az$, OZ étant vertical. Un point M, placé sur la surface, est repoussé par OZ proportionnelle-

ment à la distance. Déterminer les positions d'équilibre, en tenant compte du frottement.

696. Déterminer la position d'équilibre d'un point pesant, assujetti à rester sur une hélice tracée sur un cylindre de révolution vertical, repoussé par un point de l'axe du cylindre en raison inverse du carré des distances.

697. Positions d'équilibre d'un point pesant, assujetti à rester sur une parabole dont l'axe est vertical, et repoussé par le foyer proportionnellement à la distance (T. M. G.).

698. Une table horizontale a la forme d'un parallélogramme très mince homogène, elle est soutenue par trois pieds dont l'un est à un sommet, les autres sur le périmètre du parallélogramme ; quels doivent être leurs positions pour qu'ils supportent des poids égaux.

699. Les extrémités d'une droite AB homogène pesante (*fig.* 5)

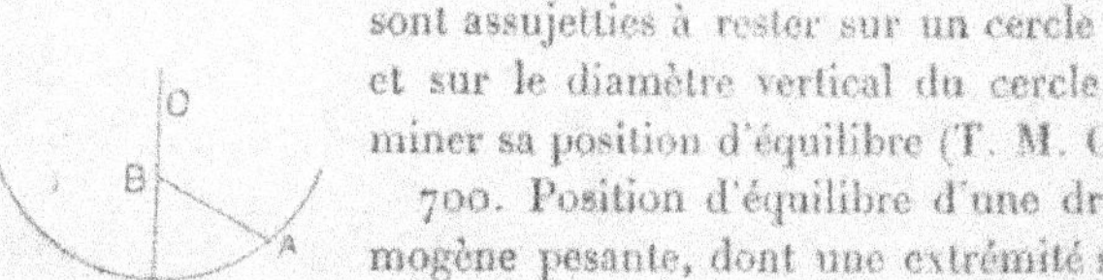

sont assujetties à rester sur un cercle vertical, et sur le diamètre vertical du cercle. Déterminer sa position d'équilibre (T. M. G.).

Fig. 5.

700. Position d'équilibre d'une droite homogène pesante, dont une extrémité s'appuye sur un mur vertical, et dont un point est relié par un fil à un point fixe du mur.

701. Une demi-sphère est limitée par un grand cercle horizontal : déterminer la position d'équilibre d'une tige homogène pesante qui s'appuye sur ce grand cercle, une extrémité reposant sur la demi-sphère.

702. Un triangle isocèle peut se déplacer dans un plan vertical, un sommet de la base reste sur une droite verticale ; le milieu de la base est relié à un point de cette droite par un fil de longueur donnée. Déterminer la position d'équilibre du triangle formé des trois côtés homogènes soumis à leur poids (T. M. G.).

703. Une planche rectangulaire homogène, pesante et très mince, est posée sur un cylindre de révolution horizontal, la génératrice de contact étant parallèle à un côté du rectangle. Déterminer les conditions d'équilibre, en tenant compte du frottement.

704. Un fil non pesant est fixé par ses deux extrémités A, D sur une ligne horizontale ; en quels points B, C du fil, faut-il fixer des

poids P et Q, pour que la partie BC ait une longueur donnée, et reste horizontale?

705. Un point pesant M est assujetti à rester sur une hélice à axe vertical. Il est attiré par un point fixe O de l'axe de l'hélice, proportionnellement à la distance. 1° Trouver la position d'équilibre A du point M. 2° Ce point étant abandonné, sans vitesse initiale, dans une position M_0, trouver sa vitesse en fonction de l'arc AM. (Lille, 1907).

CHAPITRE V

—

CENTRES DE GRAVITÉ

706. Centre de gravité d'un arc de la chaînette

$$y = \frac{a}{2}\left(e^{\frac{x}{a}} + e^{-\frac{x}{a}}\right)$$

commençant au sommet.

707. Centre de gravité de l'arc de courbe $\rho = a(1 + \cos\omega)$, ω variant de 0 à π.

708. Centre de gravité d'un arc d'hélice tracée sur un cylindre de révolution.

709. Centre de gravité de l'aire intérieure à l'une des boucles de la lemniscate $(x^2 + y^2)^2 = 2\,a^2(x^2 - y^2)$.

710. Centre de gravité de l'aire limitée par la courbe

$$y = \frac{x}{\sqrt{1 - x^2}},$$

l'axe des x, et la droite $x = a$; cas particuliers où

$$a = \frac{1}{2}, \quad \frac{1}{\sqrt{2}}, \quad 1.$$

(Grenoble, prat., 1906).

711. Centre de gravité de l'aire comprise à l'intérieur du cercle $x^2 + y^2 = 4px$, et de la parabole $y^2 = 2px$.

712. Centre de gravité de la surface latérale d'un tronc de cône de révolution.

713. Centre de gravité de la surface d'un paraboloïde de révolution, limitée par un plan perpendiculaire à l'axe.

714. Centre de gravité du volume d'une demi-sphère.

715. Déterminer le centre de gravité d'une cycloïde; 2° le centre de gravité de l'aire comprise entre la courbe et sa base. En déduire le volume engendré par cette aire tournant autour de la base. (T. M. G).

716. Centre de gravité du volume de la sphère $x^2 + y^2 + z^2 = R^2$ intérieur au cylindre $x^2 + y^2 = Rx$.

717. Centre de gravité du volume intérieur au paraboloïde $y^2 + z^2 = 2px$, et à la sphère $x^2 + y^2 + z^2 = a^2$.

718. Déterminer les positions d'équilibre d'un solide homogène limité par un paraboloïde elliptique et un plan perpendiculaire à l'axe, qui repose sur un plan horizontal. (T. M. G).

CHAPITRE VI

DYNAMIQUE DES SYSTÈMES

719. Étudier le mouvement de deux points qui s'attirent proportionnellement à leur distance. (T. M. G).

720. Deux points M et M', de masse 1, se repoussent avec une force égale à $6\,MM'$. Chacun d'eux est attiré vers O, par une force égale à 16 fois sa distance au point O. A l'instant initial, les deux points sont sur l'axe des x, M ayant une abscisse $3a$, et une vitesse nulle, M' a une abscisse $-a$ et une vitesse $8a$ parallèle à OY. Chercher les coordonnées des deux points, en fonction du temps; reconnaître que leur trajectoire est la même; déterminer cette courbe. (Caen, 1905).

721. Deux points, de masse 1, sont assujettis à rester sur deux cercles de rayons R et $\frac{R}{2}$, dont les plans sont perpendiculaires à la ligne qui joint les centres. Trouver leur mouvement, sachant qu'ils s'attirent avec la force $\mu^2 MM'$, les vitesses initiales étant nulles. (Caen, 1905).

722. Un point A, de masse 1, est assujetti à rester sur OX. Un point B, de masse 8, reste dans le plan XOY. Ces deux points s'attirent avec une force égale à 8 AB. A l'instant initial ils sont au repos, A en O, B au point $x = y = 9$. Etudier le mouvement et la trajectoire de B. (Caen, 1906).

723. Un cube homogène ABCDA′B′C′D′ pèse 2 kilogrammes, son arête a $0^m,10$. Il reçoit un mouvement hélicoïdal uniforme autour de OZ; l'arête AA′ glisse sur la verticale ascendante OZ avec une vitesse de $0^m,10$ par seconde; la vitesse de rotation est 2π, dans le sens direct. Initialement OA $= 0^m,10$, OA′ $= 0^m,20$, l'arête AB étant parallèle à OX, AD à OY. Aux sommets B et D sont appliquées deux forces constantes de 4 kilogrammes, parallèles l'une à OX, l'autre à OY. Le sommet C, de la face inférieure, est relié à O par un fil élastique exerçant une traction proportionnelle à l'allongement, de 20 grammes par centimètre d'allongement, et nulle à l'origine du temps. Enfin le cube est soumis à un couple résistant d'axe OZ, valant $0^{kg},1$. Calculer en kilogrammètres le travail de ces forces pour un déplacement d'un pas. (Lille, 1906).

724. Connaissant l'ellipsoïde d'inertie du centre de gravité, déterminer l'ellipsoïde en un point donné. Montrer que le lieu des points où il est de révolution est formé d'une ellipse et d'une hyperbole, situées dans les plans de symétrie du premier ellipsoïde (T. M. G.).

725. Un cylindre homogène, de rayon R, est mobile autour de son axe horizontal. Un fil de masse négligeable est fixé au cylindre et enroulé un grand nombre de fois. Son extrémité libre porte un poids P. Des ailettes de masse négligeable, fixées au cylindre, éprouvent une résistance de l'air, qui équivaut à un couple dont l'axe, dirigé sur l'axe du cylindre, est proportionnel à la vitesse angulaire. Etudier le mouvement du système partant du repos, que devient-il après un temps assez long. (Toulouse, 1907).

726. Une barre homogène, très mince, OP, de longueur $2l$, peut tourner dans un plan autour de son extrémité O, qui est fixe. Chaque élément est attiré par un point A du plan, avec une force égale à une constante ω^2, multipliée par sa masse et par la distance au point A; $OA = \frac{2}{3}l$. A l'instant initial, l'angle POA est droit, la vitesse angulaire est ω, cet angle commence par croître. Déterminer le mouvement de la barre. (Caen, 1901).

727. Calculer les moments d'inertie d'un parallélipipède rectangle homogène, par rapport aux parallèles aux arêtes passant par le centre (T. M. G.).

728. L'axe OZ étant vertical, dans le sens de la pesanteur, un tube, très étroit, a pour équations $y = 0$, $z(a^2 + x^2) = a^3$. Il peut tourner autour de OZ, et renferme une petite masse m, qui glisse à l'intérieur sans frottement. A l'instant initial le tube a une vitesse angulaire ω, la masse m est au point $x = 0$, $z = a$, avec la vitesse relative v. Déterminer ω, et le moment d'inertie du tube autour de OZ, de façon que la vitesse de glissement de m dans le tube reste constante. (Caen, 1899).

729. Mouvement d'un disque homogène pesant, très mince, pouvant tourner autour d'un axe horizontal OX, qui le traverse suivant une corde AB, et glisse sans frottement le long de OX. Durée des petites oscillations, position de AB pour laquelle cette durée est minima. (Caen, 1900).

730. Un pendule est formé d'une tige de $0^m,753$, très mince et de poids négligeable, soudée à un disque circulaire homogène, suivant le prolongement d'un rayon. Le rayon du disque est $0^m,228$, l'axe de suspension est perpendiculaire au plan du disque, $g = 9^m,81$. 1° Calculer la durée d'oscillation; 2° On pratique dans le disque un trou circulaire concentrique. Déterminer son rayon pour que le pendule batte la seconde. (Toulouse, prat., 1905).

731. On donne le poids P d'un solide S, $a = OG$ la distance de son centre de gravité à un axe horizontal OX autour duquel il peut tourner, T la durée des petites oscillations du pendule formé. Déterminer la durée des petites oscillations d'un pendule obtenu en fixant, au solide S, une sphère homogène de poids p, de rayon r, son centre étant sur le prolongement de GO, à la distance b de l'axe.

On prendra :

$$P = 5^{kg}, \qquad a = 1^m,5, \quad T = 1^s,4, \quad p = 3^{kg},$$
$$r = 0^m,07, \quad b = 2^m,4, \quad g = 9^m,81. \qquad \text{(Toulouse, 1907)}.$$

732. Une plaque rectangulaire pesante, non homogène, de côtés $2a$ et $2b$, oscille successivement autour de chacun des 4 côtés rendu horizontal. Connaissant les durées T_1, T_2, T_3, T_4, des petites oscillations, en déduire le centre de gravité.

CHAPITRE VII

PROBLÈMES GÉNÉRAUX

733. On donne deux axes rectangulaires xOy. On considère les courbes C telles que l'ordonnée à l'origine de la tangente au point d'abscisse x soit égale à Kx^n, K et n étant des constantes positives.

1° Trouver l'équation générale des courbes C.

2° Construire les courbes qui correspondent à $n = 3$ et 4.

3° A étant un point quelconque de l'une des courbes C, calculer l'aire comprise entre l'arc, et la corde, OA ; ainsi que le volume engendré par cette aire tournant autour de l'un des axes de coordonnées.

4° n étant plus grand que 1, on considère la courbe C tangente à Ox en O. Trouver l'équation générale des courbes telles que la tangente, en un point quelconque P, soit perpendiculaire à la tangente à la courbe C au point d'intersection de C et de la parallèle à Oy menée par P. Montrer que, pour une valeur particulière de n, ces courbes sont des hyperboles équilatères.

5° n étant entier, supérieur à 2, d'un point Q du plan on peut mener, à une courbe C quelconque, n tangentes, dont les points de contact sont T_1, T_2, ..., T_n. Montrer que la somme des aires des cercles engendrés par ces n points, tournant autour de Oy, est égale à n^2 fois l'aire du cercle engendré par le centre de gravité des points $T, T_2 \ldots T_n$. (Lille, 1903).

734. On donne un cercle de centre O, et de rayon a, et l'extrémité A du rayon situé sur OX. Trouver, dans son plan, une courbe dont le rayon de courbure en M soit égal à la corde du cercle passant par A, parallèle à la tangente en M. Parmi ces courbes, déterminer celle qui passe en O, et est tangente à OY en ce point. L'arc de courbe coupe OX en un second point B, trouver la longueur de l'arc OB, l'aire comprise entre cet arc et OX, et le centre de gravité de cette aire. (Toulouse, 1905).

735. Intégrer l'équation différentielle

$$\frac{dy}{dx} - \frac{3}{x} y + \frac{3\,a^2}{x^2} = 0.$$

Montrer qu'elle admet l'intégrale particulière

$$y = \frac{1}{2}\left(\frac{a^2}{x} + \frac{x^2}{3\,a^2}\right).$$

Construire cette courbe. Calculer : 1° l'arc compris entre les points AM d'abscisses a, x ; 2° les coordonnées du centre de gravité de l'arc AM ; 3° le rayon de courbure. (Rennes, 1907).

736. Déterminer et construire l'enveloppe de la droite $y = tx + t^2$. Calculer la longueur de l'arc OM, et le rayon de courbure de cette courbe. Soit A le point où le coefficient angulaire de la tangente est 1 ; calculer l'aire limitée par l'arc OA et les tangentes aux extrémités de cet arc.

Si t représente le temps, le point de contact de la droite décrivant l'enveloppe, trouver la vitesse, l'accélération normale de ce mouvement, et l'énergie cinétique du point de masse $\frac{1}{3}$ quand il passe en A. (Toulouse, 1906).

737. On donne 3 axes rectangulaires, OZ étant vertical, deux points P, P_1 de coordonnées a, b, c et a_1, b_1, c_1, et deux droites D, D_1, issues de ces points, ayant pour cosinus directeurs α, β, γ et α_1, β_1, γ_1. Deux points pesants, sont abandonnés à eux-mêmes, au même instant, et descendent les droites D, D_1, sans frottement. Après le temps t ils sont en M et M_1.

1° Calculer les coordonnées de M et M_1. Si μ et μ_1 sont leurs masses, déterminer le mouvement de leur centre de gravité G.

En supposant $c_1 = c$, $\gamma_1 = \gamma$, quelles conditions doivent satisfaire α, α_1, β, β_1, et $\dfrac{\mu}{\mu_1}$ pour que G décrive une droite verticale.

2° Dans ce cas, former l'équation du lieu de la droite MM_1, mettre en évidence ses génératrices rectilignes. Déterminer son sommet.

3° Le mètre étant pris pour unité, on suppose :

$$a = b = a_1 = 0 \quad , \quad c = c_1 = 1 \quad , \quad b_1 = 2,$$

$$\alpha = \gamma = \frac{1}{\sqrt 2} \quad , \quad \beta = \beta_1 = 0 \quad , \quad \alpha_1 = -\frac{\sqrt 3}{2} \quad , \quad \gamma_1 = \frac{1}{2}.$$

Déterminer $\dfrac{\mu}{\mu_1}$ de façon que G décrive une droite verticale. Calculer sa vitesse à l'instant où il rencontre OY, et la durée t de la chute jusqu'à cet instant. On les calculera en seconde de temps ; en mètres à la seconde, pour la vitesse, $g = 9,8$. (E. P., 1903).

738. On considère les trois surfaces $y = x^2$, $z = xy$, $xz = y^3$.

1° Soit M le point d'intersection des plans polaires d'un point M_0 par rapport à ces surfaces. Exprimer les coordonnées x, y, z de M en fonction des coordonnées x_0, y_0, z_0 de M_0 ; et inversement x_0, y_0, z_0 en fonction de x, y, z.

2° Vérifier que M n'est pas déterminé si M_0 est sur la courbe $C : y = x^2$, $z = x^3$, où se trouve alors M ?

3° Pour que M_0 soit dans le plan xoy, il faut que M soit sur une surface S du troisième degré. Vérifier qu'elle contient la courbe C, et qu'elle est réglée. Quel est le lieu de M_0, si M décrit une génératrice rectiligne de S.

4° Quel est, sur S, le lieu des points M, tels que M_0 soit à l'infini.

5° M se déplace sur S de façon qu'il soit, à l'instant t, sur la génératrice

$$y = tz \quad , \quad x = \frac{2}{3} t^2 z + \frac{1}{3t}$$

et que son accélération soit dans le plan tangent en M à S. Montrer que z vérifie l'équation

$$t \frac{d^2 z}{dt^2} - \frac{1}{z} - 2 t^2 = 0.$$

Intégrer cette équation et calculer x, y, z en fonction de t. Vérifier que C est l'une des trajectoires possibles. (E. N., 1905).

739. On donne des axes rectangulaires fixes $oxyz$. Un cercle c, de rayon $\dfrac{1-m}{2}\,a$, a un mouvement de translation, dans lequel son centre décrit un cercle de centre o, de rayon $\dfrac{1+m}{2}\,a$, avec une vitesse angulaire $(1-m)\omega$, dans le sens de ox vers oy. Un point P se déplace sur le cercle c avec une vitesse angulaire $(1+m)\omega$ dans le même sens positif. a, m, ω sont des constantes positives, $m < 1$. P décrit ainsi une épicycloïde E.

1° Calculer les coordonnées x, y de P en fonction du temps t, sachant que, pour $t = 0$, il est sur ox à la distance a de o, le centre de c étant aussi sur ox.

2° P est la projection d'un point M (x, y, z), calculer z en fonction de t, sachant que la vitesse de M fait, avec oz, un angle ϑ constant, et que $z = 0$ pour $t = 0$. On montrera que la trajectoire K de M est l'intersection du cylindre, dont E est la section droite, par l'ellipsoïde de révolution :

$$\frac{x^2 + y^2}{a^2} + \frac{z^2}{b^2} = 1,$$

où b dépend de ϑ. On introduira b au lieu de ϑ dans l'expression de z.

3° Calculer la grandeur et les cosinus directeurs α, β, γ de la vitesse de M, ainsi que l'arc de la courbe K parcouru dans le temps t. Calculer son rayon de courbure, et vérifier que la vitesse lui est proportionnelle.

4° Former l'équation du plan osculateur de la courbe K, et démontrer qu'à un instant t, tous ces plans, qui correspondent aux courbes K obtenues en faisant varier b, passent par une même droite Δ du plan xoy.

5° Si t varie, montrer que Δ enveloppe une épicycloïde E' homothétique de celle que décrit le point P' diamétralement opposé au point P dans le cercle c. Montrer que E' a pour développée l'épicycloïde E. (E. P., 1906).

PROBLÈMES ET EXERCICES

DE

MATHÉMATIQUES GÉNÉRALES — SOLUTIONS

PREMIÈRE PARTIE

ALGÈBRE

CHAPITRE PREMIER

INCOMMENSURABLES. LIMITES. CONTINUITÉ

1. Soit

$$\frac{ax + b}{cx + d} = h \quad , \quad x(a - ch) = dh - b,$$

le premier membre étant incommensurable, le second commensurable, l'égalité n'est possible que si les deux membres sont nuls

$$\frac{a}{c} = \frac{b}{d} = h.$$

2. Soit $a\sqrt{c} + b\sqrt{d} = h$, $a\sqrt{c} = h - b\sqrt{d}$, et en élevant au carré $2hb\sqrt{d} = h^2 + b^2d - a^2c$, si h est commensurable, cette égalité n'est possible que si $h = 0$; $a^2c = b^2d$, a et b étant de signes contraires.

3. $x^2_{n+1} = \dfrac{ab^2 + x^2_n}{a + 1} = x^2_n + a\dfrac{b^2 - x^2_n}{a + 1} = b^2 - \dfrac{b^2 - x^2_n}{a + 1}.$

Si $x^2_a < b^2$, il en résulte $x_n < x_{n+1} < b$, car ces quantités sont positives ; comme $x_0 < b$, on a $x_1 < b$, $x_2 < b$, ..., et x_n augmente avec n. x_n a donc une limite x (§ 2) ; x_{n+1} a la même limite, et

$$x = \sqrt{\frac{ab^2 + x^2}{a + 1}} \quad , \quad x^2(a + 1) = ab^2 + x^2$$

comme $x > 0$, la limite $x = b$.

$$4. \qquad x_{n+1} - x_n = a\,\frac{ax_n + b - x^2_n}{ax_n + b},$$

et :

$$x^2_{n+1} - ax_{n+1} - b = \left(a + \frac{bx_n}{ax_n + b}\right)\frac{bx_n}{ax_n + b} - b = b^2\,\frac{x^2_n - ax_n - b}{(ax_n + b)^2}$$

les quantités $x^2_n - ax_n - b$ ont toutes le même signe, et sont négatives, car $x^2_0 - ax_0 - b = - b < 0$. Donc $x_{n+1} > x_n$. Si $x > 0$, $\frac{bx}{ax + b} < \frac{b}{a}$ donc x_{n+1} reste inférieur à $a + \frac{b}{a}$. x_n et x_{n+1} ont donc une même limite x (§ 2) :

$$x = a + \frac{bx}{ax + b} \quad , \quad x^2 - ax - b = 0$$

et comme $x > 0$ la limite

$$x = \frac{a + \sqrt{a^2 + 4b}}{2}.$$

$$5. \qquad \sqrt{n + 1} - \sqrt{n} = \frac{1}{\sqrt{n + 1} + \sqrt{n}}$$

tend vers zéro.

$$6. \quad \sqrt{n^2 + an + b} - \sqrt{n^2 + a'n + b'} = \frac{an + b - a'n - b'}{\sqrt{n^2 + an + b} + \sqrt{n^2 + a'n + b'}} =$$

$$= \frac{a - a' + \dfrac{b - b'}{n}}{\sqrt{1 + \dfrac{a}{n} + \dfrac{b}{n^2}} + \sqrt{1 + \dfrac{a'}{n} + \dfrac{b'}{n^2}}}$$

a pour limite $\dfrac{a - a'}{2}$, si $\dfrac{1}{n}$ devient nul.

7. On doit supposer $a > 0$, pour que $\sqrt{a}$ soit réel. x_n augmente avec n, et reste inférieur à $a + 1$; car, si $x_n < a + 1$, $x_{n+1} = \sqrt{a + x_n} < \sqrt{2a + 1} < a + 1$, puisque $2a + 1 < a^2 + 2a + 1$.

Or $x_1 = \sqrt{a} < a + 1$, car $a < a^2 + 2a + 1$, donc $x_2 < a + 1$, $x_3 < a + 1$, ... x_n et x_{n+1} ont donc une même limite x (§ 2) : $x = \sqrt{a + x}$, $x^2 - x - a = 0$, cette équation a deux racines de signes contraires, donc

$$x = \frac{1 + \sqrt{1 + 4a}}{2}$$

8. Soit $n = (2p)^2 + q < (2p + 2)^2$, $0 \leqslant q < 8p + 4$, p et q étant entiers ;

$$\sqrt{n} - 2p = \frac{q}{\sqrt{n} + 2p}$$

$$\sin\left(\frac{n + 1}{\sqrt{n}}\pi\right) = \sin\left(\frac{1}{\sqrt{n}} + \frac{q}{\sqrt{n} + 2p}\right)\pi.$$

Si p augmente indéfiniment, $\frac{1}{\sqrt{n}}$ tend vers zéro,

$$\frac{q}{\sqrt{n} + 2p} = \frac{\dfrac{q}{2p}}{1 + \sqrt{1 + \dfrac{q}{4p^2}}}$$

a la même limite que $\frac{q}{4p}$, car $\frac{q}{p^2} < \frac{8p + 4}{p^2}$ tend vers zéro. Si $\frac{q}{4p}$ a pour limite α, $\sin\frac{n + 1}{\sqrt{n}}\pi$ a pour limite $\sin(\alpha\pi)$.

A tout nombre p on peut faire correspondre q tel que $\frac{q}{4p}$ ait une limite donnée comprise entre 0 et 2. Si $q = 2p$, la limite est $\sin\frac{\pi}{2} = 1$. On peut obtenir toute limite entre -1 et $+1$. $\sin\left(\frac{n + 1}{\sqrt{n}}\pi\right)$ n'est jamais égal à 1, mais sa plus grande limite est 1. On a cette limite avec la suite de valeurs $n = 4p^2 + 2p$, où $p = 1, 2, 3, ...$

9.
$$\sqrt{n^2 + an} - n = \frac{an}{\sqrt{n^2 + an} + n},$$

$$\sin\left(\frac{\pi}{4}\sqrt{n^2 + an}\right) = \sin\left(n + \frac{a}{1 + \sqrt{1 + \dfrac{a}{n}}}\right)\frac{\pi}{4}$$

a la même limite que $\sin\left(n+\dfrac{a}{2}\right)\dfrac{\pi}{4}$, il y a 8 limites $\sin\dfrac{a\pi}{8}$, $\sin\dfrac{a+2}{8}\pi$, $\sin\dfrac{a+4}{8}\pi$, ..., $\sin\dfrac{a+14}{8}\pi$. Ces arcs divisent la circonférence en 8 parties égales, à partir de $\dfrac{a\pi}{8}$. Si on considère les arcs limités par $\dfrac{\pi}{8}$, $\dfrac{3\pi}{8}$, $\dfrac{5\pi}{8}$, ..., $\dfrac{15\pi}{8}$, il y a une division sur chacun de ces arcs, celui qui est entre $\dfrac{3\pi}{8}$ et $\dfrac{5\pi}{8}$ a le plus grand sinus. Il est déterminé par la condition $3 < a + 2K < 5$. La plus grande limite est $\sin\dfrac{a+2K}{8}\pi$; le nombre entier K, positif ou négatif, étant choisi de façon que $a + 2K$ soit compris entre 3 et 5.

10. $\operatorname{tg}\left(\dfrac{\pi}{2p+1}\sqrt{n^2+a}\right) = \operatorname{tg}\dfrac{\pi}{2p+1}\left(n + \dfrac{a}{n+\sqrt{n^2+a}}\right)$

a, pour $n = \infty$, la même limite que $\operatorname{tg}\dfrac{n\pi}{2p+1}$; il y a $2p+1$ limites différentes, $\operatorname{tg}\dfrac{K\pi}{2p+1}$, où $K = 0, 1, 2, ..., 2p$. La plus grande limite est $\operatorname{tg}\dfrac{p\pi}{2p+1}$, qui correspond au plus grand arc, inférieur à $\dfrac{\pi}{2}$.

11. $\dfrac{\pi x}{x+1} = (2K+1)\dfrac{\pi}{2}$, $x = \dfrac{2K+1}{1-2K}$, $K = 0, \pm 1, \pm 2, ...$

$$x = 1\ , \ -3\ , \ -\dfrac{5}{3}\ , \ -\dfrac{7}{5}\ , \ ...$$

$$-\dfrac{1}{3}\ , \ -\dfrac{3}{5}\ , \ -\dfrac{5}{7}\ , \ ...$$

12. Si $x = n^2 + h < (n+1)^2$, $y = \sqrt{x} - n$, y est continu, sauf pour les valeurs $x = n^2$, pour lesquelles y passe de la valeur 1 à 0.

13. Si $0 \leqslant x < 1$, $y = \sqrt{x}$. Si $1 \leqslant x \leqslant 2$, $y = \sqrt{x} - 1$. y varie entre 0 et 1. Le maximum est $\sin\dfrac{\pi}{4} = \dfrac{1}{\sqrt{2}}$. Si x tend vers 1 $\sin\dfrac{\pi y}{4}$ tend vers $\dfrac{1}{\sqrt{2}}$, mais le maximum n'est jamais atteint. Pour $x = 1$, $y = 0$.

CHAPITRE II

RADICAUX. BINÔME

14. $\quad 2\dfrac{\sqrt{3}+\sqrt{2}}{3-2} - 3\dfrac{3\sqrt{2}+2\sqrt{3}}{18-12} - 5\dfrac{2\sqrt{3}+\sqrt{2}}{12-2} = 0.$

15. En élevant au cube : $7 + 5\sqrt{2} = 1 + 3\sqrt{2} + 6 + 2\sqrt{2}.$

16. $\qquad (a-b)(a^2+ab+b^2) = a^3 - b^3$

$$(a-b)(a^3+a^2b+ab^2+b^3) = a^4 - b^4$$

$$\left(\sqrt[3]{n+1}-\sqrt[3]{n}\right)\left(\sqrt[3]{(n+1)^2}+\sqrt[3]{n(n+1)}+\sqrt[3]{n^2}\right) = 1$$

$$\left(\sqrt[4]{n+1}-\sqrt[4]{n}\right)\left(\sqrt[4]{(n+1)^3}+\sqrt[4]{n(n+1)^2}+\sqrt[4]{n^2(n+1)}+\sqrt[4]{n^3}\right) = 1$$

$$\frac{\sqrt[4]{n+1}-\sqrt[4]{n}}{\sqrt[3]{n+1}-\sqrt[3]{n}}\, n^{\frac{1}{12}} =$$

$$= \frac{\sqrt[3]{(n+1)^2}+\sqrt[3]{n(n+1)}+\sqrt[3]{n^2}}{\sqrt[4]{(n+1)^3}+\sqrt[4]{n(n+1)^2}+\sqrt[4]{n^3(n+1)}+\sqrt[4]{n^3}}\, n^{\frac{3}{4}-\frac{2}{3}} =$$

$$= \frac{\left(\dfrac{n+1}{n}\right)^{\frac{2}{3}}+\left(\dfrac{n+1}{n}\right)^{\frac{1}{3}}+1}{\left(\dfrac{n+1}{n}\right)^{\frac{3}{4}}+\left(\dfrac{n+1}{n}\right)^{\frac{2}{4}}+\left(\dfrac{n+1}{n}\right)^{\frac{1}{4}}+1}$$

a pour limite $\dfrac{3}{4}$, car $\dfrac{n+1}{n} = 1 + \dfrac{1}{n}$ tend vers 1.

17. En élevant au carré, on a : $2\sqrt{x^2-a^2} = x,\ 3x^2 = 4a^2.$ On peut supposer $a > 0$, il faut $x > 0$ pour que $\sqrt{x-a}$ soit réel,
$$x = \frac{2a}{\sqrt{3}}.$$

18. Soit
$$y = \sqrt{a+2b\sqrt{a-b^2}} + \sqrt{a-2b\sqrt{a-b^2}},$$

et $b > 0$

$$y^2 = 2a + 2\sqrt{a^2 - 4ab^2 + 4b^4} = 2a + 2\sqrt{(a-2b^2)^2}$$

$\sqrt{}$ représente un nombre positif. Si $2b^2 \geqslant a \geqslant b^2$

$$y^2 = 2a + 2(2b^2 - a) = 4b^2 \quad,\quad y = 2b.$$

Si $a \geqslant 2b^2$.

$$y^2 = 2a + 2(a - 2b^2) \quad,\quad y = 2\sqrt{a - b^2}.$$

19. $b^3 = a + 3\sqrt{a^2 \cdot a^2} + 3\sqrt[3]{a \cdot a^4} + a^2 = a + a^2 + 3a\,(\sqrt[3]{a} + \sqrt[3]{a^2})$
$$b^3 - 3ab = a + a^2.$$

20. Soit

$$x = \sqrt[3]{a + \frac{a+1}{3}\sqrt{\frac{8a-1}{3}}} \quad,\quad y = \sqrt[3]{a - \frac{a+1}{3}\sqrt{\frac{8a-1}{3}}}$$

$$x + y = z \quad,\quad z^3 = x^3 + y^3 + 3xy(x+y)$$

mais

$$xy = \sqrt[3]{a^2 - \frac{8a-1}{27}(a+1)^2} = \frac{1}{3}\sqrt[3]{1 - 6a + 12a^2 - 8a^3} = \frac{1-2a}{3}$$

$$z^3 = 2a + z(1-2a) \quad,\quad z^3 + (2a-1)z - 2a = 0$$
$$(z-1)(z^2 + z + 2a) = 0$$
$$x + y = z = 1 \qquad \text{ou} \qquad -\frac{1}{2} \pm \sqrt{\frac{1}{4} - 2a}.$$

Si $a > \dfrac{1}{8}$, comme x et y sont réels, $x + y = 1$.

21. En élevant au cube :

$$2x + 3(x^2 - 1)^{\frac{1}{3}}\left[(x + 1)^{\frac{1}{3}} + (x - 1)^{\frac{1}{3}}\right] = 5x$$

et, en tenant compte de l'équation donnée :

$$3(x^2 - 1)^{\frac{1}{3}} \cdot (5x)^{\frac{1}{3}} = 3x \quad,\quad 5x(x^2 - 1) = x^3$$
$$x(4x^2 - 5) = 0$$

trois solutions

$$x = 0 \quad,\quad \pm\frac{\sqrt{5}}{2}.$$

22. $(1 + x)(1 + x^2) = 1 + x + x^2 + x^3$,
$(1 + x + x^2 + x^3)(1 + x^4) = 1 + x + \ldots + x^7$.

Si

$$(1 + x)(1 + x^2) \ldots (1 + x^{2^{n-1}}) = 1 + x + x^2 + \ldots + x^{2^n - 1}$$

le produit par $1 + x^{2^n}$ donne $1 + x + \ldots + x^{2^{n+1}-1}$.

23. $(a + b + c)^3 - (a + b - c)^3 = 2[3(a + b)^2 c + c^3]$

$$(c + b - a)^3 + (c - (b - a))^3 = 2[c^3 + 3c(b - a)^2]$$

$$(a + b + c)^3 - (a + b - c)^3 - (b + c - a)^3 - (c + a - b)^3 =$$
$$= 6c[(a + b)^2 - (b - a)^2] = 24\,abc$$

que l'on peut obtenir en développant les 4 cubes du premier membre.

24. En effectuant la multiplication, on a :

$$
\begin{aligned}
&1 + x + x^2 + \ldots + x^n \\
&\quad x + x^2 + \ldots + x^n + x^{n+1} \\
&\qquad x^2 + \ldots + x^n + x^{n+1} + x^{n+2} \\
&\qquad \cdots \cdots \cdots \\
&\qquad\qquad x^n + x^{n+1} + x^{n+2} + \ldots + x^{2n}
\end{aligned}
$$

$$(1 + x + \ldots + x^n)^2 = 1 + 2x + 3x^2 + \ldots + (n+1)x^n + nx^{n+1} + \ldots + 2x^{2n-1} + x^{2n}.$$

25. $(2n + 1)^3 - (2n - 1)^3 = (2n - 1 + 2)^3 - (2n - 1)^3 =$
$$= 6(2n - 1)^2 + 12(2n - 1) + 8$$

si on ajoute les équations où $n = 1, 2, 3, \ldots n$ on a :

$$(2n+1)^3 - 1 = 6[1^2 + 3^2 + \ldots + (2n-1)^2] + 12[1 + 3 + \ldots + (2n-1)] + 8n$$

$$1^2 + 3^2 + \ldots + (2n - 1)^2 = \frac{8n^3 + 12n^2 - 2n}{6} - 2n^2 = n\frac{4n^2 - 1}{3}.$$

26. $\qquad n(n + 1)(n + 2) = n^3 + 3n^2 + 2n.$

On a (§ 12) :

$$1.2.3 + 2.3.4 + \ldots + n(n + 1)(n + 2) = \Sigma n^3 + 3\Sigma n^2 + 2\Sigma n =$$
$$\frac{n^2(n+1)^2}{4} + \frac{n(n+1)(2n+1)}{2} + n(n+1) = \frac{n(n+1)}{4}(n^2 + 5n + 6) =$$
$$= \frac{n(n + 1)(n + 2)(n + 3)}{4}.$$

27. On a (§ 12) :

$$\left(a + \frac{1}{n}\right)^2 + \left(a + \frac{2}{n}\right)^2 + \ldots + \left(a + \frac{n-1}{n}\right)^2 =$$

$$= (n-1)\, a^2 + \frac{2a}{n} \cdot \frac{n(n-1)}{2} + \frac{1}{n^2} \cdot \frac{(n-1)\,n\,(2n-1)}{6} =$$

$$= (n-1)\left(a^2 + a + \frac{2n-1}{6n}\right).$$

Si on divise par n, la limite est $a^2 + a + \frac{1}{3}$.

CHAPITRE III

DÉTERMINANTS

28. En retranchant les éléments de la dernière colonne des deux autres (§ 15), on a :

$$\begin{vmatrix} 1 & 1 & 1 \\ x & y & z \\ x^2 & y^2 & z^2 \end{vmatrix} = \begin{vmatrix} 0 & 0 & 1 \\ x-z & y-z & z \\ x^2-z^2 & y^2-z^2 & z^2 \end{vmatrix} = \begin{vmatrix} x-z & y-z \\ x^2-z^2 & y^2-z^2 \end{vmatrix} = (x-z)(y-z)\begin{vmatrix} 1 & 1 \\ x+z & y+z \end{vmatrix} =$$

$$= (x-z)\,(y-z)\,(y-x) = (x-y)\,(y-z)\,(z-x).$$

On peut aussi vérifier l'identité en développant le déterminant.

29. En retranchant les éléments de la première colonne des autres, on a :

$$\begin{vmatrix} 1 & 1 & 1 \\ 1 & 1+a & 1 \\ 1 & 1 & 1+b \end{vmatrix} = \begin{vmatrix} 1 & 0 & 0 \\ 1 & a & 0 \\ 1 & 0 & b \end{vmatrix} = \begin{vmatrix} a & 0 \\ 0 & b \end{vmatrix} = ab.$$

30. En développant suivant les éléments de la première colonne (§ 15), on a :

$$\begin{vmatrix} x & y & x+y \\ y & x+y & x \\ x+y & x & y \end{vmatrix} = x\,(y^2 + xy - x^2) - y\,(y^2 - xy - x^2) +$$

$$+ (x+y)\,(-x^2 - xy - y^2) = -2\,(x^3 + y^3).$$

31.
$$\begin{vmatrix} 1+a & 1 & 1 & 1 \\ 1 & 1+b & 1 & 1 \\ 1 & 1 & 1+c & 1 \\ 1 & 1 & 1 & 1+d \end{vmatrix} = \begin{vmatrix} 1+a & -a & -a & -a \\ 1 & b & 0 & 0 \\ 1 & 0 & c & 0 \\ 1 & 0 & 0 & d \end{vmatrix} =$$

$$= (1+a)\,bcd + acd + abd + abc = abcd\left(1 + \frac{1}{a} + \frac{1}{b} + \frac{1}{c} + \frac{1}{d}\right).$$

32. En développant suivant la première ligne :

$$\begin{vmatrix} 0 & a & b & c \\ -a & 0 & c' & b' \\ -b & -c' & 0 & a' \\ -c & -b' & -a' & 0 \end{vmatrix} = -a\begin{vmatrix} -a & c' & b \\ -b & 0 & a' \\ -c & -a' & 0 \end{vmatrix} + b\begin{vmatrix} -a & 0 & b' \\ -b & -c' & a' \\ -c & -b' & 0 \end{vmatrix} - c\begin{vmatrix} -a & 0 & c' \\ -b & -c' & 0 \\ -c & -b' & -a' \end{vmatrix} =$$

$$= a(aa'^2 - ba'b' + ca'c') + b(-aa'b' + bb'^2 - cb'c') + c(aa'c' - bb'c' + cc'^2) =$$

$$= a^2a'^2 + b^2b'^2 + c^2c'^2 + 2(aa'cc' - aa'bb' - bcb'c') = (aa' - bb' + cc')^2.$$

33. En développant suivant la première ligne :

$$\begin{vmatrix} \cos(a-b) & \cos(b-c) & \cos(c-a) \\ \cos(a+b) & \cos(b+c) & \cos(c+a) \\ \sin(a+b) & \sin(b+c) & \sin(c+a) \end{vmatrix} = \cos(a-b)\sin(a-b) -$$

$$- \cos(b-c)\sin(c-b) + \cos(c-a)\sin(c-a) =$$

$$= \frac{1}{2}\big(\sin 2(a-b) + \sin 2(b-c)\big) + \cos(c-a)\sin(c-a) =$$

$$= \sin(a-c)\cos(a-2b+c) - \sin(a-c)\cos(a-c) =$$

$$= 2\sin(a-b)\sin(b-c)\sin(c-a).$$

34. Si on retranche la première colonne des autres, on a :

$$(b_1 - b_2)(b_1 - b_2) \ldots (b_1 - b_n)\begin{vmatrix} a_1 - b_1 & 1 & \ldots & 1 \\ a_2 - b_1 & 1 & \ldots & 1 \\ \cdot & \cdot & \cdot & \cdot \\ a_n - b_1 & 1 & \ldots & 1 \end{vmatrix} = 0 \quad , \quad \text{si } n > 2.$$

35. L'élimination donne (§ 17) :

$$\begin{vmatrix} -1 & \cos C & \cos B \\ \cos C & -1 & \cos A \\ \cos B & \cos A & -1 \end{vmatrix} = 0 \quad , \quad \cos^2 A + \cos^2 B + \cos^2 C + 2\cos A\cos B\cos C - 1 = 0.$$

$$\cos^2 A + 2\cos A\cos B\cos C + \frac{1}{2}(\cos 2B + \cos 2C) = 0$$

$$\cos^2 A + \cos A\big(\cos(B+C) + \cos(B-C)\big) + \cos(B+C)\cos(B-C) = 0$$

$$\big(\cos A + \cos(B+C)\big)\big(\cos A + \cos(B-C)\big) = 0$$

$$\cos\frac{A+B+C}{2}\cos\frac{B+C-A}{2}\cos\frac{A+C-B}{2}\cos\frac{A+B-C}{2} = 0.$$

L'un des angles $A + B + C$, $B + C - A$, $A + C - B$, $A + B - C$, doit être égal à $(2K + 1)\pi$. Supposons A, B, C compris entre 0 et π. On peut avoir : 1° $A + B + C = \pi$, les rapports de a, b, c sont déterminés, il y a un triangle d'angles A, B, C ;

2° $A + B + C = 3\pi$, $A = B = C = \pi$, les trois équations se réduisent à une : $a + b + c = 0$;

3° $B + C - A = \pi$, ou $A + (\pi - B) + (\pi - C) = \pi$, il y a un triangle de côtés a, $- b$, $- c$, d'angles A, $\pi - B$, $\pi - C$;

4° $B + C - A = - \pi$, $B = C = 0$, $A = \pi$, il y a une seule équation $a = b + c$; les deux autres angles $A + C - B$, $A + B - C$ donnent des cas analogues.

36. En éliminant a, b, c, on a :

$$2 S \left(\frac{1}{r} - \frac{1}{r'} - \frac{1}{r''} - \frac{1}{r'''} \right) = a + b + c - (b + c - a) - (c + a - b) - (a + b - c) = 0.$$

$$\frac{1}{r} = \frac{1}{r'} + \frac{1}{r''} + \frac{1}{r'''}.$$

37. Si a, b, c, d sont les longueurs des côtés, A l'angle de a et b, l la diagonale opposée, l'angle des côtés c et d est $\pi - A$, et :

$$l^2 = a^2 + b^2 - 2ab \cos A = c^2 + d^2 + 2cd \cos A$$

$$\cos A = \frac{a^2 + b^2 - c^2 - d^2}{2 (ab + cd)}$$

$$\sin^2 A = (1 - \cos A)(1 + \cos A) = \frac{(c+d)^2 - (a-b)^2}{2 (ab + cd)} \cdot \frac{(a+b)^2 - (c-d)^2}{2 (ab + cd)}$$

la surface, somme de deux triangles est :

$$S = \frac{ab + cd}{2} \sin A =$$

$$= \frac{1}{4} \sqrt{(-a+b+c+d)(a-b+c+d)(a+b-c+d)(a+b+c-d)}.$$

Dans l'un des triangles, on a pour le rayon :

$$4 R^2 = \frac{l^2}{\sin^2 A} = \frac{ab(c^2 + d^2) + cd(a^2 + b^2)}{(ab + cd) \sin^2 A} =$$

$$= \frac{(ab + cd)(ac + bd)(ad + bc)}{4 S^2}.$$

38. Si a, b, c, d, sont les surfaces des 4 faces, V le volume, R le rayon de la sphère inscrite, V est la somme de 4 pyramides ayant pour sommet commun le centre de la sphère

$$3V = R(a + b + c + d).$$

Il y a une sphère tangente aux faces b, c, d, et à la face a du côté extérieur à la pyramide ; les rayons des 4 sphères analogues donnent de même :

$$3V = R_1(-a + b + c + d) = R_2(a - b + c + d) =$$
$$= R_3(a + b - c + d) = R_4(a + b + c - d).$$

Enfin, il existe trois sphères tangentes à deux faces du côté intérieur et aux deux autres du côté extérieur à la pyramide. Le volume total est la différence de 4 pyramides ayant pour sommet le centre de la sphère.

$$3V = R'_1(a + b - c - d) = R'_2(a - b + c - d) = R'_3(a - b - c + d)$$

ces rayons R' pouvant être négatifs, suivant la position du centre. En éliminant a, b, c, d, entre ces 8 équations, on a :

$$\frac{2}{R} = \frac{1}{R_1} + \frac{1}{R_2} + \frac{1}{R_3} + \frac{1}{R_4} \quad , \quad \frac{2}{R'_1} = \frac{1}{R_3} + \frac{1}{R_4} - \frac{1}{R_1} - \frac{1}{R_2}$$

$$\frac{2}{R'_2} = \frac{1}{R_2} + \frac{1}{R_4} - \frac{1}{R_1} - \frac{1}{R_3} \quad , \quad \frac{2}{R'_3} = \frac{1}{R_2} + \frac{1}{R_3} - \frac{1}{R_1} - \frac{1}{R_4}.$$

CHAPITRE IV

—

SÉRIES

39.
$$\frac{u_{n+1}}{u_n} = x\, \frac{n + \sqrt{n}}{n + 1 + \sqrt{n + 1}} = x\, \frac{1 + \sqrt{\dfrac{1}{n}}}{1 + \dfrac{1}{n} + \sqrt{\dfrac{n + 1}{n^2}}}$$

a pour limite x ; si $-1 < x < 1$ la série est convergente (§ 20) ; si $x = 1$,

$$n u_n = \frac{n}{n + \sqrt{n}}$$

tend vers 1, la série est divergente (§ 22) ; si $x = -1$,

$$u_n = \frac{(-1)^n}{n + \sqrt{n}}.$$

$|u_n|$ décroît, tend vers zéro ; la série est semi-convergente (§ 23).

40. $u_n = n(n+1)x^n$, $\dfrac{u_{n+1}}{u_n} = \dfrac{n+2}{n}\, x$ tend vers x. Si $-1 < x < 1$, la série est convergente. Si $x = \pm 1$ elle est divergente, car le terme général ne tend pas vers zéro.

41. Si $x > 1$, $\dfrac{1}{1 + x^n} < \dfrac{1}{x^n}$ la série est convergente (§ 19). Si $-1 \leqslant x \leqslant 1$ elle est divergente, car u_n ne tend pas vers zéro. Si $x < -1$ elle est convergente, car $\left|\dfrac{u_{n+1}}{u_n}\right| = \left|\dfrac{1 + x^n}{1 + x^{n+1}}\right|$ tend vers $\left|\dfrac{1}{x}\right| < 1$.

42. $u_n = a\left(\dfrac{x}{2}\right)^n \dfrac{\operatorname{tg}\dfrac{a}{2^n}}{\dfrac{a}{2^n}}$, comme $\dfrac{\operatorname{tg}\dfrac{a}{2^n}}{\dfrac{a}{2^n}}$ tend vers 1, la série est

convergente en même temps que $\sum\left(\dfrac{x}{2}\right)^n$ (§ 19), c'est-à-dire si $|x| < 2$. Si $|x| > 2$, elle est divergente.

43. $u_n = 2\sin^2\left(\dfrac{a}{2}x^n\right)$, si $|x| \geqslant 1$, u_n ne tend pas vers zéro ; si $|x| < 1$, la série converge, comme la série $v_n = x^{2n}$, $\dfrac{u_n}{v_n}$ ayant pour limite $\dfrac{a^2}{2}$ (§ 19).

44. $u_n = 2\sin^2\left(\dfrac{x}{2\,n^p}\right)$, $n^{2p}u_n = \dfrac{x^2}{2}\left(\dfrac{\sin\dfrac{x}{2\,n^p}}{\dfrac{x}{2\,n^p}}\right)^2$ a pour limite $\dfrac{x^2}{2}$.

Si $p > \dfrac{1}{2}$ la série est convergente (§ 22) ; si $p \leqslant \dfrac{1}{2}$ elle est divergente.

45. Si $|x| > 1$, u_n ne tend pas vers 0. Si $|x| < 1$ la série est convergente, d'après le théorème d'Abel (§ 25).

46. $u_n = (-1)^n \sin\dfrac{a\pi}{n}$, série à signes alternés, les termes décroissent et tendent vers zéro, la série converge (§ 25).

47. $nu_n = \dfrac{1}{\sqrt{n}}$ tend vers 1 (§ 21), la série est divergente (§ 22).

48. $\dfrac{u_{n+1}}{u_n} = \dfrac{x}{1 + x^n}$ a pour limite x si $|x| < 1$, 0 si $|x| > 1$, $\dfrac{1}{2}$ si $x = 1$, la série est toujours convergente, sauf pour $x = -1$.

49. $u_n = n^{p-2} \dfrac{a_0 + \dfrac{a_1}{n} + \dots}{b_0 + \dfrac{b_1}{n} + \dots}$, si $p \geqslant q$, u_n ne tend pas vers o.

Si $p = q - 1$, nu_n a pour limite $\dfrac{a_0}{b_0}$, série divergente. Si $p \leqslant q - 2$, $n^{\frac{3}{2}} u_n$ tend vers zéro, la série est convergente ($\S$ 22).

50. Le rapport d'un terme au précédent $\dfrac{na + c}{nb + c}$ a pour limite $\dfrac{a}{b}$. Si $\left|\dfrac{a}{b}\right| < 1$ la série est convergente; si $\left|\dfrac{a}{b}\right| > 1$ elle est divergente. Si $a = b$ tous les termes sont égaux, elle est divergente. Si $a = -b$, $\dfrac{-nb + c}{nb + c} = -1 + \dfrac{2c}{nb + c}$; si $\dfrac{b}{c} < 0$, $|u_n|$ augmente avec n, la série est divergente; si $\dfrac{b}{c} > 0$, les termes vont en décroissant, et tendent vers zéro ($\S$ 32); les signes étant alternés, la série est convergente ($\S$ 25).

51. $\dfrac{1}{n(n + 1)} = \dfrac{1}{n} - \dfrac{1}{n + 1}$, $\displaystyle\sum_1^n \dfrac{1}{n(n + 1)} = 1 - \dfrac{1}{n + 1}$,
$$\sum_1^\infty \dfrac{1}{n(n + 1)} = 1.$$

52. $\dfrac{1}{n(n + 1)(n + 2)} = \dfrac{1}{2}\left(\dfrac{1}{n} - \dfrac{2}{n + 1} + \dfrac{1}{n + 2}\right)$, c'est une décomposition en fractions simples ($\S$ 98).

$$2\sum_1^n \dfrac{1}{n(n + 1)(n + 2)} = \left(1 - \dfrac{2}{2} + \dfrac{1}{3}\right) + \left(\dfrac{1}{2} - \dfrac{2}{3} + \dfrac{1}{4}\right) + \dots +$$
$$+ \left(\dfrac{1}{n} - \dfrac{2}{n + 1} + \dfrac{1}{n + 2}\right) = 1 - \dfrac{1}{2} - \dfrac{1}{n + 1} + \dfrac{1}{n + 2} = \dfrac{1}{2} -$$
$$- \dfrac{1}{(n + 1)(n + 2)} , \qquad \sum_1^\infty \dfrac{1}{n(n + 1)(n + 2)} = \dfrac{1}{4}.$$

53. La convergence résulte de la règle de Dalembert ($\S$ 20). Si on prend n termes, la somme des termes négligés est inférieure à
$$\dfrac{1 . 3 \dots (2n + 1)}{2 . 4 \dots (2n + 2)} x^{n+1} (1 + x + x^2 + \dots) = \dfrac{1 . 3 \dots (2n + 1)}{2 . 4 \dots (2n + 2)} \dfrac{x^{n+1}}{1 - x}.$$
Si $x = \dfrac{1}{3}$, en calculant 7 termes avec 6 décimales on trouve $S = 0{,}224700$ et $R < 0{,}000045$. La valeur demandée est $0{,}2247$.

54. $R < \dfrac{x^{2n+1}}{2n+1} + \dfrac{x^{2n+3}}{2n+1} + \ldots = \dfrac{x^{2n+1}}{2n+1}(1 + x^2 + x^4 + \ldots) =$ $= \dfrac{x^{2n+1}}{(2n+1)(1-x^2)}$; si $x = \dfrac{1}{10}$, $n = 3$, $R < \dfrac{100}{7 \cdot 99} \cdot \dfrac{1}{10^7} = \dfrac{0,14\ldots}{10^7}$
$S = 0,1003353$.

55. Soit $u_n = \dfrac{(a+1)(a+2)\ldots(a+n)}{1 \cdot 2 \ldots n}$, $\dfrac{u_{n+1}}{u_n} = \dfrac{a+n+1}{n+1}$ a pour limite 1, $\sqrt[n]{u_n}$ a la même limite (§ 21).

56. $P(n) = a_0 n^\alpha + a_1 n^{\alpha-1} + \ldots$, il faut supposer $a_0 > 0$ pour que $\sqrt[n]{P(n)}$ soit réel, lorsque n est pair et assez grand. $P(n)$ augmente indéfiniment, $\sqrt[n]{n}$ tend vers 1 (§ 21), ainsi que $\sqrt[n]{n^{\alpha+1}}$. Si n est assez grand $1 < P(n) < n^{\alpha+1}$, car $\dfrac{P}{n^{\alpha+1}}$ tend vers zéro.

$$1 < \sqrt[n]{P(n)} < \sqrt[n]{n^{\alpha+1}} \quad , \quad \sqrt[n]{P(n)} \text{ tend aussi vers } 1.$$

CHAPITRE V

FONCTION EXPONENTIELLE. LOGARITHMES

57. Posons $f(x) = \varphi(x) - a$

$$\varphi(x+y) = f(x+y) + a = f(x) + f(y) + 2a = \varphi(x) + \varphi(y)$$
$$\varphi(2x) = 2\varphi(x) \quad , \quad \varphi(3x) = 3\varphi(x) \quad , \quad \varphi(nx) = n\varphi(x).$$

Si m et n sont entiers : $\dfrac{\varphi(mx)}{mx} = \dfrac{\varphi(x)}{x} = \dfrac{\varphi(nx)}{nx}$. Si $\dfrac{y}{z}$ est commensurable, soit $\dfrac{y}{m} = \dfrac{z}{n} = x$, $\dfrac{\varphi(y)}{y} = \dfrac{\varphi(z)}{z}$. Si $f(x)$ est continu $\dfrac{f(x)+a}{x}$ est constant.

$$f(x) = cx - a.$$

58. $$\frac{e^x - e^{-x}}{e^x + e^{-x}} = \frac{e^{2x} - 1}{e^{2x} + 1} = 1 - \frac{2}{e^{2x} + 1}.$$

Si x augmente de $-\infty$ à $+\infty$, e^{2x} augmente de 0 à $+\infty$ (§ 28). La première fraction augmente de -1 à $+1$.

59.
$$e^2 = 1 + \frac{2}{1} + \frac{4}{1.2} + \ldots + \frac{2^n}{1.2\ldots n}$$
$$R < \frac{2^{n+1}}{1.2\ldots(n+1)}\left(1 + \frac{2}{n+2} + \left(\frac{2}{n+2}\right)^2 + \ldots\right) =$$
$$= \frac{2^{n+1}}{1.2\ldots(n+1)} \times \frac{n+2}{n}.$$

Si $n = 10$, on trouve

$$e^2 = 7,38899 \qquad R < 0,000062 \qquad e^2 = 7,3890.$$

60. $\quad e^{2x} - ae^x + 1 = 0 \quad,\quad e^x = \frac{a \pm \sqrt{a^2-4}}{2}\quad,$

$e^{-x} = \frac{a \mp \sqrt{a^2-4}}{2}, \quad x = \log\frac{a \pm \sqrt{a^2-4}}{2} = \pm\log\frac{a + \sqrt{a^2-4}}{2}$

si $a^2 < 4$ il n'y a pas de solution réelle. Si $a < 0$ les valeurs de e^x sont négatives, il n'y a pas de solution (§ 29). Si $a > 2$, il y a deux solutions égales et de signes contraires.

61. $\frac{a^2 + x^2}{1 + x^2} = 1 + \frac{a^2-1}{1 + x^2}$. Soit $a^2 > 1$; si x augmente de 0 à $+\infty$, la fraction diminue de a^2 à 1. Lx croît avec x (§ 29). L$\frac{a^2+x^2}{1+x^2}$ décroît de L(a^2) à 0. Si $a^2 < 1$, la fonction croît de L(a^2) à 0.

62. Si $0 < x < 1$ $\qquad,\qquad e^x = 1 + \frac{x}{1} + \frac{x^2}{2} + \ldots > 1 + x$

$$\frac{1}{1-x} = 1 + x + x^2 + \ldots > 1 + x + \frac{x^2}{2} + \ldots = e^x.$$

Si $x > 1$ $\quad,\quad 0 < \frac{1}{x} < 1 \quad,\quad \frac{1+x}{x} < e^{\frac{1}{x}} < \frac{x}{x-1}.$

Comme Lx augmente avec x :

$$L\frac{1+x}{x} < \frac{1}{x} < L\frac{x}{x-1}$$

$$\frac{1}{n} + \frac{1}{n+1} + \ldots + \frac{1}{pn} > L\frac{n+1}{n} + L\frac{n+2}{n+1} + \ldots + L\frac{pn+1}{pn} = L\frac{pn+1}{n}$$
$$\frac{1}{n} + \frac{1}{n+1} + \ldots + \frac{1}{pn} < L\frac{n}{n-1} + L\frac{n+1}{n} + \ldots + L\frac{pn}{pn-1} = L\frac{pn}{n-1}.$$

Ces deux expressions ont la même limite Lp.

63.
$$\frac{L\,\operatorname{tg}\,ax}{L\,\operatorname{tg}\,bx} = 1 + \frac{L\frac{\operatorname{tg}\,ax}{\operatorname{tg}\,bx}}{L\,\operatorname{tg}\,bx}.$$

Pour $x = 0$, $\dfrac{\operatorname{tg} x}{x}$ tend vers 1, $\dfrac{\operatorname{tg} ax}{\operatorname{tg} bx} = \dfrac{a}{b} \cdot \dfrac{\operatorname{tg} ax}{ax} \dfrac{bx}{\operatorname{tg} bx}$ a pour limite $\dfrac{a}{b}$, L $\operatorname{tg} bx$ tend vers $- \infty$, la limite demandée est 1.

64. On a (Probl. 62) :

$$1 + \frac{1}{2} + \frac{1}{3} + \ldots + \frac{1}{n} < 1 + L\frac{2}{1} + L\frac{3}{2} + \ldots + L\frac{n}{n-1} = 1 + Ln,$$

et

$$1 + \frac{1}{2} + \ldots + \frac{1}{n} > \frac{1}{n} + L\frac{2}{1} + L\frac{3}{2} + \ldots + L\frac{n}{n-1} = \frac{1}{n} + Ln$$

$$1 + \frac{1}{Ln} > \left(1 + \frac{1}{2} + \ldots + \frac{1}{n}\right)\frac{1}{Ln} > 1 + \frac{1}{nLn}.$$

Il en résulte que la limite est 1, pour $n = \infty$.

65. La série $\displaystyle\sum \sin^2 \frac{x}{2n}$ est convergente (§ 22), car

$$n^2 u_n = \frac{x^2}{4} \left(\frac{\sin \frac{x}{2n}}{\frac{x}{2n}} \right)^2$$

a pour limite $\dfrac{x^2}{4}$. Par suite le produit :

$$\left(1 - 2\sin^2 \frac{x}{2}\right)\left(1 - 2\sin^2 \frac{x}{4}\right) \cdots \left(1 - 2\sin^2 \frac{x}{2n}\right) \cdots$$

est convergent (§ 32).

66. Si $x > 0$, le produit

$$\left(1 - \sin x - 2\sin^2 \frac{x}{2}\right) \cdots \left(1 - \sin \frac{x}{n} - 2\sin^2 \frac{x}{n}\right) \cdots$$

tend vers zéro (§ 32), car la série

$$\sum \left(\sin \frac{x}{n} + 2\sin^2 \frac{x}{n}\right)$$

est divergente nu_n ayant pour limite x. Si $x < 0$ le produit augmente indéfiniment en valeur absolue.

67. La convergence du produit résulte de celle de la série de terme :

$$u_n = 1 - \cos \frac{x}{2^n} = 2 \sin^2 \frac{x}{2^{n+1}} < \frac{x^2}{2 \cdot 4^n} \qquad (\S\ 32\ \text{et}\ 19)$$

$$\sin x = 2 \cos \frac{x}{2} \sin \frac{x}{2} = 2^2 \cos \frac{x}{2} \cos \frac{x}{4} \sin \frac{x}{4}$$

$$= 2^n \cos \frac{x}{2} \cos \frac{x}{2^2} \cos \frac{x}{2^4} \ldots \cos \frac{x}{2^n} \sin \frac{x}{2^n},$$

$$\cos \frac{x}{2} \cos \frac{x}{2^2} \ldots \cos \frac{x}{2^n} = \frac{\sin x}{2^n \sin \frac{x}{2^n}} = \frac{\sin x}{x} \cdot \frac{\frac{x}{2^n}}{\sin \frac{x}{2^n}}$$

a pour limite $\dfrac{\sin x}{x}$, car $\dfrac{x}{2^n}$ tend vers zéro.

68. Le terme général a pour limite tg a, qui doit être égal à 1, on peut supposer $a = \dfrac{\pi}{4}$. Si b n'est pas nul, la série de terme

$$u_n = \text{tg}\left(\frac{\pi}{4} + \frac{bn + c}{n^2}\right) - 1 = \frac{2\,\text{tg}\,\dfrac{bn + c}{n^2}}{1 - \text{tg}\,\dfrac{bn + c}{n^2}}$$

est divergente (§ 22), car

$$\frac{n^2 \,\text{tg}\left(\dfrac{b}{n} + \dfrac{c}{n^2}\right)}{bn + c}$$

tend vers 1, nu_n tend vers $2\,b$. Le produit est aussi divergent (§ 32).

Si $b = 0$, le produit et la série sont convergents, car $n^2 u_n$ a pour limite $2\,c$. Il faut donc

$$a = \frac{\pi}{4} + K\pi \quad , \qquad b = 0.$$

69. La série est convergente, car

$$n^2 L\left(1 - \frac{1}{n^2}\right) = \frac{L\left(1 - \dfrac{1}{n^2}\right)}{\dfrac{1}{n^2}}$$

tend vers -1 (§ 32).

$$L\left(1 - \frac{1}{2^2}\right) + L\left(1 - \frac{1}{3^2}\right) + \ldots + L\left(1 - \frac{1}{n^2}\right) =$$

$$= L\,\frac{1 \cdot 3}{2 \cdot 2}\,\frac{2 \cdot 4}{3 \cdot 3}\,\frac{3 \cdot 5}{4 \cdot 4} \ldots \frac{(n-1)(n+1)}{n \cdot n} = L\,\frac{n+1}{2n}.$$

Si $n = \infty$, $S = L\,\dfrac{1}{2}$.

CHAPITRE VI

DÉRIVÉES

70. $y = (x^2 + 1)(x + 1)^{-2}$.

$$y' = 2x(x+1)^{-2} - 2(x^2+1)(x+1)^{-3} = 2\,\frac{x-1}{(x+1)^3}.$$

71. $y = (a + x)(b + x)^{-n}$, $\quad y' = \dfrac{(1-n)x + b - na}{(b+x)^{n+1}}$.

72. $y = (1 - x^2)^{-\frac{1}{2}}$.

$$y' = -\frac{1}{2}(1 - x^2)^{-\frac{3}{2}}(-2x) = \frac{x}{(1-x^2)\sqrt{1-x^2}}.$$

73. $y = x(a^2 + x^2)^{-\frac{1}{2}}$,

$$y' = (a^2 + x^2)^{-\frac{1}{2}} - \frac{1}{2}x(a^2 + x^2)^{-\frac{3}{2}}2x = \frac{a^2}{(a^2+x^2)\sqrt{a^2+x^2}}.$$

74. $y = \sqrt{\dfrac{x-a}{x-b}}$, $\quad y' = \dfrac{a-b}{2(x-b)^2}\sqrt{\dfrac{x-b}{x-a}}.$

75. $y = (x^2 + a)^{\frac{1}{3}}$, $\quad y' = \dfrac{2x}{3}(x^2 + a)^{-\frac{2}{3}}.$

76. $y = x(1 - Lx)$, $\quad y' = 1 - Lx - \dfrac{x}{x} = -Lx.$

77. $y = L(x + a) - L(x - a)$, $\quad y' = \dfrac{1}{x+a} - \dfrac{1}{x-a} = \dfrac{2a}{a^2-x^2}.$

78. $y = L\,\mathrm{tg}\left(\dfrac{\pi}{4} + \dfrac{x}{2}\right)$.

$$y' = \frac{1}{2\,\mathrm{tg}\left(\dfrac{\pi}{4} + \dfrac{x}{2}\right)\cos^2\left(\dfrac{\pi}{4} + \dfrac{x}{2}\right)} = \frac{1}{\sin\left(\dfrac{\pi}{2} + x\right)} = \frac{1}{\cos x}.$$

79. $y = Lz$, $z = Lx$ (§ 34) , $\quad y' = \dfrac{1}{z}\cdot\dfrac{1}{x} = \dfrac{1}{xLx}.$

80. $y = (x^2 - 1)e^{x^2}$, $\quad y' = 2xe^{x^2} + 2x(x^2 - 1)e^{x^2} = 2x^3 e^{x^2}.$

81. $y = e^{(Lx)\cos x}$ (§ 29) , $\quad y' = x^{\cos x}\left(\dfrac{\cos x}{x} - \sin x\,Lx\right).$

82. $y = \text{arc sin}(2x^2 - 1)$, soit $x > 0$, $-\dfrac{\pi}{2} \leqslant y < \dfrac{\pi}{2}$ (§ 35),

$$y' = \frac{4x}{\sqrt{1 - (2x^2 - 1)^2}} = \frac{2}{\sqrt{1-x^2}}.$$

Il en résulte que $y - 2 \arcsin x$, ayant une dérivée nulle est constant (§ 41).

$$2x^2 - 1 = \sin y = \cos\left(\frac{\pi}{2} - y\right) = 2\cos^2\left(\frac{\pi}{4} - \frac{y}{2}\right) - 1$$

$$x = \cos\left(\frac{\pi}{4} - \frac{y}{2}\right) = \sin\left(\frac{\pi}{4} + \frac{y}{2}\right) \quad , \quad y = -\frac{\pi}{2} + 2\arcsin x.$$

83. $y = \operatorname{arc\,tg} \dfrac{x+a}{1-ax}$, $y' = \dfrac{1}{1 + \left(\dfrac{x+a}{1-ax}\right)^2} \cdot \dfrac{1+a^2}{(1-ax)^2} = \dfrac{1}{1+x^2}$.

$y - \operatorname{arc\,tg} x$ doit être constant (§ 41), car sa dérivée est nulle.

$$\frac{x+a}{1-ax} = \operatorname{tg} y \quad , \quad x = \frac{\operatorname{tg} y - a}{1 + a\operatorname{tg} y} = \operatorname{tg}(y - \operatorname{arc\,tg} a)$$

$$y = \operatorname{arc\,tg} x + \operatorname{arc\,tg} a.$$

84. $y = \arccos(3x - 4x^3)$, soit $0 \leqslant y \leqslant \pi$ (§ 35)

$$y' = \frac{3(1 - 4x^2)}{-\sqrt{1 - (3x - 4x^3)^2}} = \frac{3(4x^2 - 1)}{\sqrt{(1 - x^2)(1 - 8x^2 + 16x^4)}} = \frac{\pm 3}{\sqrt{1 - x^2}}$$

avec le signe de $4x^2 - 1$. Il en résulte que $y \mp 3\arcsin x$ est constant. Soit

$$x = \sin z \quad , \quad -\frac{\pi}{2} \leqslant z \leqslant \frac{\pi}{2} \quad ;$$

$$3x - 4x^3 = \sin 3z = \cos\left(\frac{\pi}{2} - 3z\right) \qquad (\S\ 68).$$

$$y = \pm\left(\frac{\pi}{2} - 3z\right) + 2K\pi \quad , \quad 0 \leqslant y \leqslant \pi.$$

Si $-\dfrac{\pi}{2} < z < -\dfrac{\pi}{6}$, $y = \dfrac{3\pi}{2} + 3\arcsin x$, $y' = \dfrac{3}{\sqrt{1 - x^2}}$, $x < \dfrac{-1}{2}$;

Si $-\dfrac{\pi}{6} < z < \dfrac{\pi}{6}$, $y = \dfrac{\pi}{2} - 3\arcsin x$, $y' = \dfrac{-3}{\sqrt{1 - x^2}}$, $-\dfrac{1}{2} < x < \dfrac{1}{2}$;

Si $\dfrac{\pi}{6} < z < \dfrac{\pi}{2}$, $y = -\dfrac{\pi}{2} + 3\arcsin x$, $y' = \dfrac{3}{\sqrt{1 - x^2}}$, $x > \dfrac{1}{2}$.

85. $y = \operatorname{arc\,tg} \dfrac{\sqrt{1-x^2}}{x}$, $y' = \dfrac{1}{1 + \dfrac{1-x^2}{x^2}} \cdot \dfrac{-1}{x^2\sqrt{1-x^2}} = \dfrac{-1}{\sqrt{1-x^2}}$,

si $x = \cos z$, $0 < z < \pi$, $y = \operatorname{arc\,tg} \dfrac{\sin z}{\cos z} = \mathrm{K}\pi + \operatorname{arc\,cos} x, y' = \dfrac{-1}{\sqrt{1-x^2}}$

($\S$ 35).

86. $y = \mathrm{L}(x + \sqrt{1+x^2})$, $y' = \dfrac{1 + \dfrac{x}{\sqrt{1+x^2}}}{x + \sqrt{1+x^2}} = \dfrac{1}{\sqrt{1+x^2}}$

87. $y = \mathrm{L}(\sqrt{1+x^2} - \sqrt{1-x^2}) = \dfrac{1}{2}\mathrm{L}(2 - 2\sqrt{1-x^4})$

$= \dfrac{\mathrm{L}2}{2} + \dfrac{1}{2}\mathrm{L}(1 - \sqrt{1-x^4})$, $y' = \dfrac{\dfrac{x^3}{\sqrt{1-x^4}}}{1 - \sqrt{1-x^4}} = \dfrac{1 + \sqrt{1-x^4}}{x\sqrt{1-x^4}}$.

88. $y = -1 + 2(1-x)^{-1}, y' = 2(1-x)^{-2}, y^{(n)} = 2\dfrac{2.3\ldots n}{(1-x)^{n+1}}$.

89. $y = \dfrac{1}{2b}\left(\dfrac{1}{a-bx} - \dfrac{1}{a+bx}\right) = \dfrac{(a-bx)^{-1} - (a+bx)^{-1}}{2b}$ ($\S$ 98)

$y^{(n)} = 3.4\ldots nb^{n-1}[(a-bx)^{-n-1} + (-a-bx)^{-n-1}]$.

90. $y = u.v$, $u = ax + b$, $v = e^x$. La formule de Leibnitz ($\S$ 65),
où $u'' = 0$, donne

$$y^{(n)} = e^x(ax + b + na).$$

91. $y = x^2\mathrm{L}x$, $y' = 2x\mathrm{L}x + x$, $y'' = 2\mathrm{L}x + 3$

$y''' = 2x^{-1}$, $y^{(n+3)} = (-1)^n 2\dfrac{1.2\ldots n}{x^{n+1}}$.

92. $y = \mathrm{L}(a+bx) - \mathrm{L}(a-bx)$, $y' = b(a-bx)^{-1} + b(a+bx)^{-1}$

$y^{(n)} = 2.3\ldots(n-1)b^n[(a-bx)^{-n} - (-a-bx)^{-n}]$.

93. $y = \cos x - \dfrac{1 + \cos 2x}{2}$. La dérivée de $\cos x$ est $-\sin x$

$= \cos\left(x + \dfrac{\pi}{2}\right)$, sa dérivée $n^{\text{ième}}$ est $\cos\left(x + \dfrac{n\pi}{2}\right)$.

$$y^{(n)} = \cos\left(x + \dfrac{n\pi}{2}\right) - 2^{n-1}\cos\left(2x + \dfrac{n\pi}{2}\right).$$

CHAPITRE VII

APPLICATIONS DES DÉRIVÉES

94. $y = \dfrac{x^2 - x}{x + 1}$, $y' = \dfrac{x^2 + 2x - 1}{(x + 1)^2} = 1 - \dfrac{2}{(x + 1)^2}$, $y'' = \dfrac{4}{(x + 1)^3}$

si $x = -1 - \sqrt{2}$, $y' = 0$, $y'' < 0$, max. $y = -(1 + \sqrt{2})^2$

si $x = -1 + \sqrt{2}$, $y' = 0$, $y'' > 0$, min. $y = -(\sqrt{2} - 1)^2$.

Le tableau suivant donne la variation de y :

$x =$	$-\infty$		$-1 - \sqrt{2}$		-1		$-1 + \sqrt{2}$		$+\infty$
$y' =$	1	$+$	0		$-\infty$	$-$	0	$+$	1
$y =$	$-\infty$		max		$-\infty$	$+$	min		$+\infty$

95. $y = \dfrac{Lx}{x^n}$, $y' = \dfrac{1 - nLx}{x^{n+1}}$, $y'' = \dfrac{-2n - 1 + n(n + 1)Lx}{x^{n+2}}$

si $x = e^{\frac{1}{n}}$, $y' = 0$, $y'' < 0$, max. $y = \dfrac{1}{ne}$.

96. $2y = a^2(1 + \cos 2x) + b^2(1 + \sin 2x)$, $y' = b^2 \cos 2x - a^2 \sin 2x$,
$y'' = -2(a^2 \cos 2x + b^2 \sin 2x)$. Soit tg $2x = \dfrac{b^2}{a^2}$, $0 < 2x < \dfrac{\pi}{3}$

si $x = \alpha$, $y' = 0$, $y'' = -2\sqrt{a^4 + b^4}$, max. $y = \dfrac{a^2 + b^2 + \sqrt{a^4 + b^4}}{2}$

si $x = \alpha + \dfrac{\pi}{2}$, $y'' > 0$, min. $y = \dfrac{a^2 + b^2 - \sqrt{a^4 + b^4}}{2}$.

97. $y = \dfrac{1}{2}\sqrt{1 + x^2} + L(x + \sqrt{1 + x^2})$, $y' = \dfrac{x^2 - 1}{x^2\sqrt{1 + x^2}}$,

$$y'' = \dfrac{2 + 3x^2 - x^4}{x^3(1 + x^2)\sqrt{1 + x^2}}$$

si $x = 1$, $y' = 0$, $y'' > 0$, min. $y = \sqrt{2} + L(1 + \sqrt{2})$
si $x = -1$, $y' = 0$, $y'' < 0$, max. $y = -\sqrt{2} + L(\sqrt{2} - 1)$
$$= -\sqrt{2} - L(\sqrt{2} + 1)$$

pour $x = 0$, y passe de $-\infty$ à $+\infty$,

pour $x = +\infty$, $y = +\infty$; pour $x = -\infty$, $\mathrm{L}(x + \sqrt{1 + x^2})$

$$= \mathrm{L}\,\frac{1}{\sqrt{1 + x^2} - x} = -\mathrm{L}(\sqrt{1 + x^2} - x), \ y = -\infty.$$

98. $y = \dfrac{3x - 2}{x - 1} + \mathrm{L}(x^2), \ y' = \dfrac{2x^2 - 5x + 2}{x(x - 1)^2} = \dfrac{(2x - 1)(x - 2)}{x(x - 1)^2}.$

On a les variations suivantes :

$x =$	$-\infty$		0		$\frac{1}{2}$		1		2		$+\infty$
$y' =$		0	$-\infty$	$+$		0	$-\infty$	$-$		0	$+$	0
$y =$	$+\infty$	$-\infty$	$-$		1	$-\mathrm{L}4$	$-\infty$	$+$	4	$+\mathrm{L}4$	$+\infty$.

Pour $x = \dfrac{1}{2}$, y qui augmente, puis diminue, est maximum ; $x = 2$ correspond à un minimum.

99. Soit R le rayon de la sphère, x la distance du centre au plan de la base. Le volume du cône $\mathrm{V} = \dfrac{\pi h}{3}(\mathrm{R}^2 - x^2), \ h \leqslant \mathrm{R} + x.$ Si x est fixe, V est maximum avec $h = \mathrm{R} + x$:

$$\mathrm{V} = \frac{\pi}{3}(\mathrm{R} - x)(\mathrm{R} + x)^2,$$

$\mathrm{V}' = \dfrac{\pi}{3}(\mathrm{R} + x)(\mathrm{R} - 3x), \ \mathrm{V}'' = -2\pi\,\dfrac{\mathrm{R} + 3x}{3}$ si $x = \dfrac{\mathrm{R}}{3}$, le volume est maximum, $\mathrm{V} = \dfrac{32}{81}\,\pi\mathrm{R}^3.$

100. Soit x le rayon de la base, y la hauteur du cylindre $\mathrm{V} = \pi x^2 y$, $\mathrm{S} = \pi x^2 + 2\pi x y = \pi x^2 + 2\,\dfrac{\mathrm{V}}{x}, \ \mathrm{S}' = 2\left(\pi x - \dfrac{\mathrm{V}}{x^2}\right), \ \mathrm{S}'' = 2\pi + \dfrac{4\mathrm{V}}{x^3}.$ Si $x = \sqrt[3]{\dfrac{\mathrm{V}}{\pi}}$, S est un minimum, $y = \dfrac{\mathrm{V}}{\pi x^2} = \sqrt[3]{\dfrac{\mathrm{V}}{\pi}} = x, \ \mathrm{S} = 3\sqrt[3]{\pi\mathrm{V}^2}.$

101. Pour $x = 0$, $\dfrac{x - \sin x}{x^3}$ a la même limite (§ 44) que $\dfrac{1 - \cos x}{3x^2}, \ \dfrac{\sin x}{6x}, \ \dfrac{\cos x}{6}$, ou $\dfrac{1}{6}$.

102. Pour $x = 0$, $\dfrac{e^x - e^{\sin x}}{x - \sin x}$ a la même limite (§ 44) que $\dfrac{e^x - e^{\sin x}\cos x}{1 - \cos x}, \ \dfrac{e^x - e^{\sin x}(\cos^2 x - \sin x)}{\sin x}$, qui se présentent sous la forme $\dfrac{0}{0}$, et $\dfrac{e^x - e^{\sin x}(\cos^3 x - 3\cos x \sin x - \cos x)}{\cos x}$ qui devient égal à 1.

103. Pour $x = 0$, $Ly = \dfrac{L\cos x}{x}$ a la même limite que $\dfrac{-\sin x}{\cos x}$,

ou 0, $y = (\cos x)^{\frac{1}{x}}$ a pour limite 1.

104. Pour $x = 0$, $\dfrac{L(1 - \cos x)}{Lx}$ se présente sous la forme $\dfrac{-\infty}{-\infty}$

et a la même limite ($\S$ 45) que $\dfrac{x\sin x}{1 - \cos x} = \dfrac{x\cos\frac{x}{2}}{\sin\frac{x}{2}} = 2\dfrac{\frac{x}{2}}{\sin\frac{x}{2}}\cos\frac{x}{2}$

qui a pour limite 2.

105. $y = x^x$, $Ly = \dfrac{Lx}{\frac{1}{x}}$, pour $x = 0$, prend la forme $\dfrac{-\infty}{\infty}$, et

a la même limite que $\dfrac{\frac{1}{x}}{-\frac{1}{x^2}} = -x$, ou 0, y tend vers 1.

106. $(\cotg^2 ax - \cotg^2 bx)\sin ax . \sin bx = \dfrac{\sin^2 bx . \cos^2 ax - \cos^2 bx . \sin^2 ax}{\sin ax . \sin bx}$

$= \dfrac{\sin(a + b)x . \sin(b - a)x}{\sin ax . \sin bx}$ a pour limite $\dfrac{(a + b)(b - a)}{ab} = \dfrac{b^2 - a^2}{ab}$

pour $x = 0$, car $\dfrac{\sin ax}{x}$ a pour limite a.

107. Si $x = \dfrac{1}{z}$, $xL\dfrac{1 + x}{x} = \dfrac{L(1 + z)}{z}$, se présente sous la forme

$\dfrac{0}{0}$ pour $z = 0$, et a la même limite que $\dfrac{1}{1 + z}$, ou 1.

108. $\sqrt[3]{x^3 + ax^2} - \sqrt[3]{x^3 - ax^2} = \dfrac{\sqrt[3]{1 + \dfrac{a}{x}} - \sqrt[3]{1 - \dfrac{a}{x}}}{\dfrac{1}{x}}$, se présente

sous la forme $\dfrac{0}{0}$, pour $x = \infty$, $\dfrac{1}{x} = 0$, en prenant le rapport des

dérivées par rapport à $\dfrac{1}{x}$, on a : $\dfrac{a}{3}\left(1 + \dfrac{a}{x}\right)^{-\frac{2}{3}} + \dfrac{a}{3}\left(1 - \dfrac{a}{x}\right)^{-\frac{2}{3}}$,

dont la limite est $\dfrac{2a}{3}$.

109. Si $x = \dfrac{1}{z}$, $L\left(1 + \dfrac{a}{x}\right)^x = \dfrac{L(1 + az)}{z}$ prend la forme $\dfrac{0}{0}$ pour

$z = 0$, $x = \infty$, et a la même limite que $\dfrac{a}{1 + az}$ ou a ; $\left(1 + \dfrac{a}{x}\right)^x$ a

pour limite e^a.

110. $x\dfrac{L^2(1 + x) - L^3 x}{Lx} = \left(1 + \dfrac{L(1 + x)}{Lx}\right)xL\dfrac{1 + x}{x}$.

Pour $x = \infty$, $x\mathrm{L}\,\dfrac{1+x}{x}$ a pour limite 1 (probl. 107); $\dfrac{\mathrm{L}(1+x)}{\mathrm{L}x}$ a la même limite que $\dfrac{x}{1+x}$ ou 1. La limite demandée est 2.

111. $\sqrt[3]{x^3 + x + 1} - x = \dfrac{\sqrt[3]{1 + \dfrac{1}{x^2} + \dfrac{1}{x^3}} - 1}{\dfrac{1}{x}}$, pour $\dfrac{1}{x} = z = 0$,

a la même limite que $\dfrac{1}{3}\left(1 + \dfrac{1}{x^2} + \dfrac{1}{x^3}\right)^{-\frac{2}{3}}\left(\dfrac{2}{x} + \dfrac{3}{x^2}\right)$ ou zéro.

$\sqrt[3]{x^3 + x + 1} - \sqrt{x + \dfrac{1}{\sin(x^{-2})}}$ a donc la même limite que

$x - \sqrt{x + \dfrac{1}{\sin(x^{-2})}}$, ou, en posant $x^2 = \dfrac{1}{z}$,

$\dfrac{1}{\sqrt{z}}\left(1 - \sqrt{\sqrt{z} + \dfrac{z}{\sin z}}\right) = \dfrac{1 - \sqrt{z} - \dfrac{z}{\sin z}}{\sqrt{z}\left(1 + \sqrt{\sqrt{z} + \dfrac{z}{\sin z}}\right)}$, pour $z = 0$,

la limite est la même que celle de $\dfrac{1 - \sqrt{z} - \dfrac{z}{\sin z}}{2\sqrt{z}} = \dfrac{\sin z - z}{2\sqrt{z}\sin z} - \dfrac{1}{2}$

$= -\dfrac{1}{2} + \dfrac{\sin z - z}{z^2}\cdot\dfrac{z}{\sin z}\cdot\dfrac{\sqrt{z}}{2}$, comme $\dfrac{\sin z - z}{z^2}$ tend vers zéro

(probl. 101), la limite est $-\dfrac{1}{2}$.

112. $\dfrac{1 - x^n}{\mathrm{L}x}$, pour $x = 1$, a la même limite que $\dfrac{-nx^{n-1}}{\dfrac{1}{x}}$, ou $-n$.

113. $\dfrac{\cos\dfrac{\pi x}{2}}{\mathrm{L}x}$, pour $x = 1$, a la même limite que $-\dfrac{\pi x}{2}\sin\dfrac{\pi x}{2}$, ou $-\dfrac{\pi}{2}$.

114. $y = (2 - x)^{\operatorname{tg}\frac{\pi x}{2}}$, $\mathrm{L}y = \dfrac{\mathrm{L}(2 - x)}{\operatorname{cotg}\dfrac{\pi x}{2}}$ prend la forme $\dfrac{0}{0}$ pour

$x = 1$, et a la même limite que $\dfrac{2\sin^2\dfrac{\pi x}{2}}{\pi(2 - x)}$ ou $\dfrac{2}{\pi}$, y a pour limite $e^{\frac{2}{\pi}}$.

115. $\dfrac{x - nx^n + (n - 1)\,x^{n+1}}{(1 - x)^2}$, pour $x = 1$, prend la forme $\dfrac{0}{0}$,

et a la même limite que $\dfrac{1 - n^2 x^{n-1} + (n^2 - 1)\,x^n}{2\,(x - 1)}$ et

$$\frac{- n^2 (n - 1)\,x^{n-2} + n\,(n^2 - 1)\,x^{n-1}}{2} \text{ ou } \frac{n\,(n - 1)}{2}.$$

116. Les dérivées des deux termes de la fraction sont :

$$\left[2\sin^2 x + (2x + a)\sin 2x + \frac{x^2 + ax}{\sin^2 x} \right] \sin(\cotg x)$$

et

$$\left[\sin 2x + \frac{x}{\sin^2 x} \right] \sin(\cotg x).$$

Dont le rapport $\dfrac{2\sin^2 x + (2x + a)\sin 2x \sin x + \dfrac{x^2 + ax}{\sin x}}{\sin 2x \sin x + \dfrac{x}{\sin x}}$ a

pour limite a pour $x = 0$. Cependant la fraction, qui se présente sous la forme $\dfrac{0}{0}$, n'a pas de limite. En effet, supposons $0 < x < \dfrac{\pi}{2}$, les deux termes de la fraction ne sont pas nuls en même temps, sauf pour $x = 0$. Si $\cotg x = K\pi$, le dénominateur se réduit à $(- 1)^k x$. Si K augmente indéfiniment, x tend vers 0 ; entre les valeurs telles que $\cotg x = K\pi$ et $\cotg x = (K + 1)\pi$, ce dénominateur change de signe et s'annule. Il y a des valeurs de x qui tendent vers 0, et rendent la fraction infinie. Donc elle ne peut pas avoir pour limite a.

Si la règle de l'Hospital ne s'applique pas, c'est que le rapport des dérivées prend la forme $\dfrac{0}{0}$, pour les valeurs $x = \text{arc tg}\ \dfrac{1}{K\pi}$, qui tendent vers zéro, lorsque K devient infini (§ 46).

CHAPITRE VIII

DÉVELOPPEMENTS EN SÉRIE

117. La série $\sum\limits_{0}^{\infty} \sin x \cos^n x$ est toujours convergente. Pour $x = K\pi$ elle est nulle. Pour toute autre valeur, sa somme est $\dfrac{\sin x}{1 - \cos x} = \cot g \dfrac{x}{2}$. Le reste $R_n = \dfrac{\sin x \cos^n x}{1 - \cos x} = \cos^n x \cot g \dfrac{x}{2}$.

Si x tend vers $2 K\pi$, R_n augmente indéfiniment, quelque soit n. Supposons $0 < \alpha \leqslant x \leqslant \dfrac{\pi}{2}$. La dérivée de R_n, par rapport à x, $R'_n = -\dfrac{\cos^{n-1} x}{2 \sin^2 \dfrac{x}{2}} (n \sin^2 x + \cos x)$ reste négative, R_n décroît de $\cos^n \alpha \cot g \dfrac{\alpha}{2}$ à 0, et R_n restera inférieur à ε, si n est tel que $\cos^n \alpha < \varepsilon \operatorname{tg} \dfrac{\alpha}{2}$, la série est uniformément convergente (§ 47). Si $\dfrac{\pi}{2} \leqslant x \leqslant \pi$, R' change de signe lorsque $\cos^2 x - \dfrac{\cos x}{n} - 1 = 0$, $\cos x_1 = \dfrac{1}{2n} - \sqrt{1 + \dfrac{1}{4n^2}} < \dfrac{1}{2n} - 1$. R_n varie de 0 à 0, sa valeur absolue est maxima pour $x = x_1$, alors $|R_n| < \dfrac{\sin x_1}{1 - \cos x_1} = \sqrt{\dfrac{1 + \cos x_1}{1 - \cos x_1}}$, et, comme $\cos x_1 < 0$, $|R_n| < \sqrt{1 + \cos x_1} < \sqrt{\dfrac{1}{2n}}$. On peut choisir n de façon que $|R_n| < \varepsilon$ dans cet intervalle, il suffit que $n > \dfrac{1}{2 \varepsilon^2}$. La série est uniformément convergente entre α et π.

Si on change x en $2\pi - x$, R_n change seulement de signe. La série est donc uniformément convergente entre α et $2\pi - \alpha$, et dans tout intervalle ne comprenant pas les valeurs $2 K\pi$. Mais si x tend vers une de ces valeurs, la convergence n'est plus uniforme ; la valeur de la série augmente indéfiniment, bien que, pour $x = 2 K\pi$, elle soit nulle.

118. La formule du binôme (§ 53) donne, si $|x| < 1$

$$(1-x)^{-2} = 1 + 2x + 3x^2 + \ldots + nx^{n-1} + \ldots$$

$$\left(\frac{1+x}{1-x}\right)^2 = 1 + \frac{4x}{(1-x)^2} = 1 + 4x + 8x^2 + \ldots + 4nx^n + \ldots$$

119. $(1-x)(1+x)^{-\frac{1}{2}} = (1-x)\left(1 - \frac{1}{2}x + \frac{1.3}{2.4}x^2 \ldots\right.$

$$\left. + \frac{1.3\ldots(2n-1)}{2.4\ldots 2n}(-x)^n + \ldots\right)$$

$$= 1 - \frac{1}{2}3x + \frac{1}{2.4}7x^2 - \frac{1.3}{2.4.6}11x^3 + \ldots + \frac{1.3\ldots(2n-3)}{2.4\ldots 2n}(4n-1)(-x)^n + \ldots$$

Cette série est convergente en même temps que $(1+x)^{-\frac{1}{2}}$, $-1 < x \leqslant 1$ (§ 53). Pour $x = -1$, la série, comme la fonction est égale à $+\infty$.

120. La formule du binôme donne :

$$(1-ax)^{-\frac{b}{a}} = 1 + bx + \frac{b(b+a)}{1.2}x^2 + \ldots + \frac{b(b+a)\ldots(b+na-a)}{1.2\ldots n}x^n + \ldots$$

où $|ax| < 1$. Si $\frac{b}{a} < 0$, la formule s'applique encore pour $ax = \pm 1$. (§ 53). Si $0 < \frac{b}{a} < 1$ elle s'applique pour $ax = -1$. Si $\frac{b}{a} > 1$ la série est divergente pour $x = \pm\frac{1}{a}$.

121. $\qquad x\cos x - \sin x = -\frac{2x^3}{1.2.3} + \frac{4x^5}{1.2.3.4.5} - \ldots$

$$+ (-1)^n \frac{2nx^{2n+1}}{1.2\ldots(2n+1)} \ldots$$

122. $\cos^3 x = \frac{\cos 3x + 3\cos x}{4} = 1 - \frac{3}{4}\left[\frac{1+3}{2}x^2 - \frac{1+3^3}{2.3.4}x^4\right.$

$$\left. + \frac{1+3^5}{2.3.4.5.6}x^6 - \ldots\right]\ (\S\ 71\ \text{et}\ 52).$$

123. $(\S\ 68)\ \dfrac{\sin 4x}{\sin x} = 2(\cos 3x + \cos x)$

$$= 2\left[2 - \frac{1+3^2}{1.2}x^2 + \frac{1+3^4}{1.2.3.4}x^4 - \ldots\right].$$

$$124.\ y = \arcsin x,\ |y| < \frac{\pi}{2},\ y' = (1-x^2)^{-\frac{1}{2}} = 1 + \frac{1}{2}x^2 + \frac{1.3}{2.4}x^4\ldots$$

$$y = x + \frac{1}{2}\frac{x^3}{3} + \frac{1.3}{2.4}\frac{x^5}{5} + \ldots + \frac{1.3\ldots(2n-1)}{2.4\ldots 2n}\cdot\frac{x^{2n+1}}{2n+1} + \ldots,$$

$$|x| \leqslant 1\ (\S 51).$$

$$125.\ \frac{1}{x}L(1+x) = 1 - \frac{x}{2} + \frac{x^2}{3}\ldots + \frac{(-x)^n}{n+1} + \ldots$$

$$\frac{(1+x)^2}{x}L(1+x) = \sum(-x)^n\left(\frac{1}{n+1} - \frac{2}{n} + \frac{1}{n-1}\right) =$$

$$1 + \frac{3}{2}x + 2\left(\frac{x^2}{1.2.3} - \frac{x^3}{2.3.4} + \ldots + \frac{(-x)^n}{(n-1)n(n+1)} + \ldots\right).$$

$$126.\ y = \operatorname{arc\,tg}\frac{a-x}{a+x},\ y' = \frac{1}{1+\left(\dfrac{a-x}{a+x}\right)^2}\cdot\frac{-2a}{(a+x)^2} = \frac{-a}{a^2+x^2}$$

$$= \frac{-1}{a\left(1+\dfrac{x^2}{a^2}\right)},\ y' = -\frac{1}{a}\left(1 - \frac{x^2}{a^2} + \frac{x^4}{a^4}\ldots\right);\ \text{et, si } -\frac{\pi}{2} < y < \frac{\pi}{2},$$

$$y = \frac{\pi}{4} - \frac{x}{a} + \frac{x^3}{3a^3} - \ldots + (-1)^n\frac{x^{2n-1}}{(2n-1)a^{2n-1}} + \ldots,\ \left|\frac{x}{a}\right| < 1.$$

$$127.\ y = L(x+\sqrt{1+x^2}),\ y' = (1+x^2)^{-\frac{1}{2}}\ (\text{probl. } 86).$$

$$y' = 1 - \frac{1}{2}x^2 + \frac{1.3}{2.4}x^4 - \ldots$$

$$y = x - \frac{1}{2}\frac{x^3}{3} + \frac{1.3}{2.4}\frac{x^5}{5} - \ldots + (-1)^n\frac{1.3\ldots(2n-1)}{2.4\ldots 2n}\cdot\frac{x^{2n+1}}{2n+1} + \ldots, |x| \leqslant 1.$$

$$128.\ x = \frac{1-\cos\theta}{\sin\theta} = \operatorname{tg}\frac{\theta}{2},\ R\theta = \frac{l\theta}{\sin\theta} = l\theta\,\frac{\sin^3\frac{\theta}{2}+\cos^5\frac{\theta}{2}}{2\sin\frac{\theta}{2}\cos\frac{\theta}{2}}$$

$$= l\frac{1+x^2}{x}\operatorname{arc\,tg}x = l(1+x^2)\left(1 - \frac{x^2}{3} + \frac{x^4}{5}\ldots\right)$$

$$= 2l\left(\frac{1}{2} + \frac{x^2}{1.3} - \frac{x^4}{3.5}\ldots - (-1)^n\frac{x^{2n}}{(2n-1)(2n+1)}\ldots\right)\ (\S 55).$$

129. tg x est la dérivée de $- \mathrm{L} \cos x$, on a (probl. 67) :

$$\cos \frac{x}{2} \cdot \cos \frac{x}{2^2} \ldots \cos \frac{x}{2^n} \ldots = \frac{\sin x}{x}$$

$$\mathrm{L} \cos \frac{x}{2} + \mathrm{L} \cos \frac{x}{2^2} + \ldots + \mathrm{L} \cos \frac{x}{2^n} + \ldots = \mathrm{L} \sin x - \mathrm{L} x$$

$$\frac{1}{2} \operatorname{tg} \frac{x}{2} + \frac{1}{2^2} \operatorname{tg} \frac{x}{2^3} + \ldots + \frac{1}{2^n} \operatorname{tg} \frac{x}{2^n} + \ldots = \frac{1}{x} - \operatorname{cotg} x.$$

130. $\mathrm{L} x = \mathrm{L} \dfrac{1-z}{1+z} = \mathrm{L}(1-z) - \mathrm{L}(1+z) = -2\left(z + \dfrac{z^3}{3} + \dfrac{z^5}{5} + \ldots\right)$

$$= -2 \frac{1-x}{1+x} - \frac{2}{3}\left(\frac{1-x}{1+x}\right)^3 + \ldots - \frac{2}{2n-1}\left(\frac{1-x}{1+x}\right)^{2n-1} + \ldots$$

pourvu que $x > 0$, car $-1 < \dfrac{1-x}{1+x} < 1$.

131. $\pi = 16\left(\dfrac{1}{5} - \dfrac{1}{3.5^3} + \dfrac{1}{5.5^5}\right) - \dfrac{4}{239}$ avec une erreur infé-

rieure à $\dfrac{16}{7.5^7} + \dfrac{4}{3.239^3} < 0,00003$.

$\pi = 4\left(1 - \dfrac{1}{3} + \dfrac{1}{5} \ldots + \dfrac{(-1)^{2n-1}}{2n-1}\right)$ avec une erreur inférieure

à $\dfrac{4}{2n+1}$. Pour que cette erreur soit inférieure à $0,0001$ le nombre

des termes n doit être au moins égal à $20\,000$; $\dfrac{4}{40.001} < 0,0001$.

132. $\qquad \mathrm{L} n = \mathrm{L} \dfrac{n}{n-1} + \mathrm{L} \dfrac{n-1}{n-2} + \ldots + \mathrm{L} \dfrac{2}{1}$

$$1 + \frac{1}{2} + \frac{1}{3} + \ldots + \frac{1}{n} - \mathrm{L} n = 1 + \left(\frac{1}{2} + \mathrm{L} \frac{1}{2}\right) + \left(\frac{1}{3} + \mathrm{L} \frac{2}{3}\right)$$

$$+ \ldots + \left(\frac{1}{n} + \mathrm{L} \frac{n-1}{n}\right)$$

a pour limite la série $1 + \displaystyle\sum_2^\infty \left(\dfrac{1}{n} + \mathrm{L} \dfrac{n-1}{n}\right)$ qui est convergente

($\S$ 22), car ($\S$ 54) $n^2\left(\dfrac{1}{n} + \mathrm{L}\left(1 - \dfrac{1}{n}\right)\right) = -\dfrac{1}{2} - \dfrac{1}{3n} - \dfrac{1}{4n^2} \ldots$ a

pour limite $-\dfrac{1}{2}$.

133. On peut poser $1 + \dfrac{1}{2} + \ldots + \dfrac{1}{n} = a + \mathrm{L}n$, a a une limite déterminée (probl. 132). $u_n = x^n$, $x^{\mathrm{L}n} = x^a$, $n^{\mathrm{L}x} = \dfrac{x^a}{n^{\mathrm{L}\frac{1}{x}}}$ (§ 30).

Comme x^a a une limite, la série est convergente (§ 22) si $\mathrm{L}\dfrac{1}{x} > 1$, $0 < x < \dfrac{1}{e}$.

134. $\mathrm{L}(\sqrt{1 + x^2} - x)$ a pour dérivée

$$\frac{-1}{\sqrt{1 + x^2}} = -1 + \frac{1}{2}x^2 - \frac{1.3}{2.4}x^4 + \ldots \quad (\text{probl. } 127).$$

$$x + \mathrm{L}(\sqrt{1 + x^2} - x) = \frac{1}{2} \cdot \frac{x^3}{3} - \frac{1.3}{2.4}\frac{x^5}{5} + \frac{1.3.5}{2.4.6}\frac{x^7}{7} - \ldots$$

$\dfrac{x + \mathrm{L}(\sqrt{1 + x^2} - x)}{x^n}$, pour $x = 0$, aura pour limite 0, si $n < 3$; ∞, si $n > 3$; $\dfrac{1}{6}$, si $n = 3$.

CHAPITRE IX.

FONCTIONS DE PLUSIEURS VARIABLES

135. $\dfrac{1}{(1 - x)(1 - y)} = (1 + x + x^2 + \ldots + x^n + \ldots)(1 + y + y^2 + \ldots + y^n + \ldots) = 1 + x + y + x^2 + xy + y^2 + \ldots + x^n + x^{n-1}y + \ldots + y^n + \ldots$ (§ 26), $|x| < 1$, $|y| < 1$.

136. $\mathrm{L}(1 - x) \cdot \mathrm{L}(1 - y) = \left(x + \dfrac{x^2}{2} + \ldots + \dfrac{x^n}{n} + \ldots\right) \times \left(y + \dfrac{y^2}{2} + \ldots + \dfrac{y^n}{n} + \ldots\right) = xy + \dfrac{x^2 y}{2} + \dfrac{xy^2}{2} + \ldots + \dfrac{xy^{n-1}}{n-1} + \dfrac{x^2 \cdot y^{n-2}}{2.(n-2)} + \ldots + \dfrac{x^{n-1} \cdot y}{n-1} + \ldots = \sum \dfrac{x^n \cdot y^m}{n \cdot m}.$

137. $\operatorname{arc\,tg} \dfrac{x - y}{1 + xy} = \operatorname{arc\,tg} x - \operatorname{arc\,tg} y = x - y - \dfrac{x^3 - y^3}{3}$ $+ \dfrac{x^5 - y^5}{5} - \ldots$ (§ 55), $-1 < x \leqslant 1$, $-1 < y \leqslant 1$. $\operatorname{arc\,tg} x$ et $\operatorname{arc\,tg} y$ seront compris entre $-\dfrac{\pi}{4}$ et $\dfrac{\pi}{4}$, et leur différence entre $-\dfrac{\pi}{2}$ et $\dfrac{\pi}{2}$.

138. $\mathrm{L} \dfrac{1 - x - y + xy}{1 - x - y} = \mathrm{L}(1 - x) + \mathrm{L}(1 - y) - \mathrm{L}(1 - x - y)$

$$= \sum_{1}^{\infty} \frac{(x + y)^n - x^n - y^n}{n} = xy + xy^2 + x^2 y + \frac{4xy^3 + 6x^2 y^2 + 4x^3 y}{4} + \ldots$$

où $-1 < x \leqslant 1$, $-1 < y \leqslant 1$, $-1 < x + y \leqslant 1$. (§ 54).

139. Soit x le rayon de la base, y la hauteur du cône.

$$S = \pi x \sqrt{x^2 + y^2}, \quad V = \frac{\pi}{3} x^2 y = \frac{x}{3} \sqrt{S^2 - \pi^2 x^4}$$

$V^2 = \dfrac{x^2}{9}(S^2 - \pi^2 x^4)$, la dérivée de V^2 est $\dfrac{2x}{9}(S^2 - 3\pi^2 x^4)$, elle s'annule, en passant du signe $+$ au signe $-$, pour

$$x^2 = \frac{S}{\pi\sqrt{3}}, \quad y = \sqrt{\frac{S^2}{\pi^2 x^2} - x^2} = x\sqrt{2},$$

volume maximum $V = \dfrac{\pi}{3} x^3 \sqrt{2} = \dfrac{S\sqrt{2S}\sqrt[]{3}}{9\sqrt{\pi}}$

140. Si x_1, $x_2 \ldots x_n$ sont les arcs positifs qui correspondent aux côtés du polygone

$$S = \frac{R^2}{2}(\sin x_1 + \sin x_2 + \ldots + \sin x_n),$$

$$x_n = 2\pi - x_1 - x_2 \ldots - x_{n-1}.$$

S est une fonction de $n - 1$ variables, x_1, x_2, $\ldots x_{n-1}$. Sa dérivée par rapport à x_1 est $\dfrac{R^2}{2}(\cos x_1 - \cos x_n)$, en égalant à zéro les $n - 1$ dérivées on a $\cos x_1 = \cos x_2 = \ldots = \cos x_n$, et comme ces arcs sont compris entre 0 et π, leur somme étant 2π, on a :

$x_1 = x_2 = \ldots = x_n = \dfrac{2\pi}{n}$; S est maximum lorsque le polygone est régulier. On peut encore démontrer que, si deux côtés sont inégaux, on augmentera la surface en les rendant égaux, sans changer les autres. Tant que les côtés ne sont pas tous égaux, la surface peut être augmentée.

141. Si a, b, c, d sont les longueurs des côtés, l une diagonale, A et B les angles opposés compris entre o et π, on a :

$$l^2 = a^2 + b^2 - 2\,ab \cos A = c^2 + d^2 - 2\,cd \cos B$$

$2\,S = ab \sin A + cd \sin B$. Si A et B varient, S sera maximum (§ 63) lorsque $\sin B \cos A + \cos B \sin A = 0$, $\sin (A + B) = 0$, $A + B = \pi$. Le quadrilatère maximum est inscriptible. S est alors donné par la formule du problème 37.

142. Soient a, b, c les côtés de la base, s sa surface ; h la hauteur, x, y, z les distances du pied de la hauteur aux côtés a, b, c ; S la surface totale. On a :

$$S = s + \frac{a}{2} \sqrt{h^2 + x^2} + \frac{b}{2} \sqrt{h^2 + y^2} + \frac{c}{2} \sqrt{h^2 + z^2}$$

$ax + by + cz = 2\,s$. En substituant z, S devient une fonction de x et y, sa dérivée par rapport à x est $\dfrac{ax}{2\sqrt{h^2 + x^2}} - \dfrac{cz}{2\sqrt{h^2 + z^2}} \cdot \dfrac{a}{c}$, elle est nulle si $x = z$. On trouve de même $y = z$. S sera minimum pour $x = y = z$, car il doit y avoir un minimum, S pouvant augmenter indéfiniment. Le pied de la hauteur est alors le centre de la circonférence inscrite dans la base.

143. $z = x^4 + y^4 + 4\,xy - 2\,x^2 - 2\,y^2$, $z'_x = 4\,(x^3 + y - x)$ $z'_y = 4\,(y^3 + x - y)$, $z''_{x^2} = 4(3x^2 - 1)$, $z''_{xy} = 4$, $z''_{y^2} = 4\,(3y^2 - 1)$ $\varphi = z''^2_{xy} - z''_{x^2}\,z''_{y^2} = 48\,(x^2 + y^2 - 3\,x^2\,y^2)$ (§ 62). z'_x et z'_y sont nulles si $x^3 + y^3 = 0$, $y - x + x^3 = 0$. Les solutions réelles sont : $x = y = 0$ et $y = - x = \pm \sqrt{2}$.

Si $y = - x = \pm \sqrt{2}$, $\varphi < 0$, $z''_{x^2} > 0$, minimum $z = -8$.

Si $x = y = 0$, $z = 0$ n'est ni maximum ni minimum, car si $x = y$ tend vers zéro, $z = 2x^4 > 0$; si $y = 0$, x tendant vers zéro, $z = x^2 (x^2 - 2) < 0$.

144. $z = x^2 y^3 (a - x - y)$, $z'_x = xy^3 (2a - 3x - 2y)$ $z'_y = x^2 y^2 (3a - 3x - 4y)$, les dérivées sont nulles 1° si $x = 0$, 2° si $y = 0$, 3° si $x = \dfrac{a}{3}$, $y = \dfrac{a}{2}$.

$$\text{Si } x = \frac{a}{3} + h, \; y = \frac{a}{2} + K$$

$$z = \frac{a^6}{6.8.9} - \frac{a^4}{12}\left(\frac{3}{4}\,h^2 + hK + \frac{2}{3}\,k^2\right) - \ldots$$

ce trinome restant positif z est maximum pour $h = K = 0$.

Si $x = 0$, z tend vers o avec le signe de $y\,(a - y)$, z est maximum ou minimum suivant que $y\,(a - y) < 0$ ou > 0. Pour $y = 0$, z change de signe en passant par o, il n'est ni maximum, ni minimum.

145. $a^2 + b^2 + 2\,ab \cos (x - y)$ dépend d'une seule variable $x - y$, si $ab > 0$, maximum pour $x - y = 0$, minimum pour $x - y = \pi$.

146. Soit $z = h - x - y$, $u = x^a\,y^b\,(h - x - y)^c$,
$$u'_x = x^a\,y^b\,z^c\left(\frac{a}{x} - \frac{c}{z}\right) \quad , \quad u'_y = x^a\,y^b\,z^c\left(\frac{b}{y} - \frac{c}{z}\right).$$

Pour
$$\frac{x}{a} = \frac{y}{b} = \frac{z}{c} = \frac{h}{a + b + c},$$

u est maximum. Si x, y, z restent positifs $u > 0$ devient nul avec x.

147. $y^2 + 2\,yx^2 - 4x - 3 = 0$, $y'\,(y + x^2) + 2\,xy - 2 = 0$
$y''(y + x^2) + y'^2 + 4xy' + 2y = 0$; si $y' = 0$, $y = \dfrac{1}{x}$, $2x^3 + 3x^2 - 1 = 0$,
$$(x + 1)^2\,(2x - 1) = 0.$$

Pour $x = -1$, $y = \dfrac{1}{x} = -1$, y' est indéterminé, la troisième équation donne $y'^2 - 4y' - 2 = 0$, y ayant deux valeurs, fonctions de x, y' a deux valeurs, qui ne s'annulent pas pour $x = -1$.

Pour $x = \dfrac{1}{2}$, $y = 2$, $y' = 0$, $y'' = -\dfrac{16}{9}$, y est maximum.

148. $y^3 + x^3 = 3\,axy$, $y'\,(y^2 - ax) = ay - x^2$
$y''(y^2 - ax) + 2\,y'\,(y'y - a) + 2\,x = 0$
$y''(y^2 - ax) + y'\,(6\,yy' - 3a) + 2\,y'^3 + 2 = 0$
$y' = 0$, si $y = \dfrac{x^2}{a}$, $x^3\,(x^3 - 2\,a^3) = 0$, soit $a > 0$.

$1°\ x = a\sqrt[3]{2}$, $y = \dfrac{x^2}{a} = a\sqrt[3]{4}$, $y' = 0$, $y'' = -\dfrac{2}{a}$, **y maximum.**

$2°\ x = y = 0$, $\left(\dfrac{y}{x}\right)^3 x - 3a\dfrac{y}{x} + x = 0$, lorsque x tend vers zéro, les trois valeurs de y tendent vers zéro, $\dfrac{y}{x}$ a une valeur qui tend vers 0, deux augmentent indéfiniment ($\S\ 80$). **Si** on prend la valeur y telle que $y' = 0$ pour $x = 0$, on a $y'' = \dfrac{2}{3a}$, $y = 0$ est minimum, si $a > 0$.

149. $y = x^2 e^x$, $y^{(n)} = e^x (x^2 + 2nx + n(n-1))$ ($\S\ 65$).

150. $y = e^x \cos x$,

$$y^{(n)} = e^x \cos x \left(1 - \frac{n(n-1)}{1.2} + \frac{n(n-1)(n-2)(n-3)}{1.2.3.4} \cdots\right)$$
$$- e^x \sin x \left(\frac{n}{1} - \frac{n(n-1)(n-2)}{1.2.3} + \cdots\right).$$

151.
$$y = x(x+a)^p,$$
$$y^{(n)} = p(p-1)\ldots(p-n+2)(x+a)^{p-n}((p+1)x+na).$$

152. $y = x^2(x+a)^{-p}$, $y^{(n)} = (-1)^n p(p+1)\ldots(p+n-3)$
$$\times \frac{(p-1)(p-2)x^2 - 2(p-1)nax + n(n-1)a^2}{(x+a)^{p+n}}.$$

153. $y = (\text{arc sin } x)^2$, $y'\sqrt{1-x^2} = 2\,\text{arc sin } x$,

$$y''\sqrt{1-x^2} = \frac{x\,y' + 2}{\sqrt{1-x^2}}, \quad y''(1-x^2) - xy' - 2 = 0.$$

La formule de Leibnitz ($\S\ 65$) donne :

$$y^{(n+2)}(1-x^2) - (2n+1)xy^{(n+1)} - n^2 y^{(n)} = 0,$$

si

$$x = 0, y = y' = 0, y^{(n+2)} = n^2 y^{(n)}, y^{(2n+1)} = 0,$$
$$y'' = 2, y^{(2n+2)} = 2(2.4\ldots 2n)^2.$$

La série de Maclaurin ($\S\ 50$) donne

$$(\text{arc sin } x)^2 = x^2 + \frac{2}{3}\frac{x^4}{2} + \cdots + \frac{2.4\ldots(2n-2)}{3.5\ldots(2n-1)}\cdot\frac{x^{2n}}{n} + \cdots$$

154.
$$y\sqrt{1+x^2}+x\sqrt{1+y^2}=a,$$

$$\left(y'\sqrt{1+x^2}+\sqrt{1+y^2}\right)\left(1+\frac{xy}{\sqrt{1+x^2}\sqrt{1+y^2}}\right)=0.$$

Le second facteur n'est pas identiquement nul.

$$xy'-y=-x\sqrt{\frac{1+y^2}{1+x^2}}=\frac{a-x\sqrt{1+y^2}}{\sqrt{1+y^2}}=-a\left(1+x^2\right)^{-\frac{1}{2}}$$

$$xy'=ax\left(1+x^2\right)^{-\frac{3}{2}},\ y'=a\left(1-\frac{3}{2}x^2+\frac{3.5}{2.4}x^4-\frac{3.5.7}{2.4.6}x^6+\dots\right)$$

Pour $x=0$, $y=a$, $y'=-\sqrt{1+a^2}$, le développement de y' donne :

$$y=a-x\sqrt{1+a^2}+\frac{a}{2}\left(x^2-\frac{1}{4}x^4+\frac{1.3}{4.6}x^6-\dots\right.$$

$$\left.+(-1)^{n+1}\frac{1.3\dots(2n-3)}{4.6\dots 2n}x^{2n}+\dots\right)$$

CHAPITRE X

IMAGINAIRES

155.
$$\frac{1+i}{2}+\frac{a+i}{a^2+1}+\frac{1+ai}{a^2+1}=\left(\frac{1}{2}+\frac{a+1}{a^2+1}\right)(1+i).$$

156.
$$i=e^{\left(2k+\frac{1}{2}\right)\pi i},\ \sqrt{i}=e^{\left(k+\frac{1}{4}\right)\pi i}=\pm\left(\cos\frac{\pi}{4}+i\sin\frac{\pi}{4}\right)=\pm\frac{1+i}{\sqrt{2}}$$

157.
$$\alpha=\frac{-1+i\sqrt{3}}{2},\ \alpha^2=\frac{-1-i\sqrt{3}}{2},\ \alpha^3=1,\ \alpha+\alpha^2=-1$$

$$(a+b+c)(a+b\alpha+c\alpha^2)(a+b\alpha^2+c\alpha)$$

$$=(a+b+c)(a^2+b^2+c^2-ab-bc-ac)=a^3+b^3+c^3-3abc.$$

158.
$$x^3=1=e^{2k\pi i},\ x=e^{\frac{2k\pi i}{3}},$$

$$1+x+x^2=1+e^{\frac{2k\pi i}{3}}+e^{-\frac{2k\pi i}{3}}=1+2\cos\frac{2k\pi}{3}$$

a les valeurs 3 et 0, suivant que k est, ou n'est pas un multiple de 3.

159. $x^3 = \pm\sqrt{2}$, $x = \pm\sqrt[3]{2}$, et $\pm i\sqrt[3]{2}$.

160. $x^3 = 8\,e^{(2K+1)\pi i}$, $x = 2\left(\cos\dfrac{2K+1}{3}\pi + i\sin\dfrac{2K+1}{3}\pi\right)$
$x = -2$ et $1 \pm i\sqrt{3}$, pour $K = 1, 0, 2$.

161. $x^6 = e^{(2K+1)\pi i}$, $x = \cos\dfrac{2K+1}{6}\pi + i\sin\dfrac{2K+1}{6}\pi$
$$x = \pm i \text{ et } \frac{\pm\sqrt{3}\pm i}{2}.$$

162. $(x^2 + 1)(x^2 - 3) = 0$, $x = \pm i$, et $\pm\sqrt{3}$.

163. $x^4 - 2x^2 + 5 = 0$, $x^2 = 1 \pm 2i$ soit $x = y + zi$
$y^2 + 2yzi - z^2 = 1 \pm 2i$, $yz = \pm 1$, $y^2 - z^2 = 1$
$y^4 - y^2 - 1 = 0$, $y = \pm\sqrt{\dfrac{\sqrt{5}+1}{2}}$, car y doit être réel;
$$z = \pm\sqrt{\frac{2}{\sqrt{5}+1}} = \pm\sqrt{\frac{\sqrt{5}-1}{2}},\ x = \pm\sqrt{\frac{\sqrt{5}+1}{2}} \pm i\sqrt{\frac{\sqrt{5}-1}{2}}.$$

164. $x^6 - 3x^3 + 1 = 0$, $x^3 = \dfrac{3\pm\sqrt{5}}{2}$
$$x = \sqrt[3]{\frac{3\pm\sqrt{5}}{2}} \text{ et } \sqrt[3]{\frac{3\pm\sqrt{5}}{2}} \cdot \frac{-1\pm i\sqrt{3}}{2}.$$

165. $\sqrt{a+bi} = x + yi$, $a + bi = x^2 + 2xyi - y^2$,
$$x^2 - y^2 = a,\ 2xy = b$$
$x^4 - ax^2 - \dfrac{b^2}{4} = 0$, $x = \pm\sqrt{\dfrac{a+\sqrt{a^2+b^2}}{2}}$, $y = \dfrac{b}{2x} = \pm b\sqrt{\dfrac{\sqrt{a^2+b^2}-a}{2b^2}}$
si $b > 0$, $\sqrt{a+bi} = \pm\left(\sqrt{\dfrac{a+\sqrt{a^2+b^2}}{2}} + i\sqrt{\dfrac{\sqrt{a^2+b^2}-a}{2}}\right)$

si $b < 0$ le second membre représente $\sqrt{a-bi}$.

166. $e^{\omega i} = \dfrac{e^{\frac{\omega i}{2}}}{e^{\frac{\omega i}{2}}} = \dfrac{\cos\frac{\omega}{2} + i\sin\frac{\omega}{2}}{\cos\frac{\omega}{2} - i\sin\frac{\omega}{2}} = \dfrac{\cotg\frac{\omega}{2} + i}{\cotg\frac{\omega}{2} - i}$, $x = \cotg\dfrac{\omega}{2}$

x devient infini si $\omega = 0$, $e^{\omega i} = 1$.

167. $x = \cos a + \cos (a + b) + \ldots + \cos (a + (n - 1) b)$

$\qquad y = \sin a + \sin (a + b) + \ldots + \sin (a + (n - 1) b)$

$$x + yi = e^{ai} (1 + e^{bi} + e^{2bi} + \ldots + e^{(n-1)bi}) = e^{ai} \frac{e^{nbi} - 1}{e^{bi} - 1} =$$

$$= e^{\left(a + \frac{n-1}{2} b\right) i} \frac{e^{\frac{n}{2} bi} - e^{-\frac{n}{2} bi}}{e^{\frac{b}{2} i} - e^{-\frac{b}{2} i}} = \frac{\sin \frac{nb}{2}}{\sin \frac{b}{2}} e^{\left(a + \frac{n-1}{2} b\right) i}$$

$$x = \frac{\sin \frac{nb}{2}}{\sin \frac{b}{2}} \cos \left(a + \frac{n-1}{2} b\right), \quad y = \frac{\sin \frac{nb}{2}}{\sin \frac{b}{2}} \sin \left(a + \frac{n-1}{2} b\right)$$

Si $x = 0$, $nb = 2 K\pi$ ou $(n - 1) b + 2a = (2K + 1)\pi$; si $\frac{b}{\pi}$ est incommensurable, x ne peut pas s'annuler pour deux valeurs n et n'. De même pour y. Si $b = \frac{p}{q} \pi$, x et y sont nuls lorsque $n = 2 Kq$.

168. $x = \cos \frac{2\pi}{n} + 2 \cos \frac{4\pi}{n} + \ldots + (n - 1) \cos \frac{2 (n - 1)\pi}{n}$

$\qquad y = \sin \frac{2\pi}{n} + 2 \sin \frac{4\pi}{n} + \ldots + (n - 1) \sin \frac{2 (n - 1)\pi}{n}$

$\qquad$ si $\cos \frac{2\pi}{n} + i \sin \frac{2\pi}{n} = e^{\frac{2\pi i}{n}} = z$, $z^n = 1$

$$1 + z + z^2 + \ldots + z^{n-1} = \frac{1 - z^n}{1 - z}$$

en prenant les dérivées :

$$1 + 2z + 3z^2 + \ldots + (n - 1) z^{n-2} = \frac{-nz^{n-1} (1 - z) + 1 - z^n}{(1 - z)^2}$$

$$x + yi = z + 2z^2 + \ldots + (n-1) z^{n-1} = -\frac{n}{1 - z} z^n + z \frac{1 - z^n}{(1 - z)^2} =$$

$$\frac{n}{e^{\frac{2\pi i}{n}} - 1} = \frac{ne^{-\frac{\pi i}{n}}}{2 i \sin \frac{\pi}{n}} = \frac{n}{2} \left(- 1 - i \cot \frac{\pi}{n}\right)$$

$$x = -\frac{n}{2} \quad , \quad y = -\frac{n}{2} \cot \frac{\pi}{n}.$$

$$169. \quad \begin{cases} x = 1 + a\cos\omega + a^2\cos 2\omega + \ldots + a^n\cos n\omega + \ldots \\ y = a\sin\omega + a^2\sin 2\omega + \ldots + a^n\sin n\omega + \ldots \end{cases} |a| < 1$$

$$x + yi = 1 + ae^{\omega i} + a^2 e^{2\omega i} + \ldots = \frac{1}{1 - a e^{\omega i}} = \frac{1 - a e^{-\omega i}}{1 - 2a\cos\omega + a^2}$$

$$x = \frac{1 - a\cos\omega}{1 - 2a\cos\omega + a^2}, \quad y = \frac{a\sin\omega}{1 - 2a\cos\omega + a^2}.$$

$$170. \quad \frac{1}{2}\cdot\frac{2 - x(e^{ai} + e^{-ai})}{(1 - xe^{ai})(1 - xe^{-ai})} = \frac{1}{2}\left(\frac{1}{1 - x e^{ai}} + \frac{1}{1 - x e^{-ai}}\right)$$

$$= 1 + x\cos a + x^2\cos 2a + \ldots + x^n\cos na + \ldots$$

c'est l'inverse du problème 169.

$$171. \quad e^{x\,\mathrm{cotg}\,a}\cos x = \frac{1}{2}\left(e^{\frac{x}{\sin a}e^{ai}} + e^{\frac{x}{\sin a}e^{-ai}}\right)$$

$$= \frac{1}{2}\sum_0^\infty \frac{1}{1.2\ldots n}\left(\frac{x}{\sin a}\right)^n \left(e^{nai} + e^{-nai}\right) = 1 + x\,\mathrm{cotg}\,a$$

$$+ \frac{1}{2}\left(\frac{x}{\sin a}\right)^2\cos 2a + \ldots + \frac{1}{1.2\ldots n}\left(\frac{x}{\sin a}\right)^n\cos na + \ldots$$

CHAPITRE XI

ÉQUATIONS ALGÉBRIQUES

$$172. \qquad\qquad x_1^2 + x_2^2 + x_3^2$$
$$= (x_1 + x_2 + x_3)^2 - 2(x_1 x_2 + x_1 x_3 + x_2 x_3) = -2p.$$

$$173. \quad x_1 + x_2 + x_3 = x_3 = -a, \quad f(-a) = -ab + c = 0.$$
$$\text{si}\quad c = ab, \quad x^3 + ax^2 + bx + ab = (x + a)(x^2 + b) = 0$$
$$x = -a \quad\text{et}\quad \pm\sqrt{-b}.$$

$$174. \quad ax^3 + bx^2 + cx + d = 0, \quad x_1 + x_3 = 2x_2, \quad 3x_2 = -\frac{b}{a}$$
$$f\left(-\frac{b}{3a}\right) = \frac{2b^3}{27 a^2} - \frac{bc}{3a} + d = 0.$$

175. $ax^3 + bx^2 + cx + d = 0$, $x_1 x_2 = x^2_3$, $x^3_3 = -\frac{d}{a} \lessgtr 0$

$$f\left(\sqrt[3]{-\frac{d}{a}}\right) = \sqrt[3]{-\frac{d}{a}}\left(c + b\sqrt[3]{-\frac{d}{a}}\right) = 0, \quad ac^3 = db^3.$$

176. $x^4 - 2x^2 + ax + 3 = 0$, $x_1 x_2 = 1$, $x_3 x_4 = 3$.

$$x_1 x_2 x_3 x_4 \left(\frac{1}{x_1} + \frac{1}{x_2} + \frac{1}{x_3} + \frac{1}{x_4}\right) = 3(x_1 + x_2) + x_3 + x_4 = -a,$$

car $\quad x_1 x_2 x_3 x_4 = 3, \quad x_1 + x_2 + x_3 + x_4 = 0.$

$$x_1 + x_2 = -\frac{a}{2}, \quad x_3 + x_4 = \frac{a}{2}$$

$$x_1 x_2 + x_3 x_4 + (x_1 + x_2)(x_3 + x_4) = -2, \quad a^2 = 24$$

si $a = \pm 2\sqrt{6}$ les racines sont $\dfrac{-a \pm 2\sqrt{2}}{4}$, $\dfrac{a \pm 2i\sqrt{6}}{4}$.

177. $\quad 2x^3 - 3x^2 + x = x(x-1)(2x-1),$

$(x-1)^{2n} - x^{2n} + 2x - 1$ s'annule pour $x = 0, 1$ et $\frac{1}{2}$, et sera divisible par $x(x-1)\left(x-\frac{1}{2}\right)$.

178. $f(x) = x^{3n} - n^2 x^{n+1} + 2(n^2 - 1)x^n - n^2 x^{n-1} + 1,$

$f(1) = 0,\ f'(x) = nx^{n-2}\left[2x^{n+1} - n(n+1)x^2 + 2(n^2 - 1)x - n(n-1)\right]$

$\qquad = nx^{n-2}\varphi(x),\ \varphi'(x) = 2(n+1)(x^n - nx + n - 1),$

$\qquad\qquad \varphi(1) = \varphi'(1) = \varphi''(1) = 0,$

$\qquad f'(x)$ est divisible par $(x-1)^3$, $f(x)$ par $(x-1)^4$.

179. $\quad x^3 - x^2 + x - 1 = (x-1)(x^2+1).$

$f(x) = x^{3n} - x^{2n} + x^n - 1 = (x^n - 1)(x^{2n} + 1),\ f(1) = 0,$

$\qquad\qquad f(i) = (i^n - 1)\left((-1)^n + 1\right)$

sera nul si n est impair, ou si n est un multiple de 4. n ne doit pas être de la forme $2 + 4k$.

180. $x^{6p} - 1$ est divisible par $x^3 - 1 = (x^2 + x + 1)(x - 1)$, et $(x + 1)^{6p} - 1$ est divisible par

$\qquad (x+1)^2 + 1 = (x^2 + x + 1)(x + 2)$. Soit $n = 6p + q$.

$$\qquad (x+1)^n - x^n - (x+1)^q + x^q$$

$= (x+1)^q\left[(x+1)^{6p} - 1\right] - x^q\left[x^{6p} - 1\right]$ est divisible par $x^2 + x + 1$.

Si $q = 1$, $(x+1)^1 - x^1 = 1$. Si $q = 5$, $(x+1)^5 - x^5$ $= 1 + 5(x^2 + x + 1)(x^2 + x)$. Dans les deux cas $(x+1)^n - x^n - 1$ est divisible par $x^2 + x + 1$.

181.
$$f(x) = x^5 + 2\,x^4 - 8\,x^3 - 16\,x^2 + 16\,x + 32$$
$$f'(x) = 5\,x^4 + 8\,x^3 - 24\,x^2 - 32\,x + 16.$$

En divisant f par f', on a :

$$\varphi(x) = \frac{25\,f - 5\,xf' - 2\,f'}{96} = -x^3 - 2\,x^2 + 4x + 8$$
$$= -(x+2)^2\,(x-2).\ f' + 5\,x\varphi - 2\,\varphi = 0,$$

φ est le plus grand commun diviseur entre f et f'

$$f = (x+2)^3\,(x-2)^2.$$

182.
$$f(x) = x^8 - 4\,x^3 + 2\,x^2 + 3\,x - 2,$$

le plus grand commun diviseur entre f et f' est $(x-1)^2$.

$$f = (x-1)^3\,(x+1)\,(x+2).$$

183.
$$f = x^6 + 6\,x^5 + 3\,x^4 + 12\,x^3 + 3\,x^2 + 6\,x + 1$$
$$f' = 6\,x^5 + 30\,x^4 + 12\,x^3 + 36\,x^2 + 6\,x + 6$$
$$\varphi(x) = \frac{-6\,f + xf' + f'}{24} = x^4 - x^3 + x^2 - x$$
$$\frac{1}{6}f' - \left(x + 6 + \frac{7}{x}\right)\varphi = 8\,(x^2 + 1),$$

le plus grand commun diviseur de

$$f \text{ et } f' \text{ est } x^2 + 1,$$
$$f(x) = (x^2 + 1)^2\,(x^2 + 6\,x + 1).$$

184.
$$f = x^6 - 15\,x^4 - 14\,x^3 + 36\,x^2 + 24\,x - 32$$
$$f' = 6\,(x^5 - 10\,x^3 - 7\,x^2 + 12\,x + 4)$$
$$\varphi = f - \frac{x}{6}f' = -5\,x^4 - 7\,x^3 + 24\,x^2 + 20\,x - 32$$
$$\frac{25}{6}f' + (5\,x - 7)\,\varphi = -81\,(x^3 + 3\,x^2 - 4)$$
$$= -81\,(x+2)^2\,(x-1),\ f(x) = (x+2)^3\,(x-1)^2\,(x-4).$$

185.
$$(x+1)^7 - x^7 + 7x + 6$$
$$= (x+1)\,7\,(x^5 + 2\,x^4 + 3\,x^3 + 2\,x^2 + x + 1)$$
$$= 7\,(x+1)^2\,(x^4 + x^3 + 2\,x^2 + 1).$$

186. $f(x) = x^4 + 4ax + 3b$, $f'(x) = 4(x^3 + a)$,
$$f - \frac{x}{4} f' = 3(ax + b)$$

f a une racine double si $f'\left(\dfrac{-b}{a}\right) = 0$, $a^4 = b^3$. On peut alors poser

$a = c^3$, $b = c^4$, $x^4 + 4c^3 x + 3c^4 = (x + c)^2 (x^2 - 2cx + 3c^2)$.

187.   Soit $\theta = e^{\frac{2\pi i}{3}}$, $(b - c)^3 (x - a)^3 = (c - a)^3 (x - b)^3$

a les trois solutions

$$(b - c)(x - a) = (c - a)(x - b) \sqrt[3]{1}, \text{ où } \sqrt[3]{1} = 1, \theta, \theta^2$$

$$x_1 = \frac{2ab - ac - bc}{a + b - 2c}, \quad x_2 = - abc \frac{\dfrac{\theta}{a} + \dfrac{1}{b} + \dfrac{\theta^2}{c}}{a\theta + b + c\theta^2} = - abc \frac{\dfrac{\theta^2}{a} + \dfrac{\theta}{b} + \dfrac{1}{c}}{a\theta^2 + b\theta + c}$$

$$x_3 = - abc \frac{\dfrac{\theta^2}{a} + \dfrac{1}{b} + \dfrac{\theta}{c}}{a\theta^2 + b + c\theta} = - abc \frac{\dfrac{\theta}{a} + \dfrac{\theta^2}{b} + \dfrac{1}{c}}{a\theta + b\theta^2 + c}.$$

Si on change a en b, b en c, c en a (permutation circulaire), x_1 et x_2 ne changent pas, l'équation devient

$$(c - a)^3 (x - b)^3 = (a - b)^3 (x - c)^3.$$

x_1 et x_3 sont les solutions communes.

188. $x^4 + ax^3 + bx^2 + cx + d = 0$, $x_1 + x_2 = x_3 + x_4 = -\dfrac{a}{2}$

$x_1 x_2 + x_3 x_3 + (x_1 + x_2)(x_3 + x_4) = b$, $x_1 x_2 + x_3 x_4 = b - \dfrac{a^2}{4}$

$x_1 x_2 (x_3 + x_4) + x_3 x_4 (x_1 + x_2) = -c$, $x_1 x_2 + x_3 x_4 = \dfrac{2c}{a}$

$$c = \frac{a}{2}\left(b - \frac{a^2}{4}\right).$$

189. Si a, b, c sont les 3 côtés du triangle,

$$16 S^2 = (a + b + c)(a + b - c)(b + c - a)(c + a - b)$$
$$= 2(a^2 b^2 + b^2 c^2 + c^2 a^2) - a^4 - b^4 - c^4$$
$$(a + b + c)^4 = (2p)^4 = \Sigma a^4 + 4 \Sigma a^3 b + 6 \Sigma a^2 b^2 + 12 abc \Sigma a$$
$$(a + b + c)^2 (ab + ac + bc) = 4 p^2 q = \Sigma a^3 b + 2 \Sigma a^2 b^2 + 5 abc \Sigma a$$
$$16 (p^4 - p^2 q) = \Sigma a^4 - 2 \Sigma a^2 b^2 - 8 abc \Sigma a = - 16 S^2 - 16 pr$$
$$S^2 = p^2 q - p^4 - pr.$$

190. Soient a, b, c les côtés, racines de l'équation

$$x^3 - px^2 + qx - r = 0,$$

X le carré de la médiane opposée au côté c.

$$2X = a^2 + b^2 - \frac{c^2}{2} = (a + b + c)^2 - 2(ab + ac + bc) - \frac{3}{2}c^2$$

$$= p^2 - 2q - \frac{3}{2}c^2, \quad c^2 = \frac{2}{3}(p^2 - 2q - 2X),$$

en remplaçant x par c, on a :

$$3(3r + 2p^3 - 4pq - 4pX)^2 = 2(2p^2 - q - 4X)^2(p^2 - 2q - 2X)$$

équation dont les racines X sont les carrés des trois médianes.

191. Soit l'équation $x^3 - 2px^2 + qx - r = 0$, ayant pour racines les 3 côtés. On a (probl. 189) :

$$p^2 q - pr = s^2 + p^4, \quad h = s\left(\frac{1}{a} + \frac{1}{b} + \frac{1}{c}\right) = s\frac{bc + ca + ab}{abc} = s\frac{q}{r}$$

$$q = h\frac{s^2 + p^4}{p(ph - s)} \quad , \quad r = s\frac{s^2 + p^4}{p(ph - s)}$$

Si $p = 8^m$, $h = 6^m,8$, $s = 12$, on trouve $q = 85$, $r = 150$,

$$x^3 - 16x^2 + 85x - 150 = (x - 5)^2(x - 6) = 0$$

les côtés sont 5^m, 5^m, 6^m.

192. Soit l'équation $f(x) = x^4 - 2px^3 + qx^2 - rx + s = 0$.
On a (probl. 37) $a + b + c + d = 2p$

$$S^2 = (p - a)(p - b)(p - c)(p - d) = f(p) = - p^4 + qp^2 - pr + s$$

$$\Sigma a = 2p \quad , \quad \Sigma ab = q \quad , \quad \Sigma abc = r, \quad abcd = s$$

$$16R^2S^2 = abcd\Sigma a^2 + \Sigma a^2b^2c^2 = s(4p^2 - 2q) + \Sigma a^2b^2c^2$$

$$r^2 = (\Sigma abc)^2 = \Sigma a^2b^2c^2 + 2abcd\Sigma ab, \quad \Sigma a^2b^2c^2 = r^2 - 2sq$$

$$4R^2S^2 = s(p^2 - q) + \frac{r^2}{4}.$$

CHAPITRE XII

—

RACINES RÉELLES

193. Si

$$x = \frac{p}{q}, \qquad p = \pm 1 \text{ ou } 2; \qquad q = 1 \text{ ou } 2.$$

En essayant $\pm 1, \frac{1}{2}, 2$ on trouve

$$(x - 2)(2x^3 + 3x + 1) = 0. \quad f(x) = 2x^3 + 3x + 1,$$
$$f' = 3(2x^2 + 1)$$

f a une seule racine réelle, négative.

194. $\quad x = \frac{p}{q}, \quad p = \pm 1,2,3,6,9,18; \quad q = 1,2,4.$

$$f(1) = 24, \quad f(-1) = 42, \qquad \frac{24}{p-q} \quad \text{et} \quad \frac{42}{p+q}$$

doivent être entiers ; il reste à essayer

$$-3, \quad +\frac{3}{4}, \quad \pm\frac{1}{2}, \quad \pm 2.$$
$$f(x) = (x + 2)(4x - 3)(x^4 + 2x^3 + 3x^2 + 5x - 3)$$
$$\varphi(x) = x^4 + 2x^3 + 3x^2 + 5x - 3$$
$$\varphi'(x) = 4x^3 + 6x^2 + 6x + 5$$
$$\varphi''(x) = 6(2x^2 + 2x + 1) > 0$$

$\varphi'(x)$ a une seule racine ; φ a deux racines séparées par $-\infty, 0,$
$+\infty$, ou par $-3, 0, +1$.

195. $(x + 5)(2x^2 + 2x + 3)$, une seule racine réelle $x = -5$.

196. $x = \dfrac{p}{q}$, $p = \pm\, 1,2,3,6$; $q = 1,2$, $f(1) = -18$,

$$f(-1) = 6, \qquad \frac{18}{p-q} \qquad \text{et} \qquad \frac{6}{p+q}$$

doivent être entiers, il reste à essayer $\pm\, 2$, $\pm\, \dfrac{1}{2}$.

$$f(x) = (x+2)(2x-1)(x^4 - x^3 - 2x^2 - x - 3)$$
$$\varphi(x) = x^4 - x^3 - 2x^2 - x - 3, \qquad \varphi' = 4x^3 - 3x^2 - 4x - 1$$
$$\varphi'' = 12x^2 - 6x - 4, \qquad \varphi''' = \frac{4x-1}{12}, \qquad \varphi^{IV} = -\frac{19x+8}{6}.$$

Les deux racines de φ'' sont comprises entre $-\,0,4$ et $+\,1$; $x = -\dfrac{8}{19}$ est inférieur à ces valeurs. φ'' est donc négatif pour les deux racines de φ', et φ' n'a qu'une racine réelle (§ 86). $\varphi(x)$ en a deux de signes contraires.

197. $$f(x) = x^4 - 2x^3 - 2x^2 + 1$$
$$f'(x) = 4x^3 - 6x^2 - 4x = 2x(x-2)(2x+1)$$

si

$$x = -\infty \qquad -\frac{1}{2} \qquad 0 \qquad 2 \qquad +\infty$$
$$f(x) = +\infty \qquad +\frac{13}{16} \qquad +1 \qquad -7 \qquad +\infty$$

deux racines réelles.

198. $$f(x) = 1 + x + \frac{x^2}{2} + \frac{x^3}{6} + \frac{x^4}{24} + \frac{x^5}{120},$$
$$f'(x) = 1 + x + \frac{x^2}{2} + \frac{x^3}{6} + \frac{x^4}{24},$$
$$f''(x) = 1 + x + \frac{x^2}{2} + \frac{x^3}{6},$$
$$f'''(x) = 1 + x + \frac{x^2}{2} > 0$$

f'' a une racine réelle négative, pour laquelle $f'(x) = \dfrac{x^4}{24}$ est positif; comme $f'(\pm\infty) > 0$, f' n'a pas de racine réelle. $f(x)$ en a une négative.

199. $\quad f(x) = x^5 - 20x + a, \quad f'(x) = 5(x^4 - 4)$

f' a deux racines réelles $x = \pm\sqrt{2}$

$$f(\sqrt{2}) = a - 16\sqrt{2}, \quad f(-\sqrt{2}) = a + 16\sqrt{2};$$

le produit est $a^2 - (16\sqrt{2})^2$; si $|a| < 16\sqrt{2}$, f a 3 racines réelles (§ 86), si $|a| > 16\sqrt{2}$ une seule racine réelle.

200. $f(x) = x^4 - 4ax^3 + 27b, \quad f'(x) = 4x^2(x - 3a)$

comme f ne change pas de signe pour $x = 0$, il suffit de substituer $x = 3a$, $\quad f(3a) = 27(b - a^4)$. $\quad f(\pm\infty) > 0$ si $b < a^4$ deux racines réelles; si $b > a^4$ il n'y en a aucune.

201. $\quad f(x) = x - 2\sin x, \quad f'(x) = 1 - 2\cos x$

est nul pour $x = 2K\pi \pm \frac{\pi}{3}$. Si $|x| > \pi > 2$, $f(x)$ a le signe de x et ne peut pas s'annuler.

$$\text{si} \qquad x = -\pi, \qquad -\frac{\pi}{3}, \qquad +\frac{\pi}{3}, \qquad \pi$$

$$f(x) = -\pi, \quad \frac{-\pi}{3} + \sqrt{3}, \quad \frac{\pi}{3} - \sqrt{3}, \quad +\pi$$

$$\pi < 4 < 3\sqrt{3},$$

f a 3 racines séparées par

$$-\pi, \quad -\frac{\pi}{3}, \quad +\frac{\pi}{3}, \quad \pi.$$

L'une est $x = 0$, les deux autres sont égales en valeur absolue, et de signes contraires.

202. $f(x) = x - \operatorname{tg} x, \quad f'(x) = 1 - \frac{1}{\cos^2 x} = -\operatorname{tg}^2 x$

f' reste négatif, et devient infini pour $K\pi + \frac{\pi}{2}$, $f(x)$ change de signe et a une racine entre $\frac{\pi}{2} + K\pi$ et $\frac{\pi}{2} + (K+1)\pi$. Les racines sont séparées par ..., $-\frac{3\pi}{2}$, $-\frac{\pi}{2}$, $\frac{\pi}{2}$, $\frac{3\pi}{2}$, ... L'une est $x = 0$.

203. $f(x) = 2(1 - \cos x) - x \sin x = 2 \sin \dfrac{x}{2}\left(2 \sin \dfrac{x}{2} - x \cos \dfrac{x}{2}\right)$

est nul pour $x = 2\,\mathrm{K}\pi$, $x = 0$ est racine d'ordre 4, car $f(0)$, $f'(0)$, $f''(0)$, $f'''(0)$ sont nuls ; il y a en outre les racines de l'équation $\dfrac{x}{2} = \operatorname{tg} \dfrac{x}{2}$ (probl. 202) séparées par

$$\pi, \qquad 3\pi, \qquad 5\pi\ldots \quad \text{et} \quad -\pi, \qquad -3\pi,\ldots$$

204. $\quad f(x) = 2^x - 3x - 5, \qquad f'(x) = 2^x \mathrm{L}2 - 3,$

f' a une seule racine

$$x = \frac{\mathrm{L}3 - \mathrm{L}(\mathrm{L}2)}{\mathrm{L}2}, \quad f(\pm\infty) > 0, \quad f(0) = -4,$$

f a deux racines de signes contraires.

205. $\qquad (x - 1)\,f(x) = n x^{n+1} - (n + 1)\,x^n + 1,$

a pour dérivée $n(n + 1)\,x^{n-1}(x - 1)$, $f(-\infty)$ a le signe de

$$(-1)^n, \quad f(0) = -1, \quad f(1) = 0, \quad f(+\infty) > 0.$$

Si n est impair $f(x)$ n'a que la racine réelle $x = 1$; si n est pair, $f(x)$ a, en outre, une racine négative.

206. $\qquad f(x) = (x + 1)^{2n} - x^{2n} - 2x - 1,$

$$\tfrac{1}{2} f'(x) = n(x + 1)^{2n-1} - n x^{2n-1} - 1,$$

$$f''(x) = 2n(2n - 1)\left[(x + 1)^{2n-2} - x^{2n-2}\right],$$

divisible par $(x + 1)^2 - x^2$

$$f'' = 2n(2n - 1)(2x + 1)\left[(x + 1)^{2(n-2)} + \right.$$
$$\left. + x^2(x + 1)^{2(n-3)} + x^4(x + 1)^{2(n-4)} + \ldots + x^{2(n-2)}\right]$$

$f''(x)$ n'a qu'une racine réelle $x = -\dfrac{1}{2}$

$f(x)$ a les trois racines $x = 0, -\dfrac{1}{2}, -1$ et n'a pas d'autre racine réelle.

207. Soit $a_1 < a_2 < \ldots < a_n$.

$$f(x) = (x-a_1)(x-a_2)\ldots(x-a_n)\left(\frac{b_1^2}{x-a_1} + \frac{b_2^2}{x-a_2} + \ldots + \frac{b_n^2}{x-a_n} - 1\right)$$

change de signe entre $x = a_1$ et $a_2, \ldots, a_n$ et $+\infty$, les n racines sont réelles et séparées par $a_1 \, a_2 \ldots a_n + \infty$.

208. Soit $\varphi(x) = f(x) - f'(x)$, et $f(x) = (x-a)^n \psi(x)$

$$\frac{\varphi(x)}{f(x)} = 1 - \frac{n}{x-a} - \frac{\psi'(x)}{\psi(x)}; \qquad \frac{\varphi(a-\varepsilon)}{f(a-\varepsilon)} > 0, \qquad \frac{\varphi(a+\varepsilon)}{f(a+\varepsilon)} < 0.$$

Si a et b sont deux racines consécutives de f, $\varphi(a+\varepsilon)$ et $\varphi(b-\varepsilon)$ sont de signes contraires, 2 racines de f comprennent au moins une racine de φ.

CHAPITRE XIII

RACINES INCOMMENSURABLES.
EQUATION DU TOISIÈME DEGRÉ

209. $f(x) = x^4 + 2x^2 - 6x + 2 = 0$, $f'(x) = 4x^3 + 4x - 6$
$$f''(x) = 4(3x^2 + 1) > 0,$$

f, a deux racines séparées par $0, 1, 2$.

La substitution donne

$$f\left(\frac{1}{4}\right) = \frac{161}{16.16} \cdot f\left(\frac{1}{2}\right) = -\frac{7}{16} \; ; f(1) = -1 \; , f\left(\frac{5}{4}\right) = \frac{17}{16.16}.$$

Pour la première racine le méthode de Newton donne,

$$f'\left(\frac{1}{4}\right) = -\frac{79}{16} \; , \quad x_1 = \frac{1}{4} - \frac{f\left(\frac{1}{4}\right)}{f'\left(\frac{1}{4}\right)} = \frac{1}{4} + \frac{161}{16.79} = 0,377\ldots$$

et la méthode des proportions

$$x_2 = \frac{1}{2} - \frac{28}{273} = 0,397 \ldots \qquad 0,37 < x < 0,40$$

la substitution donne

$$f(0,39) = -0,012 \ldots \quad , \quad f(0,38) = 0,029 \ldots$$

la valeur approchée est $x = 0,38$.

Pour la seconde racine, la méthode des proportions donne :

$$x_1 = 1 + \frac{\frac{5}{4} - 1}{\frac{17}{16 . 16} + 1} = 1 + \frac{64}{273} = 1,234 \ldots \quad , \quad 1,23 < x < 1,25$$

$$f(1,24) = -0,00058 \ldots \qquad 1,24 < x < 1,25$$

210. $f(x) = x^5 + x^3 - 4x^2 - 2 = 0$, $f'(x) = x(x-1)(5x^3 + 5x + 8)$

$f(x)$ a une seule racine réelle, supérieure à 1.

$$f(1) = -4 \quad , \quad f(2) = 22 \quad , \quad f\left(\frac{3}{2}\right) = -\frac{1}{32}$$

comme $f\left(\frac{3}{2}\right)$ est très petit, au lieu d'appliquer les méthodes d'approximation, il est plus naturel de substituer un nombre un peu plus grand.

$$f(1,51) = +0,17 \ldots \quad , \quad x = 1,50 \ldots$$

211. Trois racines

$$-0,93 \ldots \quad , \quad +0,24 \ldots \quad , \quad +2,19 \ldots$$

212. $f(x) = x^8 - 12x^2 + 3 = 0$, $f'(x) = 8x(x^6 - 3)$

$f(x)$ a deux racines positives, et deux racines négatives, séparées par $x = 0$ et $\pm \sqrt[6]{3}$

$$f(0) = 3 \ , \ f(1) = -8 \ , \ f\left(\frac{1}{2}\right) = \frac{1}{256} \ , \ f(0,51) = -0,11 \ldots$$

l'autre racine positive est supérieure à $\sqrt[6]{3}$

$$f(1,2) = -9,98 \ldots , f(1,5) = 1,62 \ldots , f''(x) = 8(7x^6 - 3) > 0$$

la méthode des proportions donne :

$$x_1 = 1,2 + 9.98 \, \frac{0,3}{11,6} = 1,45 \dots \quad , \quad f(1,45) = -2,69 \dots,$$

$$x_2 = 1.45 + 2,69 \, \frac{0,05}{4,31} = 1,481 \dots$$

la méthode de Newton donne :

$$f'(1,5) = 100,68 \dots \quad , \quad x = 1,5 - \frac{1,62}{100,6} = 1,484$$

Les racines sont :

$$\pm \, 0,50 \dots \quad , \quad \pm \, 1,48 \dots$$

213. $f(x) = x^2 - 10 \log x - 3 = 0$, $f'(x) = 2x - \frac{10}{x} \log e,$

$$f''(x) = 2 + \frac{10}{x^2} \log e,$$

la valeur de $\log x$ est donnée par les tables de logarithmes.
La méthode des proportions donne :

$$f(1) = -2 \quad , \quad f(0,5) = 0,260 \dots \quad , \quad x_1 = 1 - 0,5 \, \frac{2}{2,26} = 0,55 \dots$$

$$f(0,55) = -0.101 \dots \quad , \quad x_2 = 0,55 - 0,05 \, \frac{0,101}{0,361} = 0,536 \dots$$

$$f(0.536) = -0,004 \dots \quad , \quad f(0,535) = +0,027.$$

Pour la seconde racine :

$$f(2,5) = -0,729 \, , \, f(3) = 1,228 \, , \, x_1 = 2,5 + 0,5 \, \frac{0,729}{1,957} = 2,68 \dots$$

$$f(2,68) = -0,099 \quad , \quad f(2,70) = -0,023 \quad , \quad f(2,71) = 0,014$$

Les racines sont $0,535$ et $2,70$, x ne peut pas être négatif, car $\log x$ ne serait pas réel.

214. $e^{-x} = x$, en prenant les logaritmes de base 10, on a :

$$-x \log e = \log x \, , \, f(x) = x \log e + \log x = x \times 0,434 + \log x$$

on trouve :

$$x = 0,56 \quad , \quad f(0,56) = -0,008 \quad , \quad f(0,57) = 0,003.$$

215. $2x^4 - 7x^3 + 2x^2 + 25x - 112 = (2x - 7)(x^3 + x + 16)$
$$x = 3,5, \quad \text{et} \quad f(x) = x^3 + x + 16 = 0$$

a une racine négative :

$$f'(x) = 3x^2 + 1, \quad f(-2) = 6, \quad f(-3) = -14, \quad f(-2,5) = -2,125.$$

La méthode de Newton donne :

$$f''(x) = 6x < 0 \quad , \quad f'(-2,5) = 19,75$$

$$x_1 = -2,5 + \frac{2,125}{19,75} = -2,392 \ldots \quad , \quad -2 > x > -2,392$$

la substitution

$$f(-2,39) = -0,04191g$$

montre que $x > -2,39$

$$f'(-2,39) = 18,1363 \quad , \quad x_2 = -2,39 + \frac{0,04192}{18,136} = -2,38769 \ldots$$

x étant compris entre x_2 et -2,

$$\varepsilon < h^2 \frac{f''(x_2 + \theta h)}{2 f'(x_2)} < \frac{6}{18} h^2$$

comme h est environ $0,0023$, ε est de l'ordre $0,000002$

$$x = -2,3876.$$

216. Posons (§ 97)

$$x = -2y \quad , \quad x^3 - 3x + 1 = -8y^3 + 6y + 1 = 0$$

et

$$y = \cos\theta \quad , \quad \cos 3\theta = 4y^3 - 3y = \frac{1}{2} = \cos\frac{\pi}{3}$$

$$y = \cos\frac{\pi}{9} \quad , \quad \cos\frac{7\pi}{9} \quad , \quad \cos\frac{13\pi}{9}$$

ou

$$\sin 70° \quad , \quad -\sin 50° \quad , \quad -\sin 10°.$$

217. $x^3 + 6x^2 + 9x + 4 = (x+1)^2 (x+4) = 0.$

218. $x^4 + x^3 + 6x^2 + 8x + 2 = (x+1)(x^3 + 6x + 2) = 0.$

La formule de Cardan (§ 96) donne

$$x = \sqrt[3]{2} - \sqrt[3]{4}$$

et les deux solutions imaginaires

$$x = \frac{\sqrt[3]{4} - \sqrt[3]{2}}{2} \pm i\sqrt{3}\,\frac{\sqrt[3]{4} + \sqrt[3]{2}}{2}$$

219. Posons $x - a = -2y\sqrt{1 + a^2}$ (§ 97), et $y = \cos\theta$

$$x^3 - 3ax^2 - 3x + a = (x - a)^3 - 3(1 + a^2)(x - a) -$$
$$- 2a(1 + a^2) = 2(1 + a^2)\sqrt{1 + a^2}\left(-4y^3 + 3y - \frac{a}{\sqrt{1 + a^2}}\right) = 0$$

si

$$\frac{a}{\sqrt{1 + a^2}} = \cos\alpha \quad, \quad \frac{1}{a} = \operatorname{tg}\alpha \quad, \quad \cos 3\theta = -\cos\alpha = \cos(\pi + \alpha)$$
$$\theta = \frac{\pi + \alpha}{3} \quad, \quad \pi + \frac{\alpha}{3} \quad, \quad \frac{5\pi + \alpha}{3}.$$

220. La base du segment est une zône de hauteur x et de surface $2\pi x$. Le volume du segment, différence d'un secteur et d'un cône

$$V = \frac{2}{3}\pi x - \frac{1}{3}\pi(2 - x)x(1 - x) = \frac{\pi}{3}x(3x - x^2)$$

doit être égal à $\frac{\pi}{3}$.

$$x^3 - 3x^2 + 1 = 0$$

cette équation a trois racines séparées par $-\infty$, 0, 1, $+\infty$. On doit prendre celle qui est entre 0 et 1. La méthode de Newton donne

$$f'(x) = 3x(x - 2) \quad, \quad f''(x) = 6(x - 1) < 0.$$
$$f(0,7) = -0,127, \ f'(0,7) = -1,73, \ x_1 = 0,7 - \frac{0,127}{1,73} = 0,653\ldots$$
$$f(0,654) = -0,003422 \quad, \quad f'(0,654) = -1,6408$$
$$x_2 = 0,654 - \frac{0,003422}{1,6408} = 0,652704$$

avec une erreur de l'ordre de

$$\left|h^3\,\frac{f''(x_2 + \theta h)}{2 f'(x_2)}\right| < \frac{h^3}{2} < 0,000001 \quad, \quad x = 0,65270$$

On peut encore calculer x en posant $x = 1 - z$, ce qui donne :

$$z^3 - 3z + 1 = 0 \quad , \quad 0 < z < 1$$

(Probl. 216) et

$$x = 1 + 2\cos\frac{13\pi}{9} = 1 - 2\sin\frac{\pi}{18} = 1 - 2\sin 10°.$$

Par logarithmes on calcule $\sin 10° = 0,17365$

$$x = 1 - 0,3473 = 0,65270.$$

CHAPITRE XIV

FRACTIONS RATIONNELLES. ÉLIMINATION

221. $\dfrac{x^2 + 1}{x(x^2 - 1)} = \dfrac{a}{x} + \dfrac{b}{x - 1} + \dfrac{c}{x + 1} = \dfrac{(a + b + c)x^2 + (b - c)x - a}{x(x^2 - 1)}$

$b = c$, $a = -1$, $a + b + c = 1$, $-\dfrac{1}{x} + \dfrac{1}{x - 1} + \dfrac{1}{x + 1}$.

222. $\dfrac{x^4 + 2x^2 + 2}{(x^2 + 1)^2(x^2 - 1)} = \dfrac{a}{(x^2 + 1)^2} + \dfrac{b}{x^2 + 1} + \dfrac{c}{x^2 - 1} =$

$$= \dfrac{(b + c)x^4 + (2c + a)x^2 + c - a - b}{(x^2 + 1)^2(x^2 - 1)} =$$

$$-\dfrac{1}{2(x^2 + 1)^2} - \dfrac{1}{4(x^2 + 1)} + \dfrac{5}{8}\left(\dfrac{1}{x - 1} - \dfrac{1}{x + 1}\right).$$

223. $\quad x^4 + 4 = 0$ si $x = e^{\frac{2K + 1}{4}\pi i}\sqrt{2} = \pm 1 \pm i$,

$$\dfrac{1}{x^4 + 4} = \dfrac{a_1}{x - x_1} + \dfrac{a_2}{x - x_2} + \dfrac{a_3}{x - x_3} + \dfrac{a_4}{x - x_4},$$

$$a_1 = \dfrac{x - x_1}{x^4 + 4} \text{ pour } x = x_1 \; (\S\ 44)$$

$a_1 = \dfrac{1}{4x_1^3} = \dfrac{-x_1}{16}$, $\dfrac{16}{x^4 + 4} = \dfrac{-1 - i}{x - 1 - i} + \dfrac{-1 + i}{x - 1 + i} + \dfrac{1 - i}{x + 1 - i} + \dfrac{1 + i}{x + 1 + i}$

$$= 2\left(\dfrac{x + 2}{x^2 + 2x + 2} - \dfrac{x - 2}{x^2 - 2x + 2}\right)$$

224. $$\frac{x^2+1}{(x^2+x+1)^2} = \frac{1}{x^2+x+1} - \frac{x}{(x^2+x+1)^2}.$$

Pour décomposer en fractions imaginaires, on a les racines

$$x_1 = \frac{-1+i\sqrt{3}}{2} \quad,\quad x_2 = \frac{-1-i\sqrt{3}}{2} = x_1^2$$

$$\frac{x^2+1}{(x^2+x+1)^2} = \frac{A}{(x-x_1)^2} + \frac{B}{(x-x_2)^2} + \frac{C}{x-x_1} + \frac{D}{x-x_2}.$$

Pour

$$x = x_1 \quad,\quad A = \frac{x^2+1}{(x-x_2)^2}$$

ou

$$\frac{x_1^2+1}{(x_1-x_2)^2} = \frac{x_1}{3} \quad,\quad B = \frac{x_2}{3}.$$

En écrivant que les deux membres sont identiques, on calcule C et D.

$$3\frac{x^2+1}{(x^2+x+1)^2} = \frac{x_1}{(x-x_1)^2} + \frac{x_2}{(x-x_2)^2} + \frac{4i}{\sqrt{3}}\left(\frac{1}{x-x_2} - \frac{1}{x-x_1}\right)$$

225. $$\frac{1}{x^{2n}+1} = \sum \frac{A}{x-a} \quad,\quad a = e^{\frac{2K+1}{2n}\pi i}.$$

Pour $x = a$ (§ 44)

$$A = \frac{x-a}{x^{2n}+1} = \frac{1}{2na^{2n-1}} = -\frac{a}{2n} \quad,\quad \text{car } a^{2n} = -1$$

$$\frac{2n}{x^{2n}+1} = \sum \frac{1}{1-xe^{\frac{2K+1}{2n}\pi i}} \quad,\quad K = 0, 1, ..., 2n-1.$$

226. $x^4 - 2x^2\cos 2\alpha + 1 = (x-e^{\alpha i})(x-e^{-\alpha i})(x+e^{\alpha i})(x+e^{-\alpha i})$

$$\frac{x^2+1}{x^4-2x^2\cos 2\alpha+1} = \frac{i}{4\sin\alpha}\left[\frac{1}{x-e^{-\alpha i}} - \frac{1}{x+e^{-\alpha i}} + \frac{1}{x+e^{\alpha i}} - \frac{1}{x-e^{\alpha i}}\right]$$

227. $$\frac{x^n+1}{x^n-1} = 1 - \frac{2}{n}\sum \frac{1}{1-xe^{\frac{2K\pi i}{n}}} \quad,\quad K = 0, 1, ... n-1.$$

$$228.\quad \frac{x^2-1}{x^3-3x+1}=\frac{A}{x+2\cos\frac{\pi}{9}}+\frac{B}{x+2\cos\frac{7\pi}{9}}+\frac{C}{x+2\cos\frac{13\pi}{9}}$$

(Problème 216)

Pour $x=-2\cos\frac{\pi}{9}$, $A=(x^2-1)\dfrac{x+2\cos\frac{\pi}{9}}{x^3-3x+1}=\dfrac{x^2-1}{3x^2-3}=\dfrac{1}{3}$ ($\S$ 41)

même calcul pour B et C.

$$3\,\frac{x^2-1}{x^3-3x+1}=\frac{1}{x+2\cos\frac{\pi}{9}}+\frac{1}{x+2\cos\frac{7\pi}{9}}+\frac{1}{x+2\cos\frac{13\pi}{9}}$$

$$229.\qquad f(x)=A(x-a_1)(x-a_2)\ldots,$$
$$L f(x)=LA+L(x-a_1)+L(x-a_2)+\ldots$$
$$\frac{f'(x)}{f(x)}=\frac{1}{x-a_1}+\frac{1}{x-a_2}+\ldots$$

Si a est une racine multiple d'ordre n, n fractions s'ajoutent, et donnent $\dfrac{n}{x-a}$.

$$230.\qquad x^2+px+q=0\quad,\quad qx^3+px^2+1=0.$$

Si on ajoute ces équations multipliées par $-q$ et 1, ou 1 et $-q$, on a :

$$px^2-pqx+1-q^2=0\quad,\quad (1-q^2)\,x^3-pqx^2+px=0$$

on peut diviser par x, car $x=0$ ne peut pas vérifier les équations données. On a alors deux équations du second degré. En éliminant x ($\S$ 102), on a :

$$\big[p^2-(1-q^2)^2\big]^2-p^2q^2\,(1-q^2-p)^2=0$$
$$(p+q^2-1)^2\,(p+q+1)\,(p-q+1)\,(1-q^2)=0$$

$q^2=1$ est une solution étrangère, pour laquelle les équations du second degré sont identiques, étant formées par la même combinaison.

Si $q=p+1$ la solution commune est $x=-1$
si $q=-p-1$, $x=1$
si $p=1-q^2$ les équations s'écrivent

$$(x+q)\,(1+x^2-qx)=0\quad,\quad (1+qx)\,(1+x^2-qx)=0$$

elles ont deux racines communes.

On peut également former le résultant des deux équations, et vérifier l'identité :

$$\begin{vmatrix} 0 & 0 & 1 & 0 & p & q \\ 0 & 1 & 0 & p & q & 0 \\ 1 & 0 & p & q & 0 & 0 \\ 0 & 0 & q & p & 0 & 1 \\ 0 & q & p & 0 & 1 & 0 \\ q & p & 0 & 1 & 0 & 0 \end{vmatrix} = (p + q + 1)(p - q + 1)(p + q^2 - 1)^2$$

231. $ab = x^3 + y^3 + xy(x + y)$, $a^3 = x^3 + y^3 + 3xy(x + y)$
$$3(ab - c) = a^3 - c \quad , \quad 2c = 3ab - a^3$$

232. $f(x) = x^5 + ax^3 + b = 0$, $f'(x) = 5x^4 + 3ax^2$

si $b = 0$, $x = 0$ est racine triple. Si $b \lessgtr 0$, on doit éliminer x entre $f = 0$ et $5x^2 + 3a = 0$ (§ 81)

$$25(x^5 + ax^3 + b) = (5x^2 + 3a)(5x^3 + 2ax) - 6a^2x + 25b$$
$$36a^2(5x^2 + 3a) = 5(6a^2x - 25b)(6a^2x + 25b) + 5^3b^2 + 4 \cdot 3^3a^5.$$

Si $\qquad 4 \cdot 3^3a^5 + 5^3b^2 = 0 \quad , \quad x = \dfrac{25b}{6a^2}$

est racine double.

CHAPITRE XV

INTERPOLATION

233. La formule de Lagrange donne :

$$f(x) = x(\pi^2 - x^2)\frac{8}{3\pi^3}$$

le polynôme se réduit au $3^{\text{ième}}$ degré.

234. $f(x) = x\left[27\dfrac{(x-1)(x-2)}{6} - 4\dfrac{(x-1)(x-3)}{2} + \dfrac{(x-2)(x-3)}{2}\right]$
$$= x(3x^2 - 8x + 6)$$

235. Si

$$y = ax + bx^2 \ , \quad \Delta = a(x+1) + b(x+1)^2 - ax - bx^2 = a + b(2x+1)$$

(§ 105), $\Delta^{(2)} = 2b$. Les valeurs numériques de Δ sont :

103, 149, 187, 229, 264, et celles de $\Delta^{(2)}$:

46, 38, 42, 35 dont la moyenne est 40.25. Prenons $b = 20,12$
les valeurs de $\Delta - (2x+1)b$ donnent : 82,88 ; 88,64 ; 86,40 ;
88,16 ; 82,92 dont la moyenne est $a = 85,8$.

Si $y = 85,8x + 20,12x^2$, pour $x = 1, 2, 3, 4, 5$ on a les valeurs données avec des erreurs $+ 2,92$; $+ 0,08$; $- 0,52$;
$- 2,88$; 0.

DEUXIÈME PARTIE

GÉOMÉTRIE ANALYTIQUE

CHAPITRE PREMIER

NOTIONS FONDAMENTALES

236.
$$3a + 3a^2 + 3a^3 + a^4 = 2b + b^2 + 2c^2 + 2bc^2 + c^4$$
$$a = b, \qquad a^2 = c^2 \quad ; \qquad a = b = \pm c.$$

237. L'équation se décompose

$$(a + b^2 + c^2 + b + c^2 + a^3)(a + b^2 + c^3 - b - c^2 - a^3) = 0.$$

Le premier facteur donnerait

$$a + b = b^3 + c^2 = c^3 + a^3 = 0,$$

la seule solution réelle serait

$$a = b = c = 0.$$

Le second facteur donne

$$a = b = c.$$

238.
$$(a - b) \sin C + (b - c) \sin A + (c - a) \sin B = 0$$
$$(a - b) ab \sin C + (b - c) bc \sin A + (c - a) ac \sin B = 0$$

ou

$$(a - b) \frac{\sin C}{c} + (b - c) \frac{\sin A}{a} + (c - a) \frac{\sin B}{b} = 0$$

Si $a = b = c$ les équations sont vérifiées ; si non, on en déduit, en éliminant l'un des sinus :

$$\frac{a}{\sin A} = \frac{b}{\sin B} = \frac{c}{\sin C},$$

conditions qui sont suffisantes pour vérifier les deux équations

239.
$$\overline{CD} = \overline{AD} - \overline{AC}$$
$$\overline{AB}.\overline{CD} + \overline{AC}.\overline{DB} + \overline{AD}.\overline{BC}$$
$$= \overline{AB}\,(\overline{AD} - \overline{AC}) + \overline{AC}\,(\overline{AB} - \overline{AD}) + \overline{AD}\,(\overline{AC} - \overline{AB}) = 0.$$

240. Soient les points (xy) $(x'y')$. Si on transporte l'origine au premier, les coordonnées du second sont $x' - x$, $y' - y$

$$d^2 = (x' - x)^2 + (y' - y)^2 \qquad \text{(axes rectangulaires)}$$

241. Prenons la droite ABC pour axe des x. Soient a, b, c les abscisses de ces points, et $M(x, y)$,

$$\overline{AB} = b - a,\ \overline{BC} = c - b,\ \overline{AC} = c - a$$
$$CM^2.AB + AM^2.BC - BM^2.AC$$
$$= [(x-c)^2+y^2](b-a) + [(x-a)^2+y^2](c-b) + [(x-b)^2+y^2](a-c)$$
$$= c^2(b - a) + a^2(c - b) + b^2(a - c) = (b - a)(c - b)(c - a).$$

242. Soient a, b, c les côtés ; $\left(\frac{c}{2}, 0\right) \left(-\frac{c}{2}, 0\right) (x, y)$ les coordonnées des trois sommets, m la médiane CO. On a :

$$a^2 = \left(x + \frac{c}{2}\right)^2 + y^2 \quad , \quad b^2 = \left(x - \frac{c}{2}\right)^2 + y^2 \quad , \quad m^2 = x^2 + y^2$$
$$a^2 + b^2 = 2\left(x^2 + y^2 + \frac{c^2}{4}\right) = 2m^2 + \frac{c^2}{2}.$$

Si m, m', m'' sont les trois médianes :

$$4(m^4 + m'^4 + m''^4)$$
$$= \left(a^2 + b^2 - \frac{c^2}{2}\right)^2 + \left(b^2 + c^2 - \frac{a^2}{2}\right)^2 + \left(c^2 + a^2 - \frac{b^2}{2}\right)^2$$
$$= \frac{9}{4}(a^4 + b^4 + c^4).$$

243. Les formules de transformation sont :

$$x = a + \frac{X - Y}{\sqrt{2}} \quad , \quad y = a + \frac{X + Y}{\sqrt{2}}$$

$$x - y = -Y\sqrt{2} \quad , \quad x + y = 2a + X\sqrt{2} \quad , \quad XY + a^2 = 0.$$

244. $(y - x)(y^2 + x^2 - a^2) = 0$, une droite $y = x$, et un cercle $x^2 + y^2 = a^2$.

245. $(x - a)^4 - y^4 = 0$, $[(x - a)^2 + y^2](x - a + y)(x - a - y) = 0.$

Deux droites, et un cercle réduit au point $x = a$, $y = 0$.

246. $(y - x)(y + x)(y^2 + x^2 - a^2) = 0$, deux droites, bissectrices des angles des axes, et un cercle de centre O.

247. Soient (a, a') (b, b') (c, c') (d, d') les coordonnées des quatre sommets du quadrilatère. Les milieux des côtés opposés AB, CD ont pour coordonnées $\left(\dfrac{a + b}{2}, \dfrac{a' + b'}{2} \right) \left(\dfrac{c + d}{2}, \dfrac{c' + d'}{2} \right)$ et le milieu de la droite qui les joint $\dfrac{a + b + c + d}{4}, \dfrac{a' + b' + c' + d'}{4}$. On obtient les mêmes valeurs en prenant les milieux de AC, BD, ou de AD, BC.

CHAPITRE II

LIGNE DROITE

248. Prenons pour axes AB, et la perpendiculaire au milieu, les coordonnées de A seront a, 0, celle de B, $- a$ et 0. Soit M (x, y), on a :

$$\overline{MA}^2 + \overline{MB}^2 = (x - a)^2 + y^2 + (x + a)^2 + y^2 = 2(x^2 + y^2 + a^2)$$

$$x^2 + y^2 = \frac{c}{2} - a^2 \qquad \text{cercle de centre O.}$$

249. Soient (a, a') (b, b') (c, c') (x, y) les coordonnées de A, B, C, M.

$$(x-a)^2+(y-a')^2+(x-b)^2+(y-b')^2-2(x-c)^2-2(y-c')^2=k^2$$
$$2x(2c-a-b)+2y(2c'-a'-b')$$
$$=k^2+2(c^2+c'^2)-a^2-a'^2-b^2-b'^2$$

droite perpendiculaire à celle qui joint C au milieu de AB, dont le coefficient angulaire est $\dfrac{2c'-a'-b'}{2c-a-b}$.

250. Soient (o, a) $(o, -a)$ (x, y) les coordonnées de A, B, C. Les droites AC, BC ont pour coefficients angulaires $\dfrac{y-a}{x}$, $\dfrac{y+a}{x}$, si α est leur angle

$$\operatorname{tg}\alpha=\cfrac{2\dfrac{a}{x}}{1+\dfrac{y^2-a^2}{x^2}}=\frac{2ax}{x^2+y^2-a^2}$$

$$x^2+y^2-2ax\operatorname{cotg}\alpha-a^2=o$$

cercle passant par A et B.

251. Prenons pour axes les bissectrices de l'angle AOB, et de l'angle supplémentaire. Les coordonnées de A seront a, am, celles de B, b, $-bm$, et $ab=K^2$, K est constant, étant proportionnel à la surface OAB.

Soit un point M(x, y) et α l'angle AMB.

$$\operatorname{tg}\alpha=\cfrac{\dfrac{y-am}{x-a}-\dfrac{y+bm}{x-b}}{1+\dfrac{y-am}{x-a}\cdot\dfrac{y+bm}{x-b}}$$
$$=\frac{a(y-mx)-b(y+mx)+2mK^2}{-a(x+my)-b(x-my)+x^2+y^2+K^2(1-m^2)}$$

α sera constant, lorsque a et b varient, si x et y sont tels que :

$$\frac{mx-y}{x+my}=\frac{y+mx}{x-my}=\frac{2mK^2}{x^2+y^2+K^2(1-m^2)}$$

La première équation donne $2xy(1+m^2)=o$

si $x=o$, $y^2+K^2(1+m^2)=o$ solution imaginaire
si $y=o$, $x^2=K^2(1+m^2)$, deux points réels $x=\pm K\sqrt{1+m^2}$.

252. On trouve une ellipse ($\S$ 147).

253. Si on prend pour axes un côté et la hauteur du triangle équilatéral, $2a$ représentant le côté, les équations des côtés sont :

$$y = 0 \quad , \quad x + \frac{y}{\sqrt{3}} = a \quad , \quad -x + \frac{y}{\sqrt{3}} = a.$$

Les distances d'un point $(x,\ y)$ aux côtés, supposées positives pour un point intérieur, sont :

$$y \quad , \quad \frac{a - x - \dfrac{y}{\sqrt{3}}}{\dfrac{2}{\sqrt{3}}} \quad , \quad \frac{a + x - \dfrac{y}{\sqrt{3}}}{\dfrac{2}{\sqrt{3}}},$$

leur somme est $a\sqrt{3}$, égale à la hauteur.

254. 1° Les côtés ont pour équations :

$$y = 0 \quad , \quad \frac{x}{a} + \frac{y}{c} = 1 \quad , \quad \frac{x}{b} + \frac{y}{c} = 1$$

et les hauteurs :

$$x = 0 \quad , \quad y = \frac{a}{c}(x - b) \quad , \quad y = \frac{b}{c}(x - a)$$

elles passent par le point H,

$$x = 0 \quad , \quad y = -\frac{ab}{c};$$

2° Les milieux des côtés ont pour coordonnées

$$\left(\frac{a + b}{2} \quad , \quad 0\right) \left(\frac{b}{2} \quad , \quad \frac{c}{2}\right) \left(\frac{a}{2} \quad , \quad \frac{c}{2}\right).$$

Les équations des médianes sont :

$$\frac{y - c}{-2c} = \frac{x}{a + b} \quad , \quad \frac{y}{c} = \frac{x - a}{b - 2a} \quad , \quad \frac{y}{c} = \frac{x - b}{a - 2b}$$

elles passent par le point M,

$$x = \frac{a + b}{3} \quad , \quad y = \frac{c}{3};$$

3° $$(x - a)^2 + y^2 = (x - b)^2 + y^2 = x^2 + (y - c)^2$$
$$a^2 - 2ax = b^2 - 2bx = c^2 - 2cy$$
$$x = \frac{a + b}{2} \quad , \quad y = \frac{c}{2} + \frac{ab}{2c},$$

4° Ces points sont en ligne droite, car on a :

$$\frac{\dfrac{a+b}{3}-o}{\dfrac{a+b}{2}-\dfrac{a+b}{3}}=\frac{\dfrac{c}{3}+\dfrac{ab}{c}}{\dfrac{c}{2}+\dfrac{ab}{2c}-\dfrac{c}{3}}=2=\frac{MH}{C'M}$$

$MH = 2C'M$,   M est entre H et le centre C'.

255. Prenons pour axes les côtés de l'angle droit du triangle rectangle. Soit $\dfrac{X}{a}+\dfrac{Y}{b}=1$ l'équation de l'hypothénuse. La perpendiculaire abaissée d'un point M (x, y) sur l'hypothénuse a pour équation $(X-x)a=(Y-y)b$. Une droite, passant par le pied de cette perpendiculaire, a pour équation (§ 118) :

$$(X-x)a-(Y-y)b=\lambda(bX+aY-ab)$$

Cette droite passera par les points (x, o) , (o, y), pieds des perpendiculaires abaissées de M sur les axes, si l'on a :

$$by=\lambda b(x-a)\quad,\quad -ax=\lambda a(y-b)$$

en éliminant λ, on a l'équation du lieu des points M, tels que les trois pieds soient en ligne droite :

$$x(x-a)+y(y-b)=o$$
$$x^2+y^2-ax-by=o$$

cercle circonscrit au triangle.

256. Si on prend pour axes la base et la hauteur du triangle (probl. 254), les équations des côtés sont

$$Y=o\quad,\quad cX+aY=ac\quad,\quad cX+bY=bc\quad.$$

La projection d'un point (x, y) sur AC est déterminée par les équations :

$$cX+aY=ac\quad,\quad (X-x)a=(Y-y)c$$
$$X=x+c\,\frac{ac-cx-ay}{a^2+c^2}\quad,$$
$$Y=y+a\,\frac{ac-cx-ay}{a^2+c^2}=c\,\frac{a^2-ax+cy}{a^2+c^2}\quad.$$

La projection sur BC s'obtient en remplaçant a par b.

La projection sur AB, ou OX, a pour coordonnées (x, o). Ces trois points sont en ligne droite si $\dfrac{X_1 - x}{Y_1} = \dfrac{X_2 - x}{Y_2}$, ou :

$$\frac{ac - cx - ay}{a^2 - ax + cy} = \frac{bc - cx - by}{b^2 - bx + cy}$$

$$c(b - a)\left[x^2 + y^2 - x(a + b) - y\left(c + \frac{ab}{c}\right) + ab \right] = o$$

cercle circonscrit au triangle, car l'équation est vérifiée pour les coordonnées des sommets.

257. Soient a, a' les abscisses de B et E, b et b' les ordonnées de D et F. Les milieux de BD et EF ont pour coordonnées $\left(\dfrac{a}{2}, \dfrac{b}{2}\right)\left(\dfrac{a'}{2}, \dfrac{b'}{2}\right)$ la droite qui les joint a pour équation :

$$x(b' - b) + y(a - a') = \frac{ab' - ba'}{2}.$$

Le point C est déterminé par les droites BF, DE :

$$\frac{x}{a} + \frac{y}{b'} = 1 \quad , \quad \frac{x}{a'} + \frac{y}{b} = 1 \quad ; \quad x = aa'\frac{b - b'}{ab - a'b'} \quad , \quad y = bb'\frac{a - a'}{ab - a'b'}.$$

Le milieu de OC a pour coordonnées

$$\frac{aa'}{2}\frac{b - b'}{ab - a'b'} \quad , \quad \frac{bb'}{2}\frac{a - a'}{ab - a'b'}$$

il est facile de vérifier qu'il est sur la droite précédente.

258. Soient (x_1, y_1) (x_2, y_2) (x_3, y_3) les sommets A, B, C. Le côté BC a pour équation :

$$\begin{vmatrix} x & x_2 & x_3 \\ y & y_2 & y_3 \\ 1 & 1 & 1 \end{vmatrix} = o \quad \text{la hauteur est :}$$

$$AH = \pm \frac{1}{\sqrt{(x_2 - x_3)^2 + (y_2 - y_3)^2}} \begin{vmatrix} x_1 & x_2 & x_3 \\ y_1 & y_2 & y_3 \\ 1 & 1 & 1 \end{vmatrix}$$

$$S = \frac{1}{2} BC . AH = \pm \frac{1}{2} \begin{vmatrix} x_1 & x_2 & x_3 \\ y_1 & y_2 & y_3 \\ 1 & 1 & 1 \end{vmatrix}$$

259. Le point symétrique est sur la perpendiculaire

$$X - x + m(Y - y) = o.$$

Les distances des deux points (X, Y) (x, y) à la droite étant égales et de signes contraires :

$$Y - mX - p + y - mx - p = o$$

ces deux équations donnent

$$X = \frac{2my - (m^2 - 1)x - 2mp}{1 + m^2} \quad , \quad Y = \frac{2mx + (m^2 - 1)y + 2p}{1 + m^2}.$$

260. Soit (a, o) (o, c) les coordonnées de A et C.

La perpendiculaire abaissée du point B (a, c), sur AC, a pour équation :

$$y - c = \frac{a}{c}(x - a) \quad , \quad a + c = p$$
$$cy + (c - p)x = p(2c - p)$$

quel que soit c, elle passe par le point $x = y = p$.

261. Si on prend pour axes (obliques) les côtés CA, CB du triangle, soient (a, o) (o, b) les coordonnées de A et B ; $(\lambda a, o)$ $(o, \lambda b)$ celles de A' et B'. Les droites AB' et BA' ont pour équations :

$$\frac{y}{x - a} = \frac{\lambda b}{-a} \quad , \quad \frac{y - b}{x} = \frac{-b}{\lambda a} ;$$

en éliminant λ, on a :

$$a^2 y(y - b) = x(x - a)b^2$$
$$(ay - bx)(ay + bx - ab) = o$$

on trouve la droite AB, solution étrangère qui correspond au cas où A'B' coïncide avec AB, et la droite $ay = bx$, qui est la médiane du triangle.

262. Prenons pour axes (obliques) deux côtés du parallélogramme. Soient (o, λ) (a, λ) (μ, o) (μ, b) les coordonnées de A, B, C, D ; λ ou μ pouvant varier.

Le point M, intersection de AC et BD, est déterminé par les équations :

$$\mu y + \lambda x - \lambda\mu = o \quad , \quad (\mu - a)y + (\lambda - b)x + ab - \lambda\mu = o$$

en retranchant on a :

$$ay + bx - ab = 0$$

quels que soient λ et μ, M reste sur la diagonale du parallélogramme.

Le lieu de N sera, de même, l'autre diagonale $ay = bx$, on l'obtient par des calculs analogues.

CHAPITRE III

LIEUX GÉOMÉTRIQUES

263. CA est le rayon du cercle, $CA = CB \sin \alpha$. On peut prendre AB pour axe des x. Si a, b sont les abscisses de A et B, on a le cercle

$$(x - a)^2 + y^2 = [(x - b)^2 + y^2] \sin^2 \alpha \quad ;$$
$$(x^2 + y^2) \cos^2 \alpha = 2x(a - b \sin^2 \alpha) - a^2 + b^2 \sin^2 \alpha.$$

264. Prenons pour origine le point A, pour axe des x la corde commune. Les équations des cercles seront :

$$x^2 + y^2 - 2ax - 2by = 0 \quad ; \quad x^2 + y^2 - 2ax - 2cy = 0.$$

La corde $y = mx$ coupe, outre O, aux points d'abscisses

$$x = \frac{2(a + bm)}{1 + m^2} \quad , \quad x = \frac{2(a + cm)}{1 + m^2}$$

le milieu est déterminé par :

$$y = mx \quad , \quad x = \frac{2a + (b + c)m}{1 + m^2}$$

en éliminant m, on a le lieu :

$$x^2 + y^2 = 2ax + (b + c)y$$

cercle passant par A, dont le centre est le milieu de la ligne des centres des cercles donnés.

265. Si on prend CA et CB pour axes (obliques), (a, o) (o, b) étant les coordonnées de A et B. Le point de rencontre des médianes a pour coordonnées

$$x = \frac{a}{3} \quad , \quad y = \frac{b}{3} \quad , \quad xy = \frac{ab}{3}$$

est constant.

Le lieu est une hyperbole (§ 143).

266. Prenons C pour origine, OX parallèle à la droite donnée, $y = h$. Soient les cercles

$$x^2 + y^2 - 2ax - 2by = o$$

$$\text{pour } y = h \quad , \quad x = a \pm \sqrt{a^2 - h^2 + 2bh} \quad , \quad \text{et}$$

$$a^2 - h^2 + 2bh = c^2,$$

a et b sont les coordonnées du centre, dont le lieu est une parabole (§ 143).

267. $y = x^2 - x^3$, $y' = 2x - 3x^2$. y' s'annule pour $x = o$ et $\frac{2}{3}$, de $x = -\infty$ à o, y décroit ; de o à $\frac{2}{3}$ il croît ; de $\frac{2}{3}$ à $+\infty$, il décroît. Après avoir choisi l'unité, il est facile de construire la courbe (*fig.* 6). Le point

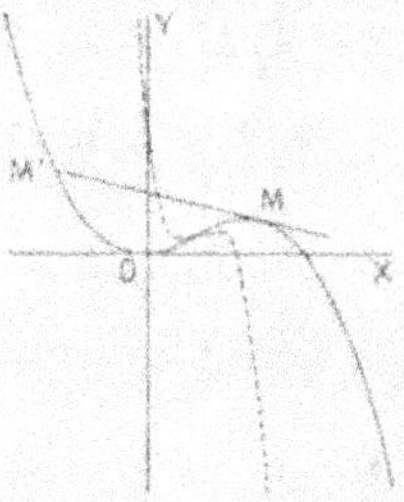

$$x = \frac{1}{3} \quad , \quad y = \frac{2}{27} \quad , \quad y' = o$$

est un point d'inflexion.

La tangente au point (x, y) a pour équation :

Fig. 6.

$$Y = X(2x - 3x^2) + 2x^3 - x^2,$$

elle coupe la courbe $Y = X^2 - X^3$ aux points dont les X sont donnés par l'équation :

$$X^3 - X^2 + X(2x - 3x^2) + 2x^3 - x^2 = o$$

cette équation a la racine double $X = x$, la somme des racines est $+ 1$ (§ 79), la troisième racine est $1 - 2x$. Les coordonnées de M' (point situé sur la tangente en M) sont :

$$X = 1 - 2x \quad , \quad Y = 2x(1 - 2x)$$

Les coordonnées du milieu de MM' sont :

$$X = \frac{1-x}{2} \quad , \quad Y = x(1-2x)^2 + \frac{x^2-x^3}{2} = x - \frac{7}{2}x^2(1-x).$$

En remplaçant x par $1-2X$, on a l'équation du lieu :

$$Y = (1-2X)(1-7X+14X^2) = 1 - 9X + 28X^2 - 28X^3.$$

Cette courbe a le même point d'inflexion, $X = \frac{1}{3}$, $Y = \frac{2}{27}$.
Si on transporte l'origine en ce point, en posant

$$x = \frac{1}{3} + x_1 \quad , \quad y = \frac{2}{27} + y_1,$$

les équations des deux courbes deviennent :

$$y = \frac{x}{3} - x^3 \quad , \quad Y = \frac{X}{3} - 28X^3$$

ces courbes sont homothétiques (§ 153) ; on peut passer de l'une à l'autre en posant $\frac{y}{Y} = \frac{x}{X} = \sqrt{28}$.

268. Courbe symétrique par rapport à OY. O est un point de rebroussement.

La tangente au point (x, y) a pour équation :

$$Y - y = (X - x)\frac{9ax}{2y^2} \quad ; \quad 9ax = 2my^2 \quad , \quad 4y^3 = 27ax^2$$

$$y = \frac{3a}{m^2} \quad , \quad x = \frac{2a}{m^3} . \text{ L'équation de la tangente devient :}$$

$$Y - mX = \frac{a}{m^2}.$$

Elle passe par un point donné (x, y), si

$$m^3 x - m^2 y + a = 0$$

il y a 3 valeurs de m, dont le produit $m_1 m_2 m_3 = -\frac{a}{x}$ (§ 79), si

$$m_1 m_2 = -1 \quad , \quad m_3 = \frac{a}{x},$$ en remplaçant m par $\frac{a}{x}$, on a l'équation du lieu : $x^2 - ay + a^2 = 0$ parabole.

269. Prenons A pour origine, le diamètre du cercle pour axe des x.

L'équation du cercle fixe est $x^2 + y^2 = 2ax$. La corde $y = mx$ le coupe au point $x = \dfrac{2a}{1 + m^2}$, $y = \dfrac{2am}{1 + m^2}$. Le cercle ayant pour diamètre cette corde, dont le centre est le point $\left(\dfrac{a}{1 + m^2} , \dfrac{am}{1 + m^2} \right)$, a pour équation :

$$(x^2 + y^2)(1 + m^2) = 2a(x + my)$$

le cercle ayant pour diamètre la corde perpendiculaire s'obtient en remplaçant m par $-\dfrac{1}{m}$; on peut ensuite multiplier l'équation par m^2 :

$$(x^2 + y^2)(1 + m^2) = 2a(m^2 x - my)$$

en ajoutant ces équations, et en supprimant le facteur $2(1 + m^2)$, on a l'équation du lieu $x^2 + y^2 = ax$. Cercle de centre $\left(\dfrac{a}{2}, 0 \right)$

270. Soit le cercle de centre O, $x^2 + y^2 = R^2$, et la tangente $x = R$. La tangente au point $x = R \cos \alpha$, $y = R \sin \alpha$, a pour équation :

$$x \cos \alpha + y \sin \alpha = R.$$

elle coupe la droite $x = R$ au point

$$y = R \frac{1 - \cos \alpha}{\sin \alpha} = R \operatorname{tg} \frac{\alpha}{2} , \quad \text{soit } a = R \operatorname{tg} \frac{\alpha}{2} ;$$

la tangente passant par le point (R, a) a pour équation

$$x \left(\cos^2 \frac{\alpha}{2} - \sin^2 \frac{\alpha}{2} \right) + 2y \sin \frac{\alpha}{2} \cos \frac{\alpha}{2} = R \left(\cos^2 \frac{\alpha}{2} + \sin^2 \frac{\alpha}{2} \right)$$

ou

$$(1) \qquad x(R^2 - a^2) + 2yaR = R(R^2 + a^2).$$

La tangente passant par un autre point (R, b) a pour équation

$$(2) \qquad x(R^2 - b^2) + 2ybR = R(R^2 + b^2)$$

et $b - a = 2h$ constant. Pour éliminer a et b on pourrait retrancher (2) de (1) et diviser par $b - a$, on en déduit $b + a$, puis b que l'on remplace dans (2).

On peut encore remarquer que a et b sont les racines d'une seule équation :

$$a^2(x + R) - 2ayR + R^2(R - x) = o$$

par suite :

$$a + b = \frac{2yR}{x + R} \quad , \quad ab = R^2 \frac{R - x}{x + R}$$

$$4h^2 = (b - a)^2 = (b + a)^2 - 4ab = 4R^2 \frac{y^2 - (R - x)(R + x)}{(x + R)^2}$$

$$R^2 y^2 + x^2(R^2 - h^2) - 2xRh^2 = R^2(R^2 + h^2)$$

ellipse si $h < R$, parabole si $h = R$, hyperbole si $h > R$.

271. La droite $y = mx$ coupe la courbe au point

$$x_1 = \frac{am^2}{1 + m^2} \quad , \quad y_1 = \frac{am^3}{1 + m^2}.$$

La droite perpendiculaire $y = \dfrac{-x}{m}$, au point

$$x_2 = \frac{a}{1 + m^2} \quad , \quad y_2 = \frac{-a}{m(1 + m^2)} \quad , \quad \frac{x_1 + x_2}{2} = \frac{a}{2},$$

le milieu décrit la droite $x = \dfrac{a}{2}$.

272. Soit le cercle $x^2 + y^2 = R^2$, le point A(R, o) et B de coordonnées R $\cos \alpha$, R $\sin \alpha$. Un point du lieu est déterminé par les deux hauteurs :

$$x = R \cos \alpha \quad , \quad y = x \operatorname{tg} \frac{\alpha}{2}$$

$$x = R \frac{1 - \operatorname{tg}^2 \frac{\alpha}{2}}{1 + \operatorname{tg}^2 \frac{\alpha}{2}} = R \frac{x^2 - y^2}{x^2 + y^2}$$

$$y^2 = x^2 \frac{R - x}{R + x}.$$

Strophoïde dont O est le point double. En déplaçant l'origine par la substitution $x = R - X$, OX changeant de sens, on a :

$$y^2 = X \frac{(X - R)^2}{2R - X} \quad (\S\ 126).$$

273. Mêmes notations. L'équation de AB est

$$\frac{y}{x - R} = \frac{\sin \alpha}{\cos \alpha - 1} = - \operatorname{cotg} \frac{\alpha}{2}$$

celle du diamètre perpendiculaire à OB est :

$$y = x \operatorname{tg}\left(\alpha + \frac{\pi}{2}\right) = - x \operatorname{cotg} \alpha$$

$$\operatorname{tg}\frac{\alpha}{2} = \frac{R - x}{y} \quad , \quad \operatorname{tg}\alpha = - \frac{x}{y} = \frac{2\dfrac{R - x}{y}}{1 - \left(\dfrac{R - x}{y}\right)^2}$$

$$y^2(2R - x) = x(R - x)^2 \quad . \quad \text{Strophoïde (§ 126).}$$

274. L'équation de la tangente au point (x, y) est (§ 130) :

$$X(y^2 + 3x^2 - 4ax + a^2) - 2Yy(2a - x) - 2ay^2 + 2ax(a - x) = 0.$$

La droite $y = mx$ coupe la courbe aux points (x, y) :

$$m^2 x(2a - x) = (x - a)^2 \quad , \quad x^2 - 2ax + \frac{a^2}{m^2 + 1} = 0 \quad ,$$

$$x = a \pm \frac{am}{\sqrt{1 + m^2}} \quad , \quad y = mx \quad .$$

En prenant le signe $+$, l'équation de la tangente au point M devient :

$$X\left(m \frac{2 + m^2}{1 + m^2} + \sqrt{1 + m^2}\right) - \frac{Y}{1 + m^2} - a\left(2m + \frac{1 + 2m^2}{\sqrt{1 + m^2}}\right) = 0.$$

La tangente au point M′ s'obtient en changeant le signe de $\sqrt{1 + m^2}$. Le lieu se déduit des deux équations, que l'on peut remplacer par la somme et la différence, ou :

$$X = a \frac{1 + 2m^2}{1 + m^2} \quad , \quad Y = Xm(2 + m^2) - 2am(1 + m^2) = \frac{am^3}{1 + m^2}$$

$$m^2 = \frac{X - a}{2a - X} \quad , \quad Y^2 = \frac{(X - a)^3}{2a - X}$$

cissoïde dont le point de rebroussement est $X = a$, $Y = 0$. Le changement d'axe $X = a + x$ donne $Y^2 = \frac{x^3}{a - x}$ (§ 125).

275. Soit le point M du cercle de centre C (*fig.* 7). L'arc
BM = BA, A étant la position initiale de M, supposée sur OX.

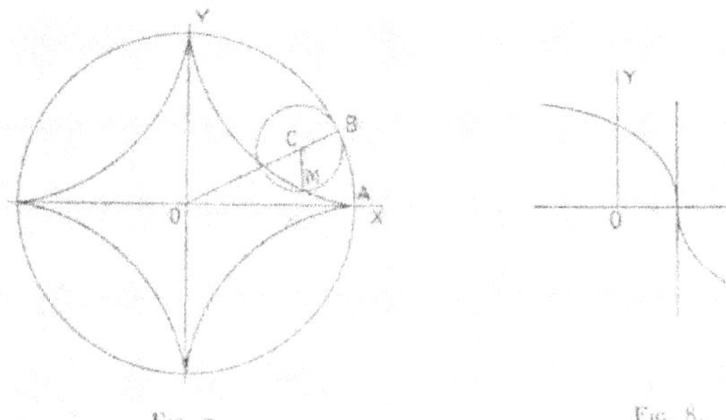

Fig. 7.   Fig. 8.

Soit α l'angle AOB, MCB $= 4\alpha$, CB forme avec la parallèle à OX
l'angle $- 3\alpha$. Soit OA $=$ R, CB $= \dfrac{R}{4}$, les coordonnées de C sont
$\dfrac{3}{4}$ R cos α, $\dfrac{3}{4}$ R sin α ; celles de M :

$$x = \frac{3}{4} \text{R} \cos \alpha + \frac{\text{R}}{4} \cos 3\alpha = \text{R} \cos^3 \alpha \left. \right\}$$
$$y = \frac{3}{4} \text{R} \sin \alpha - \frac{\text{R}}{4} \sin 3\alpha = \text{R} \sin^3 \alpha \left. \right\} \qquad (\S\ 68)$$

en éliminant α on a :

$$x^{\frac{2}{3}} + y^{\frac{2}{3}} = \text{R}^{\frac{2}{3}}$$

ou

$$(\text{R}^2 - x^2 - y^2)^3 = 27\ \text{R}^2 x^2 y^2$$

courbe du sixième degré, symétrique par rapport aux axes, qui
a 4 points de rebroussement (épicycloïde).

276. $x = b - \dfrac{y^3}{a^2}$, si y croît de $- \infty$ à $+ \infty$, x décroît, $y = 0$,
$x = b$ est un point d'inflexion, la tangente est $x = b$ (*fig.* 8).

277. Supposons $a > 0$, si non on changerait le sens de OX.
x peut varier de $- \infty$ à b ; la courbe est symétrique par rapport
à OX. Soit la valeur :

$$y = \frac{a}{x} \sqrt{a(b-x)}\ ,\quad y' = a^2\ \frac{x - 2b}{2x^2 \sqrt{a(b-x)}}\ ,\quad y'' = a^2\ \frac{3x^2 - 12bx + 8b^2}{4x^3(b-x)\sqrt{a(b-x)}}\ .$$

Si $b > 0$, lorsque x varie de $-\infty$ à 0, y décroît de 0 à $-\infty$. Lorsque x varie de 0 à b, y décroît de $+\infty$ à 0; ce qui donne la

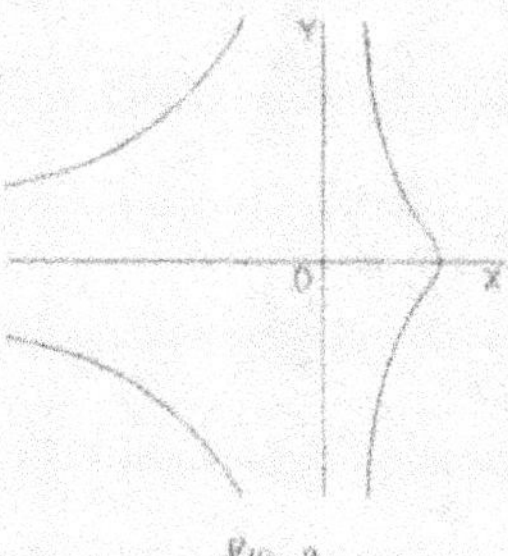

Fig. 9.

courbe ($fig.$ 9); au sommet $(b, 0)$, $y' = \infty$. Il y a deux points d'inflexion,

$$y' = 0 \quad , \quad x = 2b\left(1 - \frac{1}{\sqrt{3}}\right) < b \quad , \quad y = \pm\frac{a}{2}\sqrt{\frac{a\sqrt{3}}{2b}}.$$

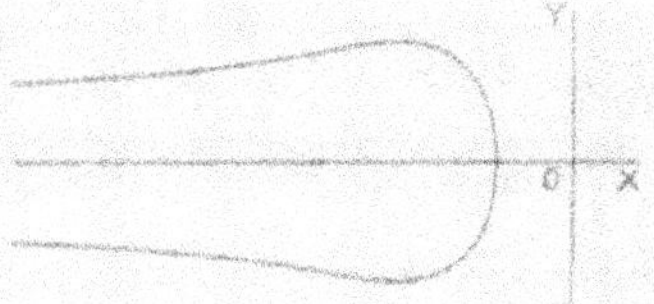

Fig. 10.

Si $b < 0$, de $x = -\infty$ à $2b$, y diminue de 0 à $-\frac{a}{2}\sqrt{-\frac{a}{b}}$, de $x = 2b$ à b, y augmente jusqu'à 0. On a la courbe ($fig.$ 10), pour $x = 2b\left(1 + \frac{1}{\sqrt{3}}\right)$ on a deux points d'inflexion.

$$278. \qquad y = \frac{e^x}{x} \quad , \quad y' = e^x\frac{x-1}{x^2},$$

les variations de y sont données par le tableau suivant :

$x =$	$-\infty$		0		1		$+\infty$
$y =$	0		$-\infty$ $+$		e		$+\infty$
$y' =$	0 $-$		∞		-0 $+$		∞

on a la courbe ($fig.$ 11).

279. $y = \sin x + \cos x = \sin x + \sin\left(\dfrac{\pi}{2} - x\right)$

$$= 2 \sin \dfrac{\pi}{4} \cos\left(\dfrac{\pi}{4} - x\right) = \sqrt{2} \sin\left(\dfrac{\pi}{4} + x\right)$$

par le changement d'origine $x + \dfrac{\pi}{4} = X$ on est ramené à la sinusoïde $y = \sqrt{2} \sin x$ (*fig.* 12).

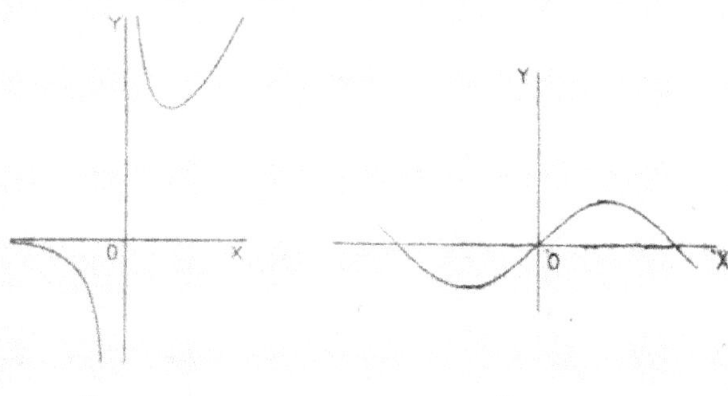

Fɪɢ. 11.   Fɪɢ. 12.

CHAPITRE IV

POINTS MULTIPLES. ASYMPTOTES

280. $f(x, y) = x^3 - y^3 + x^2 + y^2 - 5x + y + 2 = 0$

$f'_x = 3x^2 + 2x - 5 = 0$, $f'_y = -3y^2 + 2y + 1 = 0$

$$x = 1 \quad , \quad -\dfrac{5}{3} \quad ; \quad y = 1 \quad , \quad -\dfrac{1}{3}.$$

Les trois équations ont une solution commune, point double $x = y = 1$. Si on transporte l'origine en ce point, $x = 1 + X$, $y = 1 + Y$, on a :

$$X^3 - Y^3 + 4X^2 - 2Y^2 = 0$$

les tangentes au point double sont :

$$Y = \pm X \sqrt{2}.$$

La seule direction asymptotique réelle est $y = x$. Si on pose

$$y = x + d \quad , \quad x - 3d - \frac{3d^2 - 2d + 4}{x} - \frac{d^4 - d^2 - d - 2}{x^2} = 0$$

pour $x = \infty$, $d = \frac{2}{3}$, l'asymptote est $y = x + \frac{2}{3}$.

$$3\left(y - x - \frac{2}{3}\right)x = (3d - 2)x = -3d^2 + 2d - 4 - \frac{d^3 - d^2 - d - 2}{x}$$

a pour limite -4.

La différence $y - x - \frac{2}{3}$, des ordonnées de la courbe et de l'asymptote, a le signe de $-x$, lorsque x est très grand. La courbe est au-dessus de l'asymptote (vers les $y +$) du côté x négatif, et au-dessous du côté $x > 0$.

Si on emploie des coordonnées polaires, le pôle étant le point double, on a l'équation

$$\rho = 2 \frac{\sin^2\omega - 2\cos^2\omega}{\cos^3\omega - \sin^3\omega}$$

il suffit de faire varier ω de 0 à π, car si on change ω en $\omega + \pi$, ρ devient $-\rho$, on retrouve le même point.

$$\rho' = 6 \sin^2\omega \cos\omega \frac{\sin\omega \cos\omega - 2\cos^2\omega - \sin^2\omega}{(\cos^3\omega - \sin^3\omega)^2}$$

ρ' a le signe de $-\cos\omega$. De $\omega = 0$ à $\frac{\pi}{4}$, ρ diminue de -4 à $-\infty$, de $\frac{\pi}{4}$ à $\frac{\pi}{2}$, ρ diminue de $+\infty$ à -2, et de $\frac{\pi}{2}$ à π, ρ augmente de -2 à $+4$ (*fig.* 13). Les tangentes à l'origine correspondent à $\text{tg}\,\omega = \pm\sqrt{2}$.

281. $f(x,y) = y^3 - x^3 - x^2 - y^2 = 0 \quad , \quad f'_x = -3x^2 - 2x$,
$$f'_y = 3y^2 - 2y$$

un point double $x = y = 0$, tangentes $y = \pm ix$ imaginaires, c'est un point isolé.

Il y a une seule direction asymptotique réelle $y = x$. L'équation de la courbe peut s'écrire

$$y = x + \frac{2}{3} + \frac{(x-y)^2}{3(x^2+xy+y^2)}.$$

Une seule asymptote $y = x + \frac{2}{3}$, la courbe est entièrement au-dessus de l'asymptote.

Si on fait tourner les axes de $\frac{3\pi}{4}$, $x = -\frac{X+Y}{\sqrt{2}}$, $y = \frac{X-Y}{\sqrt{2}}$

$$X^3 + 3XY^2 = \sqrt{2}(X^2+Y^2) \quad , \quad Y = \pm X\sqrt{\frac{\sqrt{2}-X}{3X-\sqrt{2}}} \quad , \quad \sqrt{2} > X > \frac{\sqrt{2}}{3}$$

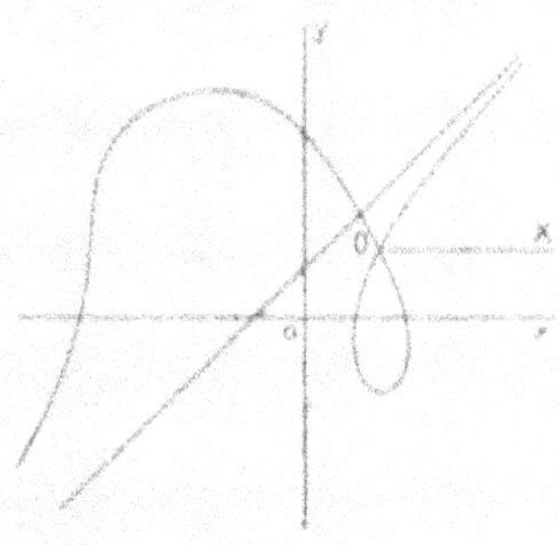

Fig. 13.

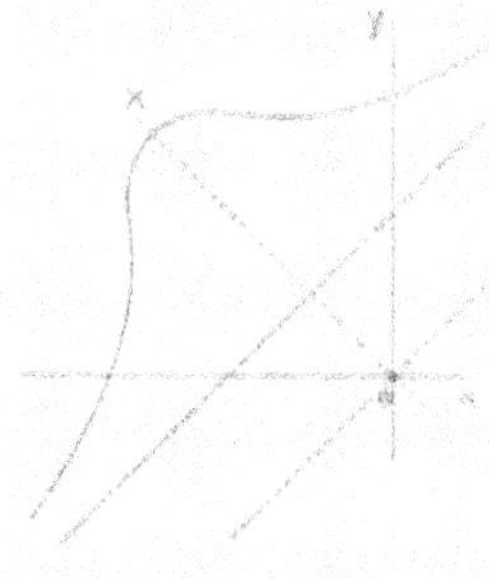

Fig. 14.

Si $Y > 0$,

$$Y' = \frac{X(-3X^2+3X\sqrt{2}-2)}{Y(3X-\sqrt{2})^2} = \frac{-3X^2+3X\sqrt{2}-2}{\sqrt{\sqrt{2}-X}\,(3X-\sqrt{2})^{\frac{3}{2}}} < 0.$$

$$Y'' = \frac{4\sqrt{2}-6X}{(3X-\sqrt{2})^{\frac{5}{2}}(\sqrt{2}-X)^{\frac{3}{2}}}$$

L'asymptote est $X = \frac{\sqrt{2}}{3}$, il y a deux points d'inflexion $X = \frac{2\sqrt{2}}{3}$, $Y = \pm\frac{2}{3}\sqrt{\frac{2}{3}}$ (fig. 14).

282. $$y^3(1-x) + 2x^2y + x^3 = 0,$$

$$y = x^2\frac{-1\pm\sqrt{x}}{1-x} = \frac{-x^2}{1\pm\sqrt{x}} \quad , \quad x > 0$$

si
$$y = \frac{-x^2}{1 + \sqrt{x}} \quad , \quad y' = -x\,\frac{4 + 3\sqrt{x}}{2(1 + \sqrt{x})^2} < 0.$$

y varie de 0 à $-\infty$

si
$$y = \frac{-x^2}{1 - \sqrt{x}} \quad , \quad y' = -x\,\frac{4 - 3\sqrt{x}}{2(1 - \sqrt{x})^2}.$$

Entre $x = 0$ et 1, y varie de 0 à $-\infty$ de $x = 1$ à $\dfrac{16}{9}$, y décroît de $+\infty$ à $\dfrac{256}{27}$ puis croît indéfiniment. O est un point de rebroussement, il y a une asymptote, $x = 1$, et deux branches paraboliques (*fig.* 15), de direction $x = 0$.

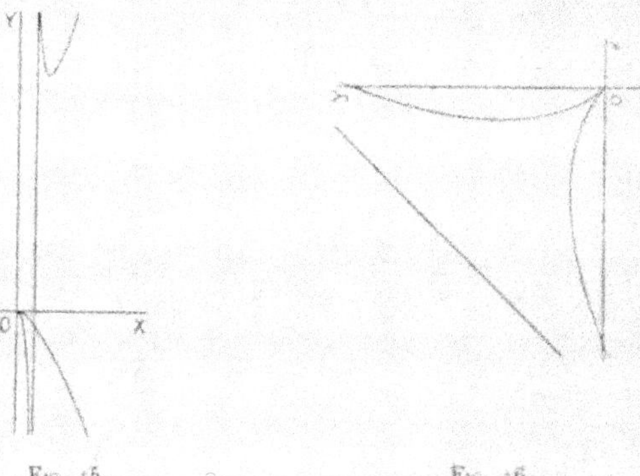

FIG. 15.   FIG. 16.

283. L'origine est un point de rebroussement, la tangente est
$y = -x$.

Il y a une direction asymptotique réelle $y = x$, $y - x = \dfrac{(y + x)^2}{y^2 + xy + x^2}$, si $\dfrac{y}{x}$ tend vers 1, on a l'asymptote $y - x = \dfrac{4}{3}$.

Si on fait tourner les axes de l'angle $-\dfrac{\pi}{4}$, on a :

$$x = \frac{X + Y}{\sqrt{2}} \quad , \quad y = \frac{Y - X}{\sqrt{2}}$$

$$X^3 + 3XY^2 + 2Y^2\sqrt{2} = 0 \quad , \quad Y^2 = \frac{-X^3}{2\sqrt{2} + 3X}.$$

$$YY' = -3X^2\,\frac{X + \sqrt{2}}{(2\sqrt{2} + 3X)^2}$$

X peut varier de $-\frac{2\sqrt{2}}{3}$ à o. Y a deux valeurs de signes contraires qui varient de $\pm \infty$ à o (*fig*. 16).

284. $(y+x)(y^2-xy+x^2)+2y-x=0$, asymptote, $y+x=0$

si on fait tourner les axes de $-\frac{\pi}{4}$, $x=\frac{X+Y}{\sqrt{2}}$, $y=\frac{Y-X}{\sqrt{2}}$, on a :

$$Y^3+(3X^2+1)Y-3X=0.$$

Y a une seule valeur réelle du signe de X $\S$ 96). La courbe est symétrique par rapport à O ($\S$ 137).

$$Y'(3Y^2+3X^2+1)=3(1-2XY).$$

Y' s'annule si

$$XY=\frac{1}{2} \quad , \quad Y^4+Y^2=\frac{3}{4} \quad , \quad X=Y=\pm\frac{1}{\sqrt{2}}.$$

Si $X>0$, Y est compris entre o et $\frac{1}{\sqrt{2}}$. Entre $X=0$ et $\frac{1}{\sqrt{2}}$, Y augmente de o à $\frac{1}{\sqrt{2}}$, de $X=\frac{1}{\sqrt{2}}$ à $+\infty$, Y diminue jusqu'à o : (*fig*. 17). On peut aussi résoudre par rapport à X :

$$X=\frac{1}{2Y}\left(1\pm\sqrt{\left(1+\frac{2}{3}Y^2\right)(1-2Y^2)}\right).$$

285. L'origine est un point triple, OY est l'une des tangentes, $y=x$ est une tangente de rebroussement, si $\frac{y}{x}$ tend vers 1, pour $x=0$, x et y sont positifs.

La direction asymptotique $y=0$ donne des branches paraboliques, ($\S$ 133).

$$2x-y=x\frac{(y-x)^2}{y^2},$$

on a l'asymptote

$$2x-y=\frac{1}{8}.$$

Soit

$$y = tx \quad , \quad x = \frac{(t-1)^2}{t^2(2-t)} \quad , \quad x' = \frac{2(t-1)(t^2-3t+3)}{t^3(2-t)^2},$$

$$y' = \frac{(t-1)(t^2-3t+4)}{t^3(2-t)^2},$$

x' et y' changent de signe pour les seules valeurs 0, ou 1.

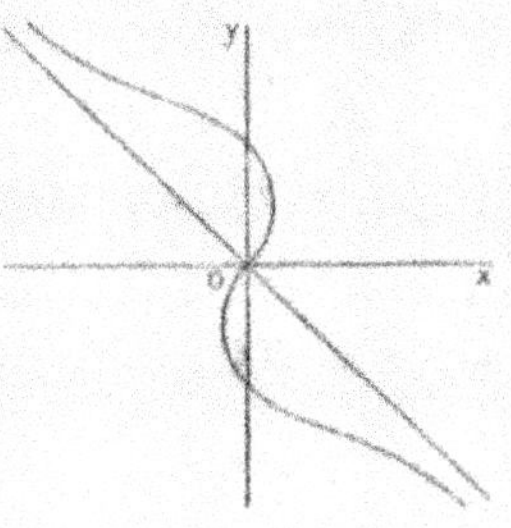

Fig. 17.   Fig. 18.

Si $t =$	$-\infty$		0		1		2		$+\infty$
$x' =$	0	—	∞	$-0+$		∞		$+$	0
$y' =$	0	$+$	∞	$-0+$		∞		$+$	0
$x =$	0	—	$-\infty+$		0	$+\infty$	—		-0
$y =$	0	$+$	$+\infty+$		0	$+\infty$	—		-0

En remarquant que $t = \dfrac{y}{x}$, ces variations indiquent la forme de la courbe (*fig.* 18).

286. $f(x, y) = x^4 + y^4 - 2x^2 - 2y^2 + a = 0$

$$f'_x = 4x(x^2 - 1) = 0 \quad , \quad f'_y = 4y(y^2 - 1) = 0$$

ces trois équations ont des solutions communes pour $a = 0, 1, 2$. Si $a = 0$, $x^4 + y^4 = 2(x^2 + y^2)$, l'origine est un point double isolé. On peut construire la courbe en coordonnées polaires (*fig.* 19)

$$\rho^2 = \frac{2}{\sin^4 \omega + \cos^4 \omega} = \frac{4}{2 - \sin^2 2\omega} = \frac{8}{3 + \cos 4\omega}.$$

Si $a = 2$, $(x^2 - 1)^2 + (y^2 - 1)^2 = 0$

représente une courbe imaginaire, qui n'a que les points doubles isolés $x = \pm 1$, $y = \pm 1$.

Si $\qquad a = 1 \qquad , \qquad x^4 + y^4 - 2(y^2 + x^2) + 1 = 0,$

a quatre points doubles

$$x = 0 \quad , \quad y = \pm 1 \quad : \quad y = 0 \quad , \quad x = \pm 1.$$

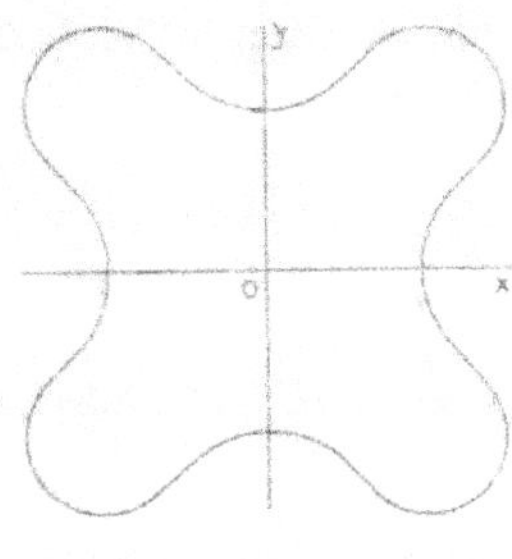

Fig. 19.

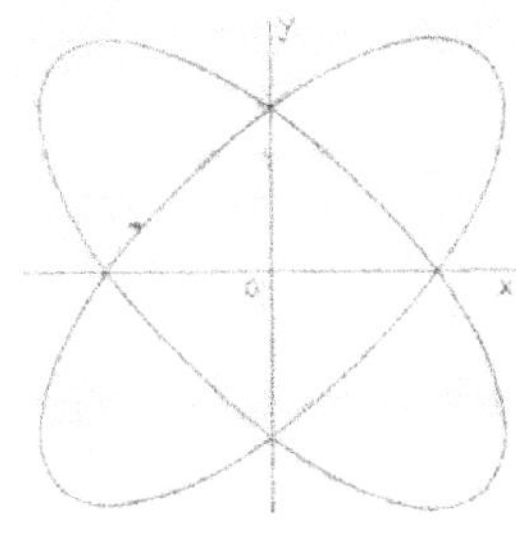

Fig. 20.

L'équation peut s'écrire

$$(x^2 + y^2 - 1)^2 - 2x^2y^2 = 0;$$

elle se décompose en :

$$x^2 + y^2 - 1 = \pm 2xy$$

et représente deux ellipses (*fig.* 20).

287. Soient

$$P = y - mx - c = 0 \qquad , \qquad Q = 0 \qquad , \qquad R = 0$$

les équations des asymptotes. L'équation de la courbe peut s'écrire $P \cdot Q \cdot R = f(x, y)$, f étant du second degré.

$P = \dfrac{f}{Q \cdot R}$ doit tendre vers 0, si $\dfrac{y}{x}$ tend vers m, pour $x = \infty$. f doit être du premier degré, ou divisible par $y - mx$.

Il en sera de même pour Q et R. Il faut donc que f soit du premier degré, car il ne peut pas avoir trois facteurs du premier degré. Les points où les asymptotes coupent la courbe sont sur la droite $f = 0$.

288. Si les axes sont les parallèles aux côtés du carré, et passent par le centre, soient

$$x = \pm a \qquad , \qquad y = \pm a$$

les asymptotes : O étant un point double, il n'y a pas de termes du degré o et 1 ; l'équation sera :

$$x^2 y^2 - a^3 (x^2 + y^2) - 2 b^2 xy = 0,$$

car on peut supposer le coefficient de xy négatif, en choisissant le sens de OX. Si $o < b < a$, l'origine est un point isolé. Si $b > a > o$, les tangentes à l'origine sont réelles.

En coordonnées polaires on a :

$$\rho^2 = 4 \frac{a^3 + b^2 \sin 2\omega}{\sin^2 2\omega} \quad , \quad \rho^2 = - 4 \frac{2 a^3 + b^2 \sin 2\omega}{\sin^3 2\omega} \cos 2\omega.$$

Si $b < a$, ρ a deux minima, $2\sqrt{a^3 + b^2}$ pour $\omega = \dfrac{\pi}{4}$, et $2\sqrt{a^3 - b^2}$ pour $\omega = 3\dfrac{\pi}{4}$ (fig. 21).

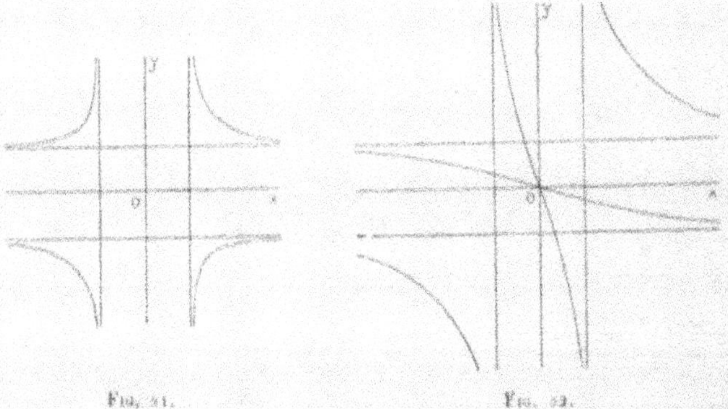

Fig. 21.   Fig. 22.

Si $b > a$ soit α le plus petit arc positif tel que $\sin \alpha = \dfrac{a^3}{b^2}$ ω peut varier entre

$$-\frac{\alpha}{2} \quad \text{et} \quad \frac{\pi + \alpha}{2} \quad , \quad \text{ou} \quad \frac{2\pi - \alpha}{2} \quad \text{et} \quad \frac{3\pi + \alpha}{2}.$$

Si $\dfrac{\pi + \alpha}{2} < \omega < \dfrac{2\pi - \alpha}{2}$, ρ est imaginaire. On a la courbe (fig. 22), obtenue par les variations de ρ :

$\omega =$	$-\dfrac{\alpha}{2}$	0	$\dfrac{\pi}{4}$	$\dfrac{\pi}{2}$	$\dfrac{\pi + \alpha}{2}$
$\rho =$	0	∞	$2\sqrt{a^3 + b^3}$	∞	0

en changeant ω en $\pi + \omega$, ou ρ en $- \rho$, on a les parties symétriques par rapport à O.

Si $a = b$ on a deux hyperboles : $xy = \pm\, a(x + y)$.

CHAPITRE V

COURBES DU SECOND DEGRÉ

289. $f(x, y) = x^2 + xy + y^2 - 5x - 4y + 2 = 0$
$$f'_x = 2x + y - 5 = 0 \quad , \quad f'_y = x + 2y - 4 = 0$$

centre

$$x = 2 \quad , \quad y = 1.$$

Les directions des axes sont données par (§ 139)

$$\operatorname{tg} 2\alpha = \infty \quad , \quad \alpha = \frac{\pi}{4} + \frac{K\pi}{2}.$$

Les axes sont parallèles aux bissectrices des axes de coordonnées. Si on pose

$$x = 2 + \frac{X - Y}{\sqrt{2}} \quad , \quad y = 1 + \frac{X + Y}{\sqrt{2}},$$

l'équation devient : $3X^2 - Y^2 = 10$.

290. Centre $x = \sqrt{3}$, $y = 4$, angle des axes avec OX :

$$\operatorname{tg} 2\alpha = \frac{\sqrt{3}}{2 - 1} = \sqrt{3} = \operatorname{tg} \frac{2\pi}{3} \quad , \quad \alpha = \frac{\pi}{3} + \frac{K\pi}{2}$$

Si on fait tourner les axes de $\frac{\pi}{3}$, en transportant l'origine au centre :

$$x = \sqrt{3} + X \cos \frac{\pi}{3} - Y \sin \frac{\pi}{3} = \sqrt{3} + \frac{X}{2} - Y \frac{\sqrt{3}}{2}$$

$$y = 4 + X \sin \frac{\pi}{3} + Y \cos \frac{\pi}{3} = 4 + X \frac{\sqrt{3}}{2} + \frac{Y}{2}$$

$$X^2 + 5Y^2 = 18.$$

291. Parabole, centre à l'infini. Directions principales :

$$\operatorname{tg} 2\alpha = \frac{-6}{1-9} = \frac{3}{4} = \frac{2\operatorname{tg}\alpha}{1-\operatorname{tg}^2\alpha} \quad , \quad \operatorname{tg}\alpha = \frac{1}{3} \quad \text{ou} -3$$

soit

$$\frac{\sin\alpha}{1} = \frac{\cos\alpha}{3} = \frac{1}{\sqrt{10}},$$

si on fait tourner les axes de cet angle α,

$$x = \frac{3X - Y}{\sqrt{10}} \quad , \quad y = \frac{X + 3Y}{\sqrt{10}}$$

$$10\,Y^2\sqrt{10} - 11X + 7Y = 0$$

en déplaçant l'origine, on arrive à

$$Y^2 = \frac{11}{10\sqrt{10}}X.$$

292. Prenons pour axes les bissectrices des angles des droites OA, OB, qui auront les équations $y = mx$, $y = -mx$. Soient les points

$$A(a, ma), B(b, -mb) \quad , \quad \text{on a :} \quad AB = c,$$
$$(a - b)^2 + m^2(a + b)^2 = c^2$$

le centre est déterminé par les perpendiculaires aux milieux de OA et OB :

$$y = \frac{ma}{2} - \frac{1}{m}\left(x - \frac{a}{2}\right) \quad , \quad y = -\frac{mb}{2} + \frac{1}{m}\left(x - \frac{b}{2}\right)$$

$$x = \frac{a + b}{4}(1 + m^2) \quad , \quad y = \frac{a - b}{4m}(1 + m^2);$$

en éliminant a et b,

$$x^2 + y^2 = \left(\frac{1 + m^2}{4m}c\right)^2$$

le lieu est un cercle de centre O.

293. Soit l'ellipse $\dfrac{x^2}{a^2} + \dfrac{y^2}{b^2} = 1$, le milieu de la corde

$$y - y_0 = m(x - x_0)$$

est sur le diamètre $\dfrac{x}{a^2} + \dfrac{my}{b^2} = 0$ (§ 139).

En éliminant m, on a le lieu :

$$\frac{y(y - y_0)}{b^2} + \frac{x(x - x_0)}{a^2} = 0$$

ellipse de centre $\left(\dfrac{x_0}{2}, \dfrac{y_0}{2} \right)$, homothétique de la première (§ 153), qui passe par O et A.

Si A est intérieur à l'ellipse, les points d'intersection sont tous réels.

Si A est extérieur, il y a des cordes qui ne coupent pas l'ellipse, les cordes à intersections réelles sont comprises entre les tangentes menées de A, la portion correspondante du lieu est intérieure à l'ellipse donnée.

294. Soit la parabole $y^2 = 2px$, et la normale

$$(Y - y)p + (X - x)y = 0 ;$$

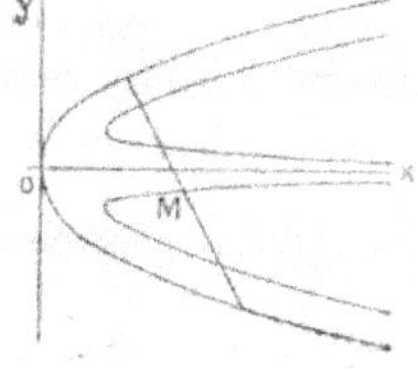

Fig. 23.

soit

$$m = -\frac{y}{p} \quad , \quad x = \frac{p}{2} m^2.$$

L'équation de la normale devient :

$$Y = mX - pm - \frac{p}{2} m^3.$$

Le milieu de cette corde est sur le diamètre conjugué $mY = p$. En éliminant m, on a l'équation du lieu :

$$x = p + \frac{y^2}{p} + \frac{p^3}{2 y^2}$$

si y varie de 0 à $\dfrac{p}{\sqrt{2}}$ et $+ \infty$, x diminue de $+ \infty$ à $p(1 + \sqrt{2})$ puis augmente indéfiniment (*fig.* 23).

295. $f(x, y) = ax^2 + 2axy - y^2 - 2x - 2ay + a = 0,$

ellipse si

$$a(a + 1) < 0$$

centre

$$ax + ay - 1 = 0 \quad , \quad ax - y - a = 0,$$

en éliminant a, on a :

$$y(x + y) = x - 1 \qquad \text{ou} \quad (y - 1)(x + y + 1) + 2 = 0$$

hyperbole dont les asymptotes sont $y = 1$, $x + y = -1$.

f est une ellipse si $0 > a > -1$, ou $x + y = \dfrac{1}{a} < -1$, le centre (x, y) est sur la branche gauche de l'hyperbole, du côté $x -$, par rapport à l'asymptote $x + y + 1 = 0$. Pour l'autre branche f est une hyperbole.

296. Prenons pour axes AB et la perpendiculaire au milieu. Soient A$(a, 0)$, B$(-a, 0)$ et (c, λ) le centre du cercle, λ étant variable. Une tangente a pour équation (§ 117) :

$$(y - \lambda) \cos \omega + (x - c) \sin \omega = \lambda$$

si elle coupe OX au point A,

$$\frac{\lambda}{a - c} = \frac{\sin \omega}{1 + \cos \omega} = \frac{\sin \dfrac{\omega}{2}}{\cos \dfrac{\omega}{2}}.$$

La tangente passant par A$(a, 0)$ a ainsi pour équation :

$$(y - \lambda)\left[(a - c)^2 - \lambda^2\right] + (x - c)\, 2\lambda(a - c) = \lambda\left[(a - c)^2 + \lambda^2\right]$$

ou

$$a^2(y - 2\lambda) + 2a(\lambda x - cy + \lambda c) + y(c^2 - \lambda^2) - 2\lambda cx = 0.$$

La tangente passant par B s'obtient en changeant a en $-a$. En retranchant les deux équations on a :

$$\lambda = \frac{cy}{x + c}.$$

L'élimination de λ donne $y = 0$, qui correspond au cercle de rayon nul $\lambda = 0$, et le lieu :

$$\frac{x^2}{c^2} + \frac{y^2}{c^2 - a^2} = 1.$$

Hyperbole si C est entre A et B, ellipse si C est hors de AB.

297. Prenons pour axes les bissectrices de l'angle des deux droites, qui auront pour équations $y = \pm mx$. Un cercle :

$$x^2 + y^2 = 2ax + 2by + c$$

coupe la droite $y = mx$ aux points déterminés par

$$x^2(1 + m^2) - 2x(a + bm) - c = 0 \qquad , \qquad y = mx$$

la longueur de la corde

$$d = (x_1 - x_2)\sqrt{1 + m^2} = 2\sqrt{c + \frac{(a + bm)^2}{1 + m^2}}.$$

En changeant m en $-m$, on a les deux équations :

$$d^2 = 4c + 4\frac{(a + bm)^2}{1 + m^2} \qquad , \qquad d'^2 = 4c + 4\frac{(a - bm)^2}{1 + m^2}$$

$$d^2 - d'^2 = 8\frac{abm}{1 + m^2}.$$

Le lieu du centre $x = a$, $y = b$ est l'hyperbole

$$xy = \frac{d^2 - d'^2}{8m}(1 + m^2).$$

298. Voir problème 292 : mêmes calculs.

299. Soient $OA = a$, $OB = b$. Les coordonnées de D sont :

$$x = -\frac{b^2}{a} \qquad , \qquad y = b \qquad , \qquad ax + y^2 = 0 \qquad \text{parabole}$$

300. La normale à la courbe $y = f(x)$ est

$$(Y - y)y' + X - x = 0.$$

Les coordonnées de C sont :

$$X = x + yy' \qquad , \qquad Y = y + \frac{x}{y'}.$$

Pour la parabole $y^2 = 2px$, $yy' = p$, on a :

$$X = p + \frac{y^2}{2p} \quad , \qquad Y = y + \frac{y^3}{2p^2} \quad ; \qquad Y^2 = 2X^3 \frac{X - p}{p}$$

Si X croit de p à ∞, la valeur positive de Y croit de o à ∞ (*fig.* 24).

301. La normale au point (x, y) de la parabole $y^2 = 2px$ est :

$$(Y - y)p + (X - x)y = o.$$

le point P a pour coordonnées $x + p$, o; et le point M' :

$$X = x + 2p \quad , \qquad Y = -y.$$

Le lieu de ce point est : $Y^2 = 2p(X - 2p)$, parabole de sommet $(2p, o)$.

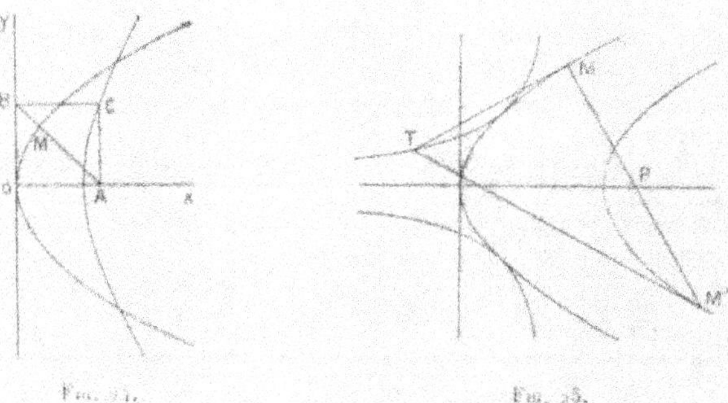

Fig. 24.　　　　　　　　　Fig. 25.

Les tangentes en M et M' ont pour équations :

$$Y - y = (X - x)\frac{p}{y} \quad , \qquad Y + y = (X - x - 2p)\frac{p}{-y}.$$

En ajoutant et retranchant ces équations, on a :

$$Yy = p^2 \quad , \qquad X = x + p - \frac{y^2}{p} = p - x$$

$$Y^2 = \frac{p^3}{2(p - X)}.$$

Courbe tangente à la parabole $y^2 = 2px$ au point $x = \frac{p}{2}$, $y = p$ (*fig.* 25).

3o2. Prenons pour axes les cotés AB, AC. Soit $\dfrac{x}{\alpha} + \dfrac{y}{\beta} = 1$ l'équation de BC. (a, b) les coordonnées du point fixe :

$$\frac{a}{\alpha} + \frac{b}{\beta} = 1.$$

Les médianes :

$$(x - \alpha)\beta + 2\alpha y = 0 \quad , \quad 2\beta x + \alpha(y - \beta) = 0$$

se coupent au point

$$x = \frac{\alpha}{3} \quad , \quad y = \frac{\beta}{3},$$

d'où le lieu :

$$\frac{a}{x} + \frac{b}{y} = 3 \quad , \quad 3xy = ay + bx.$$

hyperbole dont le centre est le point $\left(\dfrac{a}{3}, \dfrac{b}{3}\right)$, les asymptotes sont parallèles aux axes.

3o3. Soit l'hyperbole $xy = h^2$ rapportée à ses asymptotes, et les tangentes aux points (x_1, y_1) (x_2, y_2) :

$$x_1 y + y_1 x = 2h^2 \quad , \quad x_2 y + y_2 x = 2h^2$$

qui coupent OX aux points

$$x = \frac{2h^2}{y_1} \quad , \quad x = \frac{2h^2}{y_2}.$$

La corde des points de contact a pour équation :

$$Y(x_2 - x_1) - X(y_2 - y_1) = x_2 y_1 - x_1 y_2$$

ou

$$Y h^2 + X y_1 y_2 = h^2 (y_1 + y_2)$$

et coupe OX au point $X = h^2 \left(\dfrac{1}{y_1} + \dfrac{1}{y_2}\right)$ milieu de la portion de OX limitée par les tangentes.

CHAPITRE VI

—

DIAMÈTRES CONJUGUÉS. FOYERS

304. Soient les points $B(a, o)$, $A(-a, o)$ et les droites BM, AM dont les équations sont :

$$y = m(x - a) \quad , \quad y = m'(x + a)$$

d'où les coordonnées de M,

$$x = a\,\frac{m + m'}{m - m'} \quad , \quad y = \frac{2amm'}{m - m'}$$

Les droites BM′, AM′ ont pour équations :

$$m'y + x - a = o \quad , \quad my + x + a = o$$

d'où les coordonnées de M′,

$$x = a\,\frac{m + m'}{m - m'} \quad , \quad y = \frac{2a}{m' - m}$$

MM′ est parallèle à OY,

m et m' sont liés par une équation (§ 139) :

$$A + B(m + m') + Cmm' = o,$$

L'élimination de m et m' donne lieu de M :

$$Ax^2 + 2Bxy + Cy^2 = Aa^2$$

ellipse homothétique de l'ellipse donnée.

Et le lieu de M′ :

$$Ay^2 - 2Bxy + Cx^2 = Ca^2$$

qui est aussi une ellipse.

3o5. Les tangentes doivent être parallèles à deux diamètres conjugués (§ 14o). Une tangente à l'ellipse $\dfrac{x^2}{a^2} + \dfrac{y^2}{b^2} = 1$ a pour équation (§ 15o) :

$$(y - mx)^2 = b^2 + a^2 m^2.$$

Si m est donné, cette équation représente deux tangentes parallèles. Par un point (x, y) du plan passent deux tangentes dont les coefficients angulaires m sont racines de cette équation :

$$(x^2 - a^2)\, m^2 - 2xym + y^2 - b^2 = 0.$$

Pour un point du lieu, le produit des racines doit être égal à $-\dfrac{b^2}{a^2}$:

$$\frac{y^2 - b^2}{x^2 - a^2} = - \frac{b^2}{a^2}$$

$$\frac{x^2}{a^2} + \frac{y^2}{b^2} = 2.$$

3o6. Si on prend pour axes la tangente fixe et le diamètre conjugué, soit θ leur angle. L'équation de l'ellipse est

$$\frac{x^2}{a^2} + \frac{y^2}{b^2} = \frac{2y}{b}$$

y étant donné, on a un rectangle de base $2a\sqrt{\dfrac{2y}{b} - \dfrac{y^2}{b^2}}$ et de hauteur $y \sin \theta$.

$$S^2 = \frac{4a^2 \sin^2 \theta}{b^2}\, y^2 (2b - y)$$

qui est maximum lorsque la dérivée est nulle, ou

$$2y^2 (3b - 2y) = 0 \quad , \quad y = \frac{3b}{2} \quad , \quad S = \frac{ab}{2}\, 3\sqrt{3} \sin \theta$$

S est égal à l'aire de l'ellipse, multipliée par $\dfrac{3\sqrt{3}}{2\pi}$.

3o7. Si on prend pour axes les diamètres $OA = a$, $OB = b$, soit

$$AA' = \alpha \quad , \quad BB' = \beta ;$$

les droites AB', BA' ont pour équations :

$$ay + (x - a)(b + \beta) = 0 \quad , \quad bx + (y - b)(a + \alpha) = 0$$

et $\alpha\beta = 2ab$.

L'élimination de α et β donne :

$$(ay + bx - ab)^2 = 2ab(x - a)(y - b)$$
$$a^2 y^2 + b^2 x^2 = a^2 b^2$$

ellipse donnée.

308. Les théorèmes d'Apollonius donnent

$$a'^2 + b'^2 = a^2 + b^2 \quad , \quad a'b' \sin \theta = ab$$

$$(a' + b')^2 = a^2 + b^2 + 2\,\frac{ab}{\sin \theta} \quad , \quad (a' - b')^2 = a^2 + b^2 - \frac{2\,ab}{\sin \theta}$$

$$2a' = \sqrt{a^2 + b^2 + \frac{2\,ab}{\sin \theta}} + \sqrt{a^2 + b^2 - \frac{2\,ab}{\sin \theta}} \quad ,$$

$$2b' = \sqrt{a^2 + b^2 + \frac{2\,ab}{\sin \theta}} - \sqrt{a^2 + b^2 - \frac{2\,ab}{\sin \theta}}$$

a' et b' sont réels si $\sin \theta$ varie entre $\dfrac{2\,ab}{a^2 + b^2}$ et 1. Si α est l'angle aigu des diamètres conjugués égaux, $\sin \alpha = \dfrac{2\,ab}{a^2 + b^2}$, θ peut varier entre α et $\pi - \alpha$.

309. Mêmes notations. Le périmètre du parallélogramme de côtés a', b' est

$$2(a' + b') = 2\sqrt{a^2 + b^2 + \frac{2\,ab}{\sin \theta}}, \quad \text{où} \quad 2ab < \frac{2\,ab}{\sin \theta} < a^2 + b^2$$

le périmètre est maximum pour les diamètres conjugués égaux $\theta = \alpha$, il est minimum pour les axes $\theta = \dfrac{\pi}{2}$. Ce périmètre varie entre

$$2(a + b) \quad \text{et} \quad 2\sqrt{2(a^2 + b^2)}.$$

310. Soit l'hyperbole rapportée à ses asymptotes ($\S$ 143) $xy = h^2$ et les points $A(x, y)$, $B(x', y')$, $C(x'', y'')$, m et m' les coefficients angulaires de AB et AC.

$$xy = x'y' = h^2 \quad , \quad m = \frac{y' - y}{x' - x} = \frac{h^2}{x' - x}\left(\frac{1}{x'} - \frac{1}{x}\right) = \frac{-h^2}{x\,x'}$$

$$x' = \frac{-h^2}{mx} = -\frac{y}{m} \quad , \quad y' = \frac{h^2}{x'} = -mx$$

De même

$$x'' = - \frac{y}{m'} \quad , \quad y'' = - m'x.$$

Le milieu de BC a pour coordonnées :

$$X = \frac{x' + x''}{2} = - y\,\frac{m + m'}{2mm'} \quad , \quad Y = \frac{y' + y''}{2} = - x\,\frac{m + m'}{2}$$

le lieu est l'hyperbole

$$XY = h^2\,\frac{(m + m')^2}{4\,mm'}$$

311. Soit l'ellipse représentée par les équations $x = a \cos t$, $y = b \sin t$, r et r' les distances du point $M\,(x, y)$ aux foyers.

$$r^2 = (x - c)^2 + y^2 = (a\cos t - c)^2 + b^2(1 - \cos^2 t) = c^2\cos^2 t - 2ac\cos t + a^2$$
$$r = a - c\cos t \;,\; r' = a + c\cos t \;,\; rr' = a^2 - c^2\cos^2 t = a^2\sin^2 t + b^2\cos^2 t$$

le point $x' = - a\sin t$, $y' = b\cos t$ est l'extrémité du diamètre conjugué de OM, car

$$yy' = - \frac{b^2}{a^2}\,xx' \quad ; \quad rr' = \overline{OM}'^2$$

312. Soit l'ellipse $\dfrac{x^2}{a^2} + \dfrac{y^2}{b^2} = 1$ et la normale $\dfrac{Y - y}{a^2 y} = \dfrac{X - x}{b^2 x}$

$$P\left(0,\, y - \frac{a^2 y}{b^2}\right) \;,\; \overline{MP}^2 = x^2 + \frac{a^4 y^2}{b^4} = \frac{b^4 x^2 + a^4 y^2}{b^4}$$

$$\overline{PF}^2 = c^2 + \frac{c^4 y^2}{b^4} = c^2\left(\frac{x^2}{a^2} + \frac{y^2}{b^2} + \frac{c^2 y^2}{b^4}\right) = c^2\,\frac{b^4 x^2 + a^4 y^2}{a^2 b^4} \;,\; \frac{MP}{PF} = \frac{a}{c}$$

313. Mêmes notations

$$FN = c - \frac{c^2 x}{a^2} \quad , \quad FM = a - \frac{cx}{a}$$

(§ 147) (Problème 311) $\dfrac{FN}{FM} = \dfrac{c}{a}$.

314. Les points de contact des tangentes de coefficient angulaire m sont sur le diamètre conjugué (§ 140)

$$\frac{x}{a^2 + h} + \frac{my}{b^2 + h} = 0$$
$$\frac{a^2 + h}{x} = \frac{b^2 + h}{- my} = \frac{c^2}{x + my}$$

en remplaçant h dans l'équation

$$\frac{x^2}{a^2 + h} + \frac{y^2}{b^2 + h} = 1$$

on a le lieu

$$(x + my)(mx - y) = mc^2$$

hyperbole ayant les asymptotes $y = mx$, $y = \dfrac{-x}{m}$, perpendiculaires.

315. $4y(x + 1) = 1$, centre $(-1, 0)$; asymptotes $y = 0$, $x = -1$; axes parallèles aux bissectrices des axes de coordonnées $y = \pm(x - 1)$.

Sommets sur l'axe

$$y = x - 1 \quad , \quad x = \pm\frac{\sqrt{5}}{2} \quad , \quad y = \pm\frac{\sqrt{5}}{2} - 1.$$

Si on rapporte l'hyperbole à ses axes, par le changement de coordonnées

$$x = -1 + \frac{X - Y}{\sqrt{2}} \quad , \quad y = \frac{X + Y}{\sqrt{2}} \quad , \quad \text{on a :} \quad X^2 - Y^2 = \frac{1}{2}$$

les axes sont

$$a = b = \frac{1}{\sqrt{2}} \quad , \quad c^2 = a^2 + b^2 = 1.$$

Les foyers :

$$Y = 0 \quad , \quad X = \pm 1 \quad . \quad x = -1 \pm \frac{1}{\sqrt{2}} \quad , \quad y = \pm\frac{1}{\sqrt{2}}.$$

Les directrices ont pour équations :

$$X = \pm\frac{a^2}{c} = \pm\frac{1}{2} \quad , \quad x + y = -1 \pm\frac{1}{\sqrt{2}}.$$

316. Soit l'hyperbole équilatère $x^2 - y^2 = a^2$, et le cercle tangent à OY. $(X - x)^2 + (Y - y)^2 = x^2$, de centre (x, y). Il coupe OX aux points :

$$X - x = \pm\sqrt{x^2 - y^2} = \pm a.$$

la corde est égale à $2a$.

317. La normale à la parabole $y^2 = 2px$ a pour équation (probl. 294) $y = mx - pm - \dfrac{p}{2} m^3$, la perpendiculaire abaissée du foyer est : $my + x - \dfrac{p}{2} = 0$. Ces équations déterminent le pied de la perpendiculaire $x = p \dfrac{1 + m^2}{2}$, $y = - p \dfrac{m}{2}$; en éliminant m on a $y^2 = \dfrac{p}{2} \left(x - \dfrac{p}{2} \right)$. Parabole dont le sommet est le foyer de la première.

En éliminant m entre les deux premières équations on trouve en outre un cercle se réduisant au foyer ; il correspond à $m^2 + 1 = 0$. On a ainsi une équation du quatrième degré qui se décompose.

318. Soit la tangente $y = mx + \dfrac{p}{2m}$ à la parabole $y^2 = 2px$ (§ 151), et les points $y = 0$, $x = \dfrac{p}{2} \pm a$, leurs distances à la tangente sont

$$d \text{ et } d' = \frac{\dfrac{p}{2}(1 + m^2) \pm am^2}{m\sqrt{1 + m^2}} \quad , \quad d^2 - d'^2 = 2ap$$

319. Soit la parabole $y^2 = 2px$, et la corde focale $y = m \left(x - \dfrac{p}{2} \right)$ qui coupe la courbe aux points M', M'' donnés par l'équation :

$$m^2 x^2 - p(2 + m^2) x + \frac{p^2}{4} m^2 = 0 \quad , \quad x' + x'' = p \left(1 + \frac{2}{m^2} \right)$$

$$FM' = \sqrt{ \left(x' - \frac{p}{2} \right)^2 + y'^2 } = x' + \frac{p}{2} \quad , \quad FM'' = x'' + \frac{p}{2},$$

$$M'M'' = x' + x'' + p = 2p \left(1 + \frac{1}{m^2} \right)$$

La tangente parallèle a son point de contact M sur le diamètre conjugué :

$$my = p \ , \ x = \frac{p}{2m^2} \ , \ FM = \sqrt{ \frac{p^2}{4} \left(\frac{1}{m^2} - 1 \right)^2 + \frac{p^2}{m^2} } = \frac{p}{2} \left(1 + \frac{1}{m^2} \right) = \frac{M'M''}{4}.$$

320. Soient deux points $x = a \cos t$, $y = b \sin t$ et $x' = a \cos t'$, $y' = b \sin t'$ de l'ellipse. Les tangentes en ces points ont pour coefficients angulaires $- \dfrac{b}{a} \operatorname{cotg} t$, $- \dfrac{b}{a} \operatorname{cotg} t'$ (§ 144), elles seront

perpendiculaires si $\operatorname{tg} t \operatorname{tg} t' = -\dfrac{b^2}{a^2}$. Si M est donné, déterminons M' par les valeurs

$$\frac{\sin t'}{b^2 \cos t} = \frac{\cos t'}{-a^2 \sin t} = \frac{1}{+\sqrt{a^4 \sin^2 t + b^4 \cos^2 t}}$$

Soit d la distance des deux points t, t'

$$d^2 = a^2(\cos t - \cos t')^2 + b^2(\sin t - \sin t')^2 =$$

$$a^2\cos^2 t + b^2 \sin^2 t + \frac{a^6 \sin^2 t + b^6 \cos^2 t}{a^4 \sin^2 t + b^4 \cos^2 t} + 2\,\frac{(a^4 - b^4)\sin t \cos t}{\sqrt{a^4 \sin^2 t + b^4 \cos^2 t}} =$$

$$a^2 + b^2 + \frac{(a^2 + b^2)\,c^4 \sin^2 t \cos^2 t}{a^4 \sin^2 t + b^4 \cos^2 t} + 2c^2\,\frac{(a^2 + b^2)\sin t \cos t}{\sqrt{a^4 \sin^2 t + b^4 \cos^2 t}}$$

$$d = \sqrt{a^2 + b^2}\left(1 + \frac{c^2 \sin t \cos t}{\sqrt{a^4 \sin^2 t + b^4 \cos^2 t}}\right)$$

Les 4 points de paramètres $t, t', t + \pi, t' + \pi$ sont les points de contact des côtés d'un rectangle circonscrit. Les côtés du parallélogramme formé par ces points de contact sont d, et d' obtenu en changeant t' en $t' + \pi$, ou en changeant le signe du radical. Le périmètre est

$$2(d + d') = 4\sqrt{a^2 + b^2}.$$

321. Soit la normale $\dfrac{Y-y}{a^2 y} = \dfrac{X-x}{b^2 x}$, à l'ellipse $\dfrac{x^2}{a^2} + \dfrac{y^2}{b^2} = 1$, limitée au point N $\left(x - \dfrac{b^2}{a^2}\,x,\ 0\right)$.

$$\overline{MN}^2 = y^2 + \frac{b^4 x^2}{a^4} = b^2\left(1 - \frac{c^2 x^2}{a^4}\right)$$

si $r = \mathrm{FM}$, $r' = \mathrm{F'M}$ sont les rayons vecteurs, on a (§ 147)

$$rr' = \left(a - \frac{cx}{a}\right)\left(a + \frac{cx}{a}\right) \quad , \quad \overline{MN}^2 = \frac{b^2}{a^2}\,rr'$$

Si α est l'angle de MN avec chaque rayon vecteur, dans le triangle FF'M, on a :

$$4c^2 = r^2 + r'^2 - 2rr'\cos 2\alpha = (r + r')^2 - 4rr'\cos^2\alpha,$$

$$\cos^2\alpha = \frac{b^2}{rr'} \quad , \quad MN\cos\alpha = \frac{b^2}{a}.$$

CHAPITRE VII

—

INTERSECTIONS. POLAIRES

322. L'élimination de y donne $x^3 - 6x^2 + 3x + 10 = 0$ et les trois points $(-1,0)$ $\left(2, -\dfrac{3}{2}\right)$ $(5, -12)$. Le quatrième est à l'infini, $x = 0$ étant une direction asymptotique commune.

323. Soit l'ellipse $\dfrac{x^2}{a^2} + \dfrac{y^2}{b^2} - 1 = 0$ et le point (α, β) : deux cordes de coefficients angulaires $\pm m$ seront représentées par l'équation $(y - \beta)^2 = m^2 (x - \alpha)^2$. Une conique, passant par les 4 points d'intersection, a pour équation :

$$(y - \beta)^2 - m^2 (x - \alpha)^2 + \lambda \left(\frac{x^2}{a^2} + \frac{y^2}{b^2} - 1 \right) = 0$$

équation qui représente un cercle si $1 + m^2 + \lambda \left(\dfrac{1}{b^2} - \dfrac{1}{a^2} \right) = 0$ $\lambda = - \dfrac{1 + m^2}{c^2} a^2 b^2$. L'équation du cercle est :

$$(b^2 + a^2 m^2)(x^2 + y^2) + 2 c^2 (\beta y - \alpha m^2 x) + c^2 (m^2 \alpha^2 - \beta^2)$$
$$- a^2 b^2 (1 + m^2) = 0$$

le centre est : $x = \dfrac{\alpha c^2 m^2}{b^2 + a^2 m^2}$, $y = \dfrac{- \beta c^2}{b^2 + a^2 m^2}$, $a^2 \dfrac{x}{\alpha} - b^2 \dfrac{y}{\beta} = c^2$ le lieu est une droite.

324. Soit l'ellipse $\dfrac{x^2}{a^2} + \dfrac{y^2}{b^2} = 1$, et le cercle $x^2 + y^2 = 2 \alpha x + 2 \beta y + \gamma$. Une conique passant par les points d'intersection est :

$$\frac{x^2}{a^2} + \frac{y^2}{b^2} - 1 = \lambda (x^2 + y^2 - 2 \alpha x - 2 \beta y - \gamma)$$

c'est une parabole si $\lambda = \dfrac{1}{a^2}$ ou $\dfrac{1}{b^2}$. Soit $\lambda = \dfrac{1}{a^2}$, la parabole

$$y^2 c^2 - a^2 b^2 + b^2 (2 \alpha x + 2 \beta y + \gamma) = 0$$

ou $\left(cy + \dfrac{b^2 \beta}{c} \right)^2 + b^2 \left(2 \alpha x - a^2 + \gamma - \dfrac{b^2}{c^2} \beta^2 \right) = 0$ a son sommet sur l'axe $y = - \dfrac{b^2 \beta}{c^2}$, qui est fixe, quand γ varie.

Le sommet de la seconde parabole décrit la droite $x = \frac{a^2 x}{c^2}$.
Si $\alpha = 0$, la première parabole se réduit à deux droites parallèles.

325. Prenons pour axes la base AB et la hauteur du triangle, (a, o) (b, o) (o, c) étant les 3 sommets (probl. 254). Une conique passant par les trois points a pour équation :

$$(x - a)(x - b) + 2\lambda xy + \mu y (y - c) - \frac{ab}{c} y = o$$

les asymptotes sont perpendiculaires si $\mu = -1$, elle passe alors par le point de rencontre des hauteurs $\left(o, -\frac{ab}{c}\right)$; le centre de l'hyperbole équilatère est déterminé par les équations :

$$2x - a - b + 2\lambda y = o, \quad -2y + 2\lambda x + c - \frac{ab}{c} = o$$

d'où :

$$2(x^2 + y^2) = x(a + b) + y\left(c - \frac{ab}{c}\right)$$

ce lieu est le cercle qui passe par les pieds des hauteurs.

326. Les sommets étant les points $(a, o)(b, o)(o, c)$ les milieux des côtés sont : $\left(\frac{a + b}{2}, o\right) \left(\frac{a}{2}, \frac{c}{2}\right) \left(\frac{b}{2}, \frac{c}{2}\right)$. Le cercle passant par ces trois points a pour équation :

$$\begin{vmatrix} x^2 + y^2 & a^2 + c^2 & b^2 + c^2 & (a + b)^2 \\ x & 2a & 2b & 2(a + b) \\ y & 2c & 2c & o \\ 1 & 4 & 4 & 4 \end{vmatrix} = o$$

ou, en retranchant la seconde colonne de la troisième, et divisant par $b - a$,

$$\begin{vmatrix} x^2 + y^2 & a^2 + c^2 & b + a & (a + b)^2 \\ x & 2a & 2 & 2(a + b) \\ y & 2c & o & o \\ 1 & 4 & o & 4 \end{vmatrix} = \begin{vmatrix} x^2 + y^2 & a^2 + c^2 & b + a & o \\ x & 2a & 2 & o \\ y & 2c & o & o \\ 1 & 4 & o & 4 \end{vmatrix} = o$$

$$x^2 + y^2 = \frac{a + b}{2} x + \frac{y}{2}\left(c - \frac{ab}{c}\right).$$

Il coupe la hauteur OY, au pied de cette hauteur $y = o$, et au point $y = \frac{1}{2}\left(c - \frac{ab}{c}\right)$ milieu de HC, car le point de rencontre des hauteurs H est $\left(0, -\dfrac{ab}{c}\right)$. Par symétrie ce cercle passe par les pieds des trois hauteurs, et par les milieux de HA et HB ; ce que l'on peut vérifier.

327. Si l'on prend la corde des contacts pour OX, on a les coniques $f(x, y) = \lambda y^2$, le lieu des centres est la droite $f'_x = 0$.

328. Les hyperboles équilatères passant par A, B, C ont pour équation (probl. 325) $(x-a)(x-b) + 2\lambda xy - y^2 + y\left(c - \dfrac{ab}{c}\right) = 0$

et le cercle : $(x-a)(x-b) + y^2 - y\left(c + \dfrac{ab}{c}\right) = 0$.

En retranchant et supprimant le facteur y, on a : $y = \lambda x + c$ droite qui coupe le cercle au point C, et au point M :

$$x = \frac{a + b + \lambda\left(\dfrac{ab}{c} - c\right)}{1 + \lambda^2} \quad , \quad y = \frac{c + \lambda(a + b) + \lambda^2 \dfrac{ab}{c}}{1 + \lambda^2}.$$

Le centre de l'hyperbole est le point :

$$x = \frac{a + b + \lambda\left(\dfrac{ab}{c} - c\right)}{2(1 + \lambda^2)} \quad , \quad y = \frac{c - \dfrac{ab}{c} + \lambda(a + b)}{2(1 + \lambda^2)}.$$

Le diamètre, qui joint ces deux points, a pour équation :

$$y = x\, \frac{c + \dfrac{ab}{c} + (a + b)\lambda + \dfrac{2ab}{c}\lambda^2}{a + b + \lambda\left(\dfrac{ab}{c} - c\right)} - \frac{ab}{c}.$$

Il passe par le point fixe $H\left(0, -\dfrac{ab}{c}\right)$, point de rencontre des hauteurs. Une tangente, de coefficient angulaire m, a son point de contact sur le diamètre conjugué :

$$2x - a - b + 2\lambda y + m\left(2\lambda x - 2y + c - \frac{ab}{c}\right) = 0.$$

En éliminant λ entre cette équation et celle de l'hyperbole, on a le lieu :

$$(y - mx)(x^2 + y^2) + y^2\left(\frac{ab}{c} - c\right) + mx^2(a + b) - ab(y + mx) = 0$$

courbe du troisième degré ayant une asymptote réelle :

$$y = mx - m \frac{a + b + m\left(\dfrac{ab}{c} - c\right)}{1 + m^2}.$$

La courbe passe par les sommets, A, B, C, et le point de rencontre des hauteurs du triangle. En chacun de ces points la tangente est parallèle à l'asymptote. En O la tangente est $y = -mx$. Par raison de symétrie la courbe passe par les pieds des trois hauteurs, la tangente en chacun d'eux est symétrique de la parallèle à l'asymptote par rapport au côté qui passe par ce point. On peut aussi le vérifier par le calcul.

Si on pose $y = mx + t$, ce qui revient à considérer des droites parallèles à l'asymptote, on a :

$$x^2 \left[t(1 + m^2) + m^2\left(\frac{ab}{c} - c\right) + m(a + b) \right]$$

$$+ (t - c)\left(t + \frac{ab}{c}\right)(2mx + t) = 0$$

$$x = \frac{-m(t - c)\left(t + \dfrac{ab}{c}\right) \pm \sqrt{-(t - c)\left(t + \dfrac{ab}{c}\right)(t + am)(t + bm)}}{t(1 + m^2) + m^2\left(\dfrac{ab}{c} - c\right) + m(a + b)}.$$

Les quatre valeurs de t qui annulent le radical correspondent à des parallèles à l'asymptote, qui passent par les points A, B, C, H.

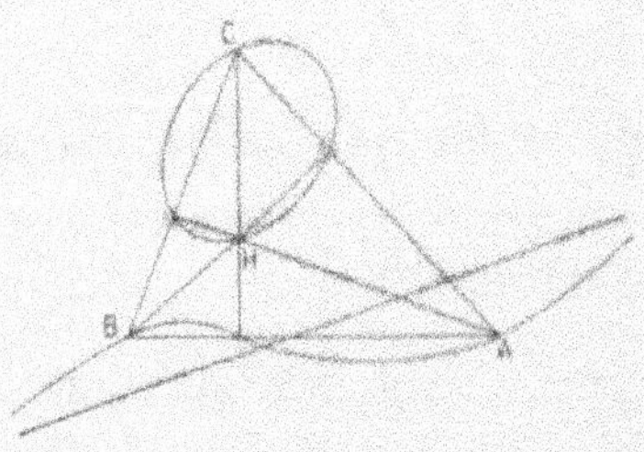

Fig. 26.

Les valeurs de t rendant x réel montrent que ces droites divisent le plan en 5 régions, dont deux seulement contiennent des points de la courbe (*fig.* 26).

Si $m = 0$ la courbe se décompose en : $y = 0$,

$$x^2 + y^2 + y\left(\frac{ab}{c} - c\right) - ab = 0,$$

cercle de diamètre CH.

Si $m = \infty$, on a de même la droite $x = 0$, et le cercle

$$x^2 + y^2 - x(a + b) + ab = 0$$

dont AB est un diamètre.

La courbe se décompose de la même manière si la direction donnée est parallèle à un côté, ou à une hauteur du triangle c'est-à-dire pour les valeurs de $m = -\dfrac{c}{a}, -\dfrac{c}{b}, \dfrac{a}{c}, \dfrac{b}{c}$.

329. Prenons pour axes OX, et OY, la tangente et la normale en M. L'équation de la conique sera : $ax^2 + 2bxy + cy^2 + 2y = 0$.

Les points de contact des tangentes parallèles à OY sont sur le diamètre conjugué $\frac{1}{2}f'_x = bx + cy + 1 = 0$.

Les droites, joignant ces points de contact à l'origine, sont représentées par l'équation homogène :

$$ax^2 + 2bxy + cy^2 - 2y(bx + cy) = 0 \quad \text{ou :} \quad ax^2 = cy^2,$$

$$y = \pm x \sqrt{\frac{a}{c}}$$

droites symétriques par rapport à la tangente OX.

330. Soit la circonférence tangente à OY au point O : $x^2 + y^2 = 2ax$, et la corde $y = mx$ qui la coupe au point $x = \dfrac{2a}{1 + m^2}, y = \dfrac{2ma}{1 + m^2}$. La circonférence ayant pour diamètre cette corde a pour équation :

$$x^2 + y^2 = 2a\,\frac{x + my}{1 + m^2}$$

elle coupe la circonférence analogue : $x^2 + y^2 = 2a\,\dfrac{x + m'y}{1 + m'^2}$ au point : $x = 2a\,\dfrac{1 - mm'}{(1 + m^2)(1 + m'^2)}, y = 2a\,\dfrac{m + m'}{(1 + m^2)(1 + m'^2)}$.

En changeant m' en m'' on a le point d'intersection de la première circonférence (m) avec une troisième. La droite qui joint ces deux points a pour équation :

$$\begin{vmatrix} x & 1 - mm' & 1 - mm'' \\ y & m + m' & m + m'' \\ 1 & \dfrac{(1 + m^2)(1 + m'^2)}{2a} & \dfrac{(1 + m^2)(1 + m''^2)}{2a} \end{vmatrix} = 0$$

$$\begin{vmatrix} x & 1 - mm' & - m \\ y & m + m' & 1 \\ 2a(1 + m^2)(1 + m'^2) & (1 + m^2)(m' + m'') \end{vmatrix} = 0$$

$$x(mm' + mm'' + m'm'' - 1) - y(m + m' + m'' - mm'm'') + 2a = 0.$$

Cette droite passe par le troisième point d'intersection, provenant des cordes m' et m'', à cause de la symétrie de l'équation ; ce qui est facile à vérifier.

331. Prenons les axes parallèles aux asymptotes, l'origine étant le milieu de la distance des deux points fixes $(a, b)\,(- a, - b)$. L'hyperbole doit passer par les points communs aux systèmes de droites $(x - a)(y + b) = 0$, $(x + a)(y - b) = 0$, dont deux sont à l'infini, dans la direction des axes de coordonnées. L'équation générale de ces hyperboles équilatères est :

$$(x - a)(y + b) = \lambda(x + a)(y - b)$$

on $xy - ab = \mu(bx - ay)$, $\mu = \dfrac{\lambda + 1}{\lambda - 1}$.

Le centre est : $x = - a\mu$, $y = b\mu$.

Le lieu du centre est la droite $y = - \dfrac{b}{a}\,x$.

Les axes, parallèles aux bissectrices des axes de coordonnées, ont pour équations : $y - x = \mu(a + b)$, $y + x = \mu(b - a)$.

On a le lieu des sommets en éliminant μ entre l'une de ces équations et celle de l'hyperbole. On obtient :

$$ay^2 + bx^2 = ab(a + b), \text{ et } ay^2 - bx^2 = ab(b - a)$$

ellipse et hyperbole qui passent par les points donnés ; et ont les mêmes foyers, $x = \pm\sqrt{a^2 - b^2}$, $y = 0$, si $a > b$.

332. Soit la parabole $y^2 = 2px$, et les trois tangentes

$$y = mx + \frac{p}{2m}, \quad y = m'x + \frac{p}{2m'}, \quad y = m''x + \frac{p}{2m''}.$$

Les deux premières se coupent au point :

$$x = \frac{p}{2\,mm'}, \quad y = p\,\frac{m + m'}{2\,mm'}.$$

La hauteur correspondante a pour équation :

$$m''y + x = p\,\frac{1 + (m + m')\,m''}{2\,mm'}.$$

elle coupe la directrice $x = -\dfrac{p}{2}$ au point

$$y = p\,\frac{1 + mm' + mm'' + m'm''}{2\,mm'm''}$$

à cause de la symétrie, on trouvera que chaque hauteur passe par ce point.

333. Soit $OA = a$ sur OX, $OB = a$ sur OY. Ces coniques passent par les points communs aux systèmes de droites OA, BA et OB, AT :

$$y(x + y - a) = 0, \quad x(x - a) = 0$$

l'équation générale est : $y(x + y - a) - \lambda x(x - a) = 0$. Le lieu des centres est la droite

$$f_y = 2y + x - a = 0.$$

La conique est une ellipse si

$$1 + 4\lambda < 0$$

ou si le point (x, y) est tel que

$$\frac{(2y + x)^2 - a(x + 4y)}{x(x - a)} < 0.$$

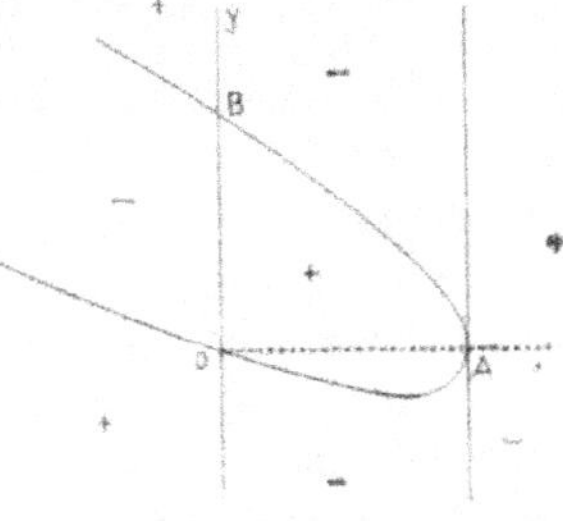

Fig. 27.

L'équation $(2y + x)^2 = a(x + 4y)$ représente la seule parabole du système. Avec les droites $x = 0$, $x = a$ elle divise le plan en 7 régions. Dans 3 régions — la courbe est une ellipse, dans les 4 régions + une hyperbole (*fig.* 27).

334. Soit le point M, $x = a \cos t$, $y = b \sin t$. La normale en ce point a pour équation $\dfrac{y - b \sin t}{a \sin t} = \dfrac{x - a \cos t}{b \cos t}$. Le point

$x = -a \sin t$, $y = b \cos t$ est l'extrémité du demi-diamètre conjugé (§ 144) dont la longueur est $\sqrt{a^2 \sin^2 t + b^2 \cos^2 t}$. Un point de la normale a pour coordonnées $x = (a+b\lambda) \cos t$, $y = (b+a\lambda) \sin t$, $\lambda > o$ dans le sens extérieur à l'ellipse; car si λ est assez petit $\frac{x^2}{a^2} + \frac{y^2}{b^2} - 1$ a le signe de λ. Pour le point N, $\lambda = 1$. Les parallèles menées par O aux tangentes issues de N sont représentées par l'équation (§ 157) : $(Xy - Yx)^2 - b^2 X^2 - a^2 Y^2 = o$ ou

$$X^2 [(a+b)^2 \sin^2 t - b^2] - 2 XY (a+b)^2 \sin t \cos t$$
$$+ Y^2 [(a+b)^2 \cos^2 t - a^2] = o.$$

Les bissectrices des angles de ces droites sont représentées par (§ 119) :

$$(a+b)^2 (X^2 - Y^2) \sin t \cos t + xy [a^2 - b^2 + (a+b)^2 (\sin^2 t - \cos^2 t)] = o$$

ou

$$(a+b)(X^2 - Y^2) \sin t \cos t + 2 xy (a \sin^2 t - b \cos^2 t) = o.$$

Les droites MN et NO ont pour coefficients angulaires $\frac{a}{b}$ tg t et tg t. Les parallèles menées par O sont représentées par l'équation :

$$x^2 a \sin^2 t - xy (a+b) \sin t \cos t + y^2 b \cos^2 t = o.$$

On trouve les mêmes bissectrices que pour les parallèles aux tangentes issues de N. Ces droites font donc des angles égaux avec les deux tangentes.

335. Soit la parabole $y^2 = 2px$ et les deux cordes $Y = y \pm m(X-x)$ qu'on peut représenter par l'équation : $(Y-y)^2 - m^2 (X-x)^2 = o$.

Une conique passant par les points communs à ces cordes MP, MQ et à la parabole, c'est-à-dire par P et Q, et tangente en M à la parabole, a pour équation :

$$(Y-y)^2 - m^2 (X-x)^2 - \lambda (Y^2 - 2pX) = o.$$

Elle représentera le cercle passant par P, Q, M, si $\lambda = m^2 + 1$:

$$m^2 (X^2 + Y^2) + 2 Yy - 2 X (p + pm^2 + xm^2) + m^2 x^2 - y^2 = o.$$

Le centre est :

$$X = x + p + \frac{p}{m^2}, \quad Y = -\frac{y}{m^2}.$$

On peut vérifier qu'il est sur la normale au point (x, y). Si ce point décrit la parabole, le lieu du centre est :

$$m^4 Y^2 = 2p \left(X - p - \frac{p}{m^2} \right)$$

parabole de paramètre $\dfrac{p}{m^4}$.

CHAPITRE VIII

—

COORDONNÉES POLAIRES.
COURBES UNICURSALES

336. L'angle OMT $= v$ (*fig.* 28)

$$\operatorname{tg} v = \frac{\rho}{\rho'} = \frac{e^{a\omega}}{ac^{a\omega}} = \frac{1}{a}.$$

La sous-tangente

$$OT = \rho \operatorname{tg} v = \frac{1}{a} e^{a\omega}.$$

Le point T a pour coordonnées

$$\theta = \omega - \frac{\pi}{2} \quad , \quad r = \frac{1}{a} e^{a\omega} = \frac{1}{a} e^{a\left(\theta + \frac{\pi}{2}\right)};$$

il décrit la courbe

$$\rho = \frac{1}{a} e^{a\left(\omega + \frac{\pi}{2}\right)}$$

ou

$$L\rho = a \left(\omega + \frac{\pi}{2} - \frac{La}{a} \right).$$

C'est la spirale donnée que l'on fait tourner de l'angle

$$\alpha = \frac{\pi}{2} - \frac{La}{a}.$$

La sous-normale

$$ON = \rho \cot g\, v = ae^{m\omega}.$$

N a pour coordonnées

$$\theta = \omega + \frac{\pi}{2} \quad , \quad r = ae^{m\omega} = ae^{m\left(\theta - \frac{\pi}{2}\right)}.$$

il décrit la même spirale qui a tourné de l'angle $-\alpha$.

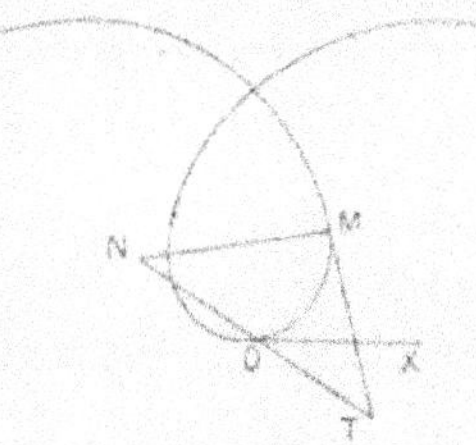

Fig. 28.

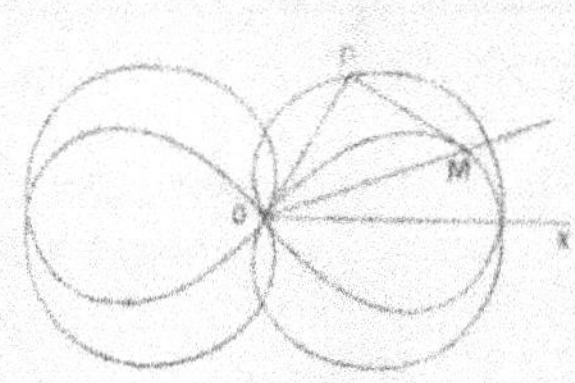

Fig. 29.

337. On a (*fig.* 29),

$$OP = \rho \sin v.$$

l'angle

$$MOP = v - \frac{\pi}{2}$$

$$\rho^2 = 2\,a^2 \cos 2\omega \quad , \quad \text{tg}\, v = \frac{\rho}{\rho'} = -\cot g\, 2\omega = \text{tg}\left(2\omega + \frac{\pi}{2}\right).$$

Les coordonnées polaires de P sont :

$$\theta = \omega + \widehat{MOP} = 3\omega,$$

et

$$r = \rho \sin\left(2\omega + \frac{\pi}{2}\right) = a\sqrt{2}\cos^{\frac{1}{2}} 2\omega = a\sqrt{2}\cos^{\frac{1}{2}}\frac{2\theta}{3}.$$

Le lieu de P est représenté par l'équation

$$r^2 = 2\,a^2 \cos^2 \frac{2\omega}{3};$$

si ω varie de o à $\frac{3\pi}{4}$, ρ diminue de $a\sqrt{2}$ à o. On a ensuite des parties symétriques. O est un point double.

338.
$$\rho = a \sin^3 \frac{\omega}{3}.$$

De $\omega = $ o à $\frac{3\pi}{2}$, ρ augmente de o à a. On a ensuite une partie symétrique par rapport à OY. Si on augmente ω de 3π, on retrouve les mêmes points.

$$\operatorname{tg} v = \frac{\rho}{\rho'} = \operatorname{tg} \frac{\omega}{3}.$$

Un rayon vecteur coupe la courbe en M, M', M'' correspondants aux angles ω, $\omega + \pi$, $\omega + 2\pi$. En M et M' on a

$$v = \frac{\omega}{3} \quad, \quad v' = \frac{\omega + \pi}{3},$$

l'angle des deux tangentes est

$$v' - v = \frac{\pi}{3}.$$

De même en M' et M''. Les 3 tangentes, formant des angles égaux à $\frac{\pi}{3}$, forment un triangle équilatéral (*fig.* 30).

339. Prenons pour axes la perpendiculaire au milieu de AB, et la tangente fixe ; soient $(a, \pm b)$ les coordonnées de A et B, (x, y) le foyer. La directrice de la parabole passe par le point $(-x, y)$ symétrique du foyer par rapport à la tangente OY (§ 149). L'équation d'une parabole de foyer (x, y) tangente à OY est ainsi :

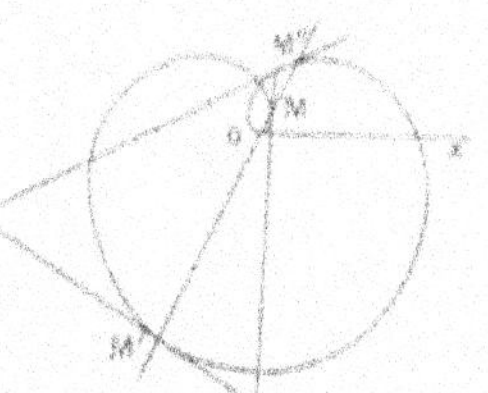

$$(X - x)^2 + (Y - y)^2$$
$$= [(X + x)\cos\alpha + (Y - y)\sin\alpha]^2.$$

Elle passe par les points A, B $(a, \pm b)$ si :

$$y + \sin\alpha \,(a + x)\cos\alpha - y\sin\alpha = 0,$$
$$(a - x)^2 + (b - y)^2 = [(a + x)\cos\alpha + (b - y)\sin\alpha]^2,$$

ou :

$$y \cos \alpha + (a + x) \sin \alpha = 0,$$
$$- 4ax + [(a + x) \sin \alpha - (b - y) \cos \alpha]^2 = 0.$$

D'où

$$4ax (\sin^2 \alpha + \cos^2 \alpha) = b^2 \cos^2 \alpha \quad , \quad \frac{\sin \alpha}{- y} = \frac{\cos \alpha}{a + x}$$

et l'équation du lieu

$$4axy^2 = (a + x)^2 (b^2 - 4ax),$$

soit

$$\frac{b^2}{4a} = c > 0 \; , \; y = \pm (a+x) \sqrt{\frac{c - x}{x}} \; , \; y' = (a+x) \frac{- 2x^2 + cx - ac}{2 yx^2}$$

si $c < 8a$, $b < 4a \sqrt{2}$, y décroit de ∞ à o lorsque x varie de o à c (*fig.* 31). Si $b > 4a \sqrt{2}$, y' est nul pour les valeurs

$$x = \frac{c \pm \sqrt{c (c - 8a)}}{4}$$

comprises entre o et c, on a la courbe (*fig.* 32).

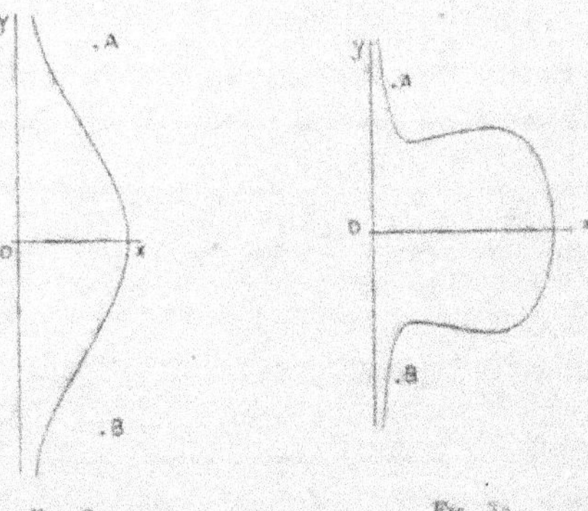

Fig. 31.   Fig. 32.

340. Soit l'ellipse, en coordonnées polaires,

$$\rho = \frac{b^2}{a + c \cos \omega}$$

($ 163). Une corde focale coupe l'ellipse en deux points, donnés par les valeurs ω, et $\pi + \omega$,

$$\rho_1 = \frac{b^2}{a - c \cos \omega},$$

la longueur de la corde est

$$h = \rho + \rho_1 = \frac{2 b^2 a}{a^2 - c^2 \cos^2 \omega},$$

la corde perpendiculaire a pour longueur

$$k = \frac{2 b^2 a}{a^2 - c^2 \sin^2 \omega},$$

$$\frac{1}{h} + \frac{1}{k} = \frac{2 a^2 - c^2}{2 ab^2} = \frac{a^2 + b^2}{2 ab^2}.$$

La surface du quadrilatère ayant h et k pour diagonales est :

$$S = \frac{hk}{2} = \frac{2 b^4 a^2}{a^4 - a^2 c^2 + \dfrac{c^4}{4} \sin^2 2 \omega}.$$

pour $\omega = 0$, $S = 2 b^2$ est maximum, h est le grand axe.

Pour $\omega = \dfrac{\pi}{4}$, les cordes sont égales,

$$S = \frac{8 a^2 b^4}{(a^2 + b^2)^2}$$

est minimum.

341. Si on prend pour origine le foyer, **FX** étant l'axe focal, l'équation de l'ellipse est

$$\frac{(x + c)^2}{a^2} + \frac{y^2}{b^2} = 1.$$

ou, en coordonnées polaires,

$$\rho = \frac{b^2}{a + c \cos \omega}$$

($ 163). La tangente au point $x = \rho \cos \omega$, $y = \rho \sin \omega$ a pour coefficient angulaire

$$- b^2 \frac{x + c}{a^2 y} = - b^2 \frac{c + \rho \cos \omega}{a^2 \rho \sin \omega} = - \frac{c + a \cos \omega}{a \sin \omega}$$

et pour équation

$$aY \sin \omega + X(c + a \cos \omega) = b^2.$$

Le rayon vecteur perpendiculaire correspond à l'angle $\omega + \frac{\pi}{2}$, la tangente à l'extrémité est

$$aY \cos \omega + X(c - a \sin \omega) = b^2.$$

Le lieu du point d'intersection s'obtient en éliminant ω entre ces deux équations

$$a(Y \sin \omega + X \cos \omega) = b^2 - cX \;,\; a(Y \cos \omega - X \sin \omega) = b^2 - cX$$

ou en ajoutant les carrés :

$$a^2(X^2 + Y^2) = 2(b^2 - cX)^2$$

conique ayant le foyer F et la directrice

$$x = \frac{b^2}{c} \quad \frac{a^2}{c} - c$$

de l'ellipse donnée. L'excentricité est $\frac{c\sqrt{2}}{a}$. Si $a > b\sqrt{2}$, on a $c\sqrt{2} > a$, le lieu est une hyperbole. Si $b\sqrt{2} > a > b$ c'est une ellipse, pour $a = b\sqrt{2}$ on a une parabole.

342. Mêmes axes. Les tangentes aux points M et M' ont pour équations

$$aY \sin \omega + X(c + a \cos \omega) = b^2,$$
$$aY \sin \omega' + X(c + a \cos \omega') = b^2.$$

Leur point d'intersection P est déterminé par ces deux équations. En les retranchant on a :

$$\frac{Y}{X} = \frac{\cos \omega' - \cos \omega}{\sin \omega - \sin \omega'} = \operatorname{tg} \frac{\omega + \omega'}{2}.$$

FP est la bissectrice de l'angle de FM et FM' dont les coefficients angulaires sont $\operatorname{tg} \omega$, $\operatorname{tg} \omega'$.

343. La parabole, de foyer O, et d'axe OX, a pour équation

$$y^2 = 2px + p^2.$$

ou

$$\rho = \frac{p}{1 - \cos \omega} = \frac{p}{2 \sin^2 \frac{\omega}{2}}.$$

Les tangentes aux points $M(\omega, \rho)$ et $M'(\omega', \rho')$ ont pour équations :

$$y \sin \omega - x(1 - \cos \omega) = p$$

ou

$$y \cos \frac{\omega}{2} - x \sin \frac{\omega}{2} = \frac{p}{2 \sin \frac{\omega}{2}}$$

et

$$y \cos \frac{\omega'}{2} - x \sin \frac{\omega'}{2} = \frac{p}{2 \sin \frac{\omega'}{2}}.$$

Leur point d'intersection est :

$$x = p \frac{\sin \omega - \sin \omega'}{4 \sin \frac{\omega}{2} \sin \frac{\omega'}{2} \sin \frac{\omega - \omega'}{2}} = p \frac{\cos \frac{\omega + \omega'}{2}}{2 \sin \frac{\omega}{2} \sin \frac{\omega'}{2}},$$

$$y = p \frac{\sin \frac{\omega + \omega'}{2}}{2 \sin \frac{\omega}{2} \sin \frac{\omega'}{2}},$$

$$FP = \frac{p}{2 \sin \frac{\omega}{2} \sin \frac{\omega'}{2}} = \sqrt{\rho . \rho'}.$$

344. Une droite $Ax + By + C = 0$ coupe la courbe aux points déterminés par l'équation $3aAt + 3aBt^2 + C(1 + t^3) = 0$, qui a 3 racines dont le produit $t_1 t_2 t_3 = -1$ (§ 79).

Deux points t_1, t_2 déterminent une droite qui coupe la courbe au point

$$t_3 = \frac{-1}{t_1 t_2}.$$

Si $t_1 = t_2$, la tangente coupe la courbe au point

$$t_1' = \frac{-1}{t_1^2}.$$

Si trois points t_1, t_2, t_3 sont en ligne droite,

$$t_1 t_2 t_3 = -1 \quad , \quad t_1' t_2' t_3' = \frac{-1}{t_1^2 t_2^2 t_3^2} = -1,$$

les 3 points M_1', M_2', M_3' sont aussi en ligne droite.

345. Une droite $Ax + By + C = 0$ coupe la courbe aux 3 points :

$$2 a A t^2 + a B (t^2 - 1) + C (1 + t^2) = 0 ;$$

on a :

$$t_1 t_2 + t_1 t_3 + t_2 t_3 = -1.$$

Si $t_1 = t_2$ la tangente au point t coupe la courbe au point

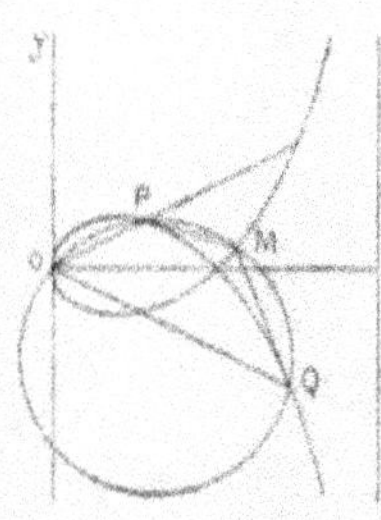
Fig. 33.

$$t_3 = \theta \quad , \quad 2 t\theta + t^2 + 1 = 0.$$

Inversement, par le point M (θ) passent deux tangentes, en P et Q (*fig.* 33), définis par

$$t^2 + 2 t\theta + 1 = 0 , \quad t_1 + t_2 = -2\theta , \quad t_1 t_2 = 1 ;$$

au point P (t_1)

$$\frac{y_1}{x_1} = \frac{t_1^2 - 1}{2 t_1} = \frac{1 - t_2^2}{2 t_2} = -\frac{y_2}{x_2},$$

OX est bissectrice de l'angle POQ.

On a $x^2 + y^2 = a^2 t^2$. Un cercle passant par OPQ a pour équation

$$\begin{vmatrix} x^2 + y^2 & a t_1 (1 + t_1^2) & a t_2 (1 + t_2^2) \\ x & 2 t_1 & 2 t_2 \\ y & t_1^2 - 1 & t_2^2 - 1 \end{vmatrix} = 0$$

ou

$$(x^2 + y^2)(t_1 t_2 + 1) - \frac{a}{2} x \left[(t_1 + t_2)^2 + 1 - t_1^2 t_2^2 \right] - ay t_1 t_2 (t_1 + t_2) = 0,$$

$$x^2 + y^2 - a\theta^2 x + a\theta y = 0 ;$$

ce cercle passe par le point M.

$$x = \frac{2 a \theta^2}{1 + \theta^2} \quad , \quad y = a\theta \frac{\theta^2 - 1}{1 + \theta^2}.$$

On pourrait encore montrer que tout cercle :

$$x^2 + y^2 + Ax + By + C = 0$$

coupe la courbe en 4 points tels que

$$t_1 + t_2 + t_3 + t_4 + t_1 t_2 t_4 + t_1 t_2 t_4 + t_1 t_3 t_4 + t_2 t_3 t_4 = 0,$$

relation qui est vérifiée pour les 4 points OPQM.

346. Une droite $Ax + By + C = 0$ coupe la cissoïde en trois points déterminés par $Aat^2 + Bat^3 + C(t^2 + 1) = 0$, tels que

$$t_1 t_2 + t_1 t_3 + t_2 t_3 = 0$$

ou

$$\frac{1}{t_1} + \frac{1}{t_2} + \frac{1}{t_3} = 0.$$

Si $t_1 = t_2$, la tangente au point $M(t)$ coupe la courbe au point θ tel que

$$\frac{2}{t} + \frac{1}{\theta} = 0 \quad , \quad \theta = -\frac{t}{2},$$

pour le point symétrique on a $+\dfrac{t}{2}$.

Une circonférence $x^2 + y^2 + Ax + By + C = 0$ coupe la courbe en 4 points déterminés par l'équation

$$a^2 t^4 + Aat^3 + Bat^3 + C(1 + t^2) = 0;$$

comme il n'y a pas de terme en t,

$$\frac{1}{t_1} + \frac{1}{t_2} + \frac{1}{t_3} + \frac{1}{t_4} = 0.$$

Une droite passant par le point $\dfrac{t}{2}$ coupe la courbe en deux autres points P, Q tels

$$\frac{1}{t_1} + \frac{1}{t_3} + \frac{2}{t} = 0,$$

le cercle passant par P, Q, M coupe la courbe au point t_4.

$$\frac{1}{t_1} + \frac{1}{t_2} + \frac{1}{t} + \frac{1}{t_4} = 0,$$

$t_4 = t$, ce point coïncide avec M, le cercle est tangent en M.

347. $\rho = a\,(2 + \cos 2\,\omega)$, de $\omega = 0$ à $\frac{\pi}{2}$, ρ diminue de $3\,a$ à a. Si on change ω en $\pi \pm \omega$, ρ ne change pas, on a des portions symétriques,

$$\operatorname{tg} v = \frac{\rho}{\rho'} = \frac{2 + \cos 2\,\omega}{-\,2\,\sin 2\,\omega},$$

$v = \frac{\pi}{2}$ pour $\omega = k\,\frac{\pi}{2}$ (*fig.* 34). Il y a 4 points d'inflexion déterminés par

$$\rho^2 + 2\rho'^2 - \rho\rho'' = 3a^2\,(4 + 4\cos 2\omega - \cos^2 2\omega) \quad , \quad \cos 2\omega = 2\,(1 - \sqrt{2}).$$

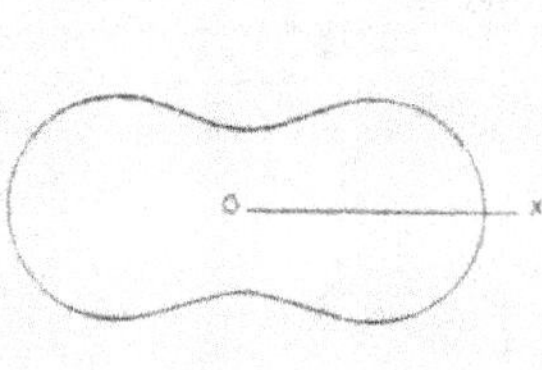

Fig. 34.

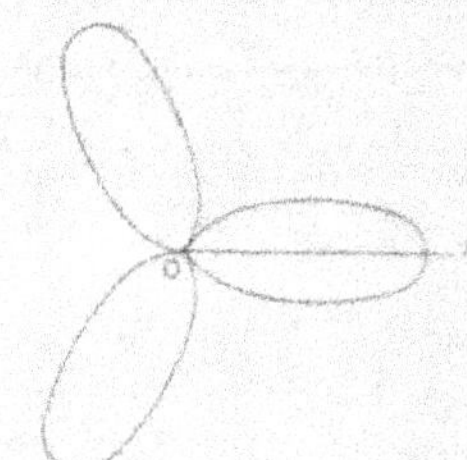

Fig. 35.

348. De $\omega = 0$ à $\frac{\pi}{3}$, ρ diminue de $2\,a$ à 0. Si on change ω en $-\omega$, ou en $\omega + \frac{2\pi}{3}$, ρ ne change pas. O est un point multiple (*fig.* 35). Il y a trois tangentes de rebroussement $\omega = \pi$ et $\pm\frac{\pi}{3}$.

349. Strophoïde,

$$\rho^2 + \rho x = ay \quad , \quad (x^2 + y^2 - ay)^2 = x^2\,(x^2 + y^2),$$
$$x^2\,(y - 2\,a) + y\,(y - a)^2 = 0.$$

En faisant tourner les axes de $\frac{\pi}{2}$ on ramène l'équation à la forme

$$y = (x - a)\sqrt{\frac{x}{2\,a - x}}$$

(§ 126).

350. $\rho = a\cos\frac{\omega}{3}$, de $\omega = 0$ à $\frac{3\pi}{2}$, ρ décroît de a à 0. On a ensuite la partie symétrique. Si ω augmente de 3π on retrouve les mêmes points (*fig.* 36).

351. Les valeurs $\pm \omega$, $\pi \pm \omega$ donnent la même valeur de ρ. OX et OY sont des axes de symétrie. Soit

$$\operatorname{tg} \alpha = \frac{1}{\sqrt{2}} \quad , \quad 0 < \alpha < \frac{\pi}{2} \quad , \quad \sin \alpha = \frac{1}{\sqrt{3}} \quad , \quad \cos \alpha = \sqrt{\frac{2}{3}}.$$

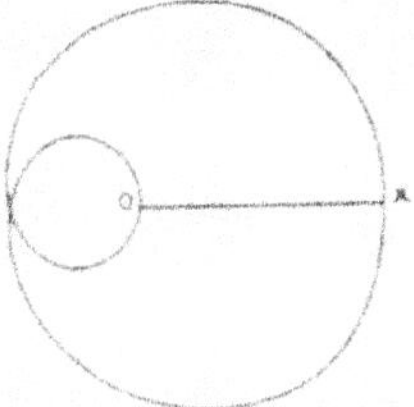

Fig. 36.

$\omega = \alpha$ est une direction asymptotique

$$\rho \sin(\omega - \alpha) = a \frac{3 \cos^2 \omega + 2 \sin^2 \omega}{\cos^2 \omega - 2 \sin^2 \omega} \cdot \frac{\sqrt{2} \sin \omega - \cos \omega}{\sqrt{3}} =$$
$$= -\frac{a}{\sqrt{3}} \frac{3 \cos^2 \omega + 2 \sin^2 \omega}{\cos \omega + \sqrt{2} \sin \omega}$$

a pour limite $-\frac{2}{3} a \sqrt{2}$. $\omega = \pm \alpha$ et $\pi \pm \alpha$ donnent les asymptotes symétriques.

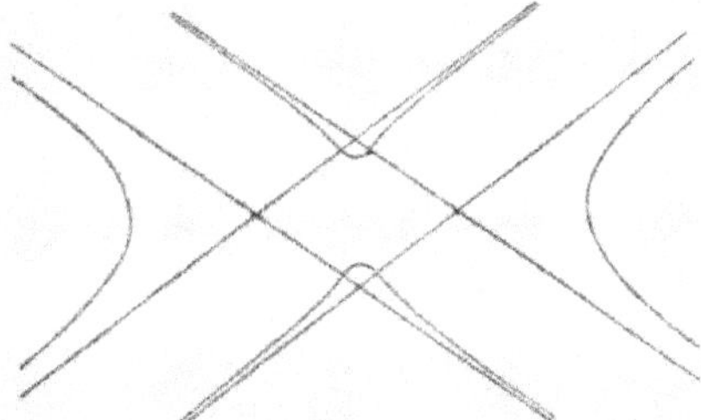

Fig. 37.

De $\omega = 0$ à α, ρ varie de $3a$ à $+\infty$; de $\omega = \alpha$ à $\frac{\pi}{2}$, ρ augmente de $-\infty$ à $-a$. On a ensuite les parties symétriques (*fig. 37*). La dérivée de

$$\frac{1}{\rho} = \frac{1}{a} \frac{\cos^2 \omega - 2 \sin^2 \omega}{3 \cos^2 \omega + 2 \sin^2 \omega}$$

est

$$\left(\frac{1}{\rho}\right)' = \frac{-16 \sin \omega \cos \omega}{a\,(3 \cos^2 \omega + 2 \sin^2 \omega)^2} = -\frac{\rho'}{\rho^2},$$

$$\left(\frac{1}{\rho}\right)'' = \frac{2\rho'^2 - \rho\rho''}{\rho^3} = 16\,\frac{2 \sin^4 \omega - 3 \sin^2 \omega \cos^2 \omega - 3 \cos^4 \omega}{a\,(3 \cos^2 \omega + 2 \sin^2 \omega)^3}$$

Les points d'inflexion sont donnés par l'équation

$$\rho^2 + 2\rho'^2 - \rho\rho'' = 0$$

ou

$$\frac{1}{\rho} + \left(\frac{1}{\rho}\right)'' = 0,$$

$$(\cos^2 \omega - 2 \sin^2 \omega)(3 \cos^2 \omega + 2 \sin^2 \omega)^2 +$$
$$+ 16 (2 \sin^4 \omega - 3 \sin^2 \omega \cos^2 \omega - 3 \cos^4 \omega) = 0 ;$$

en multipliant le dernier facteur par $\sin^2 \omega + \cos^2 \omega$ elle devient :

$$39 \cos^6 \omega + 102 \cos^4 \omega \sin^2 \omega + 36 \cos^2 \omega \sin^4 \omega - 24 \sin^6 \omega = 0,$$
$$(\cos^2 \omega + 2 \sin^2 \omega)(39 \cos^4 \omega + 24 \cos^2 \omega \sin^2 \omega - 12 \sin^4 \omega) = 0.$$

$$\operatorname{tg}^2 \omega = 1 + \frac{\sqrt{17}}{2}.$$

352. Les 3 polynômes t, $t - 2$, $t - 1$ étant du premier degré, on a une droite, que l'on peut déterminer par 2 points, si $t = 0$, $x = 0$, $y = 2$; si $t = 2$, $x = 2$, $y = 0$.

L'élimination de t donne : $x + y = 2$.

353. En réduisant x et y au même dénominateur on voit que la courbe est du second degré (§ 164). C'est une hyperbole, les asymptotes sont $t = 1$, $y = \infty$, $x = \frac{a}{2}$; $t = -1$, $x = \infty$, $y = 0$. L'hyperbole est équilatère, elle coupe OY au point $t = 0$, $y = -b$.

354. Courbe du second degré, dont les directions asymptotiques sont imaginaires

$$t = \pm i \quad , \quad \frac{y}{x} = \frac{t + 1}{2t}.$$

directions

$$\frac{1 \mp i}{2} \quad , \quad y - \frac{1 - i}{2}\,x = \frac{1 + ti}{t^2 + 1} = \frac{i}{t + i}.$$

Les asymptotes sont :

$$y = \frac{1}{2} + \frac{1 \mp i}{2}\, x.$$

Le centre est $x = 0$, $y = \frac{1}{2}$. Les points de l'ellipse sur OY sont : $t = 0$, $y = 1$; $t = \infty$, $x = y = 0$. La tangente en O $(t = \infty)$ a pour coefficient angulaire

$$\frac{y}{x} = \frac{t+1}{2t} = \frac{1}{2}.$$

Les points $t = \pm 1$, $x = y = 1$ et $x = -1$, $y = 0$ sont les extrémités du diamètre conjugué de OY.

$$355. \qquad x = \frac{at^2}{t-1} = \frac{at^2(t+1)}{t^2-1} \quad , \quad y = \frac{at}{t^2-1}$$

courbe d'ordre 3.

Pour $t = 1$,

$$\frac{y}{x} = \frac{1}{t(t+1)} = \frac{1}{2} \quad , \quad y - x = at\,\frac{2 - t - t^2}{t^2 - 1} = -at\,\frac{t+2}{t+1},$$

on a l'asymptote $2y = x - \dfrac{3}{2}\,a$.

Pour $t = -1$, $y = \infty$, $x = -\dfrac{a}{2}$, on a une asymptote parallèle à OY. Pour $t = \infty$, $x = \infty$, $y = 0$, OX est une asymptote.

$$x' = at\,\frac{t-3}{(t-1)^2} \quad , \quad y' = -a\,\frac{t^2+1}{(t^2-1)^2} < 0.$$

On a ainsi les variations :

$t =$	$-\infty$		-1		0		1		2		$+\infty$
$x =$	$-\infty$		$-\dfrac{a}{2}$		0		$-\infty\ +\infty$		4		$+\infty$
$y =$	0		$-\infty\ +\infty$		0		$-\infty\ +\infty$		$\dfrac{2}{3}$		0

et la courbe ($fig.$ 38). En O, $\dfrac{y}{x} = \infty$, la tangente est OY.

356. Cette courbe est la développée d'une ellipse. Si $a < b$, en posant

$$a' = \frac{ab^2}{b^2 - a^2} \quad , \quad b' = \frac{a^2 b}{b^2 - a^2}.$$

on a :

$$(a'x)^{\frac{2}{3}} + (b'y)^{\frac{2}{3}} = (a'^2 - b'^2)^{\frac{2}{3}} \qquad (\S\ 171).$$

Si $a > b$, le grand axe de l'ellipse sera sur OY.

Si $a = b$, on a une courbe formée de 4 branches égales (problème 275).

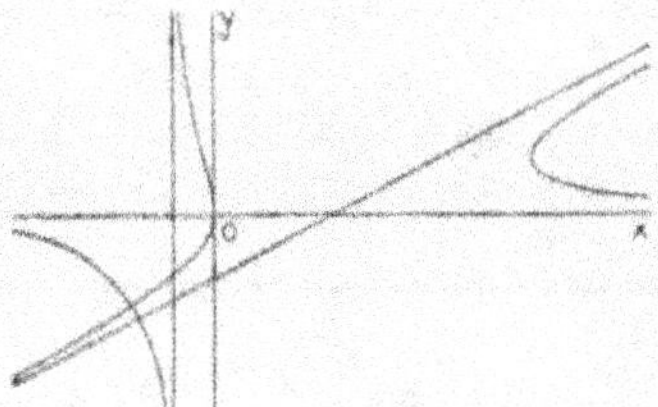

Fig. 38.

357. Courbe du troisième ordre, qui a trois asymptotes :

$$t = 1\ ,\quad y = \infty\ ,\quad x = \frac{9}{2}\quad ;\quad t = -1\ ,\quad x = \infty\ ,\quad y = -\frac{9}{2}$$

$$t = \infty\ ,\quad \frac{y}{x} = 1\ ,\quad y - x = 2\,\frac{4 - 3t^2}{t^2 - 1}\ ,\quad \text{asymptote } y - x = -6.$$

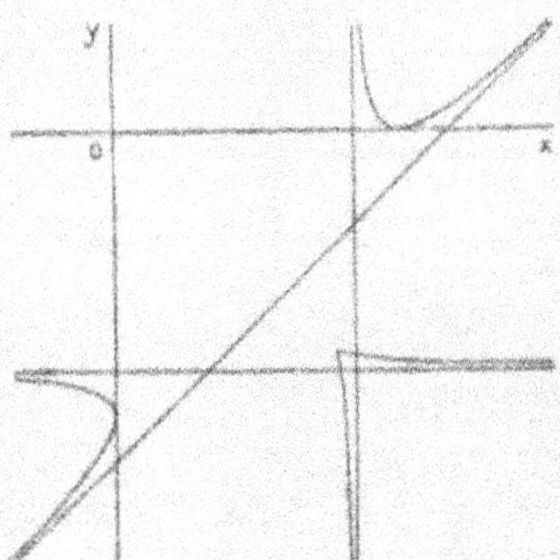

Fig. 39.

Si on change t en $-t$, x et y se changent en $-y$ et $-x$, la courbe est symétrique par rapport à la bissectrice de XOY',

$$x = t\frac{t+2}{(t+1)^2}\qquad ,\qquad y = t\frac{t-2}{(t-1)^2}$$

$t = 0$ est un point de rebroussement, $x = 4$, $y = -4$, car x' et y' changent de signe. De $t = 0$ à 1, x croît de 4 à $\frac{9}{2}$, y décroît. De $t = 1$ à 2 et $+\infty$, x croît, y décroît de $+\infty$ à 0, puis augmente de 0 à $+\infty$. On a la courbe (*fig.* 39).

CHAPITRE IX

ENVELOPPES. COURBURE

358. Les droites fixes étant prises pour axes, la droite mobile a pour équation

$$\frac{x}{\cos t} + \frac{y}{\sin t} = l.$$

En prenant la dérivée :

$$\frac{x \sin t}{\cos^2 t} = \frac{y \cos t}{\sin^2 t} \qquad \frac{\sin t}{y^{\frac{1}{3}}} = \frac{\cos t}{x^{\frac{1}{3}}} = \frac{l}{\sqrt{x^{\frac{2}{3}} + y^{\frac{2}{3}}}}$$

l'enveloppe a pour équation

$$x^{\frac{2}{3}} + y^{\frac{2}{3}} = l^{\frac{2}{3}} \qquad (\S\ 169)$$

C'est l'épicycloïde du problème 275.

359. Soit OY la droite BC, OX passant par A. Les sommets sont : $(a, 0)$ $(0, b)$ $(0, c)$, $c - b = l$. Le côté AC a pour coefficient angulaire $-\frac{c}{a}$. La hauteur BH a pour équation :

$$y - b = \frac{a}{c} x \qquad , \qquad b^2 + b(l - y) + ax - ly = 0.$$

Si b varie, on a l'enveloppe en exprimant que b a deux valeurs égales :

$$(l - y)^2 - 4(ax - ly) = 0$$
$$(l + y)^2 = 4ax.$$

L'enveloppe de la hauteur CH' s'obtient en changeant l en $-l$, $(y-l)^2 = 4ax$. On a deux paraboles égales.

360. Soit

$$y = t \quad , \quad x = \frac{-t^2}{2q}$$

le sommet mobile de la parabole :

$$(y-t)^2 = 2p\left(x + \frac{t^2}{2q}\right)$$

$$(q-p)t^2 - 2qyt + q(y^2 - 2px) = 0$$

Si t a une racine double, on a l'enveloppe :

$$q y^2 = (q-p)(y^2 - 2px) \quad , \quad y^2 = 2(p-q)x.$$

Si $q = p$, la parabole devient : $y^2 = 2px + 2ly$. Elle passe par le point fixe O (§ 166).

361. Soient les points $x = a\cos t$, $y = b\sin t$ et $x = -a\sin t$, $y = b\cos t$, extrémités de deux diamètres conjugués (§ 144). La corde qui les joint a pour équation :

$$\frac{x}{a}(\cos t - \sin t) + \frac{y}{b}(\cos t + \sin t) = 1$$

ou

$$\frac{x}{a}\cos\left(t + \frac{\pi}{4}\right) + \frac{y}{b}\sin\left(t + \frac{\pi}{4}\right) = \frac{1}{\sqrt{2}}.$$

La dérivée est :

$$\frac{x}{a}\sin\left(t + \frac{\pi}{4}\right) = \frac{y}{b}\cos\left(t + \frac{\pi}{4}\right).$$

L'enveloppe est le lieu du point :

$$x = \frac{a}{\sqrt{2}}\cos\left(t + \frac{\pi}{4}\right) \quad , \quad y = \frac{b}{\sqrt{2}}\sin\left(t + \frac{\pi}{4}\right)$$

ellipse semblable, dont les demi-axes sont $\dfrac{a}{\sqrt{2}}$, $\dfrac{b}{\sqrt{2}}$.

362. Le cercle, ayant pour diamètre la droite qui joint le point $(a\cos t, b\sin t)$ à l'origine, a pour équation :

$$x^2 + y^2 = ax\cos t + by\sin t.$$

La dérivée est :

$$ax \sin t - by \cos t = 0$$

deux cercles infiniment voisins se coupent en O et au point (x, y) :

$$\frac{\sin t}{by} = \frac{\cos t}{ax} = \frac{x^2 + y^2}{a^2 x^2 + b^2 y^2} = \frac{1}{\sqrt{a^2 x^2 + b^2 y^2}} \cdot$$

L'enveloppe est :

$$(x^2 + y^2)^2 = a^2 x^2 + b^2 y^2$$

$$\rho^2 = a^2 \cos^2 \omega + b^2 \sin^2 \omega = b^2 + c^2 \cos^2 \omega.$$

Si $a > b\sqrt{2}$, il y a 4 points d'inflexion pour

$$\cos^2 \omega = \frac{b^2}{a^4 - b^4} \left(\frac{a^2}{2} - b^2 \right).$$

De $\omega = 0$ à $\frac{\pi}{2}$, ρ décroît de a à b.

363. La corde $y = mx + l$ coupe l'ellipse $\frac{x^2}{a^2} + \frac{y^2}{b^2} = 1$ aux points, dont les x sont racines de l'équation :

$$b^2 x^2 + a^2 (mx + l)^2 = a^2 b^2$$

$$x^2 (a^2 m^2 + b^2) + 2 xmla^2 + a^2 (l^2 - b^2) = 0 \,;$$

le carré de la longueur de la corde, diamètre du cercle est :

$$(x' - x'')^2 + (y' - y'')^2 = (1 + m^2) \frac{4 a^2 b^2 (b^2 + a^2 m^2 - l^2)}{(a^2 m^2 + b^2)^2}.$$

Le centre du cercle est :

$$x = \frac{x' + x''}{2} = \frac{-mla^2}{a^2 m^2 + b^2} \quad , \quad y = mx + l = \frac{lb^2}{a^2 m^2 + b^2} \cdot$$

L'équation du cercle ayant la corde pour diamètre est :

$$\left(x + \frac{mla^2}{a^2 m^2 + b^2} \right)^2 + \left(y - \frac{lb^2}{a^2 m^2 + b^2} \right)^2 = \frac{a^2 b^2 (1 + m^2)(b^2 + a^2 m^2 - l^2)}{(a^2 m^2 + b^2)^2}$$

ou

$$l^2 (a^2 + b^2) + 2 l (a^2 mx - b^2 y) + (a^2 m^2 + b^2)(x^2 + y^2) - a^2 b^2 (1 + m^2) = 0.$$

Si t varie, l'enveloppe des cercles s'obtient en exprimant que t a deux valeurs égales :

$$(a^2 mx - b^2 y)^2 = (a^2 + b^2)\left[(a^2 m^2 + b^2)(x^2 + y^2) - a^2 b^2(1 + m^2)\right]$$

ou

$$(b^2 mx - a^2 y)^2 = (a^2 + b^2)(1 + m^2)(b^2 x^2 + a^2 y^2 - a^2 b^2)$$

ellipse bitangente à l'ellipse donnée.

364. La tangente au point $M(x, y)$ de l'hyperbole

$$\frac{x^2}{a^2} - \frac{y^2}{b^2} = 1$$

coupe l'axe OX au point $\left(\dfrac{a^2}{x}, 0\right)$ (§ 141). La perpendiculaire menée de ce point à OM est :

$$Yy + Xx = a^2$$

aux deux points symétriques $(x, \pm y)$ correspondent deux droites représentées par l'équation :

$$(Xx - a^2)^2 = Y^2 b^2\left(\frac{x^2}{a^2} - 1\right)$$
$$x^2(a^2 X^2 - b^2 Y^2) - 2xa^4 X + a^2(a^4 + b^2 Y^2) = 0.$$

L'enveloppe de ces droites, si x varie est :

$$a^8 X^2 - (a^2 X^2 - b^2 Y^2)(a^4 + b^2 Y^2) = 0$$
$$Y^2\left(\frac{X^2}{a^2} - \frac{b^2 Y^2}{a^4} - 1\right) = 0.$$

$Y = 0$ est une solution étrangère, pour tout point de OX les deux valeurs de x sont égales, les deux droites sont symétriques, mais non confondues. L'enveloppe est l'hyperbole

$$\frac{X^2}{a^2} - \frac{b^2 Y^2}{a^4} = 1.$$

365. Prenons pour axes les bissectrices de deux des droites fixes. Soient $(x, y)\,(x'\,y')\,(x'', y'')$ les sommets du triangle, liés par les relations

$$y = mx \quad , \quad y' = -mx' \quad , \quad y'' = nx'' + p.$$

Le point de rencontre des médianes a pour coordonnées :

$$\frac{x + x' + x''}{3} = h \quad , \quad \frac{y + y' + y''}{3} = K.$$

Cherchons l'enveloppe du côté

$$Y - y = (X - x)\frac{y' - y}{x' - x}.$$

En éliminant x'', y'' on a :

$$3K = m(x - x') + n(3h - x - x') + p$$
$$x' = \frac{(m - n)x + 3(hn - K) + p}{m + n}.$$

En posant $3(hn - K) + p = C$, l'équation du côté mobile s'écrit :

$$Y(x' - x) + Xm(x' + x) - 2mxx' = 0$$
$$Y(C - 2nx) + Xm(C + 2mx) - 2mx\left[C + (m - n)x\right] = 0.$$

En écrivant que les valeurs de x sont égales, on a l'enveloppe :

$$(m^2 X - nY - mC)^2 + 2m(m - n)(Y + mX)C = 0$$

ou

$$m^2(Y - nX + C)^2 + (Y^2 - m^2 X^2)(n^2 - m^2) = 0$$

parabole tangente aux deux droites $Y = \pm mX$. Chaque côté enveloppe une parabole.

366. Soit la parabole $y^2 = 2px + p^2$ de foyer O ; la droite $y = mx$ la coupe aux points déterminés par

$$m^2 x^2 - 2px - p^2 = 0.$$

Le milieu est

$$x = \frac{p}{m^2} \quad , \quad y = \frac{p}{m}.$$

La longueur de la corde

$$(x' - x'')\sqrt{1 + m^2} = 2p\frac{1 + m^2}{m^2}.$$

Le cercle ayant cette corde pour diamètre est :

$$\left(x - \frac{p}{m^2}\right)^2 + \left(y - \frac{p}{m}\right)^2 = p^2 \frac{(1 + m^2)^2}{m^4}$$

$$m^2(x^2 + y^2 - p^2) - 2\,mpy - 2\,px - p^2 = 0.$$

Si m a deux valeurs égales, on a l'enveloppe :

$$py^2 + (x^2 + y^2 - p^2)(2x + p) = 0$$
$$(x + p)(2y^2 + 2x^2 - px - p^2) = 0.$$

L'enveloppe est formée de la directrice $x = -p$, et du cercle dont le diamètre a pour extrémités le sommet $\left(-\dfrac{p}{2},\ 0\right)$ et le point $(p,\ 0)$. Un quelconque des cercles est tangent à la directrice au point

$$x = -p \qquad , \qquad y = \frac{p}{m},$$

et au cercle au point

$$x = p\,\frac{m^2 - 2}{m^2 + 4} \qquad , \qquad y = -\frac{3pm}{m^2 + 4} \qquad (fig.\ 40)$$

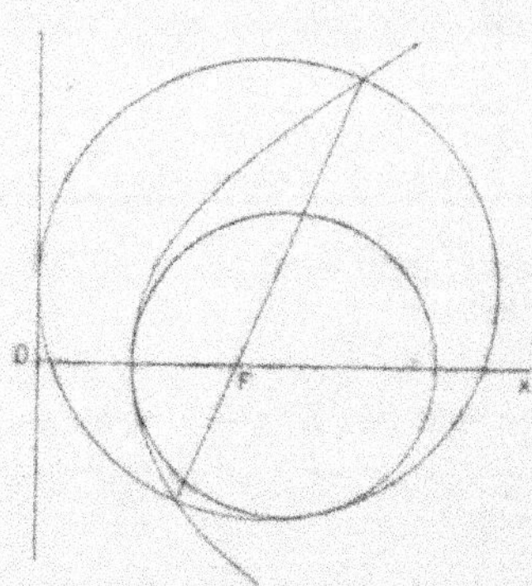

Fig. 40.

367. Soit O le point fixe de la directrice, $(a, 0)$ le foyer fixe. Les paraboles auront pour équation :

$$(x - a)^2 + y^2 = (x \cos t + y \sin t)^2.$$

La dérivée

$$(x \cos t + y \sin t)(y \cos t - x \sin t) = 0.$$

Le premier facteur donnerait comme enveloppe le foyer. c'est une solution étrangère. L'enveloppe se déduit de :

$$\frac{x}{\cos t} = \frac{y}{\sin t} = \frac{x^2 + y^2}{\sqrt{(x - a)^2 + y^2}} = \sqrt{x^2 + y^2}$$

$$x^2 + y^2 = (x - a)^2 + y^2 \quad , \quad x = \frac{a}{2}.$$

En effet, la directrice étant le lieu des symétriques du foyer par rapport aux tangentes (§ 149), les paraboles sont tangentes à la perpendiculaire au milieu de FO.

368. Cissoïde (§ 125).

$$y = x \sqrt{\frac{x}{a - x}} \quad , \quad y' = \frac{3a - 2x}{2(a - x)} \sqrt{\frac{x}{a - x}}$$

$$y'' = \frac{3a^2}{4(a - x)^2 \sqrt{x(a - x)}} \quad , \quad \frac{1 + y'^2}{y''} = \frac{4a - 3x}{3} \sqrt{\frac{x}{a - x}}.$$

Le centre de courbure est :

$$X = x - y' \frac{1 + y'^2}{y''} = ax \frac{3x - 6a}{6(a - x)^2}$$

$$Y = y + \frac{1 + y'^2}{y''} = \frac{4a}{3} \sqrt{\frac{x}{a - x}}$$

$$R = \frac{1 + y'^2}{y''} \sqrt{1 + y'^2} = a \frac{4a - 3x}{6(a - x)^2} \sqrt{x(4a - 3x)}.$$

En éliminant x, on a l'équation de la développée :

$$X = -\left(\frac{3}{4}\right)^3 \frac{Y^2}{8a^3} \left(Y^2 + \frac{32}{3} a^2\right).$$

369. $x = a(t - \sin t)$, $y = a(1 - \cos t)$ (§ 127).

$$x'^2 + y'^2 = 2a^2(1 - \cos t) \quad , \quad x'y'' - y'x'' = a^2(\cos t - 1)$$

$$X = x - y' \frac{x'^2 + y'^2}{x'y'' - y'x''} = a(t + \sin t) \quad , \quad Y = y + x' \frac{x'^2 + y'^2}{x'y'' - y'x''} = a(\cos t - 1)$$

$$R = 2a\sqrt{2(1 - \cos t)} = 4a \sin \frac{t}{2}.$$

$Y = - y$, le rayon de courbure est double de la normale limitée à OX. Soit $t = \theta + \pi$, les équations de la développée sont :

$$X = a\pi + a(\theta - \sin\theta) \quad , \quad Y = - 2a + a(1 - \cos\theta)$$

c'est une cycloïde égale, dont l'origine est le point $(a\pi, - 2a)$.

370. $\quad y = \dfrac{x^{\frac{3}{2}}}{\sqrt{3\,a}} \quad , \quad y' = \dfrac{1}{2}\sqrt{\dfrac{3x}{a}} \quad , \quad y'' = \dfrac{1}{4}\sqrt{\dfrac{3}{ax}}.$

Centre de courbure

$$X = - x\,\frac{2a + 3x}{2a} \quad , \quad Y = 4(x + a)\sqrt{\frac{x}{3a}}$$

$$R = \frac{1}{2a}\sqrt{\frac{x}{3}}\,(4a + 3x)^{\frac{3}{2}}.$$

Lorsque x croît de 0 à $+\infty$, X décroît et Y croît, ce qui indique la forme de la développée, symétrique par rapport à OX, car on peut changer le signe de y et Y. En O,

$$\frac{Y}{x} = 0 \quad , \quad \frac{Y}{X} = \infty.$$

371. Spirale logarithmique (§ 159), $\rho = e^{a\omega}$.

$$x = e^{a\omega}\cos\omega \quad , \quad y = e^{a\omega}\sin\omega$$
$$x' = e^{a\omega}(a\cos\omega - \sin\omega),$$
$$y' = e^{a\omega}(a\sin\omega + \cos\omega)$$
$$x'' = e^{a\omega}(a^2\cos\omega - 2a\sin\omega - \cos\omega),$$
$$y'' = e^{a\omega}(a^2\sin\omega + 2a\cos\omega - \sin\omega)$$
$$x'^2 + y'^2 = x'y'' - y'x'' = (1 + a^2)e^{2a\omega}$$
$$X = - ae^{a\omega}\sin\omega \quad , \quad Y = ae^{a\omega}\cos\omega.$$
$$R = e^{a\omega}\sqrt{1 + a^2}.$$

L'équation de la développée sera, en coordonnées polaires (ρ, θ),

$$\theta = \frac{\pi}{2} + \omega \quad , \quad X = ae^{a\left(\theta - \frac{\pi}{2}\right)}\cos\theta \quad , \quad Y = ae^{a\left(\theta - \frac{\pi}{2}\right)}\sin\theta$$
$$\rho = ae^{a\left(\theta - \frac{\pi}{2}\right)}$$

en faisant tourner l'axe de l'angle $\dfrac{\pi}{2} - \dfrac{\log a}{a}$, on voit que la développée est une spirale qui peut coïncider avec la première.

372. Cas particulier du limaçon de Pascal (§ 160)

$$\rho = a(1 + \cos \omega) \quad , \quad x = a(1 + \cos \omega)\cos \omega \quad , \quad y = a(1 + \cos \omega)\sin \omega$$

O est un point de rebroussement, pour $\omega = \pi$.

$$x' = -a(1 + 2\cos \omega)\sin \omega \quad , \quad y' = -a + a(1 + 2\cos \omega)\cos \omega$$
$$x'' = 2a - a(1 + 4\cos \omega)\cos \omega \quad , \quad y'' = -a(1 + 4\cos \omega)\sin \omega$$
$$x'^2 + y'^2 = 2a^2(1 + \cos \omega) \quad , \quad x'y'' - y'x'' = 3a^2(1 + \cos \omega)$$
$$X = \frac{a}{3}(2 + \cos \omega - \cos^2 \omega) \quad , \quad Y = \frac{a}{3}(1 - \cos \omega)\sin \omega \quad ,$$
$$R = \frac{4}{3}a \cos \frac{\omega}{2}.$$

Si on transporte l'origine au point $\left(\dfrac{2a}{3}, \; o\right)$ la développée est représentée par :

$$x = \frac{a}{3}(1 - \cos \omega)\cos \omega \quad , \quad y = \frac{a}{3}(1 - \cos \omega)\sin \omega$$

ou

$$\rho = \frac{a}{3}(1 - \cos \omega) = \frac{a}{3}(1 + \cos(\omega + \pi)).$$

La développée est semblable à la courbe donnée, le rapport de similitude est $\dfrac{1}{3}$, on ramène son équation à la même forme en changeant le sens de l'axe OX.

373. Chaînette (§ 346)

$$y = \frac{a}{2}\left(e^{\frac{x}{a}} + e^{-\frac{x}{a}}\right) \;,\; y' = \frac{1}{2}\left(e^{\frac{x}{a}} - e^{-\frac{x}{a}}\right) \;,\; y'' = \frac{y}{a^2} \;,\; 1 + y'^2 = \frac{y^2}{a^2}$$

$$X = x - \frac{a}{4}\left(e^{2\frac{x}{a}} - e^{-2\frac{x}{a}}\right) \;,\; Y = 2y = a\left(e^{\frac{x}{a}} + e^{-\frac{x}{a}}\right) \;,\; R = \frac{y^2}{a}.$$

La développée est déterminée par les valeurs de X et Y en fonction de x

$$X' = -\frac{1}{2}\left(e^{\frac{x}{a}} - e^{-\frac{x}{a}}\right)^2 \quad , \quad Y' = e^{\frac{x}{a}} - e^{-\frac{x}{a}}.$$

Si on change x en $-x$, y et Y ne changent pas, X se change en $-X$. Si x varie de o à $+\infty$, X décroît de o à $-\infty$, Y croît de $2a$ à $+\infty$. Au sommet $(0, a)$ de la chaînette correspond un point de rebroussement $(0, 2a)$ de la développée (*fig.* 41).

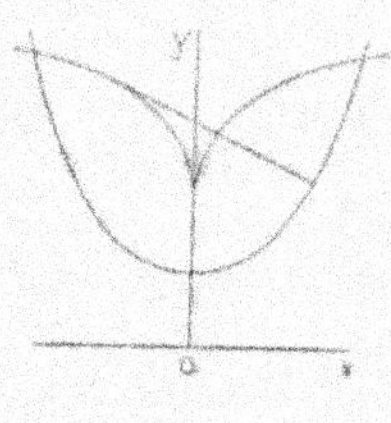

Fig. 41.

374. Soit la conique $\dfrac{x^2}{A} + \dfrac{y^2}{B} = 1$, la tangente a pour équation

$$Ay(Y - y) + Bx(X - x) = 0\ ;$$

la distance du centre à la tangente est :

$$d = \frac{Ay^2 + Bx^2}{\pm \sqrt{A^2y^2 + B^2x^2}} = \frac{\pm AB}{\sqrt{A^2y^2 + B^2x^2}}$$

Le centre de courbure a pour coordonnées (§ 171) :

$$X = \frac{A - B}{A^2}\, x^3 \quad , \quad Y = \frac{B - A}{B^2}\, y^3$$

$$R^2 = x^2 \left(1 - \frac{A - B}{A^2}\, x^2\right)^2 + y^2\left(1 - \frac{B - A}{B^2}\, y^2\right)^2$$

$$= x^2 \left(\frac{y^2}{B} + \frac{Bx^2}{A^2}\right)^2 + y^2\left(\frac{x^2}{A} + \frac{Ay^2}{B^2}\right)^2 = \frac{(A^2y^2 + B^2x^2)^3}{A^4 B^4}$$

$$R^2 d^6 = A^2 B^2 \quad , \quad R = \frac{\pm AB}{d^3}.$$

375. Mêmes notations. Les abscisses de P et Q sont :

$$x + \frac{Ay^2}{Bx} \text{ et } 0, \quad \frac{MP}{MQ} = -\frac{A^2y}{Bx^2}.$$

La normale a pour équation $Bx(Y - y) = Ay(X - x)$, les abscisses de P', Q' et C sont :

$$x - \frac{Bx}{A},\ 0,\ \frac{A - B}{A^2}\, x^3 \quad , \quad \frac{CP'}{CQ} = \frac{\dfrac{A - B}{A}\, x\left(1 - \dfrac{x^2}{A}\right)}{-\dfrac{A - B}{A^2}\, x^3} = \frac{Ay^2}{Bx^2} = \frac{MP}{MQ}.$$

376. La normale $(Y - y)p + (X - x)y = 0$, à la parabole $y^2 = 2px$, coupe l'axe au point $Y = 0$, $X = x + p$. Les trois points N, N', N' doivent être tels que $2X' = X + X'$, $2x' = x + x'$.

Par un point (X, Y) du plan passent trois normales dont les

pieds (x, y) sont déterminés par :

$$y^2 = 2px \quad , \quad (Y - y)p + \left(X - x\right)y = 0$$

$$pY^2 = 2x(X - x - p)^2 \quad \text{ou} \quad x^3 - 2x^2(X - p) + x(X - p)^2 - \frac{p}{2}Y^2 = 0$$

$$x + x' + x'' = 3x'' = 2(X - p),$$

et en remplaçant x par x'' on a l'équation du lieu :

$$pY^2 = 4\left(\frac{X - p}{3}\right)^3$$

courbe qui a un point de rebroussement $(p, 0)$.

377. Mêmes notations. La normale au point (x', y') passe par le point $M(x, y)$ de la parabole, si

$$(y - y')p + (x - x')y' = 0 \quad , \quad x - x' = \frac{y^2 - y'^2}{2p}.$$

Les pieds M', M'' des normales passant par M sont déterminés par l'équation :

$$y'^2 + yy' + 2p^2 = 0,$$

le coefficient angulaire de la droite $M'M''$ est :

$$\frac{y' - y''}{x' - x''} = \frac{2p}{y' + y''} = -\frac{2p}{y}$$

l'équation de $M'M''$ est :

$$yY + 2pX = yy' + y'^2 \quad \text{ou} \quad yY + 2pX + 2p^2 = 0.$$

L'ensemble des droites $M'M''$ et OM est représenté par :

$$(yY - 2pX)(yY + 2pX + 2p^2) = 0.$$

Une conique passant par O, M, M', M'' a pour équation :

$$y^2Y^2 - 4p^2X^2 + 2p^2(yY - 2pX) - \lambda(Y^2 - 2pX) = 0$$

si $\lambda = y^2 + 4p^2$ c'est un cercle :

$$2p(X^2 + Y^2) = pyY + (y^2 + 2p^2)X.$$

Le centre

$$X = \frac{y^2 + 2p^2}{4p} \quad , \quad Y = \frac{y}{4}$$

décrit une parabole :

$$Y^2 = \frac{p}{4}\left(X - \frac{p}{2}\right)$$

dont le sommet est le foyer de la première. Les valeurs de y' sont réelles si

$$y^2 > 8p^2 \quad , \quad Y^2 > \frac{p^2}{2} \quad , \quad X > \frac{5}{2}p.$$

La portion du lieu comprise entre $X = \frac{p}{2}$ et $\frac{5p}{2}$ correspond à des cercles qui coupent la parabole en O, M et deux points imaginaires.

CHAPITRE X

COORDONNÉES DANS L'ESPACE

378. Soient $A(x, y, z)$, $B(x', y'\, z')$, $C(x'', y'', z'')$, $D(x''', y''', z''')$ les sommets du tétraèdre. Les milieux de AB et CD sont $\left(\frac{x + x'}{2}, \frac{y + y'}{2}, \frac{z + z'}{2}\right)\left(\frac{x'' + x'''}{2}, \frac{y'' + y'''}{2}, \frac{z'' + z'''}{2}\right)$, le milieu de la droite qui les joint $\left(\frac{x + x' + x'' + x'''}{4}, \dots\right)$ est commun aux trois droites analogues.

379. La nouvelle origine O' est $\left(\frac{1}{2}, \frac{1}{2}, 0\right)$. L'axe BA a pour équations : $x + y = 1$, $z = 0$, ses cosinus directeurs sont $\frac{1}{\sqrt{2}}, \frac{-1}{\sqrt{2}}, 0$.

L'axe O'C a pour équations $\dfrac{x - \frac{1}{2}}{\frac{1}{2}} = \dfrac{y - \frac{1}{2}}{\frac{1}{2}} = \dfrac{z}{-1}$ ses cosinus

directeurs sont $\frac{1}{\sqrt{6}}, \frac{1}{\sqrt{6}}, -\sqrt{\frac{2}{3}}$. Le troisième axe, perpendiculaire au plan ABC, $x + y + z = 1$, a ses trois cosinus égaux $\frac{1}{\sqrt{3}}$.

Les formules de transformation sont :

$$x' = \frac{x - y}{\sqrt{2}}, \; y' = \frac{x + y - 2z - 1}{\sqrt{6}}, \; z' = \frac{x + y + z - 1}{\sqrt{3}}.$$

Dans le plan ABC, par rapport aux axes $y'o'x'$, les points A, B, C ont pour coordonnées $\pm \frac{1}{\sqrt{2}}$, o et o, $-\sqrt{\frac{3}{2}}$, car $\overline{O'C}^2 = \overline{OC}^2 + \overline{OO'}^2$. Le cercle ABC a pour équations

$$x'^2 + y'^2 + y'\sqrt{\frac{2}{3}} - \frac{1}{2} = 0, \; z' = 0$$

et dans le premier système

$$x + y + z = 1, \; x^2 + y^2 + z^2 - xz - yz - xy - 1 = 0$$

ou $3(x^2 + y^2 + z^2) - (x + y + z)^2 = 2$ que l'on peut remplacer par $x^2 + y^2 + z^2 = 1$, $x + y + z = 1$, sphère et plan.

380. Les cosinus directeurs de ces directions sont $\left(\frac{1}{\sqrt{2}}, \frac{1}{\sqrt{2}}, 0\right)$ $\left(\frac{1}{\sqrt{2}}, 0, \frac{1}{\sqrt{2}}\right)$ $\left(0, \frac{1}{\sqrt{2}}, \frac{1}{\sqrt{2}}\right)$ $\left(\frac{1}{\sqrt{3}}, \frac{1}{\sqrt{3}}, \frac{1}{\sqrt{3}}\right)$ les trois premières forment entre elles des angles égaux à θ, $\cos\theta = \frac{1}{2}$, $\theta = \frac{\pi}{3}$. La quatrième forme avec les autres des angles θ', $\cos\theta' = \sqrt{\frac{2}{3}}$, $\sin\theta' = \sqrt{\frac{1}{3}}$.

381. Soient $(x, y, 0)$ $(x', 0, z')$ $(0, y'', z'')$ (o, o, o) les sommets du tétraèdre :

$$x^2 + y^2 = x'^2 + z'^2 = y''^2 + z''^2 = (x - x')^2 + y^2 + z'^2 =$$
$$x^2 + (y - y'')^2 + z''^2 = x'^2 + y''^2 + (z' - z'')^2 = l^2$$

on en déduit : $2xx' = 2yy'' = 2z'z'' = l^2$

$$(x - x')^2 + (y - y'')^2 + (z' - z'')^2 = 0$$
$$x = x' = \pm\frac{l}{\sqrt{2}}, \; y = y'' = \pm\frac{l}{\sqrt{2}}, \; z' = z'' = \pm\frac{l}{\sqrt{2}}$$

les signes étant indépendants il y a 8 tétraèdres.

382. Soit un tétraèdre ayant pour sommets O et 3 points (x, y, z) (x', y', z') (x'', y'', z''). Soient a, b, c les arêtes issues de O ; A, B, C

les autres

$$a^2 = x^2 + y^2 + z^2, \quad b^2 = x'^2 + y'^2 + z'^2, \quad c^2 = x''^2 + y''^2 + z''^2$$

$$A^2 = (x' - x'')^2 + (y' - y'')^2 + (z' - z'')^2 = b^2 + c^2 - 2 \sum x'x'',$$

$$B^2 = a^2 + c^2 - 2 \sum xx'', \quad C^2 = a^2 + b^2 - 2 \sum xx'.$$

Le point de rencontre des médianes de la face opposée à O, est $\left(\dfrac{x + x' + x''}{3}, \dfrac{y + y' + y''}{3}, \dfrac{z + z' + z''}{3} \right)$ sa distance à l'origine est d :

$$d^2 = \frac{1}{9} (a^2 + b^2 + c^2) + \frac{2}{9} \sum (xx' + xx'' + x'x'')$$

$$= \frac{1}{9} (3a^2 + 3b^2 + 3c^2 - A^2 - B^2 - C^2).$$

383. Soient (x_1, y_1, z_1) $(x_2, y_2, z_2)\dots (x_6, y_6, z_6)$ les sommets successifs de l'hexagone, on doit avoir $x_2 - x_1 = x_4 - x_5$ et $x_1 + x_4 = x_2 + x_5 = x_3 + x_6$,

$$y_1 + y_4 = y_2 + y_5 = y_3 + y_6, \quad z_1 + z_4 = z_2 + z_5 = z_3 + z_6.$$

Les milieux des 4 premiers côtés seront dans un plan si :

$$\begin{vmatrix} \dfrac{x_1 + x_2}{2} & \dfrac{x_2 + x_3}{2} & \dfrac{x_3 + x_4}{2} & \dfrac{x_4 + x_5}{2} \\[2mm] \dfrac{y_1 + y_2}{2} & \dfrac{y_2 + y_3}{2} & \dfrac{y_3 + y_4}{2} & \dfrac{y_4 + y_5}{2} \\[2mm] \dfrac{z_1 + z_2}{2} & \dfrac{z_2 + z_3}{2} & \dfrac{z_3 + z_4}{2} & \dfrac{z_4 + z_5}{2} \\[2mm] 1 & 1 & 1 & 1 \end{vmatrix} = 0$$

or, en ajoutant les colonnes multipliées par $1, -2, +2, -1$, on a des sommes nulles. La même démonstration s'applique aux milieux de 4 côtés successifs, qui sont dans un même plan.

384. Soient (x_1, y_1, z_1) (x_2, y_2, z_2) (x_3, y_3, z_3) (x_4, y_4, z_4) les sommets successifs du quadrilatère :

$$(x_1 - x_3)^2 + (y_1 - y_3)^2 + (z_1 - z_3)^2 + (x_2 - x_4)^2 + (y_2 - y_4)^2 + (z_2 - z_4)^2$$

$$= 2 \left[\left(\frac{x_1 - x_3 + x_2 - x_4}{2} \right)^2 + \left(\frac{y_1 - y_3 + y_2 - y_4}{2} \right)^2 + \left(\frac{z_1 - z_3 + z_2 - z_4}{2} \right)^2 \right.$$

$$\left. + \left(\frac{x_1 - x_3 + x_4 - x_2}{2} \right)^2 + \left(\frac{y_1 - y_3 + y_4 - y_2}{2} \right)^2 + \left(\frac{z_1 - z_3 + z_4 - z_2}{2} \right)^2 \right].$$

385. On peut prendre pour axes (obliques) les arêtes du trièdre. les trois plans $x = y$, $x = z$, $y = z$, se coupent suivant la droite $x = y = z$.

386. Deux cercles, sections de la sphère $x^2 + y^2 + z^2 = a^2$ par plans $y = \pm z$.

387. Si (a, b, c) (a', b', c') (a'', b'', c'') sont les cosinus directeurs de OX', OY', OZ', on a : $a = b = \dfrac{1}{2}$, $c = \dfrac{1}{\sqrt{2}}$, $a' = \dfrac{1}{\sqrt{2}}$

$$c'^2 + (1 - a'^2 - b'^2) + (1 - a^2 - b^2) = 1,$$
$$(ab' - ba')^2 + 1 - a^2 - b^2 - a'^2 - b'^2 = 0$$
$$\left(b' - \frac{1}{\sqrt{2}}\right)^2 = 4\,b'^2, \ b' = \frac{1}{\sqrt{2}}, \ c'' = ab' - ba' = \frac{1}{\sqrt{2}},$$
$$c' = -\frac{aa' + bb'}{c} = 0, \ a'' = -\frac{ac + a'c'}{c''} = \frac{1}{2}, \ b'' = \frac{1}{2}.$$

Les formules de transformation sont :

$$x = \frac{x'}{2} + \frac{y'}{\sqrt{2}} + \frac{z'}{2}, y = \frac{x'}{2} - \frac{y'}{\sqrt{2}} + \frac{z'}{2}, z = \frac{x'}{\sqrt{2}} - \frac{z'}{\sqrt{2}}$$

$4 z'^2 = a^2$, $2 z' = \pm a$, deux plans parallèles.

CHAPITRE XI

PLAN. DROITE

388. Prenons pour OZ la plus courte distance des deux droites, O étant le milieu de cette perpendiculaire commune. OX la bissectrice des projections des deux droites dont les équations seront :

$$y = mx, z = a, \quad \text{et} \quad y = -mx, z = -a.$$

Si (x, y, z) (x', y', z') sont les extrémités de la droite :

$$y = mx, z = a, y' = -m'x', z = -a, (x - x')^2 + m^2(x + x')^2 + 2 a^2 = l^2$$

le milieu est :

$$X = \frac{x + x'}{2}, \quad Y = m\,\frac{x - x'}{2}, \quad Z = o$$

il décrit l'ellipse

$$Z = o, \quad m^4 X^2 + \frac{Y^2}{m^2} = \frac{l^2 - 3a^2}{4}.$$

389. Soient $(o, o, o)\ (a, o, o)\ (o, b, o)\ (o, o, c)$ les 4 sommets.

On a les six plans $\dfrac{x}{a} = \dfrac{y}{b}$, $\dfrac{x}{a} = \dfrac{z}{c}$, $\dfrac{y}{b} = \dfrac{z}{c}$, $\dfrac{x}{a} + \dfrac{y}{b} + \dfrac{2z}{c} = 1$,

$$\frac{x}{a} + \frac{2y}{b} + \frac{z}{c} = 1, \quad \frac{2x}{a} + \frac{y}{b} + \frac{z}{c} = 1.$$

Ils passent par le point $\dfrac{x}{a} = \dfrac{y}{b} = \dfrac{z}{c} = \dfrac{1}{4}$.

390. Si on prend pour XOZ le plan sécant, soient $A_1\,(x_1, y_1, z_1)$, $A_2\,(x_2, y_2, z_2)$, $A_3\,(x_3, y_3, z_3)$, $A_4\,(x_4, y_4, z_4)$ les sommets successifs, B_1, B_2, B_3, B_4 les points où XOY coupe les côtés.

$$\frac{A_1 B_1}{B_1 A_2} = \frac{z_1}{z_2}, \quad \frac{A_2 B_2}{B_2 A_3} = \frac{z_2}{z_3}, \quad \frac{A_3 B_3}{B_3 A_4} = \frac{z_3}{z_4}, \quad \frac{A_4 B_4}{B_4 A_1} = \frac{z_4}{z_1}$$

le produit est 1.

391. Si $(x_1, y_1, z_1)\ (x_2, y_2, z_2)\ (x_3, y_3, z_3)\ (x_4, y_4, z_4)$ sont les sommets ; le plan perpendiculaire au milieu de l'arête $A_1 A_2$ est :

$$(x_1 - x_2)\left(x - \frac{x_1 + x_2}{2}\right) + (y_1 - y_2)\left(y - \frac{y_1 + y_2}{2}\right) + (z_1 - z_2)\left(z - \frac{z_1 + z_2}{2}\right) = o.$$

Les six plans analogues passent par le point déterminé par les équations :

$$2(xx_1 + yy_1 + zz_1) - (x^2_1 + y^2_1 + z^2_1) = 2(xx_2 + yy_2 + zz_2) - (x^2_2 + y^2_2 + z^2_2)$$
$$= 2(xx_3 + yy_3 + zz_3) - (x^2_3 + y^2_3 + z^2_3) = (xx_4 + yy_4 + zz_4) - (x^2_4 + y^2_4 + z^2_4)$$

ce point est le centre de la sphère circonscrite du tétraèdre.

392. Mêmes notations. En exprimant que les arêtes opposées sont perpendiculaires on a les trois relations :

$$(x_1 - x_2)(x_3 - x_4) + (y_1 - y_2)(y_3 - y_4) + (z_1 - z_2)(z_3 - z_4) = o$$
$$(x_1 - x_3)(x_2 - x_4) + (y_1 - y_3)(y_2 - y_4) + (z_1 - z_3)(z_2 - z_4) = o$$
$$(x_1 - x_4)(x_2 - x_3) + (y_1 - y_4)(y_2 - y_3) + (z_1 - z_4)(z_2 - z_3) = o.$$

La somme des premiers membres est identiquement nulle. La troisième relation est une conséquence des deux premières.

393. Les relations précédentes étant vérifiées, par chaque arête on peut mener un plan perpendiculaire à l'arête opposée, ces 6 plans ont pour équations :

$$x(x_1 - x_2) + y(y_1 - y_2) + z(z_1 - z_2) = x_3(x_1 - x_2) + y_3(y_1 - y_2) + z_3(z_1 - z_2)$$
$$= x_4(x_1 - x_2) + y_4(y_1 - y_2) + z_4(z_1 - z_2)$$

$$\sum x(x_1 - x_3) = \sum x_2(x_1 - x_3) = \sum x_3(x_1 - x_2)$$

$$\sum x(x_1 - x_4) = \sum x_2(x_1 - x_4) = \sum x_3(x_1 - x_4)$$

$$\sum x(x_2 - x_3) = \sum x_1(x_2 - x_3) = \sum x_4(x_2 - x_3)$$

$$\sum x(x_2 - x_4) = \sum x_1(x_2 - x_4) = \sum x_3(x_2 - x_4)$$

$$\sum x(x_3 - x_4) = \sum x_1(x_3 - x_4) = \sum x_2(x_3 - x_4).$$

En retranchant deux à deux les trois premières équations, on trouve les trois autres, ces six plans passent par le point d'intersection des trois premiers. Les hauteurs sont les intersections de deux de ces plans, et se coupent au même point.

394. Soit M (a, b, c), les projections A, B, C de M sont (a, b, o) (a, o, c) (o, b, c). Le plan A, B, C a pour équation :

$$\begin{vmatrix} x & a & a & o \\ y & b & o & b \\ z & o & c & c \\ 1 & 1 & 1 & 1 \end{vmatrix} = 2abc - bcx - acy - abz = 0, \quad \frac{x}{a} + \frac{y}{b} + \frac{z}{c} - 2 = 0$$

OM coupe ce plan en P. $\dfrac{OP}{MP} = \dfrac{-2}{1} = -2$.

395. Si on prend pour axes (obliques) les arêtes du trièdre, soit la droite $\dfrac{x}{a} = \dfrac{y}{b} = \dfrac{z}{c}$. Le plan $\dfrac{x}{a} = \dfrac{y}{b}$ coupe XOY suivant une droite qui forme des angles γ et γ' avec OX et OY. L'équation de cette droite dans son plan est $\dfrac{y}{\sin \gamma} = \dfrac{x}{\sin \gamma'}$.

$\dfrac{\sin \gamma}{\sin \gamma'} = \dfrac{b}{a}$. De même pour les autres plans de coordonnées on a :

$$\frac{\sin \beta}{\sin \beta'} = \frac{a}{c}, \quad \frac{\sin \alpha}{\sin \alpha'} = \frac{c}{b}, \quad \sin \alpha \sin \beta \sin \gamma = \sin \alpha' \sin \beta' \sin \gamma'.$$

396. La projection de la droite $\dfrac{x - x_0}{a} = \dfrac{y - y_0}{b} = \dfrac{z - z_0}{c}$ est

$$\frac{x - x_0}{a} = \frac{y - y_0}{b} \,,\; z = a.$$

$$\cos\lambda = \frac{a^2 + b^2}{\sqrt{a^2 + b^2 + c^2}\,\sqrt{a^2 + b^2}}\,,\; l = \frac{bx_0 - ay_0}{\sqrt{a^2 + b^2}}\,,\; l\cos\lambda = \frac{bx_0 - ay_0}{\pm\sqrt{a^2 + b^2 + c^2}}\,,$$

$$d^2 = x_0^2 + y_0^2 + z_0^2 - \frac{(ax_0 + by_0 + cz_0)^2}{a^2 + b^2 + c^2} =$$

$$\frac{(bx_0 - ay_0)^2 + (cy_0 - bz_0)^2 + (az_0 - cx_0)^2}{a^2 + b^2 + c^2} = l^2\cos^2\lambda + m^2\cos^2\mu + n^2\cos^2\nu.$$

CHAPITRE XII

GÉNÉRATION DES SURFACES

397. En choisissant les axes (probl. 388) on peut mettre les équations des deux droites sous la forme :

$$y = mx \quad,\quad z = a \;;\; y = -mx \quad,\quad z = -a$$

$$d^2 = x^2 + y^2 + (z - a)^2 - \frac{(x + my)^2}{1 + m^2} = x^2 + y^2 + (z + a)^2 - \frac{(x - my)^2}{1 + m^2}$$

$$mxy + az(1 + m^2) = 0$$

paraboloïde hyperbolique (§ 201) engendré par des hyperboles dans les plans $z = h$.

398. En choisissant O sur OZ, on peut ramener l'équation du cercle à :

$$(y - b)^2 + z^2 = R^2 \quad,\quad x = a \quad.$$

Une droite $z = h$, $y = mx$ coupe le cercle si

$$(ma - b)^2 + h^2 = R^2$$

en éliminant h et m on a la surface du quatrième ordre.

$$(ay - bx)^2 + x^2(z^2 - R^2) = 0.$$

Si x est constant la section est une ellipse dont le centre est sur la droite

$$y = \frac{b}{a}x \quad , \quad z = 0 \quad ,$$

les demi-axes sont

$$\frac{Rx}{a} \text{ et } R \quad .$$

399. Si O est le milieu de la distance des deux points situés sur OX. On a l'équation du lieu, qui est une sphère :

$$\frac{(x-a)^2+y^2+z^2}{(x+a)^2+y^2+z^2} = K^2 \quad , \quad x^2+y^2+z^2+a^2 = 2ax\frac{1+K^2}{1-K^2} \cdot$$

400. Le plan $x+y=h$ coupe les trois droites aux points (h, o, o) (o, h, o) $\left(\frac{h}{2}, \frac{h}{2}, a\right)$. Un cercle, passant par ces trois points, est déterminé par son plan et une sphère que l'on peut faire passer par O, et dont l'équation est :

$$\begin{vmatrix} x^2+y^2+z^2, & h^2 & h^2 & a^2+\frac{h^2}{2} \\ x & h & 0 & \frac{h}{2} \\ y & 0 & h & \frac{h}{2} \\ z & 0 & 0 & a \end{vmatrix} = 0 \qquad \begin{vmatrix} x^2+y^2+z^2 & h & h & a^2 \\ x & 1 & 0 & 0 \\ y & 0 & 1 & \frac{h}{2} \\ z & 0 & 0 & a \end{vmatrix} = 0$$

$$x^2+y^2+z^2-h(x+y)-z\left(a-\frac{h^2}{2a}\right) = 0$$

en remplaçant h par $x+y$ on a l'équation du lieu :

$$z^2-2xy-az+\frac{z}{2a}(x+y)^2 = 0 \quad .$$

401. Si OX est la ligne des centres, les deux sphères fixes sont :

$$x^2+y^2+z^2 = 2ax+b \quad , \quad x^2+y^2+z^2 = 2cx+d$$

une sphère

$$x^2+y^2+z^2 = 2(\lambda x+\mu y+\nu z)+p$$

coupe la première suivant un cercle situé dans le plan

$$2(\lambda x + \mu y + \nu z - ax) + p - b = 0$$

qui passe par le centre $(a, 0, 0)$ si

$$2\lambda a + p = 2a^2 + b.$$

La seconde sphère est coupée suivant un grand cercle si

$$2\lambda c + p = 2c^2 + d$$

ces équations déterminent λ et p qui sont constants. Les sphères mobiles coupent alors OX aux deux points fixes déterminés par

$$x^2 - 2\lambda x - p = 0.$$

Toute sphère passant par ces deux points coupe les deux sphères fixes suivant des grands cercles.

402. La méridienne est une conique, qui doit tourner autour d'un axe, autrement la méridienne serait formé de deux coniques, et serait du 4e ordre.

L'ellipsoïde $\dfrac{x^2 + y^2}{a^2} + \dfrac{z^2}{b^2} = 1$. L'hyperboloïde à 1 ou 2 nappes suivant que l'hyperbole tourne autour de l'axe focal ou de l'axe non focal $\dfrac{x^2 + y^2}{a^2} - \dfrac{z^2}{b^2} = \pm 1$. Le paraboloïde $x^2 + y^2 = 2pz$. Si la méridienne se réduit à deux droites, on a un cône ou un cylindre.

403. Soient les droites (probl. 388)

$$y = mx \ , \ z = a \ : \ y = -mx \ , \ z = -a$$

et des points

$$A(h, mh, a) \ , \ B(k, -mk, -a)$$

sur ces droites. AB forme avec chacune d'elles des angles α, β :

$$\cos \alpha = \frac{h - k + m^2(h + k)}{\pm \sqrt{1 + m^2} \sqrt{(h - k)^2 + m^2(h + k)^2 + 4a^2}},$$

$$\cos \beta = \frac{h - k - m^2(h + k)}{\pm \sqrt{1 + m^2} \sqrt{(h - k)^2 + m^2(h + k)^2 + 4a^2}}$$

suivant le sens dans lequel on compte les angles on a :

$$\cos \alpha = \pm \cos \beta \quad , \quad k = \pm h.$$

La droite AB a pour équations :

$$\frac{x - h}{k - h} = \frac{y - mh}{- m(k + h)} = \frac{z - a}{- 2a}$$

suivant que :

$$k = + h \quad \text{ou} \quad - h \quad , \quad x = h \quad , \quad \frac{y - mh}{mh} = \frac{z - a}{a},$$

ou

$$y = mh \quad , \quad \frac{x - h}{h} = \frac{z - a}{a}.$$

Le lieu, obtenu en éliminant h, est formé des deux surfaces :

$$maz = ay \quad , \quad yz = max$$

paraboloïdes hyperboliques (§ 201).

404. Soit la droite

$$x = az + p \quad , \quad y = bz + q.$$

La surface engendrée est :

$$x^2 + y^2 = (az + p)^2 - (bz + q)^2.$$

La méridienne est :

$$y = 0 \quad , \quad x^2 = z^2 (a^2 + b^2) + 2z(ap + bq) + p^2 + q^2$$

hyperbole qui tourne autour de l'axe non focal.

405. Une sphère, passant par trois points, contient un cercle fixe, soit XOY le plan de ce cercle, et O son centre. L'équation de la sphère sera :

$$x^2 + y^2 + z^2 = 2hz + k$$

où h seul varie. Une sphère fixe :

$$x^2 + y^2 + z^2 = 2(ax + by + cz) + d$$

la coupe suivant un cercle situé dans le plan

$$2(ax + by + cz) + d = 2\lambda z + h$$

qui passe par la droite fixe

$$z = 0 \quad , \quad 2(ax + by) = h - d.$$

406. Soient les sphères représentées par les équations :

$$S = (x - a)^2 + (y - b)^2 + (z - c)^2 - R^2 = 0$$
$$S' = (x - a')^2 + (y - b')^2 + (z - c')^2 - R'^2 = 0$$
$$S'' = (x - a'')^2 + (y - b'')^2 + (z - c'')^2 - R''^2 = 0.$$

$C(x, y, z)$ le centre d'une sphère tangente aux trois premières, ρ son rayon, d, d', d'' les distances de C aux centres des trois premières sphères. On doit avoir $d^2 = (\rho + R)^2$ ou $(\rho - R)^2$ suivant que les sphères sont extérieures ou intérieures l'une à l'autre, ou

$$d^2 - R^2 = (x - a)^2 + (y - b)^2 + (z - c)^2 - R^2 = S = \rho^2 \pm 2\rho R.$$

On aura ainsi les trois équations :

$$S + 2\rho R - \rho^2 = 0, \quad S' + 2\rho R' - \rho^2 = 0, \quad S'' + 2\rho R'' - \rho^2 = 0,$$

où R, R', R'' peuvent changer arbitrairement de signe. Si on élimine ρ, on a les équations d'une courbe, lieu du centre. Les deux premières donnent (§ 102) :

$$(S - S')^2 = 4(SR' - S'R)(R' - R)$$

en éliminant ρ et ρ^2 entre les trois équations, on a :

$$\begin{vmatrix} S & R & 1 \\ S' & R' & 1 \\ S'' & R'' & 1 \end{vmatrix} = 0 \qquad R(S'' - S') + R'(S - S'') + R''(S' - S) = 0.$$

Cette équation représente un plan qui passe par la droite $S = S' = S''$, axe radical des trois sphères. La première représente un hyperboloïde de révolution. L'intersection est une conique. En changeant les signes de R, R', R'' on a 4 coniques.

407. Soit la sphère $x^2 + y^2 + z^2 = R^2$ et les points $A(a, b, c)$, $A'(a', b', c')$. Soit $M(x, y, z)$ le point de contact, $C(\lambda x, \lambda y, \lambda z)$

le centre situé sur OM, on a : $CM = CA = CA'$ et $x^2 + y^2 + z^2 = R^2$.

$$(\lambda - 1)^2 (x^2 + y^2 + z^2) = (\lambda x - a)^2 + (\lambda y - b)^2 + (\lambda z - c)^2 =$$
$$= (\lambda x - a')^2 + (\lambda y - b')^2 + (\lambda z - c')^2.$$
$$(2\lambda - 1) R^2 = 2\lambda (ax + by + cz) - a^2 - b^2 - c^2 =$$
$$= 2\lambda (a'x + b'y + c'z) - a'^2 - b'^2 - c'^2.$$

En éliminant λ :

$$(a'x+b'y+c'z)(a^2+b^2+c^2-R^2)-(ax+by+cz)(a'^2+b'^2+c'^2-R^2) =$$
$$= R^2 (a^2 + b^2 + c^2 - a'^2 - b'^2 - c'^2).$$

Le lieu est le cercle, intersection de ce plan et de la sphère.

408. Si on prend le foyer de l'ellipse pour origine, son équation sera :

$$\left(\frac{x - c}{a}\right)^2 + \frac{y^2}{b^2} = 1.$$

et l'ellipsoïde

$$\left(\frac{x - c}{a}\right)^2 + \frac{y^2 + z^2}{b^2} = 1$$

ou

$$x^2 + y^2 + z^2 = \left(\frac{cx + b^2}{a}\right)^2.$$

Soit le plan $\alpha x + \beta y + \gamma z = 1$, le cône de sommet O, qui a pour base la section, a pour équation :

$$x^2 + y^2 + z^2 = \left(\frac{cx + b^2 (\alpha x + \beta y + \gamma z)}{a}\right)^2$$

c'est un cône de révolution.

409. Supposons la section dans le plan XOY, rapportée à ses axes. Soit le cône (§ 192)

$$(x-a)^2 + (y-b)^2 + (z-c)^2 = [\lambda (x-a) + \mu (y-b) + \nu (z-c)]^2.$$

Pour $z = 0$, les termes en x, y, xy doivent disparaître : $\lambda \mu = 0$. on peut supposer $\mu = 0$, en choisissant les axes, alors $b = 0$. $a = \lambda (a\lambda + c\nu)$.

L'équation du cône est :

$$(x - a)^2 + y^2 + (z - c)^2 = \left[\lambda x + az\,\frac{1 - \lambda^2}{c\lambda} - \frac{a}{\lambda}\right]^2.$$

où $0 < \lambda < 1$, pour que la section XOY soit une ellipse, dont l'équation sera :

$$y^2 + x^2\,(1 - \lambda^2) = a^2\,\frac{1 - \lambda^2}{\lambda^2} - c^2.$$

Si $(x, y, 0)$ $(-x, -y, 0)$ sont deux points opposés de la base, d, d' leurs distances au sommet, on a, en supposant $a > 0$:

$$d = \sqrt{(x - a)^2 + y^2 + c^2} = \frac{a}{\lambda} - \lambda x > 0,$$

car

$$x^2 < \frac{a^2}{\lambda^2} - \frac{c^2}{1 - \lambda^2} < \frac{a^2}{\lambda^2},$$

$$d' = \frac{a}{\lambda} + \lambda x \quad , \quad d + d' = \frac{2a}{\lambda}.$$

CHAPITRE XIII

SURFACES DU SECOND DEGRÉ

410. Supposons la conique dans le plan XOY, les deux points sur OZ. L'équation de la surface sera :

$$f(x, y) + z\,(Ax + By + Cz) = 0$$

où A et B sont seuls variables, $f = 0$ étant l'ellipse donnée. Le centre est déterminé par :

$$f'_x + Az = 0 \quad , \quad f'_y + Bz = 0 \quad , \quad Ax + By + 2Cz = 0.$$

Le lieu du centre est la surface du second degré :

$$x f'_x + y f'_y - 2\,Cz^2 = 0.$$

411. En prenant pour axes (obliques) trois arêtes du tétraèdre, les sommets seront : (o, o, o) (a, o, o) (o, b, o) (o, o, c).

Pour $y = z = o$ l'équation doit se réduire à $\left(\dfrac{x}{a} - \dfrac{1}{2}\right)^2$ pour que OX soit tangente au point $\dfrac{a}{2}$. De même pour OY et OZ. Ce qui donne :

$$\frac{x^2}{a^2} + \frac{y^2}{b^2} + \frac{z^2}{c^2} - \frac{x}{a} - \frac{y}{b} - \frac{z}{c} + \frac{1}{4} + Byz + B'xz + B''xy = o.$$

La droite

$$z = o \quad, \quad \frac{x}{a} + \frac{y}{b} = 1$$

la coupe en deux points que l'on peut déduire de

$$\frac{x^2}{4\,a^2} + \frac{y^2}{4\,b^2} + xy\left(B'' - \frac{3}{2\,ab}\right) = o,$$

ils sont confondus si $B'' = \dfrac{3 \pm 1}{2\,ab}$, pour $B'' = \dfrac{1}{ab}$, on a

$$x = \frac{a}{2} \quad, \quad y = \frac{b}{2}.$$

On trouve de même B et B' et la surface :

$$\frac{x^2}{a^2} + \frac{y^2}{b^2} + \frac{z^2}{c^2} + \frac{yz}{bc} + \frac{xz}{ac} + \frac{xy}{ab} - \frac{x}{a} - \frac{y}{b} - \frac{z}{c} + \frac{1}{4} = o,$$

dont le centre

$$x = \frac{a}{4} \quad, \quad y = \frac{b}{4} \quad, \quad z = \frac{c}{4}$$

est le centre de gravité du tétraèdre (§ 355).

412. Prenons pour XOY le plan du cercle, O étant le point où il coupe la droite. Soit le cercle

$$z = o \quad, \quad x^2 + y^2 = 2\,ax,$$

la droite

$$\frac{x}{\alpha} = \frac{y}{\beta} = \frac{z}{\gamma},$$

Une quadrique passant par ce cercle est :

$$x^2 + y^2 - 2\,ax = z\,(\lambda x + \mu y + \nu z + p),$$

elle contient la droite si

$$\gamma p = -\,2\,a\alpha \quad , \quad \lambda\alpha + \mu\beta + \nu\gamma = \frac{\alpha^2 + \beta^2}{\gamma}.$$

Le centre est donné par les équations :

$$2\,x - 2\,a = \lambda z \quad , \quad 2\,y = \mu z \quad , \quad \lambda x + \mu y + 2\,\nu z + p = 0.$$

D'où

$$\nu\gamma z = \frac{\alpha^2 + \beta^2}{\gamma}\,z - 2\,\alpha\,(x - a) - 2\,\beta y,$$

$$\nu z^2 = x\,(a - x) - y^2 + \frac{a\alpha z}{\gamma}.$$

En éliminant ν on a la surface lieu du centre :

$$(\alpha z - \gamma x)^2 + (\beta z - \gamma y)^2 + a\gamma\,(\alpha z - \gamma x) = 0,$$

cylindre parallèle à la droite donnée, ayant pour base le cercle

$$z = 0 \quad , \quad x^2 + y^2 = ax.$$

413. Soit l'ellipsoïde

$$\frac{x^2}{a^2} + \frac{y^2}{b^2} + \frac{z^2}{c^2} = 1$$

et le point (α, β, γ). Le milieu de la corde

$$\frac{x - \alpha}{l} = \frac{y - \beta}{m} = \frac{z - \gamma}{n}$$

est dans le plan diamétral conjugué

$$\frac{lx}{a^2} + \frac{my}{b^2} + \frac{nz}{c^2} = 0.$$

Le lieu de ce point est :

$$\frac{x\,(x - \alpha)}{a^2} + \frac{y\,(y - \beta)}{b^2} + \frac{z\,(z - \gamma)}{c^2} = 0,$$

ellipsoïde semblable dont le centre est

$$\left(\frac{\alpha}{2} \quad , \quad \frac{\beta}{2} \quad , \quad \frac{\gamma}{2}\right).$$

414. Soit l'ellipsoïde

$$\frac{x^2}{a^2} + \frac{y^2}{b^2} + \frac{z^2}{c^2} = 1$$

et

$$(l, m, n)\ (l', m', n')\ (l'', m'', n'')$$

les extrémités de trois diamètres conjugués égaux (§ 200), on aura

$$l^2 + m^2 + n^2 = l'^2 + m'^2 + n'^2 = l''^2 + m''^2 + n''^2 = \frac{a^2 + b^2 + c^2}{3}$$

et les 6 équations qui expriment que ces points sont sur l'ellipsoïde et que les directions sont conjuguées. Mais ces 9 équations se réduisent à 8. Le lieu de ces diamètres est le cône

$$x^2 + y^2 + z^2 = \frac{a^2 + b^2 + c^2}{3}\left(\frac{x^2}{a^2} + \frac{y^2}{b^2} + \frac{z^2}{c^2}\right)$$

qui coupe l'ellipsoïde suivant une courbe du 4me ordre, située sur la sphère

$$x^2 + y^2 + z^2 = \frac{a^2 + b^2 + c^2}{3}.$$

On peut choisir une génératrice du cône, le plan diamétral conjugué le coupe suivant les deux diamètres correspondants.

Si $x = a$, le cône donne la section

$$y^2\left(2 - \frac{a^2 + c^2}{b^2}\right) + z^2\left(2 - \frac{a^2 + b^2}{c^2}\right) = b^2 + c^2 - 2\,a^2.$$

415. Soit l'ellipsoïde

$$\frac{x^2}{a^2} + \frac{y^2}{b^2} + \frac{z^2}{c^2} = 1 \qquad , \qquad a > b > c,$$

et le plan

$$lx + my + nz = 1,$$

le cône a pour équation

$$\frac{x^2}{a^2} + \frac{y^2}{b^2} + \frac{z^2}{c^2} = (lx + my + nz)^2$$

si x est constant la section est un cercle si

$$mn = 0 \quad , \quad m^2 - n^2 = \frac{1}{b^2} - \frac{1}{c^2}$$

la seule solution réelle est

$$m = 0 \quad , \quad n = \pm \frac{\sqrt{b^2 - c^2}}{bc}.$$

l reste arbitraire. On a les deux séries de plans

$$lx \pm z \frac{\sqrt{b^2 - c^2}}{bc} = 1.$$

Le centre de la section est sur le diamètre conjugué

$$y = 0 \quad , \quad \frac{x}{la^2} = \frac{zb}{\pm c \sqrt{b^2 - c^2}}.$$

Le lieu des centres, obtenu en éliminant l, est formé de deux ellipses :

$$y = 0 \quad , \quad \frac{x^2}{a^2} + \frac{z^2}{c^2} = \pm \frac{bz}{c \sqrt{b^2 - c^2}}$$

416. Soit le diamètre fixe

$$\frac{x}{\alpha} = \frac{y}{\beta} = \frac{z}{\gamma},$$

(l, m, n) (l', m', n') (l'', m'', n'') les extrémités de trois diamètres conjugués, d, d', d'' leurs distances au diamètre fixe. Si $\alpha^2 + \beta^2 + \gamma^2 = 1$, on a (§ 187) :

$$d^2 = l^2 + m^2 + n^2 - (\alpha l + \beta m + \gamma n)^2,$$
$$d'^2 = l'^2 + m'^2 + n'^2 - (\alpha l' + \beta m' + \gamma n')^2,$$
$$d''^2 = l''^2 + m''^2 + n''^2 - (\alpha l'' + \beta m'' + \gamma n'')^2,$$

les relations (§ 200),

$$l^2 + l'^2 + l''^2 = a^2 \quad , \quad lm + l'm' + l''m'' = 0$$

et les analogues, donnent :

$$d^2 + d'^2 + d''^2 = a^2 + b^2 + c^2 - \alpha^2 a^2 - \beta^2 b^2 - \gamma^2 c^2 =$$
$$= b^2 + c^2 + (a^2 - b^2)\,\beta^2 + (a^2 - c^2)\,\gamma^2$$

si $a > b > c$, la somme est minimum pour le grand axe $\beta = \gamma = 0$, elle est maximum pour le petit axe car on a : $a^2 + b^2 - (a^2 - c^2)\,\alpha^2 - (b^2 - c^2)\,\beta^2$, maximum si $\alpha = \beta = 0$.

417. Soit la surface $f(x, y, z) = 0$, et le point $M(x_0, y_0, z_0)$. La corde

$$\frac{x - x_0}{l} = \frac{y - y_0}{m} = \frac{z - z_0}{n}$$

a son milieu dans le plan diamétral conjugué $lf'_x + mf'_y + nf'_z = 0$ (§ 196), ce milieu sera le point donné si $lf'_{x_0} + mf'_{y_0} + nf'_{z_0} = 0$. L'élimination de l, m, n donne le lieu :

$$(x - x_0)f'_{x_0} + (y - y_0)f'_{y_0} + (z - z_0)f'_{z_0} = 0.$$

Plan passant par le point donné, parallèle au plan diamétral conjugué du diamètre qui passe par ce point, car le diamètre conjugué de ce plan est :

$$\frac{f'_x}{f'_{x_0}} = \frac{f'_y}{f'_{y_0}} = \frac{f'_z}{f'_{z_0}}.$$

Ce plan coupe la surface suivant une conique de centre M.

418. Si $(l, m, n)\,(l', m', n')\,(l'', m'', n'')$ sont les cosinus directeurs de trois droites perpendiculaires 2 à 2, d, d', d'' les demi-diamètres correspondants, d est la distance au centre du point (ld, md, nd) de l'ellipsoïde

$$\frac{1}{d^2} = \frac{l^2}{a^2} + \frac{m^2}{b^2} + \frac{n^2}{c^2} \ , \quad \frac{1}{d'^2} = \frac{l'^2}{a^2} + \frac{m'^2}{b^2} + \frac{n'^2}{c^2} \ , \quad \frac{1}{d''^2} = \frac{l''^2}{a^2} + \frac{m''^2}{b^2} + \frac{n''^2}{c^2}$$

$$\frac{1}{d^2} + \frac{1}{d'^2} + \frac{1}{d''^2} = \frac{1}{a^2} + \frac{1}{b^2} + \frac{1}{c^2}$$

(§ 178).

419. Soient $(l, m, n)\,(l', m', n')\,(l'', m'', n'')$ les extrémités de trois diamètres conjugués de l'ellipsoïde (§ 200). Les trois plans tangents sont :

$$\frac{lx}{a^2} + \frac{my}{b^2} + \frac{nz}{c^2} = 1 \ , \quad \frac{l'x}{a^2} + \frac{m'y}{b^2} + \frac{n'z}{c^2} = 1 \ , \quad \frac{l''x}{a^2} + \frac{m''y}{b^2} + \frac{n''z}{c^2} = 1.$$

Entre les 9 coordonnées $l, m, \ldots$ il y a 6 relations, qui sont celles qui expriment que $\dfrac{l}{a}, \dfrac{m}{b}, \dfrac{n}{c}, \ldots$ sont les cosinus directeurs de 3 directions perpendiculaires (§ 178).

En ajoutant les carrés des trois équations des plans tangents, on a ainsi :

$$\frac{x^2}{a^2} + \frac{y^2}{b^2} + \frac{z^2}{c^2} = 3.$$

Le lieu est un ellipsoïde semblable. Si on peut éliminer 9 quantités entre 9 équations, c'est que chaque point du lieu correspond à une infinité de systèmes conjugués.

420. Soit le paraboloïde

$$\frac{y^2}{p} + \frac{z^2}{q} = 2x.$$

Si z est constant, la parabole

$$y^2 + \left(x - \frac{p}{2} - \frac{z^2}{2q}\right)^2 = \left(x + \frac{p}{2} - \frac{z^2}{2q}\right)^2$$

a pour foyer

$$x = \frac{p}{2} + \frac{z^2}{2q} \quad , \quad y = 0.$$

Le lieu du foyer est la parabole

$$y = 0 \quad , \quad z^2 = 2qx - pq.$$

Les sections perpendiculaires à OY ont leurs foyers sur la parabole

$$z = 0 \quad , \quad y^2 = 2px - pq.$$

Si x est constant, on a une conique dont les demi-axes sont $\sqrt{2px}, \sqrt{2qx}$. On trouve pour lieu des foyers deux paraboles

$$z = 0 \quad , \quad y^2 = 2(p - q)x$$

et

$$y = 0 \quad , \quad z^2 = 2(q - p)x.$$

Si le paraboloïde est elliptique $p > q > 0$, la première parabole correspond seule à des sections réelles, $x > 0$.

421. La normale au paraboloïde de révolution autour de OX, est normale à la parabole méridienne. Le lieu des milieux des cordes normales est la surface de révolution engendrée par la courbe, lieu des milieux des cordes normales à la parabole (probl. 294). L'équation de cette surface est

$$x = p + \frac{y^2 + z^2}{p} + \frac{p^3}{2(y^2 + z^2)}.$$

422. Si a', b', c' sont des demi-diamètres conjugués $a'^2 + b'^2 + c'^2 = a^2 + b^2 + c^2$, $a'b'c'$ ou $a'^2 b'^2 c'^2$ est maximum si

$$a'^2 = b'^2 = c'^2 = \frac{a^2 + b^2 + c^2}{3}$$

(probl. 414).

423. Soit le paraboloïde

$$\frac{y^2}{p} + \frac{z^2}{q} = 2x$$

et le diamètre $y = b$, $z = c$. Le plan $z - c = \lambda(y - b)$ coupe la surface suivant une parabole dont l'axe est parallèle à OX, la projection sur le plan XOY est

$$\frac{y^2}{p} + \frac{[c + \lambda(y - b)]^2}{q} = 2x.$$

L'axe a pour projection l'axe de cette parabole, car il est parallèle au plan de projection XOY. C'est le diamètre conjugué de $x = 0$,

$$\frac{y}{p} + \lambda \frac{c + \lambda(y - b)}{q} = 0.$$

Le sommet de la section est déterminé par les trois équations, ou :

$$z - c = \lambda(y - b) \quad , \quad \frac{y}{p} + \lambda \frac{z}{q} = 0 \quad , \quad \frac{y^2}{p} + \frac{qy^2}{\lambda^2 p^2} = 2x$$

En éliminant λ on a les équations du lieu :

$$\frac{y^2}{p} + \frac{z^2}{q} = 2x \quad , \quad \frac{y(y - b)}{p} + \frac{z(z - c)}{q} = 0,$$

la seconde équation peut se remplacer par

$$2x = \frac{by}{p} + \frac{cz}{q},$$

ellipse ou hyperbole, suivant la nature du paraboloïde, qui passe par O et par l'extrémité du diamètre fixe.

424. Soit l'ellipsoïde

$$\frac{x^2}{a^2} + \frac{y^2}{b^2} + \frac{z^2}{c^2} = 1$$

et la section $z = h$. La normale à la surface au point (x, y, h) :

$$\frac{X - x}{x} a^2 = \frac{Y - y}{y} b^2 = \frac{Z - h}{h} c^2$$

coupe le plan $Z = 0$ au point

$$X = x \frac{a^2 - c^2}{a^2} \quad , \quad Y = y \frac{b^2 - c^2}{b^2}$$

et comme

$$\frac{x^2}{a^2} + \frac{y^2}{b^2} + \frac{h^2}{c^2} = 1,$$

on a le lieu, qui est une ellipse :

$$Z = 0 \quad , \quad \left(\frac{aX}{a^2 - c^2}\right)^2 + \left(\frac{bY}{b^2 - c^2}\right)^2 = 1 - \frac{h^2}{c^2}.$$

425. Soit l'hyperboloïde

$$\frac{x^2}{a^2} + \frac{y^2}{b^2} - \frac{z^2}{c^2} + 1 = 0$$

et le plan tangent au point (x, o, z),

$$\frac{Xx}{a^2} - \frac{Zz}{c^2} + 1 = 0$$

qui coupe le cône asymptote

$$\frac{X^2}{a^2} + \frac{Y^2}{b^2} - \frac{Z^2}{c^2} = 0$$

suivant une ellipse dont le centre est le point de contact. Les sommets sont

$$X = x \quad , \quad Z = z \quad , \quad Y = \pm\, b\, \sqrt{\frac{z^2}{c^2} - \frac{x^2}{a^2}} = \pm\, b,$$

et

$$Y = o \quad , \quad X = x \pm \frac{az}{c} \quad , \quad Z = z \pm \frac{cx}{a}.$$

Les demi-axes : b et

$$\sqrt{\left(\frac{az}{c}\right)^2 + \left(\frac{cx}{a}\right)^2}\,;$$

la surface de l'ellipse de base est

$$\pi\, \frac{b}{ac}\, \sqrt{a^4 z^2 + c^4 x^2}$$

($\S$ 250). La distance de l'origine au plan tangent est

$$h = \frac{a^2 c^2}{\sqrt{a^4 z^2 + c^4 x^2}},$$

et le volume du cône $v = \dfrac{\pi}{3}\, abc$.

426. Soit le paraboloïde

$$\frac{y^2}{p^2} - \frac{z^2}{q^2} = 2\,x.$$

La projection du point (x, y, z) sur le plan directeur $qY = pZ$ est
donnée par les équations :

$$\frac{Y - y}{q} = \frac{Z - z}{-p} = \frac{pz - qy}{p^2 + q^2},$$

$$X = x \quad , \quad Y = \frac{p^2 y + pqz}{p^2 + q^2} \quad , \quad Z = \frac{pqy + q^2 z}{p^2 + q^2}.$$

La projection sur le plan $qY = -pZ$ est :

$$X = x \quad , \quad Y = \frac{p^2 y - pqz}{p^2 + q^2} \quad , \quad Z = \frac{-pqy + q^2 z}{p^2 + q^2}$$

et le milieu :

$$X = x \quad, \quad Y = \frac{p^2 y}{p^2 + q^2} \quad, \quad Z = \frac{q^2 z}{p^2 + q^2}.$$

Si (x, y, z) décrit le paraboloïde, le lieu du point (X, Y, Z) est un autre paraboloïde :

$$\frac{Y^2}{p^6} - \frac{Z^2}{q^6} = \frac{2X}{(p^2 + q^2)^2}.$$

427. Soit le paraboloïde

$$\frac{y^2}{p^2} - \frac{z^2}{q^2} = 2x,$$

le plan tangent au point (x, y, z),

$$\frac{Y - y}{p^2} y - \frac{Z - z}{q^2} z = X - x,$$

coupe la surface suivant deux génératrices :

$$\frac{Y - y}{p} = \frac{Z - z}{q} = \frac{X - x}{qy - p^2} pq,$$

et

$$\frac{Y - y}{p} = \frac{Z - z}{-q} = \frac{X - x}{qy + p^2} pq$$

et les plans directeurs $Yq = \pm Zp$ suivant les droites parallèles :

$$\frac{Y}{p} = \frac{Z}{q} = \frac{X + x}{qy - p^2} pq \quad, \quad \frac{Y}{p} = \frac{Z}{-q} = \frac{X + x}{qy + p^2} pq$$

qui passent par le point $(-x, o, o)$, sommet opposé à M. Soit l la diagonale : $4x^2 + y^2 + z^2 = l^2$. Si l est constant, le point (x, y, z) reste sur la courbe du 4me ordre, intersection de cet ellipsoïde avec le paraboloïde.

CHAPITRE XIV

—

INTERSECTIONS

428. Soit la surface passant par OX et OY (axes obliques) :

$$xy = z(ax + by + cz + d).$$

Deux génératrices

$$\begin{cases} \lambda y = ax + by + cz + d \\ x = \lambda z \end{cases} \qquad \begin{cases} \mu x = ax + by + cz + d \\ y = \mu z \end{cases}$$

seront parallèles si l'on a :

$$\lambda\mu = a\lambda + b\mu + c,$$

elles ont alors la direction

$$\frac{x}{\lambda} = \frac{y}{\mu} = z.$$

Ces droites coupent les axes OY et OX aux points

$$y = OB = \frac{d}{\lambda - b} \quad , \quad x = OA = \frac{d}{\mu - a},$$

$$xy = \frac{d^2}{(\mu - a)(\lambda - b)} = \frac{d^2}{ab + c}.$$

429. Soit l'hyperboloïde

$$\frac{x^2}{a^2} - \frac{z^2}{c^2} = 1 - \frac{y^2}{b^2}$$

et les génératrices :

$$\begin{cases} \dfrac{x}{a} - \dfrac{z}{c} = \lambda\left(1 - \dfrac{y}{b}\right) \\ \dfrac{x}{a} + \dfrac{z}{c} = \dfrac{1}{\lambda}\left(1 + \dfrac{y}{b}\right) \end{cases} \qquad \begin{cases} \dfrac{x}{a} - \dfrac{z}{c} = \mu\left(1 + \dfrac{y}{b}\right) \\ \dfrac{x}{a} + \dfrac{z}{c} = \dfrac{1}{\mu}\left(1 - \dfrac{y}{b}\right) \end{cases}$$

qui sont parallèles aux droites

$$\frac{x}{a(1-\lambda^2)} = \frac{y}{2b\lambda} = \frac{z}{c(1+\lambda^2)} \cdot \frac{x}{a(1-\mu^2)} = \frac{y}{-2b\mu} = \frac{z}{c(1+\mu^2)}$$

et sont perpendiculaires si

$$a^2(1-\lambda^2)(1-\mu^2) - 4b^2\lambda\mu + c^2(1+\lambda^2)(1+\mu^2) = 0$$
$$(a^2+c^2)(1+\lambda^2\mu^2) - 4b^2\lambda\mu + (c^2-a^2)(\lambda^2+\mu^2) = 0.$$

Pour le point d'intersection des deux génératrices, on a :

$$\lambda\mu = \frac{\dfrac{x}{a} - \dfrac{z}{c}}{\dfrac{x}{a} + \dfrac{z}{c}} \quad , \quad \lambda + \mu = \frac{2}{\dfrac{x}{a} + \dfrac{z}{c}}$$

$$(a^2+c^2)\left(\frac{x^2}{a^2} + \frac{z^2}{c^2}\right) - 2b^2\left(\frac{x^2}{a^2} - \frac{z^2}{c^2}\right) + (c^2-a^2)\left(2 - \frac{x^2}{a^2} + \frac{z^2}{c^2}\right) = 0.$$

Le lieu est l'intersection de l'hyperboloïde avec la sphère

$$x^2 + y^2 + z^2 = a^2 + b^2 - c^2.$$

430. Soit le paraboloïde

$$\frac{y^2}{p^2} - \frac{z^2}{q^2} = 2x$$

et le plan tangent au point (x, y, z)

$$\frac{Y-y}{p^2}y - \frac{Z-z}{q^2}z = X - x$$

qui coupe la surface suivant les génératrices (parallèles aux plans directeurs) :

$$\frac{Y-y}{p} = \frac{Z-z}{q} = \frac{X-x}{qy-pz}pq \quad , \quad \frac{Y-y}{p} = \frac{Z-z}{-q} = \frac{X-x}{qy+pz}pq.$$

Ces génératrices coupent le plan YOZ aux points A, B :

$$0, \ y - \frac{p^2qx}{qy-pz} \ , \ z - \frac{pq^2x}{qy-pz} \quad \text{et} \quad 0, \ y - \frac{p^2qx}{qy+pz} \ , \ z + \frac{pq^2x}{qy+pz}.$$

La surface du triangle OAB est (Probl. 258) :

$$S = \frac{1}{2}\begin{vmatrix} y - \dfrac{p^2qx}{qy - pz} & , & z - \dfrac{pq^2x}{qy - pz} \\[2ex] y - \dfrac{p^2qx}{qy + pz} & , & z + \dfrac{pq^2x}{qy + pz} \end{vmatrix} = pqx - \frac{p^3q^3x^3}{q^2y^2 - p^2z^2} = \frac{1}{2}pqx.$$

Le lieu est l'hyperbole

$$x = \frac{2S}{pq} \quad , \quad \frac{y^2}{p^2} - \frac{z^2}{q^2} = \frac{4S}{pq}.$$

431. Le cône de sommet $(0, 0, h)$ a pour équation :

$$y^2 + \left(z - h + \frac{hx}{a}\right)^2 = x^2.$$

La surface S (probl. 398) :

$$a^2y^2 + x^2(z^2 - a^2) = 0.$$

L'intersection est sur la surface, obtenue en éliminant y :

$$(z - h)(x - a)\left[a(z - h) + x(z + h)\right] = 0$$

elle est formée des deux droites

$$z = h \quad , \quad y^2 = x^2\left(1 - \frac{h^2}{a^2}\right)$$

du cercle donné, et de la courbe d'intersection du cône avec le cylindre

$$a(z - h) + x(z + h) = 0.$$

432. Prenons pour plans XOZ, YOZ ceux des coniques (axes obliques). On a les surfaces

$$xy = \lambda f(x, y, z).$$

Le centre est déterminé par

$$y = \lambda f'_x \quad , \quad x = \lambda f'_y \quad , \quad f'_z = 0.$$

Le lieu du centre est la conique

$$yf'_y = xf'_x \quad , \quad f'_z = 0.$$

433. Prenons la droite P pour OZ, et soient

$$x = az + p \qquad , \qquad y = bz + q$$

les équations de la droite Q. Les deux surfaces ont pour équations :

$$x^2 + y^2 = (az + p)^2 + (bz + q)^2$$
$$y(az + p) = x(bz + q)$$

L'intersection comprend la droite Q et

$$az + p = -x \qquad , \qquad bz + q = -y$$

qui ne se coupent pas. Elle comprend donc 2 autres droites qui sont des génératrices de l'autre système du paraboloïde

$$az + p = \lambda(bz + q) \qquad , \qquad x = \lambda y.$$

On trouve deux droites imaginaires communes, $\lambda = \pm i$.

434. Soient OA $= a$, OB $= b$, OC $= c$. Une surface du second ordre passant par les droites :

$$y = z = 0 \qquad : \qquad \frac{x}{a} + \frac{y}{b} = 1 \qquad , \qquad z = 0 ;$$
$$\frac{y}{b} + \frac{z}{c} = 1 \qquad , \qquad x = 0 ; \quad \text{et} \quad y = x = 0$$

a pour équation :

$$\left(\frac{x}{a} + \frac{y}{b} + \frac{z}{c} - 1 \right) y = \lambda xz,$$

Le centre est déterminé par :

$$y = a\lambda z = c\lambda x \qquad , \qquad \frac{x}{a} + \frac{2y}{b} + \frac{z}{c} = 1.$$

D'où

$$\frac{x}{a} = \frac{y}{\lambda ac} = \frac{z}{c} = \frac{b}{2(b + \lambda ac)}.$$

L'élimination de λ donne deux solutions :

$$1° \qquad y = 0 \qquad , \qquad \frac{x}{a} + \frac{z}{c} = 1 \qquad , \qquad \lambda = 0$$

la surface est formée de deux plans, la droite AC est une ligne de centres.

2° Le lieu des centres, qui est une droite

$$\frac{x}{a} = \frac{z}{c} = \frac{b - 2y}{2b}.$$

On a un paraboloïde, si le centre est à l'infini,

$$\lambda = -\frac{b}{ac}.$$

435. Cette cubique est l'intersection des surfaces :

$$\frac{xy}{ab} = \frac{z}{c} \qquad , \qquad \frac{xz}{ac} = \frac{y^2}{b^2}$$

qui passent par OX ou

$$\frac{bz}{cy} = \frac{ay}{bx} = \frac{x}{a}.$$

Elle est sur les surfaces

$$\lambda\left(\frac{xy}{ab} - \frac{z}{c}\right) + \mu\left(\frac{xz}{ac} - \frac{y^2}{b^2}\right) + \nu\left(\frac{x^2}{a^2} - \frac{y}{b}\right) = 0.$$

Le centre est donné par :

$$\lambda\frac{y}{b} + \mu\frac{z}{c} + \frac{2\nu x}{a} = 0 \quad , \quad \lambda\frac{x}{a} - 2\mu\frac{y}{b} - \nu = 0 \quad , \quad \lambda - \mu\frac{x}{a} = 0.$$

Le lieu du centre est la surface :

$$\begin{vmatrix} \dfrac{y}{b} & \dfrac{z}{c} & \dfrac{2x}{a} \\[2ex] \dfrac{x}{a} & -\dfrac{2y}{b} & -1 \\[2ex] -1 & -\dfrac{x}{a} & 0 \end{vmatrix} = 0 \qquad \frac{z}{c} = 3\frac{xy}{ab} - 2\frac{x^3}{a^3}$$

engendrée par la droite

$$x = at \qquad , \qquad z = ct\left(3\frac{y}{b} - 2t^2\right)$$

qui rencontre la cubique.

436. Soit un point $t = \theta$ de la cubique. La surface du second degré du problème précédent passera par la droite

$$\frac{x}{a\theta} = \frac{y}{b\theta^2} = \frac{z}{c\theta^3}$$

si

$$\lambda\theta + \nu = 0.$$

On a ainsi les surfaces

$$\lambda\left(\frac{xy}{ab} - \frac{z}{c} - \theta\frac{x^2}{a^2} + \theta\frac{y}{b}\right) + \mu\left(\frac{xz}{ac} - \frac{y^2}{b^2}\right) = 0.$$

Dont le centre est déterminé par les équations :

$$\lambda\left(\frac{y}{b} - 2\theta\frac{x}{a}\right) + \mu\frac{z}{c} = 0 \quad, \quad \lambda\left(\frac{x}{a} + \theta\right) = 2\mu\frac{y}{b} \quad, \quad \lambda = \mu\frac{x}{a}$$

et décrit la courbe du quatrième ordre :

$$2y = b\frac{x}{a}\left(\frac{x}{a} + \theta\right) \quad, \quad z = \frac{cx}{a}\left(2\theta\frac{x}{a} - \frac{y}{b}\right).$$

437. Les valeurs $t = \pm a$ donnent le point double $(a^2, 0, a^4)$. Par cette courbe passe une infinité de surfaces du second ordre (§ 212) :

$$y^2 - xz - a^3x + 2a^4z = \lambda(x^2 - z)$$

qui, au point

$$x = a^2 \quad, \quad y = 0 \quad, \quad z = a^4$$

ont le même plan tangent

$$2a^2x - z = a^4.$$

438. Pour que deux valeurs t et θ donnent le même point, il faut :

$$t^3 = \theta^3 \quad, \quad t^2 - t = \theta^2 - \theta \quad, \quad t^3 + at^2 + bt^2 = \theta^3 + a\theta^2 + b\theta^2.$$

D'où

$$(t^3 - 1)(t - \theta) = 0 \quad \text{et} \quad t^3 = \theta^3 = 1 \quad, \quad b(t + \theta) = -1.$$

b étant réel,

$$t = \frac{-1 + i\sqrt{3}}{2} \quad , \quad \theta = \frac{-1 - i\sqrt{3}}{2} \quad , \quad b = 1.$$

La courbe

$$x = t^3 \quad , \quad y = t^3 - t \quad , \quad z = t^4 + at^3 + t^2$$

a le point double,

$$x = 1 \quad , \quad y = 0 \quad , \quad z = a - 1.$$

C'est un point double isolé, à tangentes imaginaires conjuguées

$$\frac{x - 1}{-\frac{3}{2}(1 \pm i\sqrt{3})} = \frac{y}{3} = \frac{z + 1 - a}{3 \pm i\sqrt{3} - \frac{3a}{2}(1 \pm i\sqrt{3})}$$

situées dans le plan

$$(2 - 3a)x - 2y + 3z + 1 = 0.$$

En exprimant que cette courbe est située sur une quadrique représentée par l'équation générale, on trouve les surfaces :

$$(z - y - ax)(y - x + 1) + y + x - x^2 =$$
$$= \lambda\,[(z - y - ax)^2 - z + x(a - 2)].$$

439. Cette courbe est sur la surface

$$xy = \frac{ab}{c}z.$$

Les génératrices

$$y = \lambda \quad , \quad x = \frac{ab}{\lambda c}z$$

la coupent en trois points

$$t^3 - t - \frac{\lambda}{b} = 0.$$

Si on donne le point $t = \theta$, pour les deux autres racines on a :

$$t_1 + t_2 = -\theta \quad , \quad t_1 t_2 = -1 - \theta(t_1 + t_2) = \theta^2 - 1$$
$$t_1 \text{ et } t_2 = \frac{-\theta \pm \sqrt{4 - 3\theta^2}}{2}.$$

440. On peut représenter la courbe par

$$x = t^2 \quad , \quad y = t(t^2 - a^2) \quad , \quad z = t^3$$

au point

$$x = a^2 \quad , \quad y = 0 \quad , \quad z = a^3$$

les deux surfaces ont même plan tangent $2a^2x - z = a^4$; c'est un point double, $t = \pm a$, de la courbe.

La surface $y^2 = x(z + a^4) - 2a^2x^2$ est un cône de sommet $(0, 0, -a^4)$. Le cône ayant pour sommet le point double et pour base la courbe donnée est également du second degré; il est engendré par la droite

$$x - a^2 = \frac{y}{t} = \frac{z - a^4}{t^2 + a^2}$$

et a pour équation :

$$y^2 = (x - a^2)(z - a^2x).$$

441. La projection sur le plan XOY se décompose :

$$(x^2 - y)(1 - y)(1 + y) = 0.$$

L'intersection comprend les droites

$$y = 1 \quad , \quad z = x \quad ; \quad y = -1 \quad , \quad z = -x$$

et la courbe

$$y = x^2 \quad , \quad z = xy$$

que l'on peut représenter par

$$x = t \quad , \quad y = t^2 \quad , \quad z = t^3.$$

442. Soient les sphères :

$$S = x^2 + y^2 + z^2 - 2ax - 2by - 2cz - d = 0.$$
$$S' = 0 \quad , \quad S'' = 0 \quad , \quad S''' = 0.$$

Les plans des cercles communs :

$$S - S' = 0 \quad , \quad S - S'' = 0 \quad , \quad S - S''' = 0$$
$$S' - S'' = 0 \quad , \quad S' - S''' = 0 \quad , \quad S'' - S''' = 0$$

passent par le point déterminé par les trois équations

$$S = S' = S'' = S'''$$

qui se réduisent au premier degré.

CHAPITRE XV

SECTIONS CIRCULAIRES.
CÔNES CIRCONSCRITS

443. Soit le paraboloïde

$$\frac{y^2}{p} + \frac{z^2}{q} = 2x \quad , \quad p > q > 0.$$

Le plan (§ 213)

$$x = a + z\sqrt{\frac{p-q}{q}}$$

le coupe suivant un cercle dont le centre, sur le diamètre conjugué, est

$$x = a + p - q \quad , \quad y = 0 \quad , \quad z = \sqrt{q(p-q)}.$$

Le point

$$z = 0 \quad , \quad x = a \quad , \quad y = \sqrt{2ap}$$

est sur ce cercle, le rayon $R = \sqrt{p(2a + p - q)}$.

Le plan

$$x = a - z\sqrt{\frac{p-q}{q}}$$

donne un cercle de même rayon; ils sont du reste symétriques par rapport au plan XOY.

La sphère

$$p\left(\frac{y^2}{p} + \frac{z^2}{q} - 2x\right) + (x-a)^2 - z^2\frac{p-q}{q} = 0$$

$$x^2 + y^2 + z^2 - 2(p+a)x + a^2 = 0$$

passe par ces deux cercles.

444. Soit le cercle

$$x^2 + y^2 = R^2 \qquad , \qquad z = 0$$

de centre O. Une surface passant par ce cercle est :

$$x^2 + y^2 - R^2 = 2z(\lambda x + \mu y + \nu z + p)$$

soit (a, b, c) son centre.

$$a = \lambda c \quad , \quad b = \mu c \quad , \quad \lambda a + \mu b + 2\nu c + p = 0$$

l'équation de la surface devient :

$$c(x^2 + y^2 - R^2) - 2z(ax + by - a^2 - b^2) = 2c\nu z(z - 2c).$$

La sphère :

$$x^2 + y^2 + z^2 - R^2 = 0$$

la coupe suivant deux cercles situés dans les plans $z = 0$ et

$$cz + 2(ax + by) + 2c\nu(z - 2c) = 2(a^2 + b^2).$$

La section circulaire dont le plan passe par O, autre que le cercle donné, est

$$(c + 2c\nu)z + 2(ax + by) = 0.$$

En éliminant ν on a le lieu de ce cercle, qui est une sphère

$$x^2 + y^2 + z^2 - 4ax - 4by - 2cz + 2z\frac{a^2 + b^2}{c} - R^2 = 0.$$

445. Soit la parabole $z = 0$, $y^2 = 2px$. Un cône de révolution de sommet (x_0, y_0, z_0) a pour équation (§ 192) :

$$(ax + by + cz - ax_0 - by_0 - cz_0)^2 = [(x-x_0)^2 + (y-y_0)^2 + (z-z_0)^2]\cos^2\nu$$

pour $z = 0$ on doit trouver la parabole $y^2 = 2px$. Pour cela, il faut :

$$a = \cos \nu \quad , \quad b = 0 \quad , \quad y_0 = 0 \quad , \quad (ax_0 + cz_0)^2 = (x^2_0 + z^2_0) \cos^2 \nu,$$
$$a(ax_0 + cz_0) + (p - x_0) \cos^2 \nu = 0$$

ou, z_0 n'étant pas nul si le cône ne se réduit pas au plan XOY.

$$c^2 z_0 + 2acx_0 - a^2 z_0 = 0 \quad , \quad cz_0 + pa = 0$$

le lieu du sommet est la parabole

$$y = 0 \quad , \quad z^2 = p(p - 2x)$$

qui a pour sommet le foyer

$$\left(\frac{p}{2} \quad , \quad 0 \quad , \quad 0 \right)$$

de la première.

446. Soit la sphère $x^2 + y^2 + z^2 = R^2$ et les cônes de sommets $(x_0, y_0, z_0)\,(x_1, y_1, z_1)$:

$$(x^2 + y^2 + z^2 - R^2)(x^2_0 + y^2_0 + z^2_0 - R^2) = (xx_0 + yy_0 + zz_0 - R^2)^2$$
$$(x^2 + y^2 + z^2 - R^2)(x^2_1 + y^2_1 + z^2_1 - R^2) = (xx_1 + yy_1 + zz_1 - R^2)^2$$

Leur intersection est située sur la surface, formée de deux plans :

$$(xx_0 + yy_0 + zz_0 - R^2)^2 (x^2_1 + y^2_1 + z^2_1 - R^2) -$$
$$- (xx_1 + yy_1 + zz_1 - R^2)^2 (x^2_0 + y^2_0 + z^2_0 - R^2) = 0$$

soit

$$(\alpha x + \beta y + \gamma z + \delta)(\alpha' x + \beta' y + \gamma' z + \delta') = 0$$

les plans sont perpendiculaires si $\alpha\alpha' + \beta\beta' + \gamma\gamma' = 0$, la somme des coefficients de x^2, y^2, z^2 est nulle, ou :

$$x^2_0 + y^2_0 + z^2_0 = x^2_1 + y^2_1 + z^2_1$$

les deux sommets sont à la même distance du centre.

447. Soit le cône de sommet (x, y, z) circonscrit à l'ellipsoïde

$$\frac{x^2}{a^2} + \frac{y^2}{b^2} + \frac{z^2}{c^2} = 1,$$

la courbe de contact est dans le plan (§ 215) :

$$\frac{Xx}{a^2} + \frac{Yy}{b^2} + \frac{Zz}{c^2} - 1 = 0,$$

qui est une section circulaire si (§ 213) :

$$y = 0 \quad , \quad az = \pm cx \sqrt{\frac{a^2 - b^2}{b^2 - a^2}}.$$

Le lieu du sommet est formé des diamètres conjugués des plans des sections circulaires.

448. Soit le cercle

$$x^2 + y^2 = R^2 \qquad , \qquad z = 0$$

et la direction donnée

$$x = az \quad , \quad y = bz.$$

Une quadrique passant par ce cercle est :

$$x^2 + y^2 - R^2 = 2z(\lambda x + \mu y + \nu z + p)$$

son centre

$$x = \lambda z \quad , \quad y = \mu z \quad , \quad z = \frac{-p}{\lambda^2 + \mu^2 + 2\nu}$$

sera à l'infini dans la direction de l'axe si :

$$\lambda = a \quad , \quad \mu = b \quad , \quad 2\nu + a^2 + b^2 = 0$$

on a les paraboloïdes

$$(x - az)^2 + (y - bz)^2 - R^2 = 2pz.$$

L'axe est le diamètre conjugué au plan $ax + by + z = 0$ qui lui est perpendiculaire. Les équations de l'axe sont :

$$\frac{x - az}{a} = \frac{y - bz}{b} = -a(x - az) - b(y - bz) - p.$$

Le sommet est l'intersection du paraboloïde avec l'axe, en éliminant p, on a le lieu :

$$\frac{x}{a} = \frac{y}{b} \quad , \quad \frac{x^2}{a^2}(a^2 + b^2) + \frac{2xz}{a} - z^2(2 + a^2 + b^2) = R^2$$

hyperbole dont les asymptotes sont

$$\frac{x}{a} = \frac{y}{b} = z \qquad \text{et} \qquad \frac{x}{a} = \frac{y}{b} = -z\left(1 + \frac{2}{a^2 + b^2}\right).$$

449. On a les deux quadriques (§ 208)

$$f + \lambda P^2 = 0 \quad , \quad f + \mu Q^2 = 0$$

dont l'intersection est dans les plans, réels ou imaginaires

$$P = \pm\, Q \sqrt{\frac{\mu}{\lambda}}.$$

450. Soit l'ellipsoïde

$$\frac{x^2}{a^2} + \frac{y^2}{b^2} + \frac{z^2}{c^2} = 1 \qquad \text{et} \qquad (x_0, y_0, z_0)\,(lx_0, ly_0, lz_0)$$

les sommets des cônes circonscrits :

$$\left(\frac{x^2}{a^2} + \frac{y^2}{b^2} + \frac{z^2}{c^2} - 1\right)\left(\frac{x_0^2}{a^2} + \frac{y_0^2}{b^2} + \frac{z_0^2}{c^2} - 1\right) = \left(\frac{xx_0}{a^2} + \frac{yy_0}{b^2} + \frac{zz_0}{c^2} - 1\right)^2$$

$$\left(\frac{x^2}{a^2} + \frac{y^2}{b^2} + \frac{z^2}{c^2} - 1\right)\left(\frac{x_0^2}{a^2} + \frac{y_0^2}{b^2} + \frac{z_0^2}{l^2} - 1\right) = \left(\frac{xx_0}{a^2} + \frac{yy_0}{b^2} + \frac{zz_0}{c^2} - \frac{1}{l}\right)^2$$

Ils se coupent suivant deux coniques situées dans les plans :

$$\left(\frac{xx_0}{a^2} + \frac{yy_0}{b^2} + \frac{zz_0}{c^2} - 1\right)\sqrt{\frac{x_0^2}{a^2} + \frac{y_0^2}{b^2} + \frac{z_0^2}{c^2} - \frac{1}{l^2}}$$

$$= \pm\left(\frac{xx_0}{a^2} + \frac{yy_0}{b^2} + \frac{zz_0}{c^2} - \frac{1}{l}\right)\sqrt{\frac{x_0^2}{a^2} + \frac{y_0^2}{b^2} + \frac{z_0^2}{c^2} - 1}$$

qui sont parallèles au plan diamétral conjugué du diamètre passant par les sommets. Les plans des courbes de contact lui sont aussi parallèles.

451. On peut prendre pour XOY le plan tangent, O étant le point de contact. On a la sphère

$$x^2 + y^2 + z^2 = 2\,Rz$$

et la surface

$$x^2 + y^2 + z^2 - 2\,Rz = \lambda\,(ax + by + cz + d)^2$$

qui est une surface de révolution (§ 193). La section par le plan $z = 0$:

$$x^2 + y^2 = \lambda \, (ax + by + d)^2$$

a pour foyer l'origine, la directrice est dans le plan de la courbe de contact avec la sphère.

452. Soit le cône de révolution autour de OZ :

$$x^2 + y^2 = h^2 z^2$$

et un plan parallèle à OY :

$$x = az - p$$

Le centre de la section est sur le diamètre conjugué de ce plan :

$$y = 0 \quad , \quad ax = h^2 z \quad \text{d'où} \quad x = \frac{ph^2}{a^2 - h^2} \quad , \quad z = \frac{pa}{a^2 - h^2}$$

Les sommets du grand axe sont sur les génératrices $y = 0$, $x = \pm hz$, le demi grand axe est

$$\frac{ph}{a^2 - h^2} \sqrt{1 + a^2} \, ,$$

et le demi petit axe parallèle à OY est :

$$\frac{ph}{a^2 - h^2} \sqrt{a^2 - h^2} \, .$$

La surface de l'ellipse (§ 250) :

$$\frac{\pi p^2 h^2}{(a^2 - h^2)^2} \sqrt{1 + a^2} \sqrt{a^2 - h^2}$$

La distance du sommet O au plan de base est $\dfrac{p}{\sqrt{1 + a^2}}$ et

$$V = \frac{\pi p^3 h^2}{3 (a^2 - h^2) \sqrt{a^2 - h^2}}$$

Si V est donné,

$$\frac{p^2}{a^2 - h^2} = \left(\frac{3 V}{\pi h^2} \right)^{\frac{2}{3}} = c^2$$

constant.

Si a et p varient, le centre

$$x = \frac{h^2 c}{\sqrt{a^2 - h^2}} \quad , \quad z = \frac{ac}{\sqrt{a^2 - h^2}}$$

reste sur l'hyperbole

$$y = 0 \quad , \quad z^2 - \frac{x^2}{h^2} = c^2.$$

On peut faire tourner la figure autour de OZ, pour avoir une section arbitraire. Le volume du cône ne change pas, le lieu du centre de la base est l'hyperboloïde de révolution à deux nappes :

$$h^2 z^2 - x^2 - y^2 = c^2 h^2.$$

453. Un centre unique O. Le plan tangent $z = \dfrac{1}{\sqrt{2}}$ au point $\left(0, 0, \dfrac{1}{\sqrt{2}}\right)$ coupe la surface suivant deux droites réelles

$$y^2 + xy - x^2 = 0,$$

cette surface est un hyperboloïde à une nappe.

454. Centre unique

$$x = -\frac{y}{2} = -z = \frac{a}{2}.$$

Le cône asymptotique, qui contient la droite $y = z$, $x = 0$ est réel, le plan tangent en O, $z = 0$ coupe la surface suivant les droites imaginaires :

$$(x + y)^2 + x^2 = 0,$$

cette surface est un hyperboloïde à deux nappes.

455. L'équation de la surface peut s'écrire :

$$(z - x \cos \beta - y \cos \alpha)^2 + \left(y \sin \alpha + x \sin \beta - 2x \frac{\cos \alpha \cos \beta}{\sin \alpha}\right)^2$$
$$- 4 x^2 \frac{\cos \alpha \cos \beta}{\sin^2 \alpha} \cos (\alpha + \beta) = 1$$

Si $\cos \alpha \cos \beta \cos(\alpha + \beta) < 0$, c'est un ellipsoïde.

Si $\cos \alpha \cos \beta \cos(\alpha + \beta) > 0$, le plan $z = 1 + x \cos \beta + y \cos \alpha$, tangent au point $(0, 0, 1)$ coupe la surface suivant deux droites réelles, c'est un hyperboloïde à une nappe.

Si $\cos \alpha \cos \beta \cos(\alpha + \beta) = 0$, on a un cylindre elliptique.

Si $\alpha = 0$ on peut permuter x et y, pour éviter le dénominateur $\sin \alpha$.

456.
$$x^2 - (y + az)^2 + a(a - 1) z^2 = 1$$

Le plan $x = 1$ coupe la surface suivant des droites, réelles si $a(a - 1) > 0$, le cône asymptote est toujours réel. Si $a < 0$ ou > 1, on a un hyperboloïde à une nappe. Si $0 < a < 1$ l'hyperboloïde est à deux nappes. Pour $a = 0$ ou 1, c'est un cylindre hyperbolique.

457. Centre $x = -\dfrac{b}{2}$, $y = z = 0$, la surface contient les axes OY et OZ, c'est un hyperboloïde à une nappe. Si $b = 0$ c'est un cône.

458. Paraboloïde hyperbolique. Le cône asymptotique se décompose en deux plans réels.

459. $(x + y)^2 + z^2 = 3 x - 2 y + z$, paraboloïde elliptique, le cône asymptotique se décompose en deux plans imaginaires.

CHAPITRE XVI

ENVELOPPES. COURBURE

460. Soient les paraboles :

$$z = 0 \quad , \quad y^2 = 2px, \quad \text{et} \quad y = 0 \quad , \quad z^2 = 2qx.$$

Deux tangentes :

$$yY - p (X + x) = 0 \quad , \quad zZ - q (X + x') = 0$$

sont dans un même plan si $x = x'$. Un plan tangent commun sera :

$$Y \sqrt{\frac{2x}{p}} + Z \sqrt{\frac{2x}{q}} = X + x$$

où l'on pourrait changer les signes des radicaux, 4 plans passant par chaque point de l'axe OX. On a l'enveloppe en exprimant que l'équation en x :

$$2x\left(\frac{Y}{\sqrt{p}} + \frac{Z}{\sqrt{q}}\right)^2 = (X + x)^2$$

a une racine double. La solution $\dfrac{Y}{\sqrt{p}} + \dfrac{Z}{\sqrt{q}} = 0$ est étrangère. Pour tout point (X, Y, Z) de ce plan, les deux valeurs de x sont égales, mais les plans confondus ne sont pas tangents à cette surface plane, qui n'est pas une enveloppe.

L'enveloppe est le cylindre :

$$\left(\frac{Y}{\sqrt{p}} + \frac{Z}{\sqrt{q}}\right)^2 = 2X ;$$

et en changeant le signe des radicaux, on a deux cylindres :

$$\left(\frac{Y}{\sqrt{p}} \pm \frac{Z}{\sqrt{q}}\right)^2 = 2X$$

qui passent par les deux paraboles.

461. Soit le paraboloïde :

$$\frac{y^2}{p} + \frac{z^2}{q} = 2x \quad , \quad p > q > 0$$

et la section circulaire (§ 213)

$$x = a + z\sqrt{\frac{p-q}{q}}.$$

Le centre du cercle est sur le diamètre

$$y = 0 \quad , \quad z = \sqrt{q(p-q)}.$$

donc $x = a + p - q$. Ce cercle passe par le point

$$x = a \quad , \quad z = 0 \quad , \quad y = \sqrt{2ap}.$$

La sphère ayant ce cercle pour grand cercle est :

$$x^2 + y^2 + z^2 - 2x(a + p - q) - 2z\sqrt{q(p-q)} = 2aq - a^2$$

Si a a une racine double, on obtient l'enveloppe :

$$x^2 + y^2 + z^2 - 2\,x(p - q) - 2\,z\,\sqrt{q(p - q)} = (x + q)^2$$

Si on prend les deux systèmes de cercles, en changeant le signe du radical, on a deux paraboloïdes elliptiques :

$$y^2 + \left(z \pm \sqrt{q(p - q)}\right)^2 = p(2x + q)$$

462. Soit l'ellipsoïde :

$$\frac{x^2}{a^2} + \frac{y^2}{b^2} + \frac{z^2}{c^2} - 1 = 0$$

et les plans $x = \lambda \pm h$, où λ seul varie. Une quadrique passant par ces sections est :

$$\frac{x^2}{a^2} + \frac{y^2}{b^2} + \frac{z^2}{c^2} - 1 = \mu\left((x - \lambda)^2 - h^2\right)$$

c'est un paraboloïde si $\mu = \dfrac{1}{a^2}$

$$a^2\left(\frac{y^2}{b^2} + \frac{z^2}{c^2} - 1\right) = \lambda^2 - 2\lambda x - h^2$$

si λ varie l'enveloppe de ce paraboloïde est un ellipsoïde :

$$\frac{x^2}{a^2} + \frac{y^2}{b^2} + \frac{z^2}{c^2} = 1 - \frac{h^2}{a^2}.$$

463. Les deux plans :

$$x = h \pm z\sqrt{\frac{a^2\,c^2 - b^2}{c^2\,b^2 - a^2}}$$

($\S$ 213), coupent l'ellipsoïde

$$\frac{x^2}{a^2} + \frac{y^2}{b^2} + \frac{z^2}{c^2} = 1$$

suivant des cercles symétriques et égaux. La sphère passant par ces cercles a pour équation :

$$\frac{x^2}{a^2} + \frac{y^2}{b^2} + \frac{z^2}{c^2} - 1 - \left[(x - h)^2 - z^2\,\frac{a^2\,c^2 - b^2}{c^2\,b^2 - a^2}\right]\left(\frac{1}{a^2} - \frac{1}{b^2}\right) = 0$$

ou

$$\frac{x^2 + y^2 + z^2 - b^2}{a^2 - b^2} \, a^2 + h^2 - 2\,hx = 0$$

si h varie l'enveloppe est l'ellipsoïde de révolution :

$$\frac{x^2}{a^2} + \frac{y^2 + z^2}{b^2} = 1.$$

464. Soit la génératrice :

$$\frac{y}{\sqrt{p}} - \frac{z}{\sqrt{q}} = 2\lambda x \quad , \quad \frac{y}{\sqrt{p}} + \frac{z}{\sqrt{q}} = \frac{1}{\lambda}$$

(§ 205). Le premier plan passe par le sommet O. Un plan passant par cette génératrice est :

$$\frac{y}{\sqrt{p}} - \frac{z}{\sqrt{q}} - 2\lambda x = \mu \left(\frac{y}{\sqrt{p}} + \frac{z}{\sqrt{q}} - \frac{1}{\lambda} \right)$$

Il est perpendiculaire au premier plan si :

$$4\lambda^2 + \frac{1 - \mu}{p} + \frac{1 + \mu}{q} = 0 \quad , \quad \mu = \frac{p + q + 4\,pq\lambda^2}{q - p}$$

on a les plans :

$$\lambda^2 x(q - p) + \lambda(1 + 2q\lambda^2)\, y\, \sqrt{p} + \lambda(1 + 2p\lambda^2)\, z\, \sqrt{q} - 2\lambda^2 pq - \frac{p + q}{2} = 0.$$

On a l'arête de rebroussement de la surface enveloppe, en y joignant les deux premières dérivées par rapport au paramètre λ :

$$2\lambda x(q - p) + (1 + 6q\lambda^2)\, y\, \sqrt{p} + (1 + 6p\lambda^2)\, z\, \sqrt{q} - 4\lambda pq = 0$$
$$x(q - p) + 6q\lambda y\, \sqrt{p} + 6p\lambda z\, \sqrt{q} - 2pq = 0.$$

D'où l'on déduit :

$$(p - q)\, x = 3\,\frac{p + q}{2\lambda^2} - 2pq \quad , \quad y\, \sqrt{q} + z\, \sqrt{p} = \frac{p + q}{4\,\sqrt{pq}\,\lambda^3} \, ,$$
$$y\, \sqrt{p} + z\, \sqrt{q} = 3\,\frac{p + q}{2\lambda}$$

Equations qui représentent une cubique.

Le second système de génératrices, obtenu en changeant le signe de $\sqrt{q}$ donne une cubique analogue

465. Soit le paraboloïde $\dfrac{y^2}{p} + \dfrac{z^2}{q} = 2x$ et la sphère

$$(x - a)^2 + y^2 + z^2 = R^2.$$

Le plan polaire du point (x, y, z) (plan de la courbe de contact du cône circonscrit) a pour équation :

$$\frac{Yy}{p} + \frac{Zz}{q} = X + x$$

ou

$$\left(\frac{Yy}{p} + \frac{Zz}{q} - X - a\right)^2 = R^2 - y^2 - z^2$$

on aura l'enveloppe en prenant les dérivées par rapport aux paramètres y et z, ce qui donne :

$$\frac{yp}{Y} = \frac{zq}{Z} = a + X - \frac{yY}{p} - \frac{zZ}{q}, \quad \frac{y^2 p^2}{Y^2} = R^2 - y^2 - z^2$$

en éliminant y et z on a la surface enveloppe :

$$\left(\frac{X + a}{R}\right)^2 - \frac{Y^2}{p^2} - \frac{Z^2}{q^2} = 1$$

hyperboloïde à deux nappes.

466. Si on prend pour axes (obliques) les côtés de l'angle trièdre, le plan $\dfrac{x}{a} + \dfrac{y}{b} + \dfrac{z}{c} = 1$ forme un tétraèdre dont le volume est proportionnel à abc. On a donc $abc = K^3$ constant, et le plan :

$$\frac{x}{a} + \frac{y}{b} + \frac{abz}{K^3} = 1.$$

Les dérivées par rapport à a et b donnent :

$$\frac{x}{a^2} = \frac{bz}{K^3} \quad , \quad \frac{y}{b^2} = \frac{az}{K^3}$$

D'où

$$a^3 = \frac{K^3 x^2}{xyz} \quad , \quad b^3 = \frac{K^3 y^2}{xyz}$$

on en déduit :

$$\frac{x}{a} = \frac{y}{b} = \frac{abz}{\mathrm{K}^3}$$

et l'enveloppe :

$$xyz = \left(\frac{\mathrm{K}}{3}\right)^3.$$

467. Soit le cône $x^2 + y^2 = h^2z^2$ et le plan parallèle à OY :

$$x = az - c\sqrt{a^2 - h^2}$$

qui détache un volume constant, si a varie, (probl. 452). L'enveloppe des droites du plan $y = 0$,

$$(x - az)^2 = c^2(a^2 - h^2) \quad \text{ou} \quad a^2(z^2 - c^2) - 2\,axz + x^2 + c^2h^2 = 0$$

est l'hyperbole :

$$z^2 - \frac{x^2}{h^2} = c^2.$$

Si la figure tourne autour de OZ, l'enveloppe est l'hyperboloïde

$$h^2z^2 - x^2 - y^2 = c^2h^2.$$

Cet hyperboloïde est en même temps le lieu des centres des sections du cône, car le point de contact du plan est le centre de la section.

468. Soient (al, bl', cl'') (am, bm', cm'') (an, bn', cn'') les extrémités des trois diamètres de l'ellipsoïde (§ 200), $l, m, n \ldots$ étant les cosinus directeurs de trois directions perpendiculaires. Le plan passant par ces points est :

$$\begin{vmatrix} \dfrac{x}{a} & \dfrac{y}{b} & \dfrac{z}{c} & 1 \\ l & l' & l'' & 1 \\ m & m' & m'' & 1 \\ n & n' & n'' & 1 \end{vmatrix} = 0$$

Le déterminant des 9 cosinus est égal à 1, et chaque élément est égal à son coefficient (§ 178), ce qui permet de mettre l'équation du plan sous la forme :

$$\frac{x}{a}(l + m + n) + \frac{y}{b}(l' + m' + n') + \frac{c}{z}(l'' + m'' + n'') = 1.$$

D'autre part, en tenant compte des relations qui lient ces cosinus, on a :

$$(l + m + n)^2 + (l' + m' + n')^2 + (l'' + m'' + n'')^2$$
$$= l^2 + l'^2 + l''^2 + m^2 + m'^2 + m''^2 + n^2 + n'^2 + n''^2 = 3$$

On est conduit à chercher l'enveloppe du plan

$$\lambda x + \mu y + v z = 1 \quad , \quad a^2 \lambda^2 + b^2 \mu^2 + v^2 c^2 = 3$$

si on considère v comme fonction de λ et μ, les dérivées par rapport à ces deux paramètres donnent :

$$\frac{a^2 \lambda}{x} = \frac{b^2 \mu}{y} = \frac{c^2 v}{z} = \frac{1}{\dfrac{x^2}{a^2} + \dfrac{y^2}{b^2} + \dfrac{z^2}{c^2}}$$

et l'enveloppe :

$$\frac{x^2}{a^2} + \frac{y^2}{b^2} + \frac{z^2}{c^2} = \frac{1}{3}.$$

469. Le plan osculateur a pour équation :

$$\begin{vmatrix} x - at & a & 0 \\ y - bt^2 & 2bt & 2b \\ z - ct^3 & 3ct^2 & 6ct \end{vmatrix} = 0, \quad 3\frac{x}{a} t^2 - 3\frac{y}{b} t + \frac{z}{c} = t^3$$

Par un point (x, y, z) de l'espace passent trois plans osculateurs, cette équation donne les trois valeurs t_1, t_2, t_3. Le point d'intersection des trois plans osculateurs en t_1, t_2, t_3 est :

$$x = \frac{a}{3}(t_1 + t_2 + t_3) \quad , \quad y = \frac{b}{3}(t_1 t_2 + t_1 t_3 + t_2 t_3) \quad , \quad z = ct_1 t_2 t_3.$$

Le plan passant par les trois points de contact a pour équation :

$$\begin{vmatrix} x & at_1 & at_2 & at_3 \\ y & bt_1^2 & bt_2^2 & bt_3^2 \\ z & ct_1^3 & ct_2^3 & ct_3^3 \\ 1 & 1 & 1 & 1 \end{vmatrix} = 0$$

ou, en retranchant les colonnes, et en divisant par $t_1 - t_2$, $t_1 - t_3$
et $t_2 - t_3$,

$$\begin{vmatrix} x & at_1 & a & 0 \\ y & bt_1^2 & b(t_1 + t_2) & b \\ z & ct_1^3 & c(t_1^2 + t_1 t_2 + t_2^2) & c(t_1 + t_2 + t_3) \\ 1 & 1 & 0 & 0 \end{vmatrix} = 0$$

$$\frac{x}{a}(t_1 t_2 + t_1 t_3 + t_2 t_3) - \frac{y}{b}(t_1 + t_2 + t_3) + \frac{z}{c} = t_1 t_2 t_3$$

il passe par le point d'intersection des trois plans osculateurs.

470. Plan osculateur

$$x(\sin t - \cos t) - y(\sin t + \cos t) + 2z = e^t$$
$$\Sigma x'^2 = 3e^{2t} \quad , \quad \Sigma x' x'' = 3e^{2t} \quad , \quad \Sigma x''^2 = 5e^{2t}$$

centre de courbure

$$\frac{X - x}{\sin t + \cos t} = \frac{Y - y}{\sin t - \cos t} = \frac{Z - z}{0} = -\frac{3}{2} e^t \quad , \quad R = \frac{3}{\sqrt{2}} e^t$$
$$X = -\frac{3 \sin t + \cos t}{2} e^t \quad , \quad Y = \frac{3 \cos t - \sin t}{2} e^t \quad , \quad Z = e^t.$$

471. Plan osculateur

$$t^2 x - ty + \frac{z}{2} = t^3$$
$$\Sigma x'^2 = 9(1 + 2t^2)^2 \ , \ \Sigma x' x'' = 36t(1 + 2t^2) \ , \ \Sigma x''^2 = 36(1 + 4t^2)$$

centre de courbure

$$X = -6t^3 \ , \ Y = \frac{3}{2} + 3t^2 - 6t^4 \ , \ Z = 3t + 8t^3 \ , \ R = \frac{3}{2}(1 + 2t^2)^2.$$

472. $\qquad x = e^{at} \quad , \quad y = e^{-at} \quad , \quad z = t.$

Plan osculateur

$$xe^{-at} - ye^{at} - 2a(z - t) = 0$$

centre de courbure

$$\frac{X - e^{at}}{e^{at} + 2a^2 e^{-at}} = \frac{Y - e^{-at}}{e^{-at} + 2a^2 e^{at}} = \frac{Z - t}{a(e^{-2at} - e^{2at})}$$
$$= \frac{1 + a^2(e^{2at} + e^{-2at})}{a^2[4a^2 + e^{2at} + e^{-2at}]} \ , \quad R^2 = \frac{[1 + a^2(e^{2at} + e^{-2at})]^3}{a^4[4a^2 + e^{2at} + e^{-2at}]}$$

473. Soit le plan $y = z\,\mathrm{tg}\,\alpha$, normal en O au paraboloïde $\dfrac{y^2}{p} + \dfrac{z^2}{q} = 2x$. La section est une parabole représentée, dans son plan, par l'équation $2x = \rho^2 \left(\dfrac{\sin^2\alpha}{p} + \dfrac{\cos^2\alpha}{q} \right)$ où les coordonnées sont ρ et x. Le rayon de courbure en O est égal au paramètre (§ 173) et le centre de courbure est

$$X = \frac{pq}{p\cos^2\alpha + q\sin^2\alpha} \quad , \quad Y = Z = 0.$$

D'après le théorème de Meusnier (§ 227), les sections par des plans passant par la droite $x = 0$, $y = z\,\mathrm{tg}\,\alpha$, ont leurs centres de courbure sur le cercle :

$$y\sin\alpha + z\cos\alpha = 0 \quad , \quad x^2 + y^2 + z^2 = x\,\frac{pq}{p\cos^2\alpha + q\sin^2\alpha}.$$

En éliminant α, on a le lieu de tous les centres de courbure :

$$x^2 + y^2 + z^2 = pqx\,\frac{y^2 + z^2}{py^2 + qz^2}.$$

474. Soient a, b, c, R les coordonnées du centre et le rayon de la sphère, fonctions de t. La courbe C' est déterminée par les équations :

$$(x - a)^2 + (y - b)^2 + (z - c)^2 = R^2$$
$$(x - a)a' + (y - b)b' + (z - c)c' + RR' = 0$$
$$(x - a)a'' + (y - b)b'' + (z - c)c'' - a'^2 - b'^2 - c'^2 + RR'' + R'^2 = 0$$

qui déterminent x, y, z en fonction de t. La caractéristique du plan normal est donnée par les équations :

$$(X - x)x' + (Y - y)y' + (Z - z)z' = 0,$$
$$(X - x)x'' + (Y - y)y'' + (Z - z)z'' = x'^2 + y'^2 + z'^2.$$

En prenant les dérivées des équations de C' on a :

$$(x - a)x' + (y - b)y' + (z - c)z' = 0 \quad , \quad a'x' + b'y' + c'z' = 0$$
$$(x - a)x'' + (y - b)y'' + (z - c)z'' + x'^2 + y'^2 + z'^2 = 0$$

ces équations expriment que la courbe précédente passe par le point

$$X = a \quad , \quad Y = b \quad , \quad Z = c.$$

475. Au point (x, y, o) de l'ellipsoïde

$$\frac{x^2}{a^2} + \frac{y^2}{b^2} + \frac{z^2}{c^2} = 1$$

les sections normales principales sont $z = o$ et

$$\frac{Xa^3}{x} - \frac{Yb^2}{y} = a^2 - b^2$$

Le premier rayon de courbure décrit la développée de l'ellipse $z = o$. L'autre section normale est une ellipse dont le point donné est un sommet, le centre est sur le diamètre

$$\frac{Xx}{a^4} + \frac{Yy}{b^4} = o \quad , \quad Z = o$$

ses coordonnées sont :

$$X = a^4 x y^2 \frac{a^2 - b^2}{a^6 y^2 + b^6 x^2} \quad , \quad Y = b^4 y x^2 \frac{b^2 - a^2}{a^6 y^2 + b^6 x^2} \quad , \quad Z = o.$$

Le demi-axe qui part du sommet (x, y, o) est

$$A = \frac{a^4 y^2 + b^4 x^2}{a^6 y^2 + b^6 x^2} \sqrt{a^4 y^2 + b^4 x^2},$$

l'autre demi-axe :

$$B = c \sqrt{1 - \frac{X^2}{a^2} - \frac{Y^2}{b^2}} = c \sqrt{1 - \frac{x^2 y^2 (a^2 - b^2)^2}{a^6 y^2 + b^6 x^2}}$$

Le rayon de courbure au sommet de cette ellipse est $\dfrac{B^2}{A}$, et en tenant compte de la relation

$$\frac{x^2}{a^2} + \frac{y^2}{b^2} = 1 :$$

$$B = \frac{c (a^4 y^2 + b^4 x^2)}{ab \sqrt{a^6 y^2 + b^6 x^2}} \quad , \quad R = \frac{c^2}{a^2 b^2} \sqrt{a^4 y^2 + b^4 x^2} = c^2 \sqrt{\frac{y^2}{b^4} + \frac{x^2}{a^4}}$$

Le centre de courbure, qui est sur la normale, intérieur à l'ellipse est :

$$X = x - c^2 \frac{x}{a^2} \quad , \quad Y = y - c^2 \frac{y}{b^2}$$

Il décrit une ellipse

$$\left(\frac{aX}{a^2 - c^2}\right)^2 + \left(\frac{bY}{b^2 - c^2}\right)^2 = 1 \quad , \quad Z = 0$$

476. Soit le point $x = \lambda,\ y = z = 0$, le plan tangent en ce point est $az = \lambda y$. Transportons l'origine en ce point, et faisons tourner les axes autour de OX, en faisant la substitution :

$$\frac{az - \lambda y}{\sqrt{a^2 + \lambda^2}} = Z \quad , \quad \frac{\lambda z + ay}{\sqrt{a^2 + \lambda^2}} = Y \quad , \quad x - \lambda = X$$

L'équation de la surface $az - xy = 0$ devient

$$a(aZ + \lambda Y) - (aY - \lambda Z)(\lambda + X) = 0$$
$$Z(\lambda X + \lambda^2 + a^2) = aXY.$$

Le plan tangent à l'origine est $Z = 0$. On a alors :

$$p = \frac{\delta Z}{\delta X} = aY\frac{\lambda^2 + a^2}{(\lambda X + \lambda^2 + a^2)^2} \quad , \quad q = \frac{\delta Z}{\delta Y} = \frac{aX}{\lambda X + \lambda^2 + a^2}$$

$$r = -2a\lambda Y\frac{\lambda^3 + a^2}{(\lambda X + \lambda^2 + a^2)^3} \quad , \quad s = a\frac{\lambda^2 + a^2}{(\lambda X + \lambda^2 + a^2)^2} \quad , \quad t = 0$$

pour

$$X = Y = 0 \quad , \quad Z = 0 \quad , \quad p = q = r = t = 0 \quad , \quad s = \frac{a}{\lambda^2 + a^2}$$

l'indicatrice (§ 228) est l'hyperbole équilatère $XY = \frac{1}{2s}$, ses axes sont les bissectrices $Y = \pm X$. Le centre de courbure d'une section normale est

$$X = Y = 0 \quad , \quad Z = \frac{1 + Y'^2}{2sY'} = \frac{\lambda^2 + a^2}{2a} \cdot \frac{1 + Y'^2}{Y'}.$$

Les centres de courbure principaux correspondent à

$$Y' = \pm 1, Z = \pm\frac{\lambda^2 + a^2}{a}$$

et, dans le premier système d'axes :

$$x = \lambda \quad , \quad \frac{a}{\lambda}y = -z = \pm\sqrt{a^2 + \lambda^2}$$

si λ varie, le lieu de ces points est la courbe du quatrième ordre :

$$ay + xz = 0 \quad , \quad z^2 = x^2 + a^2.$$

TROISIÈME PARTIE

ANALYSE

CHAPITRE PREMIER

DIFFÉRENTIELLES

477. $dx = (f' - \varphi')dt$, $dy = (\varphi' + f')dt$
$dX = (f'\cos t + \varphi'\sin t + f''\sin t - \varphi''\cos t)dt = dx\cos t + dy\sin t$
$dY = (-f'\sin t + \varphi'\cos t + f''\cos t + \varphi''\sin t)dt = -dx\sin t + dy\cos t$
$dX^2 + dY^2 = (dx^2 + dy^2)(\sin^2 t + \cos^2 t) = dx^2 + dy^2.$

478. $\qquad adx + bdy = 0$, $ad^2x + bd^2y = 0,$
$$dxd^2y - dyd^2x = 0.$$

479.
$$\frac{\delta z}{\delta x} = nx^{n-1}f - yx^{n-2}f' - \frac{y^{n+1}}{x^2}\varphi'$$
$$\frac{\delta z}{\delta y} = ny^{n-1}\varphi + x^{n-1}f' + \frac{y^n}{x}\varphi'$$
$$x\frac{\delta z}{\delta x} + y\frac{\delta z}{\delta y} = n(x^n f + y^n \varphi) = nz.$$

Identité d'Euler (§ 64).

480. Si $t = $ arc cos x, y est une fonction de fonction.

$$\frac{dt}{dx} = -\frac{1}{\sin t} \quad , \quad \frac{dy}{dx} = \frac{dy}{dt}\frac{dt}{dx} = -\frac{1}{\sin t}\frac{dy}{dt}$$

$$\frac{d^2y}{dx^2} = -\frac{1}{\sin t}\left(\frac{\cos t}{\sin^2 t}\frac{dy}{dt} - \frac{1}{\sin t}\frac{d^2y}{dt^2}\right)$$

$$(1 - x^2)\frac{d^2y}{dx^2} - x\frac{dy}{dx} = \frac{d^2y}{dt^2}$$

l'équation devient :

$$\frac{d^2y}{dt^2} + a^2y = 0$$

elle a les solutions (§ 295) :

$$y = C_1 \sin at + C_2 \cos at = C_1 \sin (a \arccos x) + C_2 \cos (a \arccos x).$$

481. $dx = \cos \omega \, dr - r \sin \omega \, d\omega$, $dy = \sin \omega \, dr + r \cos \omega \, d\omega.$

$$xdy - ydx = r^2 d\omega \quad , \quad dx^2 + dy^2 = dr^2 + r^2 d\omega^2$$

$$\frac{(xdy - ydx)^2}{dx^2 + dy^2} = \frac{r^4 d\omega^2}{dr^2 + r^2 d\omega^2} = \frac{r^4}{r'^2 + r^2} \quad , \quad r' = \frac{dr}{d\omega}.$$

482. (§ 235)
$$R = \frac{(\rho^2 + \rho'^2)^{\frac{3}{2}}}{\rho^2 + 2\rho'^2 - \rho\rho''}$$

$$\rho = \rho' = \rho'' = ae^\omega \quad , \quad R = a\sqrt{2}\,e^\omega$$

483. $\rho^2 = a^2 \cos 2\omega$, $\rho\rho' = -a^2 \sin 2\omega$, $\rho'^2 + \rho\rho'' = -2a^2 \cos 2\omega$

$$R = \frac{a^2}{3\rho} = \frac{a}{3\sqrt{\cos 2\omega}}.$$

484.
$$R = a\frac{(1 + \omega^2)^{\frac{3}{2}}}{2 + \omega^2}.$$

485. $\rho = a\cos^3\frac{\omega}{2}$, $\rho' = -a\sin\frac{\omega}{2}\cos\frac{\omega}{2} = -\frac{a}{2}\sin\omega$, $\rho'' = -\frac{a}{2}\cos\omega$

$$R = \frac{2}{3}a\cos\frac{\omega}{2}.$$

486. Si la variable indépendante est arbitraire, on a (§ 234) :

$$\frac{d^2y}{dx^2} = \frac{d^2y\,dx - d^2x\,dy}{dx^3}$$

$$\frac{d^3y}{dx^3} = \frac{d\left(\frac{d^2y}{dx^2}\right)}{dx} = \frac{(d^3y\,dx - d^3x\,dy)\,dx - 3(d^2y\,dx - d^2x\,dy)\,d^2x}{dx^5}$$

$$\frac{dy}{dx}\frac{d^3y}{dx^3} - 3\left(\frac{d^2y}{dx^2}\right)^2$$

devient :

$$\frac{(d^3y\,dx - d^3x\,dy)\,dy + 3(d^2x\,dy - d^2y\,dx)\,d^2y}{dx^5}.$$

Si y est la variable indépendante, $d^2y = d^3y = 0$, il reste

$$- \frac{d^3x\, dy^2}{dx^3}$$

et l'équation

$$\frac{d^4x}{dy^3} = 0.$$

On en déduit la solution $x = ay^2 + by + c$

$$y = \frac{- b \pm \sqrt{b^2 - 4a(c - x)}}{2a} \qquad \text{ou} \qquad y = A + \sqrt{B + Cx}$$

$$487. \quad
\begin{cases}
x = aX + a'Y + a''Z \\
y = bX + b'Y + b''Z \\
z = cX + c'Y + c''Z
\end{cases}
\qquad
\begin{cases}
X = ax + by + cz \\
Y = a'x + b'y + c'z \\
Z = a''x + b''y + c''z
\end{cases}$$

les coefficients étant liés par les six relations qui expriment que les directions sont rectangulaires, et celles qu'on en déduit ($\S$ 178). u sera une fonction composée de X, Y, Z.

$$\frac{\delta u}{\delta x} = \frac{\delta u}{\delta X}a + \frac{\delta u}{\delta Y}a' + \frac{\delta u}{\delta Z}a''$$

$$\frac{\delta u}{\delta y} = \frac{\delta u}{\delta X}b + \frac{\delta u}{\delta Y}b' + \frac{\delta u}{\delta Z}b''$$

$$\frac{\delta u}{\delta z} = \frac{\delta u}{\delta X}c + \frac{\delta u}{\delta Y}c' + \frac{\delta u}{\delta Z}c''$$

$$\left(\frac{\delta u}{\delta x}\right)^2 + \left(\frac{\delta u}{\delta y}\right)^2 + \left(\frac{\delta u}{\delta z}\right)^2 = \left(\frac{\delta u}{\delta X}\right)^2 + \left(\frac{\delta u}{\delta Y}\right)^2 + \left(\frac{\delta u}{\delta Z}\right)^2$$

CHAPITRE II

—

INTÉGRALES

488. Si $x^2 = a^2 y$, $\displaystyle\int \frac{x\,dx}{\sqrt{a^4 - x^4}} = \int \frac{dy}{2\sqrt{1 - y^2}} = \frac{1}{2}\arcsin \frac{x^2}{a^2}$.

489. $\displaystyle\int \frac{x\,dx}{a^2 + x^2} = \frac{1}{2}\int \frac{d(x^2)}{a^2 + x^2} = \frac{1}{2}\mathrm{L}(a^2 + x^2)$.

490. $\displaystyle\int \frac{x^3\,dx}{a^4 + x^4} = \frac{1}{4}\mathrm{L}(a^4 + x^4)$.

491. $\displaystyle\int \frac{dx}{1 + e^x} = \int \frac{d(e^x)}{e^x(1 + e^x)} = \int \left(\frac{1}{e^x} - \frac{1}{1 + e^x}\right) d(e^x) =$
$$= \mathrm{L}\,\frac{e^x}{1 + e^x} = x - \mathrm{L}(1 + e^x).$$

492. $\displaystyle\int x^2 e^x\,dx = e^x(x^2 - 2x + 2)$.

493. $\displaystyle\int x^2 \arcsin x\,dx = \int \arcsin x\,\frac{dx^3}{3} = \frac{x^3}{3}\arcsin x - \int \frac{x^3\,dx}{3\sqrt{1 - x^2}}$.

Si $1 - x^2 = y$,

$$\int \frac{x^3\,dx}{\sqrt{1 - x^2}} = \frac{1}{2}\int \left(\sqrt{y} - \frac{1}{\sqrt{y}}\right) dy = \frac{1}{3}y^{\frac{3}{2}} - y^{\frac{1}{2}} = -\frac{2 + x^2}{3}\sqrt{1 - x^2}$$

$$\int x^2 \arcsin x\,dx = \frac{x^3}{3}\arcsin x + \frac{2 + x^2}{9}\sqrt{1 - x^2}.$$

494. $\displaystyle\int x\mathrm{L}x\,dx = \int \mathrm{L}x\,\frac{dx^2}{2} = \frac{x^2}{2}\mathrm{L}x - \int \frac{x}{2}\,dx = \frac{x^2}{2}\left(-\frac{1}{2} + \mathrm{L}x\right)$.

495. $\displaystyle\int \arctan x\,dx = x\arctan x - \int \frac{x\,dx}{1 + x^2} = x\arctan x - \frac{1}{2}\mathrm{L}(1 + x^2)$.

496. $\displaystyle\int e^x \cos x\, dx = \int \cos x\, de^x = e^x \cos x + \int e^x \sin x\, dx =$

$e^x \cos x + \int \sin x\, de^x = e^x(\cos x + \sin x) - \int e^x \cos x\, dx$

$$\int e^x \cos x\, dx = \frac{\cos x + \sin x}{2} e^x.$$

497. $\displaystyle\int (Lx)^2 dx = (Lx)^2 x - \int 2(Lx)\, dx = (Lx)^2 x - 2xLx + 2\int dx =$

$$2x - 2xLx + x(Lx)^2.$$

498. $\displaystyle\int \frac{dx}{1-x^4} = \frac{1}{4}\int\left(\frac{1}{1-x} + \frac{1}{1+x} + \frac{2}{1+x^2}\right) dx = \frac{1}{4} L\frac{1+x}{1-x} + \frac{1}{2}\operatorname{arc\,tg} x$

499. $\displaystyle\int \frac{x^2 dx}{1-x^4} = \frac{1}{4}\left(\frac{1}{1-x} + \frac{1}{1+x} - \frac{2}{1+x^2}\right) dx = \frac{1}{4} L\frac{1+x}{1-x} - \frac{1}{2}\operatorname{arc\,tg} x$

500. $\displaystyle\int \frac{1+x}{(1-x)^2}\, dx = \int\left(\frac{2}{(1-x)^2} - \frac{1}{1-x}\right) dx = \frac{2}{1-x} + L(1-x).$

501. $\displaystyle \frac{x^2}{x^4 + x^2 - 2} = \frac{1}{6}\left(\frac{1}{x-1} - \frac{1}{x+1}\right) + \frac{2}{3}\frac{1}{x^2+2}.$

$$\int \frac{x^2 dx}{x^4 + x^2 - 2} = \frac{1}{6} L\frac{x-1}{x+1} + \frac{\sqrt{2}}{3}\operatorname{arc\,tg}\frac{x}{\sqrt{2}}.$$

502. $\displaystyle\int \frac{x^2 dx}{x^3 + 5x^2 + 8x + 4} = \int\left(\frac{1}{x+1} - \frac{4}{(x+2)^2}\right) dx = L(x+1) + \frac{4}{x+2}.$

503. Si $1 + x = y^2$, $\displaystyle\int \frac{dx}{(2+x)\sqrt{1+x}} = \int \frac{2\, dy}{1+y^2} = 2\operatorname{arc\,tg}\sqrt{1+x}.$

504. Si $1 - x = y^2$,

$$\int \frac{x^2 dx}{\sqrt{1-x}} = -2\int (1-y^2)^2\, dy = -2\left(y - \frac{2}{3}y^3 + \frac{1}{5}y^5\right) =$$

$$-\frac{2}{15}(3x^2 + 4x + 8)\sqrt{1-x}.$$

505. Soit

$$x + \sqrt{1+x^2} = y \quad, \quad x = \frac{y^2-1}{2y} \quad, \quad \sqrt{1+x^2} = \frac{y^2+1}{2y},$$

$$dx = \frac{y^2+1}{2y^2}\,dy$$

$$\int \frac{3-8x^4}{\sqrt{1+x^2}}\,dx = \int\left(3-\frac{(y^2-1)^4}{2y^4}\right)\frac{dy}{y} = \int\left(-\frac{y^3}{2}+2y+\frac{2}{y^3}-\frac{1}{2y^5}\right)dy =$$

$$-\frac{y^4}{8}+y^2-\frac{1}{y^2}+\frac{1}{8y^4} = \left(y^2-\frac{1}{y^2}\right)\left(1-\frac{y^2+\dfrac{1}{y^2}}{8}\right) =$$

$$= 4x\sqrt{1+x^2}\left(1-\frac{1+2x^2}{4}\right) = (3-2x^2)x\sqrt{1+x^2}.$$

506. Soit $x = \sin y$,

$$\sqrt{1-x^2} = \cos y \quad, \quad \int\frac{dx}{(1-x^2)\sqrt{1-x^2}} = \int\frac{dy}{\cos^2 y} = \operatorname{tg} y = \frac{x}{\sqrt{1-x^2}}.$$

507. Soit

$$\frac{a+bx^2}{x^2} = y^2 \quad, \quad \frac{a\,dx}{x^3} = -y\,dy$$

$$\int \frac{x^2\,dx}{(a+bx^2)\sqrt{a+bx^2}} = \int\frac{dy}{y^2(b-y^2)} = \int\left(\frac{1}{y^2}+\frac{1}{b-y^2}\right)\frac{dy}{b} =$$

$$-\frac{1}{by}+\frac{1}{2b\sqrt{b}}\,L\frac{\sqrt{b}+y}{\sqrt{b}-y} \quad\text{ou}\quad -\frac{1}{by}-\frac{1}{b\sqrt{-b}}\operatorname{arc\,tg}\frac{y}{\sqrt{-b}}$$

suivant le signe de b.

508. Si $x = y^3$,

$$\int\frac{dx}{x+\sqrt[3]{x}} = \int\frac{3y\,dy}{1+y^2} = \frac{3}{2}\,L\left(1+x^{\frac{2}{3}}\right).$$

509.
$$\int\frac{dx}{\sin x} = \int\frac{dx}{2\operatorname{tg}\dfrac{x}{2}\cos^2\dfrac{x}{2}} = L\operatorname{tg}\frac{x}{2}.$$

510. Soit $\operatorname{tg}\dfrac{x}{2} = y$,
$$\int\frac{dx}{a+b\cos x} = \int\frac{2\,dy}{a+b+(a-b)y^2} =$$

$$\frac{2}{\sqrt{a^2-b^2}}\operatorname{arc\,tg}\left(y\sqrt{\frac{a-b}{a+b}}\right) \quad\text{ou}\quad \frac{1}{\sqrt{b^2-a^2}}\,L\frac{1+y\sqrt{\dfrac{b-a}{b+a}}}{1-y\sqrt{\dfrac{b-a}{b+a}}}$$

suivant le signe de $a^2 - b^2$

511. $\displaystyle\int \operatorname{tg}^3 x\, dx = \int \frac{\cos^2 x - 1}{\cos^3 x}\, d(\cos x) = \frac{1}{2\cos^2 x} + \mathrm{L}\cos x$

512. $\qquad \varphi'(x) f'(x) = a \quad , \quad \mathrm{F}(x) = f(x)\varphi(x)$

$\qquad \varphi^2 f' + \varphi' f'' = 0$

$$\begin{cases} \mathrm{F}'' = f''\varphi + 2f'\varphi' + f\varphi'' = f''\varphi + 2a + f\varphi'' \\ \mathrm{F}''' = f'''\varphi + 3f''\varphi' + 3f'\varphi'' + f\varphi''' = f'''\varphi + f\varphi''' \end{cases}$$

$$\frac{\mathrm{F}''}{\mathrm{F}} = \frac{f''}{f} + \frac{2a}{f\varphi} + \frac{\varphi''}{\varphi} \quad , \quad \frac{\mathrm{F}'''}{\mathrm{F}} = \frac{f'''}{f} + \frac{\varphi'''}{\varphi}.$$

CHAPITRE III

INTÉGRALES DÉFINIES. SURFACES

513. $\displaystyle\int \frac{x^3\, dx}{1+x^2} = \int x\left(1 - \frac{1}{1+x^2}\right) dx = \frac{x^2}{2} - \frac{1}{2}\mathrm{L}(1+x^2)$

$\displaystyle\int_0^1 \frac{x^3\, dx}{1+x^2} = \frac{1}{2} - \frac{1}{2}\mathrm{L}2.$

514. $\displaystyle\int \frac{1-x}{1-x^3}\, dx = \int \frac{dx}{1+x+x^2} = \int \frac{dx}{\left(x+\frac{1}{2}\right)^2 + \frac{3}{4}} = \frac{2}{\sqrt{3}}\operatorname{arctg}\frac{2x+1}{\sqrt{3}}$

Si x varie de 0 à $+\infty$, $\dfrac{2x+1}{\sqrt{3}}$ varie de $\dfrac{1}{\sqrt{3}}$ à $+\infty$, et l'arc de

$\dfrac{\pi}{6}$ à $\dfrac{\pi}{2}$, $\displaystyle\int_0^\infty \frac{1-x}{1-x^3}\, dx = \frac{2}{\sqrt{3}}\left(\frac{\pi}{2} - \frac{\pi}{6}\right) = \frac{2\pi}{3\sqrt{3}}.$

515. Soit :

$$b > a \quad , \quad \frac{x-a}{b-x} = y^2 \; , \; x = \frac{a + by^2}{1 + y^2} \; , \; dx = 2\,\frac{b-a}{(1+y^2)^2}\,y\,dy,$$

$$\int_a^b \sqrt{\frac{x-a}{b-x}}\,dx = 2\,(b-a)\int_0^\infty \frac{y^2\,dy}{(1+y^2)^2}$$

$$= (b-a)\left[\frac{-y}{1+y^2} + \text{arc tg } y\right]_0^\infty = \frac{b-a}{2}\,\pi.$$

516. Posons :

$$1 + \sqrt{1-x^2} = xy \; , \; x = \frac{2y}{1+y^2} \; , \; \sqrt{1-x^2} = \frac{y^2-1}{1+y^2} \; , \; dx = 2\,\frac{1-y^2}{(1+y^2)^2}\,dy$$

si x croît de 0 à 1, y décroît de $+\infty$ à 1

$$\int_0^1 \frac{dx}{1-x^2 + 2\sqrt{1-x^2}} = \int_\infty^1 \frac{-2\,dy}{3y^2+1} = 2\int_1^\infty \frac{dy}{3y^2+1} =$$

$$= \frac{2}{\sqrt{3}}\left(\text{arc tg } y\sqrt{3}\right)_1^\infty = \frac{2}{\sqrt{3}}\left(\frac{\pi}{2} - \frac{\pi}{3}\right) = \frac{\pi}{3\sqrt{3}}.$$

517. $\displaystyle\int_0^\pi \frac{\sin\theta\,d\theta}{(2+\cos\theta)^2} = \left(\frac{1}{2+\cos\theta}\right)_0^\pi = 1 - \frac{1}{3} = \frac{2}{3}$

si

$$\text{tg } \frac{\theta}{2} = x,$$

$$\int_0^\pi \frac{d\theta}{(2+\cos\theta)^2} = 2\int_0^\infty \frac{1+x^2}{(3+x^2)^2}\,dx =$$

$$= \frac{2}{3}\left(\frac{-x}{3+x^2} + \frac{2}{\sqrt{3}}\,\text{arc tg }\frac{x}{\sqrt{3}}\right)_0^\infty = \frac{2\pi}{3\sqrt{3}}.$$

518. Soit

$$y = \text{tg }\frac{x}{2} \quad , \quad \sin a > 0$$

$$\int_{-\pi}^{+\pi} \frac{dx}{1 - \cos a \sin x} = \int_{-\infty}^{+\infty} \frac{2\,dy}{\sin^2 a + (y - \cos a)^2} =$$

$$= \frac{2}{\sin a}\left(\text{arc tg }\frac{y - \cos a}{\sin a}\right)_{-\infty}^{+\infty} = \frac{2\pi}{\sin a}$$

$$\int_{-\pi}^{+\pi} \frac{1 + \cos x}{(1 - \cos a \sin x)^2}\,dx = \int_{-\infty}^{+\infty} \frac{4\,dy}{[\sin^2 a + (y - \cos a)^2]^2}$$

si

$$\frac{y - \cos \alpha}{\sin \alpha} = z$$

$$\int_{-\pi}^{+\pi} \frac{1 + \cos x}{(1 - \cos \alpha \sin x)^2}\, dx = \frac{4}{\sin^3 \alpha} \int_{-\infty}^{+\infty} \frac{dz}{(1 + z^2)^2} =$$

$$= \frac{2}{\sin^3 \alpha} \left(\frac{z}{1 + z^2} + \operatorname{arc\ tg} z \right)_{-\infty}^{+\infty} = \frac{2\pi}{\sin^3 \alpha}.$$

519. Strophoïde (*fig.* 3) (Probl. 274). Soit

$$\frac{x}{2a - x} = \operatorname{tg}^2 t \quad , \quad x = 2a \sin^2 t$$

$$S = 2 \int_0^{2a} (a - x) \sqrt{\frac{x}{2a - x}}\, dx = 8a^2 \int_0^{\frac{\pi}{4}} (1 - 2\sin^2 t)\, \sin^2 t\, dt =$$

$$= 2a^2 \int_0^{\frac{\pi}{4}} (2\cos 2t - 1 - \cos 4t)\, dt = 2a^2 \left(\sin 2t - t - \frac{\sin 4t}{4} \right)_0^{\frac{\pi}{4}} = \frac{4 - \pi}{2} a^2$$

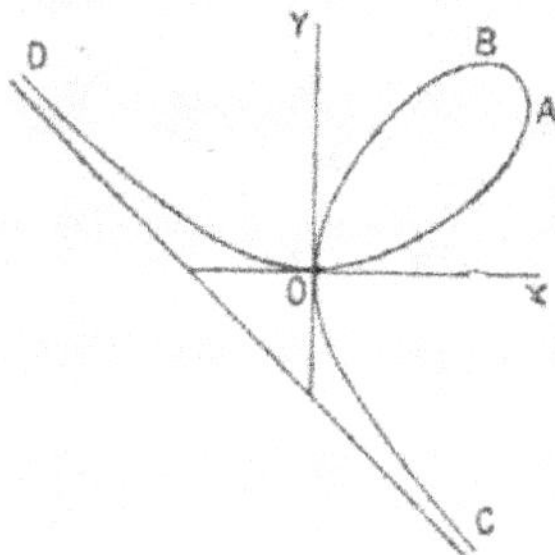

Fig. 42.

520. Folium (*fig.* 42) (§ 165)

$$x = \frac{3at}{1 + t^3} \quad , \quad y = \frac{3at^2}{1 + t^3} \quad , \quad dx = 3a\,\frac{1 - 2t^3}{(1 + t^3)^2}\, dt \quad (\S\ 275)$$

$$S = \int -y\, dx = \int_0^{\infty} 9a^2\, \frac{-1 + 2t^3}{(1 + t^3)^3}\, t^2\, dt \quad , \quad \text{si } t^3 = z$$

$$S = 3a^2 \int_0^{\infty} \frac{2z - 1}{(1 + z)^3}\, dz = \frac{3a^2}{2} \left(\frac{3}{(1 + z)^2} - \frac{4}{1 + z} \right)_0^{\infty} = \frac{3}{2} a^2.$$

521. Courbe symétrique par rapport aux axes.

$$\rho^2 = a^2 \cos^2 \omega + b^2 \sin^2 \omega$$

$$S = 2 \int_0^{\frac{\pi}{2}} (a^2 \cos^2 \omega + b^2 \sin^2 \omega)\, d\omega =$$

$$= \int_0^{\frac{\pi}{2}} [a^2 + b^2 + (a^2 - b^2)\cos 2\omega]\, d\omega = (a^2 + b^2)\frac{\pi}{2}.$$

522. Limaçon de Pascal. Si $a > b > 0$ (*fig.* 43) l'aire intérieure est

$$S = \int_0^\pi \rho^2 d\omega = \int_0^\pi \left(a^2 + 2ab\cos\omega + \frac{1 + \cos 2\omega}{2}b^2 \right)d\omega =$$

$$= \left(a^2\omega + 2ab\sin\omega + b^2\,\frac{2\omega + \sin 2\omega}{4} \right)_0^\pi = \left(a^2 + \frac{b^2}{2} \right)\pi.$$

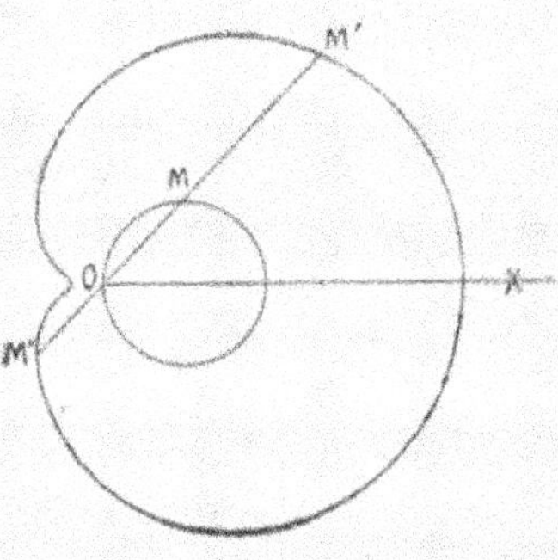
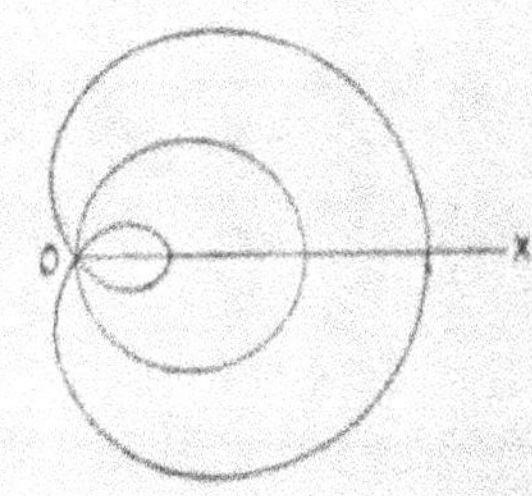

Fig. 43.   Fig. 44.

Si $b > a > 0$ (*fig.* 44) soit $\cos\alpha = -\dfrac{a}{b}$, $0 < \alpha < \pi$ la courbe comprend deux boucles fermées. l'aire totale est

$$S = \int_0^\alpha \rho^2 d\omega = \left(a^2\omega + 2ab\sin\omega + b^2\,\frac{2\omega + \sin 2\omega}{4} \right)_0^\alpha =$$

$$= \left(a^2 + \frac{b^2}{2} \right)\alpha + 2ab\sin\alpha + \frac{b^2}{2}\sin\alpha\cos\alpha =$$

$$= \frac{3}{2}ab\sqrt{1 - \frac{a^2}{b^2}} + \left(a^2 + \frac{b^2}{2} \right)\arccos\frac{-a}{b}.$$

L'aire de la petite boucle :

$$S' = \int_{2}^{\pi} \rho^2 d\omega = \left(a^2 + \frac{b^2}{2}\right) \pi - S.$$

523. En prenant pour OX le diamètre passant par O, si a est le rayon du cercle, le point P a pour coordonnées polaires (*fig.* 45), ω et

$$\rho = 2a \cos \omega + 2a \cos^2 \omega \quad , \quad \rho' = -2a\,(1 + 2\cos\omega)\sin\omega,$$

de $\omega = 0$ à $\frac{\pi}{2}$, ρ décroît de $4a$ à o. De $\frac{\pi}{2}$ à $\frac{3\pi}{4}$, ρ décroît encore jusqu'à $-a\,(\sqrt{2}-1)$ puis augmente entre $\frac{3\pi}{4}$ et π. La partie MP

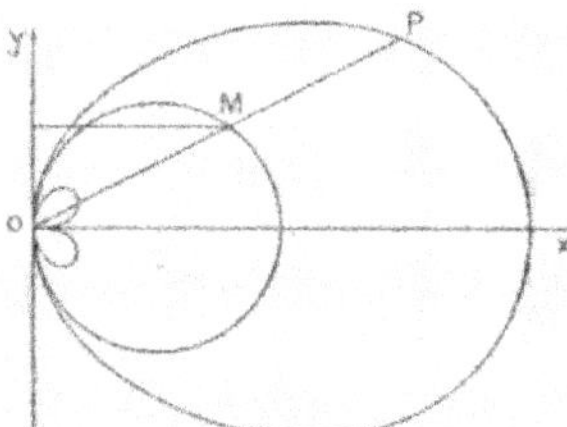

Fig. 45.

est alors portée dans le sens MO. On a ensuite les portions symétriques. Si on suppose P sur le prolongement de OM, on doit faire varier ω de $-\frac{\pi}{2}$ à o et $+\frac{\pi}{2}$, ce qui donne deux parties symétriques et (§ 71) :

$$S = \int_{0}^{\frac{\pi}{2}} \rho^2 d\omega = a^2 \int_{0}^{\frac{\pi}{2}} 4\,(\cos^4\omega + 2\cos^3\omega + \cos^2\omega)\,d\omega =$$

$$= a^2 \int_{0}^{\frac{\pi}{2}} \left(\frac{\cos 4\omega}{2} + 2\cos 3\omega + 4\cos 2\omega + 6\cos\omega + \frac{7}{2}\right) d\omega =$$

$$= a^2 \left(\frac{\sin 4\omega}{8} + 2\frac{\sin 3\omega}{3} + 2\sin 2\omega + 6\sin\omega + \frac{7}{2}\omega\right)_{0}^{\frac{\pi}{2}} = \left(\frac{16}{3} + \frac{7}{4}\pi\right)a^2.$$

L'aire intérieure à l'une des petites boucles s'obtient en faisant varier ω de $\dfrac{\pi}{2}$ à π, elle est égale à

$$\frac{1}{2}\left(\frac{7}{4}\pi - \frac{16}{3}\right)a^2.$$

524. $y = e^{-x}\sin x$, $y' = e^{-x}(\cos x - \sin x)$, $y'' = -2e^{-x}\cos x$, $y' = 0$ pour

$$x = \frac{\pi}{4} + k\pi \quad , \quad y = \frac{(-1)^k}{\sqrt{2}}\,e^{-\left(k+\frac{1}{4}\right)\pi}.$$

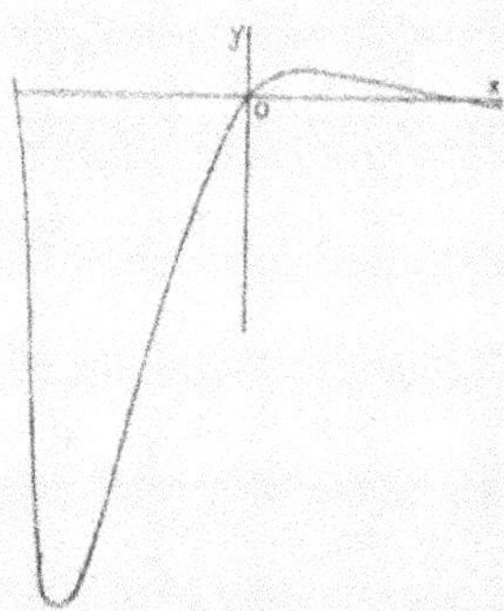

Fig. 46.

Les maxima et minima diminuent quand k augmente ($fig.\ 46$). Les points d'inflexion sont :

$$x = \left(k + \frac{1}{2}\right)\pi \quad , \quad y = (-1)^k e^{-\left(k+\frac{1}{2}\right)\pi}.$$

$$\int e^{-x}\sin x\,dx = \int -\sin x\,d(e^{-x}) = -e^{-x}\sin x + \int e^{-x}\cos x\,dx =$$

$$= -e^{-x}\sin x - e^{-x}\cos x - \int e^{-x}\sin x\,dx,$$

$$I = \int_0^{k\pi} e^{-x}\sin x\,dx = \left[-\frac{1}{2}e^{-x}(\sin x + \cos x)\right]_0^{k\pi} = \frac{1-(-1)^k e^{-k\pi}}{2}.$$

elle représente la somme algébrique de l'aire limitée à OX, les aires au-dessous de OX étant négatives. Si k augmente indéfiniment I tend vers $\dfrac{1}{2}$.

525. Soit $\dfrac{\pi}{2} - t$ l'arc AP (*fig.* 47), a le rayon, OA étant l'axe des x, les coordonnées de M sont :

$$x = a\left(\frac{\pi}{2} - t + \sin t\right) \quad , \quad y = a \cos t.$$

en posant

$$x = a\frac{\pi}{2} - X \quad , \quad y = a - Y,$$

on voit que M décrit une cycloïde (§ 127) dont le point de rebroussement est

$$x = a\frac{\pi}{2} \quad , \quad y = a.$$

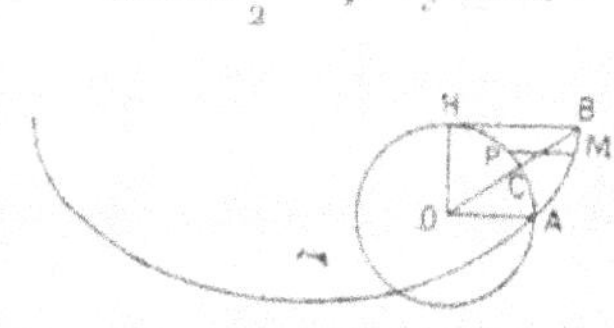

Fig. 47.

L'arc AB correspond à la question, au-delà de A l'arc AP, négatif, est porté à gauche.

$$dx = a(\cos t - 1)\,dt \quad , \quad dy = -a \sin t\,dt \quad , \quad ds = 2a \sin \frac{t}{2}\,dt$$

(§ 252).

$$s = \int_0^{\frac{\pi}{2}} 2a \sin \frac{t}{2}\,dt = \left(-4a \cos \frac{t}{2}\right)_0^{\frac{\pi}{2}} = 2a(2 - \sqrt{2}).$$

L'aire comprise entre deux droites PM, infiniment voisines, est

$$[\mathrm{PM} \cdot dy] = a^2\left(\frac{\pi}{2} - t\right) \sin t\,dt.$$

$$S = \int_0^{\frac{\pi}{2}} a^2\left(\frac{\pi}{2} - t\right) \sin t\,dt = a^2\left[\left(t - \frac{\pi}{2}\right) \cos t - \sin t\right]_0^{\frac{\pi}{2}} = a^2\left(\frac{\pi}{2} - 1\right).$$

Le point B ayant pour coordonnées $a\dfrac{\pi}{2}$, a, l'aire du triangle OBH est égale au quart de cercle $\dfrac{\pi a^2}{4}$, les aires OAC et CBH sont égales, l'aire OAB balayée par le rayon vecteur OM est égale à l'aire $S = ABH$.

526. La développée de l'ellipse (§ 171) peut se représenter par :

$$x = \frac{c^2}{a} \sin^3 t \quad , \quad y = \frac{c^2}{b} \cos^3 t,$$

$$ds = \frac{3c^2}{ab} \sin t \cos t \sqrt{a^2 \cos^2 t + b^2 \sin^2 t}\; dt,$$

dont l'intégrale est

$$- \frac{1}{ab} (a^2 \cos^2 t + b^2 \sin^2 t)^{\frac{3}{2}}.$$

Si t varie de o à $\frac{\pi}{2}$ on a l'un des 4 arcs de la développée,

$$s = \frac{a^3 - b^3}{ab}.$$

527. $y = \frac{x^2}{3}$, $z = \frac{2x^3}{27}$, $ds^2 = dx^2 + dy^2 + dz^2 = \left(1 + \frac{2}{9} x^2\right)^2 dx^2,$

$$s = x + \frac{2x^3}{27}.$$

Les cosinus directeurs de la tangente sont :

$$\alpha = \frac{9}{9 + 2x^2} \quad , \quad \beta = \frac{6x}{9 + 2x^2} \quad , \quad \gamma = \frac{2x^2}{9 + 2x^2},$$

$\alpha + \gamma = 1$, la tangente forme un angle constant avec la direction de cosinus directeurs

$$\frac{1}{\sqrt{2}} \quad , \quad 0 \quad , \quad \frac{1}{\sqrt{2}},$$

$$\cos v = \frac{\alpha + \gamma}{\sqrt{2}} = \frac{1}{\sqrt{2}}.$$

Il en résulte que la courbe est une hélice, qui est sur le cylindre :

$$(x - z)^2 = 3y \left(1 - \frac{2}{9} y\right)^2.$$

528. $\displaystyle\int_o^\infty \frac{dx}{(x + 1)^2 + 4} = \frac{1}{2} \left(\operatorname{arctg} \frac{x + 1}{2}\right)_o^\infty =$

$= \frac{\pi}{4} - \frac{1}{2} \operatorname{arctg} \frac{1}{2} = \frac{\pi}{4} - \frac{1}{2}\left(\frac{1}{2} - \frac{1}{3.2^3} + \frac{1}{5.2^5} \cdots\right) = 0{,}785 - 0{,}232 = 0{,}55$

(§ 55).

529. $\dfrac{x-1}{2-x} = y^2$, $dx = \dfrac{2y\,dy}{(1+y^2)^2}$, $\sqrt{(x-1)(2-x)} = \dfrac{y}{1+y^2}$,

$$\int_1^2 \frac{dx}{\sqrt{(x-1)(2-x)}} = \int_0^\infty \frac{2\,dy}{1+y^2} = 2\left(\operatorname{arc\,tg} y\right)_0^\infty = \pi = 3{,}14.$$

530. $\displaystyle\int_0^{\pi} x^2 \sin x\,dx = \left(-x^2 \cos x + 2x \sin x + 2\cos x\right)_0^{\pi} = \pi - 2 = 1{,}14.$

531. $1 - \sqrt{1-x^2} = xy$, $x = \dfrac{2y}{1+y^2}$, $\sqrt{1-x^2} = \dfrac{1-y^2}{1+y^2}$,

$$dx = 2\,\frac{1-y^2}{(1+y^2)^2}\,dy,$$

$$\int_0^1 \frac{dx}{2+\sqrt{1-x^2}} = 2\int_0^1 \frac{1-y^2}{(1+y^2)(3+y^2)}\,dy = 2\int_0^1 \left(\frac{1}{1+y^2} - \frac{2}{3+y^2}\right)dy =$$

$$= 2\left[\operatorname{arc\,tg} y - \frac{2}{3}\left(y - \frac{y^3}{3.3} + \frac{y^5}{3^2.5} - \frac{y^7}{3^3.7} \cdots\right)\right]_0^1 =$$

$$= \frac{\pi}{2} - \frac{4}{3}\left(1 - \frac{1}{3.3} + \frac{1}{3^2.5} - \frac{1}{3^3.7} \cdots\right)\right] = 1{,}570 - 1.209 = 0{,}36,$$

cette intégrale est égale à

$$\frac{\pi}{2} - \frac{4}{\sqrt{3}} \operatorname{arc\,tg} \frac{1}{\sqrt{3}} = \frac{\pi}{2} - \frac{2\pi}{3\sqrt{3}}.$$

532. Si $\operatorname{tg} \dfrac{x}{2} = y$,

$$\int_0^{\pi} \frac{dx}{5+4\cos x} = \int_0^{\pi} \frac{dx}{9\cos^2\dfrac{x}{2} + \sin^2\dfrac{x}{2}} = \int_0^\infty \frac{2\,dy}{9+y^2} =$$

$$= \left(\frac{2}{3}\operatorname{arc\,tg}\frac{y}{3}\right)_0^\infty = \frac{\pi}{3} = 1{,}047.$$

533. $\displaystyle\int_0^{\frac{\pi}{4}} \operatorname{tg}^4 x\,dx = \int_0^{\frac{\pi}{4}}\left(\frac{\operatorname{tg}^2 x - 1}{\cos^2 x} + 1\right)dx = \left(x + \frac{\operatorname{tg}^3 x}{3} - \operatorname{tg} x\right)_0^{\frac{\pi}{4}} =$

$$= \frac{\pi}{4} - \frac{2}{3} = 0{,}118.$$

534.
$$\int_0^1 x^2 e^x \, dx = \int_0^1 x^2 \left(1 + x + \frac{x^2}{2} + \frac{x^3}{2.3} + \ldots \right) dx =$$
$$= \left(\frac{x^3}{3} + \frac{x^4}{4} + \frac{x^5}{2.5} + \ldots \right)_0^1 = \frac{1}{3} + \frac{1}{4} + \frac{1}{2.5} + \frac{1}{2.3.7} + \frac{1}{2.3.4.9} + \ldots = 0,71$$

ou encore
$$\left[e^x \left(x^2 - 2x + 2 \right) \right]_0^1 = e - 2.$$

535. Soit $x = \operatorname{tg} y$.

$$\int \frac{dx}{(2x^2 + 1)\sqrt{x^2 + 1}} = \int \frac{\cos y \, dy}{1 + \sin^2 y} = \operatorname{arc\,tg}(\sin y) = \operatorname{arc\,tg}\left(\frac{x}{\sqrt{1 + x^2}} \right),$$

$$\int_0^x \frac{dx}{(2x^2 + 1)\sqrt{x^2 + 1}} = \operatorname{arc\,tg} \frac{x}{\sqrt{1 + x^2}},$$

$$\int_0^{\sqrt{2}} = \operatorname{arc\,tg} \frac{1}{\sqrt{3}} = \frac{\pi}{6} = 0,52.$$

536. Si x augmente $\int_0^x \frac{x^2 \, dx}{1 + x^2}$ augmente et passe une seule fois par la valeur $\frac{1}{2}$.

$$\int_0^x \frac{x^2 \, dx}{1 + x^2} = \int_0^x \left(1 - \frac{1}{1 + x^2} \right) dx = x - \operatorname{arc\,tg} x.$$

On a à résoudre l'équation

$$f(x) = x - \operatorname{arc\,tg} x - \frac{1}{2} = 0.$$

$$f(1) = 1 - \frac{\pi}{4} - \frac{1}{2} < 0 \quad , \quad x > 1.$$

Pour calculer $\operatorname{arc\,tg} x$ on peut poser $\frac{x - 1}{x + 1} = z$

$$\operatorname{arc\,tg} x - \operatorname{arc\,tg} 1 = \operatorname{arc\,tg} z$$

$$f(x) = x - \frac{\pi}{4} - \frac{1}{2} - z + \frac{z^3}{3} - \frac{z^5}{5} \cdots$$

$$= x - z + \frac{z^3}{3} - \ldots \quad . \quad - 1,2853981 5$$

$$f'(x) = \frac{x^2}{1 + x^2} \qquad f''(x) = \frac{2x}{(1 + x^2)^2}$$

pour $x = 1,5$. $z = 0,2$, $f(1,5) = 1,5 - 0,1974 - 1,2854 = 0,0172$

$$f(1,5) = \frac{9}{13} \quad , \quad f'' > 0.$$

La méthode de Newton (§ 94) donne :

$$x_1 = 1,5 - \frac{0,0172}{9} \, 13 = 1,4751$$

$$f(1,4751) = 1,4751 - 0,18964510 - 1,28539815 = 0,00005675$$

$$f' = \frac{2,17592}{3,17592} \quad , \quad \frac{f}{f'} = 0,00008284$$

$$x = 1,4751 - 0,00008284 \quad , \quad x = 1,4750171$$

avec une erreur de l'ordre de $\frac{h^2}{1,5}$ ou $\frac{1}{10^8}$.

537. La formule de Simpson donne :

$$\int_0^{\frac{1}{2}} \frac{dx}{\sqrt{1-x^2}} = \frac{1}{18}\left[\frac{1}{2} + \frac{1}{\sqrt 3} + \frac{6}{\sqrt{35}} + \frac{3}{\sqrt 8} + \frac{24}{\sqrt{143}} + \frac{8}{\sqrt{15}} + \frac{24}{\sqrt{119}}\right]$$

$$\int_0^{\frac{1}{2}} \frac{dx}{\sqrt{1-x^2}} = \arcsin \frac{1}{2} = \frac{\pi}{6} .$$

538. $\dfrac{2}{\sqrt\pi}\displaystyle\int_0^2 e^{-x^2}\,dx =$

$$= \frac{4}{9\sqrt\pi}\left[\frac{1+e^{-4}}{2} + e^{-\frac{4}{9}} + e^{-\frac{16}{9}} + 2e^{-\frac{1}{9}} + 2e^{-1} + 2e^{-\frac{25}{9}}\right]$$

$\log \dfrac{2}{9\sqrt\pi} = \log 2 - \log 9 - \dfrac{1}{2}\log \pi = \overline{1},09821, \qquad \dfrac{2}{9\sqrt\pi} = 0,12538$

$\log \dfrac{2}{9\sqrt\pi} e^{-4} = \overline{3},36104 \qquad\qquad \dfrac{2}{9\sqrt\pi} e^{-4} = 0,00230$

$\log \dfrac{4}{9\sqrt\pi} e^{-\frac{4}{9}} = \overline{1},20622 \qquad\qquad \dfrac{4}{9\sqrt\pi} e^{-\frac{4}{9}} = 0,16077$

$\log \dfrac{4}{9\sqrt\pi} e^{-\frac{16}{9}} = \overline{2},62716 \qquad\qquad \dfrac{4}{9\sqrt\pi} e^{-\frac{16}{9}} = 0,04238$

$\log \dfrac{8}{9\sqrt\pi} e^{-\frac{1}{9}} = \overline{1},65202 \qquad\qquad \dfrac{8}{9\sqrt\pi} e^{-\frac{1}{9}} = 0,44877$

$\log \dfrac{8}{9\sqrt\pi} e^{-4} = \overline{1},26598 \qquad\qquad \dfrac{8}{9\sqrt\pi} e^{-1} = 0,18449$

$\log \dfrac{8}{9\sqrt\pi} e^{-\frac{25}{9}} = \overline{2},49390 \qquad\qquad \dfrac{8}{9\sqrt\pi} e^{-\frac{25}{9}} = 0,03118$

la somme donne 0,99527.

539. $e^2 = 1 - 0,75^2 = \dfrac{7}{16}$. La longueur de l'ellipse est ($\S$ 256) :

$$s = 2\pi\left[1 - \left(\frac{1}{2}\right)^2 \frac{7}{16} - \left(\frac{1\cdot 1}{2\cdot 4}\right)^2 3\left(\frac{7}{16}\right)^2 - \left(\frac{1\cdot 3}{2\cdot 4\cdot 6}\right)^2 5\left(\frac{7}{16}\right)^3 \ldots\right]$$

$$= 5^m,523 \; .$$

CHAPITRE IV

APPLICATIONS

540. $\Sigma x'^2 = 4 + (e^t - e^{-t})^2 = (e^t + e^{-t})^2$, $\Sigma x''^2 = 4 + (e^t + e^{-t})^2$
$\Sigma x' x'' = e^{2t} - e^{-2t}$. ($\S$ 257 et 258)

$$R^2 = \frac{(e^t + e^{-t})^4}{(e^t + e^{-t})^2 + 4 - (e^t - e^{-t})^2} = \frac{(e^t + e^{-t})^3}{8}$$

$$D = \begin{vmatrix} -2\sin t & 2\cos t & e^t - e^{-t} \\ -2\cos t & -2\sin t & e^t + e^{-t} \\ 2\sin t & -2\cos t & e^t - e^{-t} \end{vmatrix} =$$

$$8\begin{vmatrix} -\sin t & \cos t & e^t - e^{-t} \\ -\cos t & -\sin t & e^t + e^{-t} \\ 0 & 0 & e^t - e^{-t} \end{vmatrix} = 8(e^t - e^{-t})$$

$$T = \frac{(\Sigma x''^2)^3}{DR^2} = \frac{(e^t + e^{-t})^2}{e^t - e^{-t}} .$$

541. (Probl. 470). $\Sigma x'^2 = 3e^{2t}$, $R = \dfrac{3}{\sqrt{2}} e^t$

$$D = \begin{vmatrix} e^t(\cos t - \sin t) & e^t(\cos t + \sin t) & e^t \\ -2e^t\sin t & 2e^t\cos t & e^t \\ -2e^t(\cos t + \sin t) & 2e^t(\cos t - \sin t) & e^t \end{vmatrix} = 2e^{3t}$$

$$T = \frac{(\Sigma x'^2)^3}{DR^2} = 3e^t$$

$\dfrac{R}{T}$ est constant, la courbe est une hélice tracée sur le cylindre

$$L(x^2 + y^2) = 2 \operatorname{arc\,tg} \frac{y}{x} .$$

542. $\Sigma x'^2 = (2a^2 + 9b^2t^2)^2$, $\Sigma x'x'' = (2a^2 + 9b^2t^2)\,18\,b^2t$

$$\Sigma x''^2 = (a^2 + 9b^2t^2)^2\,36\,b^2 \quad , \quad D = 12 \cdot 18\,a^3b^3$$

$$R = \frac{(2a^2 + 9b^2t^2)^2}{6\,ab} \quad , \quad T = \frac{(2a^2 + 9b^2t^2)^2}{6\,ab}$$

$\frac{R}{T}$ est constant. La tangente forme un angle constant avec la droite
$y = 0$, $x - z = 0$,   la courbe est une hélice.

543. (Probl. 472)

$$x = e^{at} \quad , \quad y = e^{-at} \quad , \quad z = t$$

$$D = -2a^3 \quad , \quad T = -\frac{4a^2 + e^{2at} + e^{-2at}}{2a}$$

544. $\displaystyle\int e^x \sin nx\,dx = e^x \sin nx - \int ne^x \cos nx\,dx$

$$= e^x \sin nx - ne^x \cos nx - \int n^2 e^x \sin nx\,dx$$

$$\int e^x \sin nx\,dx = \frac{\sin nx - n\cos nx}{1 + n^2}\,e^x$$

$$\int e^x \cos nx\,dx = \frac{\cos nx + n\sin nx}{1 + n^2}\,e^x$$

on a (§ 259) :

$$f(x) = e^x \quad , \quad 2\pi a_0 = \int_0^{2\pi} e^x dx = e^{2\pi} - 1$$

$$\pi a_n = \int_0^{2\pi} e^x \cos nx\,dx = \frac{e^{2\pi} - 1}{1 + n^2}, \quad \pi b_n = \int_0^{2\pi} e^x \sin nx\,dx = n\,\frac{1 - e^{2\pi}}{1 + n^2}$$

et la série uniformément convergente :

$$\frac{e^{2\pi} - 1}{\pi}\left[\frac{1}{2} + \frac{\cos x - \sin x}{2} + \frac{\cos 2x - 2\sin 2x}{1 + 4} + \dots \right.$$

$$\left. + \frac{\cos nx - n\sin nx}{1 + n^2} + \dots \right] = e^x$$

$$0 < x < 2\pi$$

545.

$$2\pi a_0 = \int_0^\pi \sin x\, dx = 2 \quad , \quad \pi b_1 = \int_0^\pi \sin^2 x\, dx = \frac{\pi}{2}$$

$$\pi b_n = \int_0^\pi \sin nx \sin x\, dx$$

$$= \frac{1}{2} \int_0^\pi [\cos(n-1)x - \cos(n+1)x]\, dx = 0 \quad , \quad n > 1$$

$$\pi a_n = \int_0^\pi \cos nx \sin x\, dx = \frac{1}{2} \int_0^\pi [\sin(n+1)x - \sin(n-1)x]\, dx$$

$$= \left[\frac{\cos(n-1)x}{2(n-1)} - \frac{\cos(n+1)x}{2(n+1)} \right]_0^\pi = \frac{(-1)^{n-1} - 1}{n^2 - 1}$$

$$\pi a_{2n+1} = 0 \quad , \quad \pi a_{2n} = \frac{-2}{4n^2 - 1}$$

$$\frac{1}{\pi} + \frac{\sin x}{2} - \frac{2}{\pi}\left(\frac{\cos 2x}{1.3} + \frac{\cos 4x}{3.5} + \dots + \frac{\cos 2nx}{(2n-1)(2n+1)} + \dots \right) = \sin x,$$

ou 0, suivant que

$$0 < x < \pi \quad , \quad \text{ou } \pi < x < 2\pi \quad .$$

546. Soit $X = \frac{2\pi}{T} x$, lorsque x varie de 0 à $\frac{T}{2}$ et T, X varie de 0 à π et 2π.

$$2\pi a_0 = \int_0^\pi C\, dX = C\pi \quad , \quad \pi a_n = \int_0^\pi C \cos nX\, dX = 0$$

$$\pi b_n = \int_0^\pi C \sin nX\, dX = \frac{C}{n} (-\cos nX)_0^\pi \;,\; \pi b_{2n} = 0 \;,\; \pi b_{2n+1} = \frac{2C}{2n+1}$$

$$\frac{C}{2} + \frac{2C}{\pi}\left(\sin \frac{TX}{2\pi} + \frac{1}{3} \sin \frac{3TX}{2\pi} + \dots + \frac{1}{2n+1} \sin \frac{(2n+1)TX}{2\pi} + \dots \right) = C, \text{ ou } 0$$

cela résulte aussi de la série (§ 260)

$$\frac{2C}{\pi}\left(\sin x + \frac{\sin 3x}{3} + \dots + \frac{\sin(2n+1)x}{2n+1} + \dots \right) = \pm \frac{C}{2}$$

avec le signe de sin x.

CHAPITRE V

VOLUMES ET SURFACES

547. Si h est la distance des deux plans, on a (§ 264), $b = c$:

$$V = \pi b^2 \int_{-\frac{h}{2}}^{+\frac{h}{2}} \left(1 - \frac{x^2}{a^2}\right) dx = 2\pi b^2 \left(x - \frac{x^3}{3a^2}\right)_0^{\frac{h}{2}} = \pi b^2 h \left(1 - \frac{h^2}{12a^2}\right)$$

on connaît h, b, et $l = b\sqrt{1 - \frac{h^2}{4a^2}}$

$$\frac{h^2 b^2}{4a^2} = b^2 - l^2 \quad , \quad V = \frac{\pi h}{3}(2b^2 + l^2)$$

548. L'intersection de l'ellipsoïde et du paraboloïde est formée de deux courbes planes

$$\frac{x^2}{a^2} + \frac{x}{a} - 1 = 0 \quad , \quad x = a\frac{\sqrt{5} - 1}{2}$$

donne la seule section réelle.

Si $0 < x < a\frac{\sqrt{5} - 1}{2}$ le volume est limité par l'ellipse section du paraboloïde, si $a\frac{\sqrt{5} - 1}{2} < x < a$, le volume est limité par l'ellipsoïde

$$V = \pi \int_0^{a\frac{\sqrt{5}-1}{2}} bc \frac{x}{a} dx + \pi \int_{a\frac{\sqrt{5}-1}{2}}^{a} bc \left(1 - \frac{x^2}{a^2}\right) dx =$$

$$\pi abc \left[\frac{(\sqrt{5}-1)^2}{8} + 1 - \frac{\sqrt{5}-1}{2} - \frac{1}{3} + \frac{(\sqrt{5}-1)^3}{24}\right] = \left(1 - \frac{\sqrt{5}}{3}\right)\frac{5\pi abc}{4}.$$

549. Le volume est limité par les plans

$$x = 0 \quad , \quad y = 0 \quad , \quad x + 2y = 1.$$

$$V = \int_0^1 dx \int_0^{\frac{1-x}{2}} (x^2 + y + 1) dy = \int_0^1 \left(x^2 y + \frac{y^2}{2} + y\right)_{y=0}^{\frac{1-x}{2}} dx =$$

$$\int_0^1 \frac{5 - 6x + 5x^2 - 4x^3}{8} dx = \frac{1}{8}\left(5x - 3x^2 + \frac{5}{3}x^3 - x^4\right)_0^1 = \frac{1}{3}.$$

550. Soit l'ellipsoïde $\dfrac{x^2}{a^2} + \dfrac{y^2 + z^2}{b^2} = 1$ et le point $(x, 0, 0)$, sommet du cône circonscrit dont l'équation est (§ 215) :

$$\left(\frac{X^2}{a^2} + \frac{Y^2 + Z^2}{b^2} - 1\right)\left(\frac{x^2}{a^2} - 1\right) = \left(\frac{Xx}{a^2} - 1\right)^2 .$$

La base du cône, dans le plan $X = 0$, est le cercle

$$\frac{Y^2 + Z^2}{b^2} - 1 = \frac{a^2}{x^2 - a^2} \text{ de rayon } \frac{bx}{\sqrt{x^2 - a^2}}$$

ce rayon peut se déduire de l'équation de la tangente à l'ellipse méridienne (§ 150 ou 157).

Le volume du cône est :

$$V = \frac{\pi b^2 x^3}{3(x^2 - a^2)} \quad , \quad x > a \quad , \quad V' = \frac{\pi b^2 x^2 (x^2 - 3a^2)}{3(x^2 - a^2)^2}$$

a le signe de $x - a\sqrt{3}$.

Pour $\quad x = a\sqrt{3} \quad , \quad V = \dfrac{\pi}{2} ab^2 \sqrt{3} \quad$ est minimum.

551. x et y varient entre la parabole $y = x^2$, et la droite $y = 1$,

$$V = \int_{-1}^{1} dx \int_{x^2}^{1} (x^2 + y^2) dy = \int_{-1}^{1} \left(x^2 y + \frac{y^3}{3}\right)_{y=x^2}^{1} dx =$$

$$\int_{-1}^{1} \left(\frac{1}{3} + x^2 - x^4 - \frac{x^6}{3}\right) dx = \left(\frac{x}{3} + \frac{x^3}{3} - \frac{x^5}{5} - \frac{x^7}{21}\right)_{-1}^{1} = \frac{88}{105}.$$

552. $V = \displaystyle\int_0^1 dx \int_0^x (x^3 + y^3) dy =$

$$\int_0^1 \left(x^3 y + \frac{y^4}{4}\right)_{y=0}^{x} dx = \int_0^1 \frac{5x^4}{4} dx = \frac{1}{4} .$$

553. $V = \displaystyle\iint c \sqrt{1 - \frac{x^2}{a^2} - \frac{y^2}{b^2}} \, dx dy, \quad \frac{x^2}{a^2} + \frac{y^2}{b^2} < \frac{1}{2}$

Posons $\dfrac{x^2}{a^2} + \dfrac{y^2}{b^2} = t$, en décomposant le plan par une série d'ellipse (§ 263). L'aire comprise entre les ellipses $t + dt$, et t, est

$$\pi a b (t + dt) - \pi a b t = \pi a b \, dt.$$

Donc :

$$V = \int_0^1 2 c \sqrt{1 - t}\ \ \pi ab\, dt = \frac{2}{3}\, \pi abc \left[1 - \frac{1}{2\sqrt{2}} \right].$$

554. La section commune est $x = 0$. Il faut supposer pq positif pour que la section soit réelle. Supposons p et $q > 0$.

$$V = \int_{-aq}^0 2 p\pi\, (x + aq)\, dx + \int_0^{ap} 2 q\pi\, (ap - x)\, dx =$$
$$= \pi pq^2 a^2 + \pi qp^2 a^2 = \pi a^2\, (p + q)\, pq.$$

Si on prend pour variables indépendantes y et z, pour le premier paraboloïde

$$x = - aq + \frac{y^2 + z^2}{2 p}, \qquad \frac{\delta x}{\delta y} = \frac{y}{p}, \qquad \frac{\delta x}{\delta z} = \frac{z}{p},$$

l'aire S (§ 267) est :

$$S = \iint \sqrt{ 1 + \frac{y^2 + z^2}{p^2} }\ dy\, dz, \qquad y^2 + z^2 < 2 apq$$

ou, en coordonnées polaires,

$$S = \int_0^{\sqrt{2 apq}} \int_0^{2\pi} \sqrt{ 1 + \frac{\rho^2}{p^2} }\ \rho\, d\rho\, d\omega =$$
$$\frac{2}{3}\, \pi p^2 \left[\left(1 + \frac{\rho^2}{p^2} \right)^{\frac{3}{2}} \right]_0^{\sqrt{2 apq}} = \frac{2\pi}{3} \left[\sqrt{p}\, (p + 2 aq)^{\frac{3}{2}} - p^2 \right]$$

La seconde surface se calcule de la même manière, en permutant p et q :

$$S = \frac{2\pi}{3} \sqrt{p}\, (p + 2 aq)^{\frac{3}{2}} + \frac{2\pi}{3} \sqrt{q}\, (q + 2 ap)^{\frac{3}{2}} - \frac{2\pi}{3}\, (p^2 + q^2).$$

555. Soit a et $p > 0$, la courbe d'intersection :

$$y^2 = 2 px, \qquad z^2 = x\, (a - x)$$

est symétrique par rapport aux plans XOY, XOZ. $0 < x < a$. Si on décompose la surface cylindrique par des génératrices, parallèles à OZ, soit σ l'arc de la parabole, base du cylindre

$$d\sigma = \sqrt{dx^2 + dy^2} = \sqrt{1 + \frac{p}{2x}}\, dx.$$

L'aire est symétrique par rapport aux plans XOY, XOZ :

$$\frac{S}{4} = \int z\, d\sigma = \int_0^a \sqrt{x(a-x)} \sqrt{1 + \frac{p}{2x}}\, dx = \int_0^a \sqrt{(a-x)\left(x + \frac{p}{2}\right)}\, dx.$$

Posons

$$\frac{a-x}{x + \frac{p}{2}} = \operatorname{tg}^2 t, \quad \text{et} \quad \operatorname{tg} \theta = \sqrt{\frac{2a}{p}}.$$

$$x = a \cos^2 t - \frac{p}{2} \sin^2 t, \qquad \sqrt{(a-x)\left(x + \frac{p}{2}\right)} = \left(a + \frac{p}{2}\right) \sin t \cos t$$

$$S = 4 \int_\theta^0 -2\left(a + \frac{p}{2}\right)^2 \sin^2 t \cos^2 t\, dt = \left(\frac{2a+p}{2}\right)^2 \int_0^\theta (1 - \cos 4t)\, dt =$$

$$= \left(\frac{2a+p}{2}\right)^2 \left(\theta - \frac{\sin 4\theta}{4}\right) = \left(\frac{2a+p}{2}\right)^2 \operatorname{arctg} \sqrt{\frac{2a}{p}} + (2a - p) \frac{\sqrt{2ap}}{4}$$

556.
$$V = \int_0^a \pi a z\, dz = \frac{\pi a^2}{2}.$$

$$S = \pi a^2 + \int_0^a 2\pi \sqrt{1 + 4\frac{\rho^2}{a^2}}\, \rho\, d\rho = \pi a^2 + \frac{\pi a^2}{6}\left(5^{\frac{3}{2}} - 1\right) = \frac{1 + \sqrt{5}}{6}\, 5\pi a^2.$$

557. L'aire comprise entre la parabole et la corde perpendiculaire à l'axe OY passant par le point M (x, y) est ($\S$ 249) $\frac{4}{3} xy$, l'aire comprise entre la corde OM et l'arc est

$$\frac{2}{3} xy - \frac{xy}{2} = \frac{xy}{6}.$$

Le lieu du point P est :

$$y = \frac{x^2}{2}, \qquad z = \frac{xy}{3} = \frac{x^3}{6}$$

l'arc s est donné par :

$$ds^2 = \left(1 + x^2 + \frac{x^4}{4}\right) dx^2 = \left(1 + \frac{x^2}{2}\right)^2 dx^2.$$

$$s = \int_0^x \left(1 + \frac{x^2}{2}\right) dx = x + \frac{x^3}{6}.$$

L'aire comprise entre deux génératrices infiniment voisines est :

$$dS = zds = \frac{2\,x^3 + x^5}{12} dx, \qquad S = \int_0^x \frac{2\,x^3 + x^5}{12} dx = \frac{x^4}{24}\left(1 + \frac{x^2}{3}\right)$$

si

$$x = 2^m, \qquad S = \frac{14}{9} = 1^{\text{mq}},5555^{\text{mmq}}.$$

558. Si on change ω en $-\omega$, ρ devient $-\rho$, la spirale est symétrique par rapport à OY, elle se ferme au point double

$$\omega = \pm \frac{\pi}{2}, \qquad x = 0, \qquad y = a.$$

Le volume est symétrique par rapport aux plans XOY et YOZ.

$$V = 4 \iint z\rho\, d\rho\, d\omega = 4 \int_0^{\frac{\pi}{2}} d\omega \int_0^{\frac{2a\omega}{\pi}} \rho \sqrt{a^2 - \rho^2}\, d\rho =$$

$$= 4 \int_0^{\frac{\pi}{2}} d\omega \left[-\frac{1}{3}(a^2 - \rho^2)^{\frac{3}{2}} \right]_0^{\frac{2a\omega}{\pi}} = \frac{4}{3} \int_0^{\frac{\pi}{2}} \left(a^3 - a^3 \left(1 - \frac{4\,\omega^2}{\pi^2}\right)^{\frac{3}{2}} \right) d\omega$$

Posons $\dfrac{2\,\omega}{\pi} = \sin t$

$$V = \frac{4}{3} a^3 \left(\frac{\pi}{2} - \frac{\pi}{2} \int_0^{\frac{\pi}{2}} \cos^4 t\, dt \right) =$$

$$= \frac{2}{3} \pi a^3 \left(1 - \int_0^{\frac{\pi}{2}} \frac{3 + 4 \cos 2t + \cos 4t}{8} dt \right) = \pi a^3 \left(\frac{2}{3} - \frac{\pi}{8} \right).$$

559. $\qquad 2z = \dfrac{x^2}{a} + \dfrac{y^2}{b}, \qquad \dfrac{\delta z}{\delta x} = \dfrac{x}{a}, \qquad \dfrac{\delta z}{\delta y} = \dfrac{y}{b}$

$$S = \iint \sqrt{1 + \frac{x^2}{a^2} + \frac{y^2}{b^2}}\, dx\, dy, \qquad \frac{x^2}{a^2} + \frac{y^2}{b^2} < c^2.$$

En décomposant le plan par les ellipses $\dfrac{x^2}{a^2} + \dfrac{y^2}{b^2} = t$ (probl. 553) on a

$$S = \int_0^{c^2} \sqrt{1 + t}\ \pi ab\, dt = \frac{2\pi}{3}\, ab \left[(1 + e^2)^{\frac{3}{2}} - 1 \right].$$

560. La base du cylindre

$$\rho^2 = a^2 \sin 2\omega = a^2 \cos 2\left(\frac{\pi}{4} - \omega \right)$$

est une lemniscate (§ 161) ayant pour axe la bissectrice de l'angle XOY. L'aire comprend deux portions symétriques se projetant sur chaque boucle.

$$z = \frac{xy}{a}, \qquad \frac{\partial z}{\partial x} = \frac{y}{a}, \qquad \frac{\partial z}{\partial y} = \frac{x}{a},$$

$$\frac{S}{2} = \iint \sqrt{1 + \frac{x^2 + y^2}{a^2}}\, dx\, dy = \iint \sqrt{1 + \frac{\rho^2}{a^2}}\, \rho\, d\rho\, d\omega$$

où $0 < \rho < a\sqrt{\sin 2\omega},\ \ 0 < \omega < \dfrac{\pi}{2}$

$$S = 2 \int_0^{\frac{\pi}{2}} \left[\frac{a^2}{3} \left(1 + \frac{\rho^2}{a^2} \right)^{\frac{3}{2}} \right]_0^{a\sqrt{\sin 2\omega}} d\omega =$$

$$\frac{2\,a^2}{3} \int_0^{\frac{\pi}{2}} \left[(1 + \sin 2\omega)^{\frac{3}{2}} - 1 \right] d\omega =$$

$$\frac{2\,a^2}{3} \int_0^{\frac{\pi}{2}} \left(-1 + 2\sqrt{2}\cos^3\left(\frac{\pi}{4} - \omega \right) \right) d\omega =$$

$$\frac{2\,a^2}{3} \left(-\omega - 2\sqrt{2}\sin\left(\frac{\pi}{4} - \omega \right) + \frac{2\sqrt{2}}{3}\sin^3\left(\frac{\pi}{4} - \omega \right) \right)_0^{\frac{\pi}{2}} =$$

$$\frac{a^2}{3} \left(-\pi + 8\sqrt{2}\sin\frac{\pi}{4} - \frac{8\sqrt{2}}{3}\sin^3\frac{\pi}{4} \right) = \frac{a^2}{9}\,(20 - 3\pi).$$

561. $\displaystyle \int \sqrt[3]{1 - x^3 - y^3}\ y^2 dy = -\frac{1}{4}\,(1 - x^3 - y^3)^{\frac{4}{3}}.$

Si $o < y < \sqrt[3]{1 - x^3}$ on a :

$$\frac{1}{4} \left(1 - x^3\right)^{\frac{4}{3}}$$

$$\iint x^2 y^2 \sqrt[3]{1 - x^3 - y^3}\, dx\, dy = \int_0^1 \frac{1}{4} \left(1 - x^3\right)^{\frac{4}{3}} x^2 dx =$$

$$= -\frac{1}{4 \cdot 7} \left(\left(1 - x^3\right)^{\frac{7}{3}}\right)_0^1 = \frac{1}{28}.$$

562. $\displaystyle \int_1^2 dx \int_1^{3-x} \frac{dy}{(x + y)^3} = \int_1^2 \left(-\frac{1}{2\,(x + y)^2}\right)_{y=1}^{3-x} dx =$

$$= \int_1^2 \left(\frac{1}{2\,(1 + x)^2} - \frac{1}{18}\right) dx = -\frac{1}{2} \left(\frac{1}{1 + x} + \frac{x}{9}\right)_1^2 = \frac{1}{36}.$$

563. $\displaystyle \int_0^\infty \int_0^\infty \frac{dx\, dy}{(x^2 + y^2 + a^2)^2} = \int_0^\infty \int_0^{\frac{\pi}{2}} \frac{\rho\, d\rho\, d\omega}{(\rho^2 + a^2)^2} =$

$$= \frac{\pi}{4} \left(-\frac{1}{\rho^2 + a^2}\right)_0^\infty = \frac{\pi}{4 a^2}.$$

564. $\displaystyle V = \int \pi y^2 dx = \pi \int_0^x \frac{a^2}{4} \left(e^{\frac{2x}{a}} + 2 + e^{-\frac{2x}{a}}\right) dx =$

$$= \frac{\pi a^2}{8} \left(e^{\frac{2x}{a}} + \frac{4x}{a} - e^{-\frac{2x}{a}}\right)$$

soit s l'arc de chaînette

$$ds = \sqrt{dx^2 + dy^2} = \frac{1}{2} \left(e^{\frac{x}{a}} + e^{-\frac{x}{a}}\right) dx = \frac{y}{a}\, dx$$

l'aire engendrée

$$S = 2\pi \int y ds = \frac{2\pi}{a} \int_0^x y^2 dx = \frac{2 V}{a}.$$

565. $\displaystyle \iint \frac{y^2 - x^2}{(y^2 + x^2)^n}\, dx\, dy = \iint \frac{-\cos 2\omega}{\rho^{2n-3}}\, d\rho\, d\omega.$

Dans un cercle de rayon R, on a

$$\int_0^R \frac{d\rho}{\rho^{2n-3}} \int_0^{2\pi} -\cos 2\omega\, d\omega.$$

Si $n > 2$, la première intégrale est infinie. L'intégrale donnée contient des parties infinies positives et négatives, et n'a aucun sens. Si

$$n < 2, \qquad \int_0^R \frac{d\rho}{\rho^{2n-3}} = \frac{R^{4-2n}}{4 - 2n}, \qquad \int_0^{2\pi} \cos 2\omega \, d\omega = 0$$

l'intégrale double est nulle.

———

CHAPITRE VI

—

INTÉGRALES CURVILIGNES

566. $\dfrac{\partial}{\delta y}\left(\dfrac{3y - x}{(x + y)^3}\right) = \dfrac{3(x + y) - 3(3y - x)}{(x + y)^4} = 6\,\dfrac{x - y}{(x + y)^4}.$

En permutant x et y on a

$$\frac{\delta}{\delta x}\left(\frac{y - 3x}{(x + y)^3}\right) = -\frac{\delta}{\delta x}\left(\frac{3x - y}{(y + x)^3}\right) = -6\,\frac{y - x}{(y + x)^4}.$$

La valeur est la même. Si y reste constant,

$$\int \frac{3y - x}{(x+y)^3}\,dx = \int \left(\frac{4y}{(x+y)^3} - \frac{1}{(x+y)^2}\right)dx = \frac{1}{x+y} - \frac{2y}{(x+y)^2} = \frac{x - y}{(x+y)^2}$$

dont la dérivée par rapport à y est $\dfrac{y - 3x}{(x + y^3)}$, $\dfrac{x - y}{(x + y)^2} + c$ est la fonction cherchée.

567. $\dfrac{\delta}{\delta y}\left(\dfrac{x + 2y}{(x+y)^2}\right) = \dfrac{2(x+y) - 2(x+2y)}{(x + y)^3} = \dfrac{-2y}{(x+y)^3} = \dfrac{\delta}{\delta x}\left(\dfrac{y}{(x+y)^2}\right).$

En supposant d'abord y constant on a la fonction :

$$\frac{-y}{x + y} + \mathrm{L}(x + y).$$

568. Si z est la fonction cherchée :

$$\frac{\delta^2 z}{\delta xy} = \frac{-2y^3 - 6xy^2 + 2(1-2a)\,x^2 y + 2x^3}{(x^2 + y^2)^3},$$

$$\frac{\delta^2 z}{\delta yx} = \frac{2x^3 + 6yx^2 - 2(1-2b)\,y^2 x - 2y^3}{(y^2 + x^2)^3},$$

elles sont identiques si $a = b = -1$

$$d\,\frac{x-y}{x^2+y^2} = \frac{(y^2 + 2xy - x^2)\,dx + (y^2 - 2xy - x^2)\,dy}{(x^2 + y^2)^2}.$$

569. Il faut :

$$\frac{\delta}{\delta y}\,(a \sin x \cos y + b \cos x \sin y) = \frac{\delta}{\delta x}\,(a' \cos x \sin y + b' \sin x \cos y),$$

$$a = a' \quad , \quad b = b',$$

on a alors la différentielle de

$$b \sin x \sin y - a \cos x \cos y.$$

570. On a la différentielle de $\dfrac{e^y - 1}{1 + x^2}$, dont la variation entre $(0, 0)$ et $(2, 4)$ est $\dfrac{e^4 - 1}{5}$.

571. Sur AB, de B vers A,

$$y = 1 - x \quad , \quad \int y^2 dx - x^2 dy = \int_1^0 (1 - 2x + 2x^2)\,dx = -\frac{2}{3}.$$

Sur le cercle soit

$$x = \cos t \quad , \quad y = \sin t,$$

$$\int y^2 dx - x^2 dy = \int_0^{\frac{\pi}{2}} -(\sin^3 t + \cos^3 t)\,dt =$$

$$= -\int_0^{\frac{\pi}{2}} \left[\sin t\,(1 - \cos^2 t) + \cos t\,(1 - \sin^2 t) \right] dt =$$

$$= \left[\cos t - \sin t + \frac{1}{3}\,(\sin^3 t - \cos^3 t) \right]_0^{\frac{\pi}{2}} = -\frac{4}{3}.$$

572. $x = a\cos t$, $y = b\sin t$, $xdy - ydx = abdt$,

$$S = \frac{1}{2}\int_0^{2\pi} abdt = \pi ab.$$

573. Folium (§ 165)

$$x = \frac{3at}{1+t^3} , \quad y = \frac{3at^2}{1+t^3} , \quad t > 0,$$

la branche fermée correspond aux variations de $t = 0$ à $+\infty$.

$$xdy - ydx = \left(\frac{3at}{1+t^3}\, 3at\, \frac{2-t^3}{(1+t^3)^2} - \frac{3at^2}{1+t^3}\, 3a\, \frac{1-2t^3}{(1+t^3)^2}\right) dt = \left(\frac{3at}{1+t^3}\right)^2 dt,$$

$$S = \int_0^\infty \frac{9a^2 t^2 dt}{2(1+t^3)^2} = -\frac{3a^2}{2}\left(\frac{1}{1+t^3}\right)_0^\infty = \frac{3}{2}a^2.$$

574. Si x est constant $\iint dydz$ représente l'aire d'une ellipse égale à

$$\pi bc\left(1 - \frac{x^2}{a^2}\right),$$

$$\iiint x^2 dxdydz = \int_{-a}^{+a} \pi bc\left(1 - \frac{x^2}{a^2}\right)x^2 dx = \pi bc\left(\frac{x^3}{3} - \frac{x^5}{5a^2}\right)_{-a}^{a} = \frac{4\pi}{15}bca^3.$$

Par permutation on a :

$$\iiint y^2 dxdydz = \frac{4\pi}{15} acb^3 , \quad \iiint z^2 dxdydz = \frac{4\pi}{15} abc^3.$$

$$\iiint \left(\frac{x^2}{a^2} + \frac{y^2}{b^2} + \frac{z^2}{c^2}\right) dxdydz = \frac{4\pi}{5} abc.$$

575. $$\int_0^1 dx \int_0^{1-x} dy \int_0^{1-x-y} \frac{dz}{(x+y+z+1)^3} =$$

$$= \iint dxdy \left(-\frac{1}{2}\frac{1}{(x+y+z+1)^2}\right)_{z=0}^{1-x-y} =$$

$$= \frac{1}{2}\iint\left(\frac{1}{(x+y+1)^2} - \frac{1}{4}\right) dxdy = \frac{1}{2}\int_0^1\left(\frac{-1}{x+y+1} - \frac{y}{4}\right)_{y=0}^{1-x} dx =$$

$$= \frac{1}{2}\int_0^1\left(\frac{1}{x+1} + \frac{x}{4} - \frac{3}{4}\right) dx = \frac{1}{2}\left(\frac{x^2}{8} - \frac{3}{4}x + L(1+x)\right)_0^1 = \frac{-5}{16} + \frac{L2}{2}.$$

576. (§ 277).

$$\int_0^\infty \int_0^{\frac{\pi}{2}} \int_0^{\frac{\pi}{2}} \frac{\rho^2 \sin\theta\, d\rho\, d\theta\, d\varphi}{(\rho^2+a^2)^3} = \frac{\pi}{2}\int_0^\infty \frac{\rho^2 d\rho}{(\rho^2+a^2)^3} =$$

$$\frac{\pi}{4}\left(\frac{-\rho}{\rho^2+a^2} + \frac{1}{a}\operatorname{arc\,tg}\frac{\rho}{a}\right)_0^\infty = \frac{\pi^2}{8a^3}.$$

577.
$$0 < \frac{x^2+y^2}{2a} < z < \sqrt{3a^2-x^2-y^2}.$$

ce qui suppose :

$$(x^2+y^2)^2 + 4a^2(x^2+y^2) - 12a^4 < 0 \quad, \quad x^2+y^2 < 2a^2.$$

Le volume dans lequel on intègre est symétrique par rapport aux plans XOZ, YOZ. Si on change x en $-x$, on voit que

$$\iiint xy\,dx\,dy\,dz = 0 \quad, \quad \iiint xz\,dx\,dy\,dz = 0.$$

En changeant y en $-y$ on a :

$$\iiint yz\,dx\,dy\,dz = 0.$$

Et

$$\iiint (x+y+z)^2\,dx\,dy\,dz = \iiint (x^2+y^2+z^2)\,dx\,dy\,dz,$$

si x et y restent constants

$$\int (x^2+y^2+z^2)\,dz = (x^2+y^2)z + \frac{z^3}{3}$$

et, entre les limites données, on a :

$$\iint\left[\left(a^2 + 2\frac{x^2+y^2}{3}\right)\sqrt{3a^2-x^2-y^2} - \frac{(x^2+y^2)^2}{2a} - \frac{(x^2+y^2)^3}{24a^3}\right]dx\,dy =$$

$$= \iint\left[\left(a^2 + \frac{2}{3}\rho^2\right)\sqrt{3a^2-\rho^2} - \frac{\rho^4}{2a} - \frac{\rho^6}{24a^3}\right]\rho\,d\rho\,d\omega,$$

$$0 < \omega < 2\pi \quad, \quad 0 < \rho < a\sqrt{2}.$$

ou, si $\rho^2 = t$,

$$\pi \int_0^{2a^2} \left(\frac{9a^2 + 2(t - 3a^2)}{3} \sqrt{3a^2 - t} - \frac{t^2}{2a} - \frac{t^3}{24a^3} \right) dt =$$

$$= \pi \left[-2a^2 (3a^2 - t)^{\frac{3}{2}} + \frac{4}{15} (3a^2 - t)^{\frac{5}{2}} - \frac{t^3}{6a} - \frac{t^4}{96a^3} \right]_0^{2a^2} =$$

$$= \left(18 \sqrt{3} + \frac{5}{6} - 17 \right) \frac{\pi}{5} a^5.$$

578. Si u est la fonction inconnue :

$$\frac{\delta^2 u}{\delta xy} = \frac{\delta}{\delta y} \left(\frac{x + y + 2z}{(x + y + z)^3} \right) = \frac{-2x - 2y - 5z}{(x + y + z)^4},$$

$$\frac{\delta^2 u}{\delta yx} = \frac{\delta}{\delta x} \left(\frac{ax + by + cz}{(x + y + z)^3} \right) = \frac{-2ax + (a - 3b) y + (a - 3c) z}{(x + y + z)^4},$$

$$\frac{\delta^2 u}{\delta xz} = \frac{\delta}{\delta z} \left(\frac{x + y + 2z}{(x + y + z)^3} \right) = \frac{-x - y - 4z}{(x + y + z)^3},$$

$$\frac{\delta^2 u}{\delta zx} = \frac{\delta}{\delta x} \left(\frac{a'x + b'y + c'z}{(x + y + z)^3} \right) = \frac{-2a'x + (a' - 3b') y + (a' - 3c') z}{(x + y + z)^5},$$

il faut

$$a = b = 1 \quad, \quad c = 2 \quad, \quad a' = b' = \frac{1}{2} \quad, \quad c' = \frac{3}{2},$$

alors :

$$\frac{\delta}{\delta z} \left(\frac{x + y + 2z}{(x + y + z)^3} \right) = \frac{\delta}{\delta y} \left(\frac{x + y + 3z}{2 (x + y + z)^3} \right),$$

$$u = -\frac{2x + 2y + 3z}{2 (x + y + z)^2}.$$

579.

$$\frac{x + y + z}{(x^2 + y^2 + z^2)^2} [(x^2 + y^2 + z^2) d(x + y + z) - (x + y + z)(x dx + y dy + z dz)] =$$

$$= \frac{(x^2 + y^2 + z^2) d (x + y + z)^2 - (x + y + z)^2 d (x^2 + y^2 + z^2)}{2 (x^2 + y^2 + z^2)^2} =$$

$$= \frac{1}{2} d \left(\frac{(x + y + z)^2}{x^2 + y^2 + z^2} \right)$$

580. Posons

$$x = \mathrm{R}\,\frac{1 + \cos t}{2} \quad , \quad z = \mathrm{R}\,\frac{1 - \cos t}{2} \quad , \quad y = \frac{\mathrm{R}}{\sqrt{2}}\sin t,$$

$$x^2 + y^2 + z^2 = \mathrm{R}^2 \quad , \quad x + z = \mathrm{R} \quad , \quad 0 < t < 2\pi,$$

$$\int y\,dx + z\,dy + x\,dz =$$

$$= \int_0^{2\pi} \left(-\frac{\mathrm{R}^2}{2\sqrt{2}}\sin^2 t + \mathrm{R}^2\,\frac{1 - \cos t}{2\sqrt{2}}\cos t + \mathrm{R}^2\,\frac{1 + \cos t}{4}\sin t \right) dt =$$

$$= \mathrm{R}^2 \int_0^{2\pi} \left(-\frac{1 + \cos t}{2\sqrt{2}} + \frac{1 + \cos t}{4}\sin t \right) dt =$$

$$= \mathrm{R}^2 \left[\frac{\sin t - t}{2\sqrt{2}} - \frac{\cos t}{4} - \frac{\cos^2 t}{8} \right]_0^{2\pi} = -\frac{\pi \mathrm{R}^2}{\sqrt{2}}.$$

581. Posons :

$$x = 2b\sin^2 t \quad , \quad y = b\sin 2t \quad , \quad z = 2\sqrt{b(a - b)}\sin t,$$

$$x^2 + y^2 + z^2 = 4ab\sin^2 t = 2ax \quad , \quad x^2 + y^2 = 2bx \quad , \quad 0 < t < \pi,$$

$$\int (y^2 + z^2)\,dx + (z^2 + x^2)\,dy + (x^2 + y^2)\,dz =$$

$$= -\frac{1}{3}(x^3 + y^3 + z^3) + \int (x^2 + y^2 + z^2)\,d(x + y + z),$$

si t varie de 0 à π, le premier terme a une variation nulle, il reste

$$\int 2ax\,d(x + y + z) = \int 2ax\,d(y + z) =$$

$$= \int_0^\pi 2ab^2(-1 + 2\cos 2t - \cos 4t)\,dt +$$

$$+ \int_0^\pi 8ab\sqrt{b(a - b)}\sin^2 t\,d(\sin t) = -2\pi ab^2.$$

CHAPITRE VII

INTÉGRALES DE SURFACE

582. Les cosinus directeurs de la normale sont :

$$\frac{x-a}{R} \ , \quad \frac{y-b}{R} \ , \quad \frac{z-c}{R}.$$

Soit $d\sigma$ l'élément de surface de la sphère, on a :

$$I = \iint \frac{x^2(x-a) + y^2(y-b) + z^2(z-c)}{R} \, d\sigma =$$

$$= \frac{1}{R}\iint [(x-a)^3 + 3a(x-a)^2 + a^2(x-a) + y^2(y-b) + z^2(z-c)] \, d\sigma.$$

En posant $x-a = X$ et en changeant X en $-X$, on voit que

$$\iint (x-a)^3 \, d\sigma = \iint (x-a) \, d\sigma = 0.$$

De même pour y et z. Si $y-b = Y$, $z-c = Z$. On peut permuter X, Y, Z, et :

$$\iint (x-a)^2 \, d\sigma = \iint (y-b)^2 \, d\sigma = \iint (z-c)^2 \, d\sigma,$$

$$I = \frac{1}{R}\iint 3 \frac{(x-a)^2 + (y-b)^2 + (z-c)^2}{3} (a+b+c) \, d\sigma =$$

$$= \frac{3R}{3}(a+b+c)\iint d\sigma = \frac{2}{3} R(a+b+c) \, 4\pi R^2 = \frac{8}{3}\pi(a+b+c) R^3.$$

583. On a ($\S$ 286)

$$I = \iiint 3(x+y+z) \, dx\,dy\,dz.$$

Soit (§ 277) :

$$x = a + \rho \sin\theta \cos\varphi \quad, \quad y = b + \rho \sin\theta \sin\varphi \quad, \quad z = c + \rho \cos\theta,$$

$$I = \int_0^R \int_0^\pi \int_0^{2\pi} 2\,(a + b + c + \rho \sin\theta \cos\varphi + \rho \sin\theta \sin\varphi + \rho \cos\theta)\,\rho^2$$

$$\sin\theta\,d\rho\,d\theta\,d\varphi =$$

$$= \int_0^R \int_0^\pi 4\pi\,(a + b + c + \rho \cos\theta)\,\rho^2 \sin\theta\,d\rho\,d\theta =$$

$$= 8\pi\,(a + b + c) \int_0^R \rho^2\,d\rho = \frac{8\pi}{3}\,(a + b + c)\,R^3.$$

584. Les cosinus directeurs de la normale sont

$$\frac{x}{a^2\sqrt{\dfrac{x^2}{a^4} + \dfrac{y^2}{b^4} + \dfrac{z^2}{c^4}}} \quad, \quad \frac{y}{b^2\sqrt{\dfrac{x^2}{a^4} + \dfrac{y^2}{b^4} + \dfrac{z^2}{c^4}}} \quad, \quad \frac{z}{c^2\sqrt{\dfrac{x^2}{a^4} + \dfrac{y^2}{b^4} + \dfrac{z^2}{c^4}}}.$$

$$I = \iint \left(\frac{1}{a^2} + \frac{1}{b^2} + \frac{1}{c^2}\right) \frac{d\sigma}{\sqrt{\dfrac{x^2}{a^4} + \dfrac{y^2}{b^4} + \dfrac{z^2}{c^4}}},$$

ou deux fois cette intégrale sur la partie de l'ellipsoïde, $z > 0$, pour laquelle

$$d\sigma = \frac{dx\,dy}{z}\,c^2\sqrt{\frac{x^2}{a^4} + \frac{y^2}{b^4} + \frac{z^2}{c^4}},$$

$$I = 2c\left(\frac{1}{a^2} + \frac{1}{b^2} + \frac{1}{c^2}\right)\iint \frac{dx\,dy}{\sqrt{1 - \dfrac{x^2}{a^2} - \dfrac{y^2}{b^2}}} \quad, \quad \frac{x^2}{a^2} + \frac{y^2}{b^2} < 1.$$

En posant

$$\frac{x^2}{a^2} + \frac{y^2}{b^2} = t$$

(probl. 553), on a :

$$I = 2c\left(\frac{1}{a^2} + \frac{1}{b^2} + \frac{1}{c^2}\right)\int_0^1 \frac{\pi ab\,dt}{\sqrt{1 - t}} = \left(\frac{1}{a^2} + \frac{1}{b^2} + \frac{1}{c^2}\right) 4\pi abc.$$

585. Si on pose

$$x = aX \quad, \quad y = bY \quad, \quad z = cZ \quad, \quad X^2 + Y^2 + Z^2 = 1,$$

$$\iint \frac{dx\,dy}{z} = \iint \frac{ab}{c}\,\frac{dX\,dY}{Z} = \frac{ab}{c}\iint ds,$$

sur la sphère

$$I = \left(\frac{ab}{c} + \frac{bc}{a} + \frac{ac}{b} \right) 4\pi.$$

586. La formule de Stokes (§ 283) donne :

$$I = \int (y^2 + z^2)\, dx + (z^2 + x^2)\, dy + (x^2 + y^2)\, dz =$$

$$= 2 \iint (y - z)\, dydz + (z - x)\, dzdx + (x - y)\, dxdy$$

sur la face intérieure de la sphère (si t croît de o à π) comprise à l'intérieur du cylindre. Les cosinus directeurs de la normale à la sphère sont

$$\frac{a-x}{a} \quad , \quad \frac{-y}{a} \quad , \quad \frac{-z}{a}.$$

$$I = \frac{2}{a} \iint \left[(a-x)(y-z) - y(z-x) - z(x-y) \right] dz = 2 \iint (y-z)\, dz$$

en changeant y en $-y$, on a

$$\iint y\,dz = o,$$

$$I = - 2 \iint z\,dz = - 2a \iint dxdy \quad , \quad x^2 + y^2 < 2bx,$$

cette intégrale représente l'aire du cercle de rayon b,

$$I = - 2\pi ab^2.$$

587. On a la condition (§ 284) :

$$3(x + y + z + h) - n(x + a + y + b + z + c) = o,$$
$$n = 3 \quad , \quad h = a + b + c,$$

$$R = o \ , \ Q = \int_{-c}^{z} \frac{-(x+a)\,dz}{(x+y+z+h)^3} = \frac{x+a}{2(x+y+z+h)^2} - \frac{x+a}{2(x+y+a+b)^2},$$

$$P = \int_{-c}^{z} \frac{(y+b)\,dz}{(x+y+z+h)^3} = - \frac{y+b}{2(x+y+z+h)^2} + \frac{y+b}{2(x+y+a+b)^2},$$

$$I = \iint \frac{(x+a)\,dydz + (y+b)\,dzdx + (z+c)\,dxdy}{(x+y+z+a+b+c)^3} =$$

$$= \frac{1}{2} \int \frac{(y+b)\,dx - (x+a)\,dy}{(x+y+a+b)^2} - \frac{1}{2} \int \frac{(y+b)\,dx - (x+a)\,dy}{(x+y+z+a+b+c)^2}.$$

Mais le premier terme est égal à $\dfrac{x + a - y - b}{4\,(x + y + a + b)}$, sa variation sur une courbe fermée est nulle, et

$$I = -\frac{1}{2}\int \frac{(y + b)\,dx - (x + a)\,dy}{(x + y + z + a + b + c)^2}.$$

Sur le cercle donné on peut poser :

$$x + y + z = 0 \quad , \quad x^2 + y^2 + xy = \frac{R^2}{2} = \frac{1}{4}(x - y)^2 + \frac{3}{4}(x + y)^2$$

$$x - y = R\sqrt{3}\cos t \quad , \quad x + y = R\sqrt{\frac{2}{3}}\sin t$$

$$x = \frac{R}{\sqrt{2}}\left(\cos t + \frac{\sin t}{\sqrt{3}}\right) \quad , \quad y = \frac{R}{\sqrt{2}}\left(-\cos t + \frac{\sin t}{\sqrt{3}}\right)$$

$$I = \frac{1}{2(a + b + c)^2}\int (x + a)\,dy - (y + b)\,dx$$

t doit varier de 0 à 2π, si l'intégrale de surface est prise sur la face extérieure de la demi-sphère

$$I = \frac{1}{2(a + b + c)^2}\int_0^{2\pi}\left(\frac{R^2}{\sqrt{3}}\,dt + a\,dy - b\,dx\right) = \frac{\pi R^2}{(a + b + c)^2\sqrt{3}}$$

car $ay - bx$ a une variation nulle.

588. $\displaystyle\int y\,dx + z\,dy + x\,dz = \iint -(dy\,dz + dz\,dx + dx\,dy)$

sur le cercle on a :

$$R^2\int_0^{2\pi}\left(-\frac{\sin^3 2t}{\sqrt{2}} + 2\,\frac{\sin^2 t}{\sqrt{2}}\cos 2t + \sin 2t\cos^3 t\right)dt$$

$$= R^2\int_0^{2\pi}\left(-\frac{1 + \cos 2t}{\sqrt{2}} + 2\sin t\cos^3 t\right)dt = -\frac{\pi R^2}{\sqrt{2}}.$$

Sur le plan, $x + z = R$, du cercle, les cosinus directeurs de la normale sont $\dfrac{1}{\sqrt{2}}$, 0, $\dfrac{1}{\sqrt{2}}$. On a :

$$\iint -\frac{2}{\sqrt{2}}\,d\sigma = -2\iint dx\,dy \quad,\text{ où }\quad 2\left(x - \frac{R}{2}\right)^2 + y^2 < \frac{R^2}{2}$$

cette intégrale double représente l'aire d'une ellipse, dont les demi-axes sont : $\dfrac{R}{2}$ et $\dfrac{R}{\sqrt{2}}$.

$$- 2 \iint dx dy = - \frac{\pi R^2}{\sqrt{2}}.$$

589. (§ 286). $\displaystyle I = \iiint 3 \left(\frac{x^2}{a^2} + \frac{y^2}{b^2} + \frac{z^2}{c^2} \right) dx dy dz.$

Si on pose $\dfrac{x^2}{a^2} + \dfrac{y^2}{b^2} + \dfrac{z^2}{c^2} = t^{\frac{2}{3}}$, pour décomposer l'espace par des ellipsoïdes semblables, le volume compris entre les ellipsoïdes $t + dt$ et t est $\dfrac{4}{3} \pi abc (t + dt - t)$.

$$I = 3 \int_0^1 t^{\frac{2}{3}} \cdot \frac{4}{3} \pi abc\, dt = 4 \pi abc . \frac{3}{5} \left(t^{\frac{5}{3}} \right)_0^1 = \frac{12}{5} \pi abc.$$

———

CHAPITRE VIII

ÉQUATIONS DIFFÉRENTIELLES

590. Équation homogène, $\quad y = tx \quad$, $\quad \dfrac{dx}{x} = \dfrac{2t\, dt}{1 - t^2}$
$$x(t^2 - 1) = c \quad , \quad y^2 = x^2 + cx.$$

591. $y = tx \quad , \quad (y dx + x dy)^2 = 4 x^2 dx dy$
$$4t(t - 1) dx^2 + 4x(t - 1) dx\, dt + x^2 dt^2 = 0.$$
$$\frac{dx}{x} = \frac{dt}{2t} \left(- 1 \pm \frac{1}{\sqrt{1 - t}} \right).$$

Soit $\pm \sqrt{1 - t} = \theta \quad , \quad t = 1 - \theta^2 \quad , \quad \dfrac{dx}{x} = d\theta\, \dfrac{\theta - 1}{1 - \theta^2} = \dfrac{- d\theta}{1 + \theta}$

$$\frac{c}{x} = 1 + \theta = 1 \pm \sqrt{1 - \frac{y}{x}},$$
$$y = 2c - \frac{c^2}{x}.$$

592. Équation linéaire ($\S$ 289). Si on supprime le second membre, $y = cx^3$, soit $y = zx^3$, $\dfrac{dz}{dx} = \dfrac{1}{x^2}$

$$y = -x^2 + cx^3 \quad , \quad c = 1 \quad . \quad y = x^3 - x^2.$$

593. Si on supprime le second membre, on trouve $y^2 = c(1-x^2)$. Soit $y = z\sqrt{1-x^2}$, $dz = \dfrac{dx}{(1-x^2)^{\frac{3}{2}}}$

$$\text{si } x = \sin t \quad , \quad dz = \frac{dt}{\cos^2 t} \quad , \quad z = \operatorname{tg} t = \frac{x}{\sqrt{1-x^2}}.$$

$$y = x + c\sqrt{1-x^2}.$$

594. $y = tx$, $\dfrac{dx}{x} = \dfrac{dt}{\sqrt{t^2-1}}$. $t + \sqrt{t^2-1} = cx$

$$c^2x^2 - 2ctx + 1 = 0 \quad , \quad c^2x^2 - 2cy + 1 = 0$$

$$y = \frac{cx^2}{2} + \frac{1}{2c} \quad \text{ou} \quad x^2 + \left(y - \frac{1}{c}\right)^2 = y^2.$$

Paraboles ayant pour directrice OX, et pour foyer un point variable sur OY. Elles sont tangentes aux bissectrices des axes.

595. Équation linéaire. On intègre d'abord :

$$\frac{dy}{y} = \frac{1 + 3x^2}{x(1+x^2)}\, dx = \left(\frac{1}{x} + \frac{2x}{1+x^2}\right) dx$$

puis on pose $y = zx(1+x^2)$

$$z = \int \frac{1-x^2}{(1+x^2)^2}\, dx = \frac{x}{1+x^2} + c \quad , \quad y = x^2 + cx(1+x^2).$$

596. $y = \dfrac{x^3}{12} e^x + (c_1 + c_2 x) e^x.$

597. Si $y = c_1 e^{3x} + c_2 x e^{3x}$, où c_1 et c_2 sont fonctions de x, on est conduit à poser :

$$\frac{dc_1}{dx} + x\frac{dc_2}{dx} = 0 \quad , \quad 3\frac{dc_1}{dx} + (1+3x)\frac{dc_2}{dx} = \frac{9x^2+6x+2}{x^3}$$

$$c_2 = \int \frac{9x^2+6x+2}{x^3}\, dx = -\frac{1}{x^2} - \frac{6}{x} + 9Lx$$

$$c_1 = \int -\frac{9x^2+6x+2}{x^2}\, dx = \frac{2}{x} - 9x - 6Lx$$

$$y = e^{3x}\left(c_1 + c_2 x + \frac{1}{x} + (9x - 6)Lx\right)$$

où c_1 et c_2 sont des constantes arbitraires.

598. $y = c_1 e^x + c_2 x e^x + 2 x^2 e^x + \dfrac{3\sin x + 4\cos x}{25} e^{-x}$

on obtient une intégrale particulière, en considérant les constantes comme fonctions de x, ou en substituant à y la fonction

$$ax^2 e^x + (b\sin x + c\cos x) e^{-x}.$$

599. $y = c_1 \cos 3x + c_2 \sin 3x + \dfrac{x}{6}\sin 3x.$

600. $y = e^{-\frac{x}{a}}(c_1 + c_2 x) + \left(\dfrac{ac}{a+c}\right)^2 e^{\frac{x}{c}} + \left(\dfrac{ac}{a-c}\right)^2 e^{-\frac{x}{c}}$

si $c = \pm a$, $y = e^{-\frac{x}{a}}(c_1 + c_2 x) + \dfrac{a^2}{4} e^{\frac{x}{a}} + \dfrac{a^2}{2} e^{-\frac{x}{a}}.$

601. Si $k < 1$, $y = e^x \left(c_1 e^{x\sqrt{1-k}} + c_2 e^{-x\sqrt{1-k}}\right),$
Si $k > 1$, $y = e^x \left(c_1 \cos x\sqrt{k-1} + c_2 \sin x\sqrt{k-1}\right).$
Si $k = 1$, $y = e^x (c_1 + c_2 x).$
Pour $k = -3$, $y = e^x (c_1 e^{2x} + c_2 e^{-2x}).$
Pour $k = 2$, $y = e^x (c_1 \cos x + c_2 \sin x).$

602. $y = c_1 \cos 2x + c_2 \sin 2x + \dfrac{\sin ax}{4 - a^2}$

si $a = \pm 2$, le dernier terme sera $\mp \dfrac{x}{4}\cos 2x.$

603. $y = c_1 e^{2x} + e^{-x}(c_2 + c_3 x) + \dfrac{1}{5}(\cos x + 7\sin x) - x(\cos x + 2\sin x) + 4x^3 - 18x^2 + 54x - 69.$

L'intégrale particulière peut s'obtenir par la substitution

$$y = a\sin x + b\cos x + x(c\sin x + d\cos x) + a'x^3 + b'x^2 + c'x + d'.$$

604. $y = c_1 e^x + c_2 x e^x + c_3 \cos x + c_4 \sin x + \dfrac{\pi}{2} + x\cos x.$

Pour $x = 0$ et $x = \pi$ on doit avoir $y = y' = 0$, ce qui donne :

$c_1 + c_3 + \dfrac{\pi}{2} = 0$, $c_1 + c_2 + c_4 + 1 = 0,$

$(c_1 + \pi c_2)e^\pi - c_3 - \dfrac{\pi}{2} = 0$, $(c_1 + c_2(\pi + 1))e^\pi - c_4 - 1 = 0.$

D'où $\quad c_1 = c_2 = 0 \quad , \quad c_3 = -\dfrac{\pi}{2} \quad , \quad c_4 = -1$

$$y = \frac{\pi}{2}(1 - \cos x) - \sin x + x \cos x$$

$$S = \int_0^{\pi} y\,dx = \left[\frac{\pi}{2}(x - \sin x) + x \sin x + 2 \cos x \right]_0^{\pi} = \frac{\pi^2}{2} - 4.$$

605. $\quad 2\dfrac{d^2y}{dx^2}\dfrac{dy}{dx} = -\dfrac{2}{y^3}\dfrac{dy}{dx} \quad . \quad \left(\dfrac{dy}{dx}\right)^2 = \dfrac{1}{y^2} + c,$

$$dx = \frac{y\,dy}{\sqrt{1 + cy^2}} \quad , \quad \sqrt{1 + cy^2} = cx + c',$$

$$y^2 = cx^2 + 2c'x + \frac{c'^2 - 1}{c}.$$

Pour $x = 1$ on doit avoir $y = 1$, $\dfrac{dy}{dx} = 0$. Donc $c = -1$, $c' = 1$

$$y^2 + x^2 = 2x$$

cercle de centre $(1, 0)$.

606. En posant $y = x^\alpha$ dans le premier membre, on a

$$\alpha(\alpha - 1) - 4\alpha + 6 = 0 \quad , \quad \alpha = 2, 3.$$

Soit $y = c_1 x^2 + c_2 x^3$, on est conduit à poser :

$$\frac{dc_1}{dx} + x\frac{dc_2}{dx} = 0 \quad , \quad 2\frac{dc_1}{dx} + 3x\frac{dc_2}{dx} = \frac{ax^2 + b}{x^4}$$

$$c_1 = -\int \left(\frac{a}{x^2} + \frac{b}{x^4}\right)dx = \frac{a}{x} + \frac{b}{3x^3}, \quad c_2 = \int\left(\frac{a}{x^3} + \frac{b}{x^5}\right)dx = -\frac{a}{2x^2} - \frac{b}{4x^4}$$

$$y = c_1 x^2 + c_2 x^3 + \frac{a}{2}x + \frac{b}{12x} \quad , \quad c_1 \text{ et } c_2 \text{ constants.}$$

607. En posant $y = x^\alpha$ dans le premier membre, on trouve $(x^2 - 1)^2 = 0$, il y a deux racines doubles. En posant $y = cx^2$, on trouve une solution particulière, et :

$$y = c_1 x + \frac{c_2}{x} + c_3 x Lx + \frac{c_4}{x} Lx + \frac{x^2}{9}.$$

608. En éliminant c on a : $x\left(6x + 2y\dfrac{dy}{dx}\right) = 3x^2 + y^2$; en remplaçant $\dfrac{dy}{dx}$ par $-\dfrac{dx}{dy}$, on a l'équation différentielle des tra-

jectoires orthogonales (§ 293) :

$$3x^2 - 2xy \frac{dx}{dy} = y^2$$

$$(3x^2 - y^2)\,dy = 2xy\,dx.$$

Posons : $y = tx$, $\dfrac{dx}{x} = \dfrac{3-t^2}{t(t^2-1)}\,dt = \left(\dfrac{2t}{t^2-1} - \dfrac{3}{t}\right)dt$

$$x = c\,\frac{t^2-1}{t^3} \quad , \quad y^3 = c(y^2 - x^2)$$

courbes faciles à construire, si on résoud par rapport à x.

609. Si $b > 0$, $x = y + be^{\frac{y}{a}}$ augmente avec y; si y varie de $-\infty$ à $+\infty$, $x - y$ varie de 0 à $+\infty$, la droite $x = y$ est une asymptote. Si y tend vers $+\infty$, $\frac{x}{y}$ augmente indéfiniment, et $\frac{y}{x}$ tend vers 0. On a la courbe, à droite de l'asymptote (*fig.* 48). L'aire comprise entre la courbe, l'asymptote, et OX est :

$$S = \int_{-\infty}^{0} (x - y)\,dy = \int_{-\infty}^{0} be^{\frac{y}{a}}\,dy = \left(abe^{\frac{y}{a}}\right)_{-\infty}^{0} = ab.$$

Fig. 48.

Si $b < 0$, $\dfrac{dx}{dy} = 1 + \dfrac{b}{a}e^{\frac{y}{a}}$ est nul pour $y = aL\dfrac{-a}{b}$; si y varie de $-\infty$ à $+\infty$, y augmente, puis diminue. La courbe est à gauche de l'asymptote (*fig.* 48). Dans ce cas, l'aire comprise entre la courbe, l'asymptote, et OX est $-ab$.

On a : $(x - y)e^{-\frac{y}{a}} = b$, $e^{-\frac{y}{a}}\left(1 - \dfrac{dy}{dx}\left(1 - \dfrac{y - x}{a}\right)\right) = 0.$

L'équation différentielle des trajectoires orthogonales s'obtient en remplaçant $\dfrac{dy}{dx}$ par $-\dfrac{dx}{dy}$:

$$dy + dx\left(1 - \frac{y - x}{a}\right) = 0.$$

équation linéaire, $y = x + 2a + ce^{\frac{x}{a}}$.

En déplaçant les axes, par la substitution $x + 2a = Y$, $y = X$, on retrouve les mêmes courbes.

610. Soit $y = c$, $x = -\dfrac{c^2}{2p}$ le sommet de la parabole :

$$(y - c)^2 = 2p\left(x + \frac{c^2}{2p}\right)   ,   y - \frac{2px}{y} = 2c$$

$$\frac{dy}{dx}\left(1 + \frac{2px}{y^2}\right) - \frac{2p}{y} = 0.$$

L'équation différentielle des trajectoires orthogonales est

$$(y^2 + 2px)\,dx + 2py\,dy = 0   ,   \frac{d(y^2)}{dx} + \frac{y^2}{p} + 2x = 0$$

équation linéaire, si y^2 est considéré comme fonction de x :

$$y^2 = ce^{-\frac{x}{p}} - 2px + 2p^2.$$

611. $y^2 + 3x^2 + 2xy\dfrac{dy}{dx} = 2a\left(x - y\dfrac{dy}{dx}\right)$

en éliminant a, on a :

$$4x^3y\frac{dy}{dx} = y^4 - x^4 + 4x^2y^2$$

en remplaçant $\dfrac{dy}{dx}$ par $-\dfrac{dx}{dy}$, on a l'équation différentielle des trajectoires orthogonales :

$$4x^3y\,dx + (y^4 - x^4 + 4x^2y^2)\,dy = 0.$$

équation homogène. Posons $y = tx$:

$$\frac{dx}{x} = \frac{dt}{t}\,\frac{1 - 4t^2 - t^4}{3 + 4t^2 + t^4} = \left(\frac{1}{2t^2} - \frac{3}{t^2 + 1} + \frac{1}{t^2 + 3}\right)\frac{d(t^2)}{3}$$

$$x^3 = c\,\frac{t(t^2 + 3)}{(t^2 + 1)^7}   ,   (x^2 + y^2)^3 = cy(3x^2 + y^2)$$

ou

$$\rho^3 = c\sin\omega\,(2\cos^2\omega + 1).$$

612. Si le foyer est (a, o), l'équation de la parabole est :

$$x^2 = y^2 + (x - a)^2 \quad , \quad a^2 - 2ax + y^2 = o.$$

Si a a une racine double, on obtient l'enveloppe $x^2 = y^2$ formée des deux droites $y = \pm x$.

Cela résulte aussi de ce que le symétrique de F par rapport à l'une de ces droites est sur OY.

On a : $a = y \dfrac{dy}{dx}$, l'élimination de a donne :

$$\sqrt{x^2 - y^2} = x - y \frac{dy}{dx}.$$

En remplaçant $\dfrac{dy}{dx}$ par $-\dfrac{dx}{dy}$, on a l'équation différentielle des trajectoires orthogonales :

$$(\sqrt{x^2 - y^2} - x)\, dy = y\, dx$$

équation linéaire, du premier degré entre x et y. Si on pose $y = tx$, on a :

$$\frac{dx}{x} = \frac{dt}{t} \cdot \frac{\sqrt{1 - t^2} - 1}{2 - \sqrt{1 - t^2}}.$$

Posons $t = \sin \theta$:

$$\frac{dx}{x} = \frac{\cos\theta\, d\theta}{\sin\theta} \cdot \frac{\cos\theta - 1}{2 - \cos\theta} = \frac{\sin\theta \cos\theta\, d\theta}{(1 + \cos\theta)(\cos\theta - 2)}$$

$$= \frac{\sin\theta\, d\theta}{3}\left(\frac{2}{\cos\theta - 2} + \frac{1}{1 + \cos\theta}\right)$$

$$x^3 (\cos\theta - 2)^2 (1 + \cos\theta) = c$$

$$c = x^3 (1 + 3\sin^2\theta + \cos^2\theta) = x^3 + 3xy^2 + (x^2 - y^2)^{\frac{3}{2}}$$

$$(x^2 - y^2)^3 = (c - x^3 - 3xy^2)^2$$

$$c^2 - 2cx(x^2 + 3y^2) + y^2(y^2 + 3x^2)^2 = o.$$

613. Posons $y = \lambda e^{\alpha x}$, $z = \mu e^{\alpha x}$, en supposant les seconds membres nuls. On a :

$$\lambda(\alpha - 1) + \mu = o \quad , \quad 4\lambda + \mu(\alpha + 2) = o$$

$$(\alpha - 1)(\alpha + 2) = 4 \quad , \quad \alpha = 2, \text{ ou } - 3.$$

Si $\alpha = 2$, $\mu = -\lambda$; si $\alpha = -3$, $\mu = 4\lambda$.

En posant, dans les équations complètes :

$$y = ax^2 + bx + c \quad , \quad z = a'x^2 + b'x + c'$$

on a :

$$(a' - a)x^2 + (b' - b + 2a)x + c' + b - c = \frac{3}{2}x^2$$

$$2(a' + 2a)x^2 + 2(a' + b' + 2b)x + b' + 2c' + 4c = 1 + 4x$$

qui sont des identités si :

$$a = -\frac{1}{2} \quad , \quad a' = 1 \quad , \quad b = 0 \quad , \quad b' = 1 \quad , \quad c = c' = 0$$

$$y = -\frac{x^2}{2} + ce^{2x} + c'e^{-3x}$$

$$z = x^2 + x - ce^{2x} + 4c'e^{-3x}.$$

614. En supposant les seconds membres nuls, et en posant

$$y = \lambda x^\alpha \quad , \quad z = \mu x^\alpha,$$

on a :

$$\lambda(\alpha^2 - \alpha + a) + \mu \frac{b}{a}(c\alpha + a) = 0,$$

$$\lambda \frac{a}{b}(c\alpha - a) + \mu(\alpha^2 - \alpha - a) = 0,$$

$$(\alpha^2 - \alpha + a)(\alpha^2 - \alpha - a) = (c\alpha - a)(c\alpha + a),$$

$$\alpha^2(\alpha - 1 - c)(\alpha - 1 + c) = 0.$$

Si

$$\alpha = 1 + c \quad , \quad \lambda a + \mu b = 0.$$

Si

$$\alpha = 1 - c \quad , \quad \lambda a(a + c^2 - c) + \mu b(a + c - c^2) = 0,$$

à la racine double $\alpha = 0$ correspond : $y = \lambda + b\nu\mathrm{L}x$, $z = \mu - a\nu\mathrm{L}x$, et la substitution donne, entre λ, μ, ν, une seule relation :

$$a\lambda + b\mu = b\nu(1 + c).$$

On trouve une solution de la forme $y = Ax + B$, $z = A'x + B'$, où l'on peut supposer $B' = 0$, car $y = b\lambda$, $z = -a\lambda$ annulent les premiers membres.

La solution générale est :

$$y = -\frac{b}{c}x + \frac{bc}{a} + c_1 bx^{1+c} + c_2\frac{a+c-c^2}{a}x^{1-c} + bc_3 + b\left(\frac{c}{a} + Lx\right)c_4,$$

$$z = \frac{a}{c}x - c_1 ax^{1+c} - c_2\frac{a-c+c^2}{b}x^{1-c} - ac_3 + (1-aLx)c_4.$$

Si $c = 0$, $\alpha = 1$ devient une solution double, on a alors les équations :

$$-a\frac{d^2y}{dx^2} = b\frac{d^2z}{dx^2} = \frac{a}{x^2}(ay + bz - bx),$$

d'où

$$ay + b(z-x) = c_1 x + c_2,$$
$$-a\frac{d^2y}{dx^2} = b\frac{d^2z}{dx^2} = \frac{ac_2}{x^2} + a\frac{c_1}{x},$$
$$y = c_2 Lx + c_1(x - xLx) + c_3 x + c_4,$$
$$z = x - \frac{ay - c_1 x - c_2}{b}.$$

Si $c = 1$, $\alpha = 0$ est solution triple. On peut alors écrire les équations :

$$x^3\left(a\frac{d^2y}{dx^2} + b\frac{d^2z}{dx^2}\right) + x\left(a\frac{dy}{dx} + b\frac{dz}{dx}\right) = 0,$$
$$ay + bz = c_1 + c_2 Lx,$$

et

$$x^2\frac{d^2y}{dx^2} + \frac{x}{a}\left(\frac{c_2}{x} - a\frac{dy}{dx}\right) + c_1 + c_2 Lx = b(x+1),$$
$$x^2\frac{d^2y}{dx^2} - x\frac{dy}{dx} = -\frac{c_2}{a} - c_1 + b + bx - c_2 Lx,$$
$$y = c_3 + c_1 x^3 - bx + \left(\frac{c_2}{a} + c_4 - b + \frac{c_1}{x}\right)\frac{Lx}{x} + \frac{c_2}{4}L^2x.$$

si $c = -1$ on a un résultat analogue.

615. $\dfrac{d^2(y+z)}{dx^2} + 2a\,\dfrac{d(y+z)}{dx} + a^2(y+z) = b + cx,$

$\dfrac{d^2(y-z)}{dx^2} - 2a\,\dfrac{d(y-z)}{dx} - 3a^2(y-z) = b - cx,$

$$\begin{cases} y+z = \dfrac{c}{a^2}\,x + \dfrac{ab-2c}{a^3} + e^{-ax}(c_1 + c_2 x),\\[2mm] y-z = \dfrac{c}{3a^2}\,x - \dfrac{3ab+2c}{9a^3} + c_3 e^{-ax} + c_4 e^{3ax}, \end{cases}$$

$$y = \dfrac{2cx}{3a^2} + \dfrac{b}{3a^3} - \dfrac{10}{9a^3}\,c + c_1' e^{-ax} + c_2' xe^{-ax} + c_4' e^{3ax},$$

$$z = \dfrac{cx}{3a^2} + \dfrac{2b}{3a^3} - \dfrac{8}{9a^3}\,c + c_3' e^{-ax} + c_2' xe^{-ax} - c_4' e^{3ax}.$$

616. La courbe est déterminée par les relations différentielles :

$$z\,dz = a\,dy \qquad , \qquad \sin^2\theta = \dfrac{dx^2}{dx^2 + dy^2 + dz^2},$$

$$dx^2 = dz^2\cot g^2\theta - dy^2 = \left(\cot g^2\theta - \dfrac{z^2}{a^2}\right)dz^2,$$

$$x = \pm\int\sqrt{1 - \left(\dfrac{z}{a}\,\operatorname{tg}\theta\right)^2}\;dz\,\cot g\,\theta.$$

Posons

$$z = a\cot g\,\theta\cos\dfrac{t}{2} \qquad \text{et} \qquad \dfrac{a}{4}\cot g^2\theta = b,$$

$$x = \pm\int\dfrac{a}{2}\cot g^2\theta\sin^2\dfrac{t}{2}\,dt = \pm\,b\int(1-\cos t)\,dt = \pm\,b(t-\sin t) + c,$$

$$y = \dfrac{z^2}{2a} = \dfrac{a}{2}\cot g^2\theta\cos^2\dfrac{t}{2} = b(1+\cos t),$$

les projections de ces courbes sur XOY sont des cycloïdes (§ 127).

617. Si la courbe est $y = f(x)$ les points T et N ont pour abscisses

$$OT = x - \dfrac{y}{y'} \qquad , \qquad ON = x + yy'$$

(§ 130),

$$(xy' - y)(x + yy') = c^2 y' \quad \text{ou} \quad (x\,dy - y\,dx)(x\,dx + y\,dy) = c^2\,dx\,dy.$$

Si on pose $x^2 = X$, $y^2 = Y$, en multipliant les deux membres par $4xy$, on a

$$(X\,dY - Y\,dX)(dX + dY) = c^2\,dX\,dY,$$

$$Y = X\frac{dY}{dX} - \frac{c^2\,dY}{dX + dY},$$

équation Clairaut (§ 292) dont l'intégrale est

$$Y = \lambda X - \frac{c^2\lambda}{1 + \lambda} \qquad \text{ou} \qquad y^2 - \lambda x^2 + \frac{c^2\lambda}{1 + \lambda} = 0,$$

hyperboles si la constante arbitraire λ est positive, ellipses réelles si $0 > \lambda > -1$. Ces coniques ont les mêmes foyers sur OX. Par un point $(x,\ y)$ passent deux coniques déterminées par les valeurs de λ, racines de l'équation

$$\lambda^2 x^2 + \lambda\,(x^2 - y^2 - c^2) - y^2 = 0,$$

ces racines sont séparées par -1, 0, $+\infty$, il y a toujours une ellipse réelle, et une hyperbole. Pour le point $\left(c,\ \dfrac{c}{\sqrt{2}}\right)$, on a

$$2\lambda^2 - \lambda - 1 = 0 \quad ,\quad \lambda = 1 \quad ,\quad -\frac{1}{2}.$$

On a les deux courbes :

$$y^2 - x^2 + \frac{c^2}{2} = 0 \quad ,\quad y^2 + \frac{x^2}{2} - c^2 = 0.$$

L'aire de l'ellipse est $S = \pi c^2 \sqrt{2}$.

L'aire comprise entre l'ellipse et la corde commune $x = c$ est :

$$S' = 2\int_c^{c\sqrt{2}} \sqrt{c^2 - \frac{x^2}{2}}\,dx = \int \frac{c\,dx}{\sqrt{1 - \frac{x^2}{2c^2}}} + \int \frac{c^2 - x^2}{\sqrt{c^2 - \frac{x^2}{2}}}\,dx =$$

$$= \left[c^2\sqrt{2}\ \text{arc sin}\,\frac{x}{c\sqrt{2}} + x\sqrt{c^2 - \frac{x^2}{2}} \right]_c^{c\sqrt{2}} = \frac{c^2}{\sqrt{2}}\left(\frac{\pi}{2} - 1\right).$$

L'aire comprise entre l'hyperbole et cette corde est :

$$S'' = 2\int_{\frac{c}{\sqrt{2}}}^{c} \sqrt{x^2 - \frac{c^2}{2}}\, dx = \int \frac{-c^2\,dx}{2\sqrt{x^2 - \frac{c^2}{2}}} + \int \frac{4x^2 - c^2}{2\sqrt{x^2 - \frac{c^2}{2}}}\, dx =$$

$$= \left[-\frac{c^2}{2} \mathrm{L}\left(x + \sqrt{x^2 - \frac{c^2}{2}}\right) + x\sqrt{x^2 - \frac{c^2}{2}} \right]_{\frac{c}{\sqrt{2}}}^{c} = \frac{c^2}{2}\left(\sqrt{2} - \mathrm{L}(1 + \sqrt{2})\right)$$

L'hyperbole décompose l'ellipse en trois parties, deux sont égales à

$$S' + S'' = \frac{c^2}{2}\left(\frac{\pi}{\sqrt{2}} - \mathrm{L}(1 + \sqrt{2})\right).$$

La troisième est

$$c^2\left[\frac{\pi}{\sqrt{2}} + \mathrm{L}(1 + \sqrt{2})\right].$$

618. L'équation de la tangente est

$$\mathrm{Y} - y = y'(\mathrm{X} - x) \quad , \quad \mathrm{OT} = y - xy',$$

l'aire du trapèze est

$$(2y - xy')\frac{x}{2} = a^2 \quad , \quad x\frac{dy}{dx} - 2y = -\frac{2a^2}{x},$$

équation linéaire (§ 289) dont l'intégrale est

$$y = cx^2 + \frac{2a^2}{3x}.$$

CHAPITRE XI

ÉQUATIONS AUX DÉRIVÉES PARTIELLES

619. Le système d'équations différentielles des courbes caractéristiques est :

$$\frac{dx}{a} = \frac{dy}{b} = \frac{dz}{0} \quad , \quad ay - bx = c \quad , \quad z = c'.$$

La solution générale de l'équation donnée est $z = f(ay - bx)$.

620. $\dfrac{dx}{x} = \dfrac{dy}{y} = \dfrac{dz}{0}$, $y = cx$, $z = c'$, $z = f\left(\dfrac{y}{x}\right)$.

621. $\dfrac{dx}{x^2} = \dfrac{dy}{y^2} = \dfrac{dz}{z^2}$, $\dfrac{1}{y} - \dfrac{1}{x} = c$, $\dfrac{1}{z} - \dfrac{1}{x} = c'$.

solution générale

$$\frac{1}{z} = \frac{1}{x} + f\left(\frac{x - y}{xy}\right).$$

Si $y = \dfrac{x}{2}$, $z = \dfrac{x}{3}$, $\dfrac{2}{x}$ doit être égal à $f\left(\dfrac{1}{x}\right)$ quelque soit $\dfrac{1}{x}$. Donc $f(t) = 2t$, on a la solution particulière :

$$\frac{1}{z} = \frac{1}{x} + 2\,\frac{x - y}{xy} \quad , \quad z(2x - y) = xy,$$

cône de sommet O.

On peut également chercher le lieu des courbes caractéristiques, qui rencontrent la droite $x = 2y = 3z$, ce qui donne :

$$\frac{1}{y} - \frac{1}{x} = \frac{1}{x} = c \quad , \quad \frac{1}{z} - \frac{1}{x} = \frac{2}{x} = c' \quad , \quad c' = 2c$$

ou

$$\frac{1}{z} - \frac{1}{x} = 2\left(\frac{1}{y} - \frac{1}{x}\right).$$

622. $\dfrac{dx}{2yz} = \dfrac{dy}{-xz} = \dfrac{dz}{-xy}$, $xdx + 2ydy = 0$, $xdx + 2zdz = 0$,

$$x^2 + 2y^2 = c \quad , \quad x^2 + 2z^2 = c',$$
$$2z^2 + x^2 = f(x^2 + 2y^2).$$

Si $z = 0$, $x^2 + y^2 = y$, on doit avoir $x^2 = y - y^2 = f(y^2 + y)$.

Si $y^2 + y = t$, $y = \dfrac{-1 \pm \sqrt{1 + 4t}}{2}$,

$$f(t) = 2y - t = -1 - t \pm \sqrt{1 + 4t},$$
$$2z^2 + x^2 = -1 - (x^2 + 2y^2) \pm \sqrt{1 + 4x^2 + 8y^2},$$
$$(2x^2 + 2y^2 + 2z^2 + 1)^2 = 1 + 4x^2 + 8y^2 \; : \; (x^2 + y^2 + z^2)^2 = y^2 - z^2.$$

On peut également chercher le lieu des courbes caractéristiques qui rencontrent le cercle $z = 0$, $x^2 + y^2 = y$, ce qui donne :

$$c = y^2 + y \quad , \quad c' = y - y^2 \quad , \quad 2(c - c') = (c + c')^2,$$

et la surface

$$y^2 - z^2 = (x^2 + y^2 + z^2)^2.$$

623.
$$\frac{dx}{y + z} = \frac{dy}{x + z} = \frac{dz}{y - x} = \frac{dx - dz}{x + z} = \frac{x\,dx + z\,dz}{y(x + z)},$$

$$y - x + z = c \quad , \quad x^2 + z^2 - y^2 = c',$$

solution générale

$$x^2 + z^2 - y^2 = f(y - x + z).$$

La surface passant par le cercle donné est $x^2 + z^2 - y^2 = 1$, hyperboloïde de révolution à une nappe.

624. On a l'intégrale complète $z = ax + by + ab$ (§ 304) qui représente les plans tangents au paraboloïde $z + xy = 0$. Toute surface enveloppe d'une série de plans, obtenue en posant $b = f(a)$, est une solution.

CHAPITRE XII

QUESTIONS GÉNÉRALES
D'ANALYSE ET DE GÉOMÉTRIE ANALYTIQUE

625. Si OZ est la perpendiculaire abaissée de F sur le plan P, O son milieu (axes rectangulaires), l'équation de la surface est

$$\left(z - \frac{a}{2}\right)^2 + y^2 + x^2 = \left(z + \frac{a}{2}\right)^2,$$

où $a = 2\mathrm{OF}$,

$$y^2 + x^2 = 2az,$$

paraboloïde de révolution, ce qui résulte immédiatement de l'énoncé. La section par le plan $z = Ax + By + C$ a pour projection sur XOY, parallèle à P, le cercle :

$$y^2 + x^2 = 2a(Ax + By + C).$$

Si x et y sont considérées comme variables indépendantes, l'aire d'une portion de paraboloïde est (§ 266) :

$$\iint \sqrt{1 + \frac{x^2 + y^2}{a^2}}\, dx\, dy.$$

L'aire limitée par le cercle $z = a$, $x^2 + y^2 = 2a^2$, devient, en coordonnées polaires :

$$\int_0^{a\sqrt{2}} \int_0^{2\pi} \sqrt{1 + \frac{\rho^2}{a^2}}\, \rho\, d\rho\, d\omega = \left[2\pi \frac{a^2}{3}\left(1 + \frac{\rho^2}{a^2}\right)^{\frac{3}{2}} \right]_0^{a\sqrt{2}} = \frac{2}{3}\pi(3\sqrt{3} - 1)a^2.$$

Les courbes dont les tangentes forment l'angle fixe α avec XOY sont définies par les équations :

$$\frac{dz}{\sqrt{dx^2 + dy^2 + dz^2}} = \cos\alpha \quad , \quad x^2 + y^2 = 2az,$$
$$dx^2 + dy^2 = \operatorname{tg}^2\alpha\, dz^2 \quad , \quad x\,dx + y\,dy = a\,dz,$$
$$(x\,dx + y\,dy)^2 = (dx^2 + dy^2)\, a^2 \operatorname{cotg}^2\alpha.$$

Si on pose $x^2 + y^2 = a^2 \operatorname{cotg}^2\alpha(1 + t^2)$, où t est une nouvelle variable,

$$x\,dx + y\,dy = t\,dt\,a^2 \operatorname{cotg}^2\alpha,$$
$$a^2 \operatorname{cotg}^2\alpha\, t^2 dt^2 = dx^2 + dy^2$$

et

$$(y\,dx - x\,dy)^2 = (x^2 + y^2)(dx^2 + dy^2) - (x\,dx + y\,dy)^2 =$$
$$a^4 \operatorname{cotg}^4\alpha\, t^2 dt^2 (1 + t^2 - 1)$$
$$\pm \frac{x\,dy - y\,dx}{x^2 + y^2} = \frac{t^2 dt}{1 + t^2} = dt\left(1 - \frac{1}{1 + t^2}\right)$$

on peut prendre le signe $+$, car on pourrait changer t en $-t$ dans la première substitution.

$$\operatorname{arc\,tg} \frac{y}{x} = t - \operatorname{arc\,tg} t + c \quad , \quad t + c = \operatorname{arc\,tg} \frac{y + tx}{x - yt}$$

$$\frac{y + tx}{x - yt} = \operatorname{tg}(t + c) \quad , \quad \frac{y}{x} = \frac{\operatorname{tg}(t + c) - t}{1 + t\operatorname{tg}(t + c)}$$

$$\frac{y}{\sin(t + c) - t\cos(t + c)} = \frac{x}{\cos(t + c) + t\sin(t + c)} = \pm\sqrt{\frac{x^2 + y^2}{1 + t^2}} = \pm a\operatorname{cotg}\alpha$$

en posant $\pm\, a\, \mathrm{cotg}\, z = b$, la courbe est représentée par les équations :

$$x = b\,(\cos(t + c) + t\sin(t + c))$$
$$y = b\,(\sin(t + c) - t\cos(t + c)).$$

Si on fait tourner les axes de l'angle c, on obtient les mêmes équations où $c = 0$, ce sont les équations d'une développante de cercle (*fig.* 49) (§ 225).

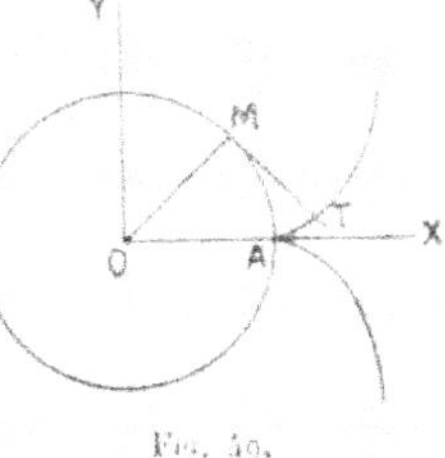

626. On peut supposer $k > 0$; si $a > 0$, y est nul pour $t = \pm\sqrt{\dfrac{a}{k}}$, y' est nul pour $t = \pm\sqrt{\dfrac{a}{3k}}$. Si on

Fig. 49.

change t en $- t$ on a des points symétriques par rapport à OX.

Pour $t = 0$, $x = y = 0$, $\dfrac{y}{x} = \infty$. Si t augmente de 0 à $+\infty$, x augmente, y diminue, puis augmente, s'annule pour $t = \sqrt{\dfrac{a}{k}}$, $x = a$, puis augmente indéfiniment, ainsi que $\dfrac{y}{x}$ (*fig.* 50). OY est

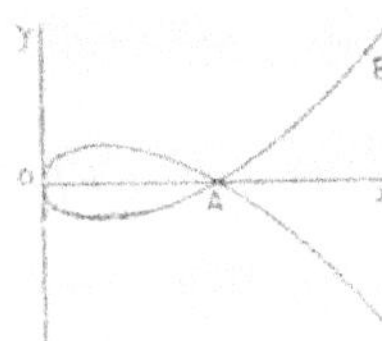

Fig. 50.

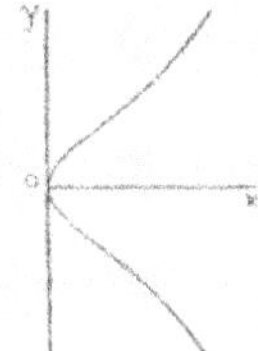

Fig. 51.

la direction asymptotique parabolique, $(a, 0)$ est un point double ; $\dfrac{y'}{x'} = \dfrac{3kt^2 - a}{2kt}$, en ce point, devient $\pm\sqrt{\dfrac{a}{k}}$, car $t = \pm\sqrt{\dfrac{a}{k}}$. Si $a < 0$, y et y' ne sont jamais nuls,

$$\frac{dy}{dx} = \frac{3kt^2 - a}{2kt} \text{ a pour dérivée } \frac{3kt^2 + a}{2kt^2}$$

il y a deux points d'inflexion $t = \pm\sqrt{\dfrac{-a}{3k}}$, $x = -\dfrac{a}{3}$, $y = \pm\dfrac{4a}{3}\sqrt{\dfrac{-a}{3k}}$ (*fig.* 51).

$$x' = 2kt \quad , \quad y' = 3kt^2 - a \quad , \quad x'' = 2k \quad , \quad y'' = 6kt.$$

Le rayon de courbure (§ 170),

$$R = \frac{(x'^2 + y'^2)^{\frac{3}{2}}}{x'y'' - y'x''} = \frac{(a^2 + 2kt^2(2k - 3a) + 9k^2t^4)^{\frac{3}{2}}}{2k(a + 3kt^2)}.$$

Il est rationnel si $(2k - 3a)^2 = 9a^2$, comme $k > 0$, $k = 3a$.

$3^a\, a > 0$, l'aire de la boucle est

$$A = 2 \int y\,dx = 2 \int_a^{\sqrt{\frac{a}{k}}} (-kt^3 + at)\,2kt\,dt = 4k\left(\frac{at^3}{3} - \frac{kt^5}{5}\right)_0^{\sqrt{\frac{a}{k}}} = \frac{8}{15}a^2\sqrt{\frac{a}{k}}.$$

Le volume engendré (§ 264) est :

$$V = \int \pi y^2\,dx = \pi \int_0^{\sqrt{\frac{a}{k}}} (kt^2 - a)^2\,3kt^2\,dt = 3k\pi\left(\frac{k^2t^5}{8} - \frac{akt^3}{3} + \frac{a^2t^2}{4}\right)_0^{\sqrt{\frac{a}{k}}} = \frac{\pi a^4}{12k}.$$

$$4° \qquad s = \int_0^t \sqrt{a^2 + 2kt^2(2k - 3a) + 9k^2t^4}\,dt$$

s devient rationnel si $k = 3a$, alors $s = at(1 + 3t^2)$, et le rayon de courbure $R = \dfrac{a}{6}(1 + 9t^2)^2$.

$$5° \qquad x = 3at^2 \quad , \quad y = a(3t^3 - t).$$

La longueur de la demi-boucle OA, de $t = 0$ à $t = \sqrt{\frac{1}{3}}$, est $s = \dfrac{2a}{\sqrt{3}}$. L'arc OAB a une longueur double ; en B :

$$at(1 + 3t^2) = \frac{4a}{\sqrt{3}} \quad , \quad t^3 + \frac{t}{3} - \frac{4}{3\sqrt{3}} = 0$$

cette équation a une seule racine réelle, la formule de Cardan (§ 96) donne

$$t = \frac{1}{3}\sqrt[3]{6\sqrt{3} + \sqrt{109}} + \frac{1}{3}\sqrt[3]{6\sqrt{3} - \sqrt{109}}.$$

627. Soit le cercle $(x - a)^2 + y^2 = a^2$, et un point du cercle :

$$x = a(1 + \cos \omega) \quad , \quad y = a \sin \omega,$$

la tangente en ce point a pour équation

$$y + x \operatorname{cotg} \omega = a \sin \omega + a(1 + \cos \omega) \operatorname{cotg} \omega.$$

ou

$$x \cos \omega + y \sin \omega = a(1 + \cos \omega).$$

La projection de O sur la tangente est déterminée par cette équation et la perpendiculaire

$$y = x \operatorname{tg} \omega.$$

Un point du lieu est

$$x = a(1 + \cos \omega) \cos \omega \quad , \quad y = a(1 + \cos \omega) \sin \omega$$

ou, en coordonnées polaires

$$\rho = a(1 + \cos \omega).$$

Cardioïde, cas particulier où le limaçon de Pascal (§ 161) a un point de rebroussement. $2°$ Le point M′ correspond à $\omega' = \omega + \dfrac{\pi}{2}$

$$x' = a(\sin \omega - 1) \sin \omega \quad , \quad y' = a(1 - \sin \omega) \cos \omega.$$

Le milieu de MM′ a pour coordonnées

$$x = \frac{a}{2}(1 + \cos \omega - \sin \omega) \quad , \quad y = \frac{a}{2}(\cos \omega + \sin \omega).$$

En éliminant ω, on a :

$$\left(x - \frac{a}{2}\right)^2 + y^2 = \frac{a^2}{2}$$

ce lieu est un cercle.

$3°$ Le point P est déterminé par $\rho = \dfrac{\lambda^2}{a(1 + \cos \omega)}$, équation d'une parabole (§ 163), ou

$$(\lambda^2 - ax)^2 = a^2(x^2 + y^2).$$

Pour former l'équation différentielle de ces paraboles, si λ varie, on a :

$$\frac{\lambda^2}{a} = x + \sqrt{x^2 + y^2} \quad , \quad dx + \frac{x\,dx + y\,dy}{\sqrt{x^2 + y^2}} = 0.$$

En remplaçant $\dfrac{dy}{dx}$ par $-\dfrac{dx}{dy}$, on a l'équation différentielle des trajectoires orthogonales

$$\frac{dy}{dx}(x + \sqrt{x^2 + y^2}) - y = 0$$

équation homogène entre x et y. Posons $y = tx$ (§ 288) :

$$\frac{dx}{x} = -\left(1 + \frac{1}{\sqrt{1+t^2}}\right)\frac{dt}{t} = -\frac{dt}{t} + \frac{d\left(\frac{1}{t}\right)}{\sqrt{1+\frac{1}{t^2}}}$$

$$Lx = -Lt + L\left(\frac{1}{t} + \sqrt{1 + \frac{1}{t^2}}\right) + Lc$$

$$y^2 = (x + \sqrt{x^2 + y^2})c \quad , \quad y^2 - 2cx = c^2.$$

Nouveau système de paraboles ; si on pose $\lambda^2 = -ac$, le premier système est représenté par la même équation. Par chaque point du plan (x, y) passent deux paraboles, qui se coupent à angle droit.

4° Au point A, $\omega = 0$, $\rho = x = 2a$; au point B : $\omega = \frac{\pi}{2}$, $\rho = y = a$. L'arc de courbe s est donné par (§ 252) :

$$ds^2 = d\rho^2 + \rho^2 d\omega^2 = 2a^2(1 + \cos\omega)d\omega^2 \quad , \quad ds = 2a\cos\frac{\omega}{2}d\omega$$

l'aire engendrée par l'arc AB est (§ 267) :

$$S = \int 2\pi y\, ds = 4\pi a^2 \int_0^{\frac{\pi}{2}} \sin\omega(1 + \cos\omega)\cos\frac{\omega}{2}d\omega = 16\pi a^2 \int_0^{\frac{\pi}{2}} \cos^4\frac{\omega}{2}\sin\frac{\omega}{2}d\omega$$

$$= \frac{32}{5}\pi a^2\left(-\cos^5\frac{\omega}{2}\right)_0^{\frac{\pi}{2}} = 4\pi a^2\frac{8-\sqrt{2}}{5}$$

$$V = \int \pi y^2\, dx = \pi a^3 \int_0^{\frac{\pi}{2}} \sin^3\omega(1 + \cos\omega)^2(1 + 2\cos\omega)d\omega$$

$$= \pi a^3 \int_0^{\frac{\pi}{2}} (1 + 4\cos\omega + 4\cos^2\omega - 2\cos^3\omega - 5\cos^4\omega - 2\cos^5\omega)\sin\omega\, d\omega$$

$$= -\pi a^3\left(\cos\omega + 2\cos^2\omega + \frac{4}{3}\cos^3\omega - \frac{1}{2}\cos^4\omega - \cos^5\omega - \frac{1}{3}\cos^6\omega\right)_0^{\frac{\pi}{2}} = \frac{5\pi}{2}a^3$$

5° On a la sphère $x^2 + y^2 + z^2 = 4a^2$, et le cylindre de base $\rho = a(1 + \cos\omega)$.

L'aire de sphère est formée de deux parties symétriques par rapport au plan XOY, et (§ 268) l'aire totale.

$$S = 4a \iint \frac{dx\,dy}{\sqrt{4a^2 - x^2 - y^2}} = 4a \iint \frac{\rho\,d\rho\,d\omega}{\sqrt{4a^2 - \rho^2}}, \text{ où } 0 < \rho < a(1 + \cos\omega),$$

$-\pi < \omega < \pi$, ou, en faisant varier ω de 0 à π,

$$S = 8a \int_0^{+\pi} d\omega \left(\sqrt{4a^2 - \rho^2}\right)_{a(1+\cos\omega)}^{a} = 8a^2 \int_0^\pi \left(2 - \sqrt{4 - (1 + \cos\omega)^2}\right) d\omega$$

$$= 16a^2 \int_0^\pi \left(1 - \sin\frac{\omega}{2} \sqrt{1 + \cos^2\frac{\omega}{2}}\right) d\omega = 16\pi a^2 - 32a^2 \int_0^1 \sqrt{1 + t^2}\, dt$$

$$2\int_0^1 \sqrt{1 + t^2}\, dt = \int_0^1 \frac{1 + 2t^2}{\sqrt{1 + t^2}}\, dt + \int_0^1 \frac{dt}{\sqrt{1 + t^2}} = \left[t\sqrt{1 + t^2} + L(t + \sqrt{1 + t^2})\right]_0^1$$

$$= \sqrt{2} + L(1 + \sqrt{2})$$

$$S = 16a^2\left(\pi - \sqrt{2} - L(1 + \sqrt{2})\right).$$

L'aire du cylindre est

$$4\int z\,ds = 4\int_0^\pi \sqrt{4a^2 - \rho^2} \cdot 2a\cos\frac{\omega}{2}\, d\omega$$

$$= 8a^2 \int_0^\pi \sqrt{4 - (1 + \cos\omega)^2}\, \cos\frac{\omega}{2}\, d\omega = 8a^2 \int_0^\pi \sqrt{\frac{3 + \cos\omega}{2}}\, \sin\omega\, d\omega$$

$$= \left[\frac{8}{3} a^2 \sqrt{2}(3 + \cos\omega)^{\frac{3}{2}}\right]_\pi^0 = \frac{32}{3}(2\sqrt{2} - 1)a^2.$$

628. Un simple changement d'axes montre que la courbe est une cycloïde (§ 127); le point $t = 0$, $x = 0$, $y = a$, $\frac{y'}{x'} = \infty$ est un point de rebroussement. L'arc de courbe (§ 252) est :

$$s = \int 2a\sin\frac{t}{2}\, dt = -4a\cos\frac{t}{2}.$$

De 0 à π on a l'arc $+4a$; de $-\pi$ à 0 comme $\sin\frac{t}{2}$ est négatif, il faut changer le signe, l'arc est symétrique, la longueur totale est $8a$.

Le centre de courbure (probl. 369) est :

$$X = a(t + \sin t) \quad , \quad Y = a(3 - \cos t) \quad , \quad R = 4a\sin\frac{t}{2}$$

c décrit une cycloïde. Le milieu de MC a pour coordonnées $x = at$, $y = a$, il reste sur la droite $y = a$.

La perpendiculaire au milieu de MC a pour équation :

$$y - a = (x - at)\,\frac{\sin t}{\cos t - 1}$$

son enveloppe est déterminée par les deux équations (§ 166) :

$$(y - a)(\cos t - 1) = (x - at)\sin t, \quad (y - a)\sin t + (x - at)\cos t = a\sin t$$

ou

$$x = a(t - \sin t) \quad , \quad y = a(2 + \cos t)$$

nouvelle cycloïde.

629. L'enveloppe est déterminée par les deux équations

$$x\sin \alpha - y\cos \alpha = 2(\alpha\sin\alpha + \cos\alpha) \quad , \quad x\cos\alpha + y\sin\alpha = 2\alpha\cos\alpha$$

qui donnent :

$$x = 2\alpha + \sin 2\alpha \quad , \quad y = -1 - \cos 2\alpha$$

c'est une cycloïde, l'arc

$$s = \int_0^\alpha 4\cos\alpha\,d\alpha = 4\sin\alpha \quad , \quad R = 4\cos\alpha.$$

630. On a (§ 241) :

$$\int e^{-x}(x^2 + ax + b)\,dx = -e^{-x}(x^2 + ax + b + 2x + a + 2) + c$$

elle est nulle, pour $x = +\infty$, si $c = 0$, elle a la racine double $x = 1$ si

$$a = -4 \;,\; b = 3 \;,\; y = -e^{-x}(x-1)^2 \;,\; \frac{dy}{dx} = e^{-x}(x-1)(x-3)$$

$$\frac{d^2y}{dx^2} = e^{-x}(-x^2 + 6x - 7).$$

Si x varie de $-\infty$ à 1, y croit de $-\infty$ à 0; de $x = 1$ à 3, y décroit; de $x = 3$ à $+\infty$, y augmente et tend vers 0. Il y a deux points d'inflexion

$$x = 3 \pm \sqrt{2} \quad , \quad y = -e^{-3 \mp \sqrt{2}}(2 \pm \sqrt{2})^2.$$

La série dont le terme général est $u_n = e^{-n}(n-1)^2$ est convergente, car $\sqrt[n]{u_n} = e^{-1}\sqrt[n]{(n-1)^2}$ a pour limite $\dfrac{1}{e} < 1$. ($\S$ 21).

631. Si $y = \sin t$, $dx = \dfrac{dt}{\sin t} = \dfrac{1}{\operatorname{tg}\dfrac{t}{2}} \dfrac{dt}{2\cos^2\dfrac{t}{2}}$

$x = \log\left(\operatorname{tg}\dfrac{t}{2}\right) + c$. Si $t = \dfrac{\pi}{2}$, $y = 1$, $x = c$

doit être nul.

Il suffit de faire varier t de 0 à π. Entre π et 2π, $\operatorname{tg}\dfrac{t}{2} < 0$, x est imaginaire ($\S$ 29). Si t augmente de 2π, x et y ne changent pas. Les valeurs t et $\pi - t$ donnent des points symétriques par rapport à OY, car $L\operatorname{tg}\dfrac{\pi-t}{2} = L\operatorname{cotg}\dfrac{t}{2} = -L\operatorname{tg}\dfrac{t}{2}$.

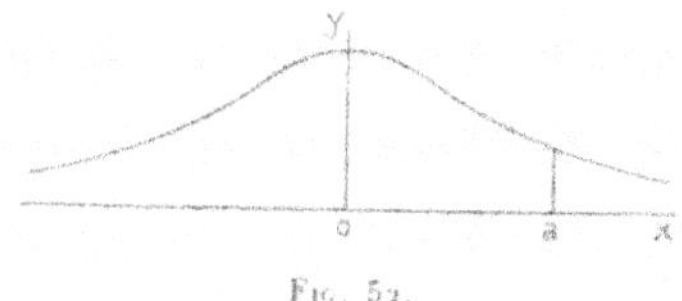

Fig. 52.

De $t = 0$ à $\dfrac{\pi}{2}$, x augmente de $-\infty$ à 0, et y de 0 à 1 (*fig.* 52). $\dfrac{dy}{dx} = \sin t\cos t = \dfrac{1}{2}\sin 2t$ est maximum ou minimum pour $t = \dfrac{\pi}{4}$ ou $\dfrac{3\pi}{4}$, ce qui donne deux points d'inflexion

$$y = \dfrac{1}{\sqrt 2}, \quad x = \pm L\operatorname{tg}\dfrac{\pi}{8} = \pm L(1 + \sqrt 2).$$

L'aire limitée par la courbe, les axes, et la droite $x = a$ est :

$$S = \int_0^a y\,dx = \int_{\frac{\pi}{2}}^t dt = t - \dfrac{\pi}{2} = 2\arctan(e^x) - \dfrac{\pi}{2}.$$

Si a devient infini, $t = \pi$, $S = \dfrac{\pi}{2}$.

Le rayon de courbure $R = \dfrac{(1 + \sin^2 t\cos^2 t)^{\frac{3}{2}}}{\sin t(\cos^2 t - \sin^2 t)}$.

Le volume engendré autour de OX est :

$$V = \int_{-\infty}^{+\infty} \pi y^2 dx = \pi \int_0^{\pi} \sin t\, dt = 2\pi.$$

632. En un point M d'une surface de révolution, l'une des sections principales (§ 228) est la méridienne; l'autre est la section perpendiculaire passant par la normale, son centre de courbure est sur l'axe; car, d'après le théorème de Meusnier (§ 227), il doit se projeter au centre du parallèle de M. La normale ne pouvant pas être constamment parallèle à l'axe, le centre de courbure de la méridienne, et M, doivent être à la même distance de l'axe, de côtés différents. Soit OX l'axe, et $y = f(x)$ la courbe méridienne; on aura (§ 170) :

$$Y = -y = y + \frac{1 + y'^2}{y''}$$

$$\frac{2 y' dy'}{1 + y'^2} = -\frac{2 y'^2}{1 + y'^2}, \quad y' dx = -\frac{dy}{y} \quad , \quad y(1 + y'^2) = 2c$$

$$\frac{dy}{dx} = \sqrt{\frac{2c - y}{y}}.$$

Si on pose $y = c(1 - \cos t)$, on a :

$$dx = c(1 - \cos t)\, dt \quad , \quad x = c(t - \sin t) + c'.$$

La méridienne est une cycloïde (§ 127). On peut supposer $c' = 0$, en choisissant l'origine. t devra varier de 0 à 2π. On a le volume de la surface de révolution (§ 263).

$$V = \int \pi y^2 dx = \pi \int_0^{2\pi} c^3 (1 - \cos t)^3\, dt$$

$$= \frac{\pi c^3}{4} \int_0^{2\pi} (10 - 15 \cos t + 6 \cos 2t - \cos 3t)\, dt = 5\pi^2 c^3.$$

L'arc de cycloïde $ds = 2c \sin \frac{t}{2}\, dt$, l'aire de la surface de révolution (§ 267) est :

$$S = \int 2\pi y\, ds = \int_0^{2\pi} 4\pi c^2 (1 - \cos t) \sin \frac{t}{2}\, dt$$

$$= 8\pi c^2 \int_0^{2\pi} \left(1 - \cos^2 \frac{t}{2}\right) \sin \frac{t}{2}\, dt = 16\pi c^2 \left(-\cos \frac{t}{2} + \frac{1}{3} \cos^3 \frac{t}{2}\right)_0^{2\pi} = \frac{64}{3}\pi c^2$$

633. Le cône a pour équation $x^2 + y^2 = z^2$, le cylindre $x^2 + y^2 = 2ax$; on a les projections :

$$y^2 = 2ax \quad , \quad z^2 = y^2 + \frac{z^4}{4a^2}$$

$$V = \iint \sqrt{x^2 + y^2}\, dx\,dy = \iint \rho^2 d\rho\,d\omega$$

dans le cercle $\rho = 2a \cos \omega$: à cause de la symétrie.

$$V = 2 \int_0^{\frac{\pi}{2}} d\omega \frac{(2a \cos \omega)^3}{3} = \frac{16}{3} a^3 \int_0^{\frac{\pi}{2}} (1 - \sin^2 \omega)\, d \sin \omega = \frac{32}{9} a^3.$$

Un point de la base du cylindre peut se représenter par

$$x = a + a \cos t \quad ; \quad y = a \sin t \quad , \quad ds = a\,dt.$$

l'aire du cylindre limité par le cône et le plan XOY sera :

$$S = 2 \int_0^\pi z\,ds = 2 \int_0^\pi \sqrt{x^2 + y^2}\, ds = 4a^2 \int_0^\pi \cos \frac{t}{2}\, dt = 8a^2.$$

Sur le cône

$$\frac{\partial z}{\partial x} = p = \frac{x}{z} \quad , \quad \frac{\partial z}{\partial x} = q = \frac{y}{z} \quad , \quad 1 + p^2 + q^2 = 2,$$

l'aire d'une portion du cône (§ 206) est $\iint \sqrt{2}\, dx\,dy$; elle est proportionnelle à l'aire de la projection, l'aire intérieure au cylindre dont la base a la surface πa^2, est $\pi a^2 \sqrt{2}$.

La tangente à la courbe d'intersection est déterminée par les plans tangents aux deux surfaces (§ 189) :

$$Xx + Yy = Zz \quad , \quad Xx + Yy = a(X + x).$$

Le point où elle coupe le plan $Y = 0$ est donné par :

$$Xx = Zz \quad , \quad X(x - a) = ax \quad , \quad \text{où } 2ax = x^2.$$

En éliminant x et z on a :

$$z = 2a \frac{Z}{X} , \; x = 2a \frac{Z^2}{X^2}.$$

et :

$$2Z^2(X - a) = X^3$$

courbe facile à construire (§ 125).

634. Les tangentes

$$\frac{x - R\cos t}{- R\sin t} = \frac{y - R\sin t}{R\cos t} = \frac{z - at}{a},$$

$$\frac{x - R\cos t}{- R\sin t} = \frac{y - R\sin t}{R\cos t} = \frac{z + at}{- a}$$

se coupent au point P,

$$x = R(\cos t + t\sin t) \quad , \quad y = R(\sin t - t\cos t) \quad , \quad z = 0$$

dont le lieu est une développante de cercle (probl. 625), sa tangente, parallèle à la droite $\dfrac{x}{\cos t} = \dfrac{y}{\sin t}$, $z = 0$, est perpendiculaire au plan mTm', dont l'équation est

$$\frac{x - R\cos t}{- \sin t} = \frac{y - R\sin t}{R\cos t}.$$

Les droites mT et $m'T$ ont pour cosinus directeurs

$$\frac{- R\sin t}{\sqrt{R^2 + a^2}} \quad , \quad \frac{R\cos t}{\sqrt{R^2 + a^2}} \quad \text{et} \quad \frac{\pm a}{\sqrt{R^2 + a^2}},$$

si V est leur angle , $\cos V = \dfrac{R^2 - a^2}{R^2 + a^2}$. Elles sont perpendiculaires si $\cos V = 0$, $a = R$.

Le volume et la surface à calculer sont formés de deux parties symétriques par rapport au plan XOY. Le volume, compris entre deux triangles $mm'T$ infiniment voisins, peut être considéré comme formé de deux pyramides symétriques de hauteur $z = at$, dont la base est un triangle, dont un côté, projection de mT, est égal à Rt (*fig.* 49) et l'autre forme l'angle dt. Le volume de ces deux pyramides est $\dfrac{1}{3} aR^2 t^2 dt$, et le volume demandé :

$$V = \frac{aR^2}{3} \int_0^\pi t^2 dt = \frac{\pi^4 aR^2}{12}.$$

La droite mT engendre une surface développable (§ 222) lieu des tangentes à une hélice, ou enveloppe des plans osculateurs à l'hélice, ces plans tangents à la surface forment avec XOY un angle constant dont le cosinus est $\dfrac{R}{\sqrt{R^2 + a^2}}$, l'aire de la surface engendrée par mT est donc égale à l'aire de sa projection multipliée par $\dfrac{\sqrt{R^2 + a^2}}{R}$, ou

$$\frac{\sqrt{R^2 + a^2}}{R} \int_0^\pi \frac{R^2 t^2}{2}\, dt = \frac{\pi^3}{6}\, R\,\sqrt{R^2 + a^2}$$

$m'T$ engendre une aire égale, mm' engendre l'aire d'une partie de cylindre comprise entre deux hélices symétriques, qui devient un triangle si on développe le cylindre sur un plan, cette aire est égale à $\pi R \cdot a\pi$. L'aire totale engendrée par $mm'T$ est

$$S = \pi^2 R \left(a + \frac{\pi}{3}\sqrt{R^2 + a^2}\right).$$

Si

$$a = R \quad , \quad V = \frac{\pi^4 R^3}{12} \quad , \quad S = \pi^2 R^2 \left(1 + \frac{\pi}{3}\sqrt{2}\right).$$

635. $y = \dfrac{2a^3}{x^2}$, $y' = -\dfrac{4a^3}{x^3}$, la normale au point (x, y) a pour équation :

$$Y - \frac{x^3}{4a^3}X = \frac{2a^3}{x^2} - \frac{x^4}{4a^3},$$

elle passe par O si

$$x^6 = 8a^6 \quad , \quad x = \pm a\sqrt{2} \quad , \quad y = a.$$

$2°$ L'aire comprise entre OM_1, OX et la courbe est formée de l'aire limitée à l'ordonnée $x = a\sqrt{2}$ et d'un triangle rectangle

$$S = \frac{a^2}{2}\sqrt{2} + \int_{a\sqrt{2}}^\infty \frac{2a^3}{x^2}\, dx = \frac{3}{2}\, a^2 \sqrt{2}.$$

$3°$ L'équation de la tangente est

$$Y + \frac{4a^3}{x^3}X = \frac{6a^3}{x^2}$$

ou, si $-\dfrac{4a^3}{x^3} = m$,

$$Y = mX + 6a\left(\frac{m}{4}\right)^{\frac{2}{3}}.$$

Par un point (x, y) passent des tangentes dont les coefficients angulaires sont donnés par l'équation :

$$(y - mx)^3 = \frac{27}{2} m^2 a^3 \quad , \quad m^3 x^3 + 3m^2\left(\frac{9}{2} a^3 - x^2 y\right) + 3 m x y^2 - y^3 = 0$$

deux tangentes sont perpendiculaires s'il y a deux racines telles que $m'm'' = -1$, le produit des trois racines $mm'm'' = \frac{y^3}{x^3}$ (§ 79) $m = -\frac{y^3}{x^2}$; en remplaçant m par cette valeur, on a l'équation du lieu :

$$\left(y + \frac{y^3}{x^2}\right)^3 = \frac{27}{2} \cdot a^3 \frac{y^6}{x^6}$$

$y = 0$ est une solution étrangère, pour laquelle $m = 0$ sans que $m'm''$ soit égal à -1. Le lieu est :

$$(x^2 + y^2)^3 = \frac{27}{2} a^2 y^3$$

équation qui se décompose, la seule solution réelle donne :

$$x^2 + y^2 = \sqrt[3]{\frac{3}{2}} \, ay$$

cercle.

4° La normale coupe OX au point $Y = 0$, $X = x - \frac{8a^6}{x^5}$, sa projection sur OX, ou sous-normale, est égale à $\frac{8a^6}{x^5} = \frac{2y^2}{x}$. La normale à une courbe $y = f(x)$ est $Y - y = -\frac{1}{y'}(X - x)$. La sous-normale est égale à yy'. On suppose :

$$yy' = K \frac{y^{n+1}}{x^n} \quad , \quad \frac{dy}{y^n} = K \frac{dx}{x^n}$$

$$y^{1-n} = K x^{1-n} + c.$$

Pour $n = \frac{1}{2}$ on a des paraboles, pour $n = 2$ des hyperboles, pour $n = -1$, des ellipses et hyperboles.

5° Le cylindre engendré par $M_1 M_2$ a pour équation : $y^2 + z^2 = a^2$. Le volume est $2 \iint \sqrt{a^2 - y^2} \, dx dy$, à l'intérieur du triangle dont les côtés ont pour équations :

$$x = \pm y \sqrt{2} \quad , \quad y = a,$$

ce volume est symétrique par rapport au plan YOZ.

$$V = 4 \int_0^a dy \sqrt{a^2 - y^2} \int_0^{y\sqrt{2}} dx = \int_0^a 4 \sqrt{2}\, y \sqrt{a^2 - y^2}\, dy$$

$$= \left[-\frac{4\sqrt{2}}{3} (a^2 - y^2)^{\frac{3}{2}} \right]_0^a = \frac{4\sqrt{2}}{3} a^3.$$

636.

$$y = ce^t - 1 - t \quad , \quad \frac{dx}{dt} - x = -1 - ce^t$$

$$x = c'e^t + 1 - cte^t.$$

Pour $t = 0$ on doit avoir

$$y = c - 1 = 0 \quad , \quad x = c' + 1 = 0$$

d'où :

$$x = 1 - e^t - te^t \quad , \quad y = e^t - 1 - t$$

$$x' = -e^t(t + 2) \quad , \quad y' = e^t - 1.$$

Les variations de x et y sont données par le tableau suivant :

$t =$	$-\infty$		-2		0		$+\infty$
$x =$	1		$1 + e^{-2}$		0		$-\infty$
$y =$	$+\infty$		$1 + e^{-2}$		0		$+\infty$

$\dfrac{y}{x}$ et $\dfrac{y'}{x'} = -\dfrac{1 + e^{-t}}{2 + t}$ tendent vers 0 pour $t = 0$, et pour $t = +\infty$.
En O la tangente est OX, $x = 1$ est une asymptote, la branche
de gauche est parabolique (*fig.* 53).
$\dfrac{d}{dt}\left(\dfrac{y'}{x'}\right) = \dfrac{e^t - t - 3}{(2 + t)^2 e^t}$, les points d'inflexion correspondent aux racines de
l'équation $e^t - t - 3 = 0$, $y = 2$,
t a deux racines de signes contraires,
car $e^t - t - 3$ diminue si t varie de
$-\infty$ à 0 puis augmente.

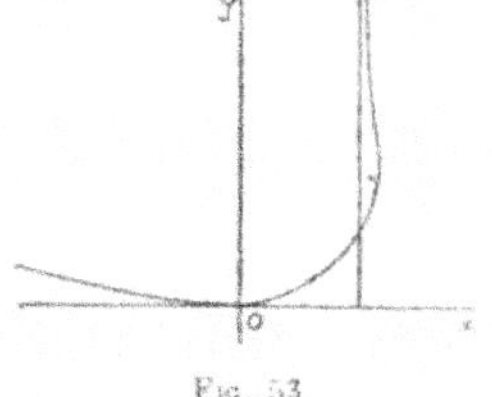

Fig. 53.

    La droite $x = 1$ coupe la courbe
au point $t = -1$, l'aire limitée par la courbe, cette droite, et

OX est :

$$S = \int y\,dx = \int_{0}^{-1} (1 + t - e^{t})(t + 2)\,e^{t}dt$$

$$= \left[e^{t}(t^{2} + t + 1) - e^{2t}\frac{2t + 3}{4}\right]_{0}^{-1} = \frac{-1 + 4e - e^{2}}{4e^{2}}.$$

L'aire limitée par la courbe, et son asymptote $x = 1$, est :

$$S' = \int (x - 1)\,dy = \int_{-1}^{-\infty} (1 + t)\,e^{t}(1 - e^{t})\,dt$$

$$= \left(te^{t} - \frac{2t - 1}{4}e^{2t}\right)_{-1}^{-\infty} = \frac{4e - 1}{4e^{3}}.$$

La tangente a pour équation :

$$y(t + 2) + x(1 - e^{t}) = e^{t} - e^{-t} - t^{2} - 2t$$

elle passe par le point $(1, -1)$ si $f(t) = e^{t} - t^{2} - t + 1 = 0$
$f'(t) = e^{t} - 2t - 1$, $f''(t) = e^{t} - 2$ croît avec t, donc $f'(t)$ n'a que deux racines (§ 86), l'une est $t = 0$, l'autre entre 1 et 2, car

$$f'(1) = e - 3 < 0 \quad , \quad f'(2) = e^{2} - 5 > 0.$$

Entre $t = 0$ et 2,

$$f(t) = \left(e^{t} - 1 - t - \frac{t^{2}}{2}\right) + \left(2 - \frac{t^{2}}{2}\right) > 0$$

(§ 28).

Il résulte alors du théorème de Rolle que $f(t)$ a une seule racine négative, qui est comprise entre -2 et -1.

637. En posant $y = e^{\alpha x}$, on a

$$\alpha^{2} + \frac{2}{a}\alpha + \frac{1}{a^{2}} + \frac{1}{b^{2}} = 0 \quad , \quad \alpha = \frac{-1}{a} \pm \frac{i}{b}$$

la solution générale est

$$y = e^{-\frac{x}{a}}\left(c_{1}\cos\frac{x}{b} + c_{2}\sin\frac{x}{b}\right)$$

$$\frac{dy}{dx} = e^{-\frac{x}{a}}\left[\left(\frac{c_{2}}{b} - \frac{c_{1}}{a}\right)\cos\frac{x}{b} - \left(\frac{c_{2}}{a} + \frac{c_{1}}{b}\right)\sin\frac{x}{b}\right].$$

Pour $x = 0$,

$$y = c_1 = h \quad , \quad \frac{dy}{dx} = \frac{c_2}{b} - \frac{c_1}{a} = 0$$

$$y = he^{-\frac{x}{a}}\left(\cos\frac{x}{b} + \frac{b}{a}\sin\frac{x}{b}\right) \quad , \quad \frac{dy}{dx} = -h\,\frac{a^2 + b^2}{a^2 b}\,e^{-\frac{x}{a}}\sin\frac{x}{b}$$

Pour $x = k\pi b$, y a des maxima et des minima, $y = (-1)^k he^{-k\frac{\pi}{a}b}$ qui diminuent si k augmente. $y = 0$ si $\mathrm{tg}\,\frac{x}{b} = -\frac{a}{b}$, on a une série d'arcs coupant OX aux points $x = -b\left(\text{arc tg}\,\frac{a}{b} - k\pi\right)$.

Pour $x = k\pi b$,

$$\frac{dy}{dx} = 0 \quad , \quad \frac{d^2 y}{dx^2} = (-1)^{k+1} h\,\frac{a^2 + b^2}{a^2 b^2}\,e^{-k\pi\frac{b}{a}}.$$

Le rayon de courbure

$$R = \left|\frac{1}{y''}\right| = \frac{a^2 b^2}{h(a^2 + b^2)}\,e^{k\pi\frac{b}{a}}.$$

638. Tangente

$$\frac{x - a\cos t}{-\sin t} = \frac{y - a\sin t}{\cos t} = \frac{z - au}{u'}.$$

Plan osculateur

$$(x - a\cos t)(u''\cos t + u'\sin t) + (y - a\sin t)(u''\sin t - u'\cos t) + z - au = 0$$

La tangente coupe le plan $z = 0$ au point :

$$x = a\left(\cos t + \frac{u}{u'}\sin t\right) \quad , \quad y = a\left(\sin t - \frac{u}{u'}\cos t\right)$$

$$x^2 + y^2 = a^2\left(1 + \frac{u^2}{u'^2}\right).$$

Ce point décrit un cercle de centre O, si

$$\frac{u'}{u} = c \quad , \quad Lu = ct + Lc_1 \quad , \quad u = c_1 e^{ct} \quad , \quad z = ac_1 e^{ct}.$$

Pour $y = 0$, $x = z = a$, on aura $t = 2k\pi$, $z = ac_1 e^{2k\pi c} = a$. Donc $z = ae^{c(t - 2k\pi)}$, en changeant la variable t on peut supposer $k = 0$ et $z = ae^{ct}$.

Alors

$$ds^2 = a^2 \left(1 + \frac{1}{c^2} + c^2 e^{2ct} \right) dt^2$$

$$s = a \int_0^t \sqrt{ 1 + \frac{1}{c^2} + c^2 e^{2ct} }\, dt$$

$$= a \int_0^t \frac{(1+c^2) e^{-ct}}{c \sqrt{ c^4 + (1+c^4) e^{-2ct} }}\, dt + a \int_0^t \frac{c^3 e^{2ct}}{\sqrt{ 1 + c^4 + c^4 e^{2ct} }}\, dt$$

$$= \frac{a}{c^2} \sqrt{1+c^2} \left[\sqrt{ 1 + \frac{c^4}{1+c^2} e^{2ct} } - L\left(e^{-ct} + \sqrt{ \frac{c^2}{1+c^2} + e^{-2ct} } \right) \right.$$

$$\left. - \sqrt{ 1 + \frac{c^4}{1+c^2} } + L\left(1 + \sqrt{ \frac{1+c^2+c^4}{1+c^2} } \right) \right].$$

Le cosinus de l'angle du plan osculateur avec OZ est :

$$\cos \gamma = \frac{1}{\sqrt{ 1 + u'^2 + u''^2 }} \quad , \quad u'^2 + u''^2 = \mathrm{tg}^2 \gamma,$$

γ étant constant,

$$\frac{du'}{dt} = \sqrt{ \mathrm{tg}^2 \gamma - u'^2 } \quad , \quad t = \int \frac{du'}{\sqrt{ \mathrm{tg}^2 \gamma - u'^2 }} = \arcsin \frac{u'}{\mathrm{tg}\, \gamma} - c$$

$$\frac{du}{dt} = \mathrm{tg}\, \gamma \sin (t + c) \quad , \quad u = - \mathrm{tg}\, \gamma \cos (t + c) + c'$$

en déplaçant O. on peut supposer $c' = 0$, $z = - a\, \mathrm{tg}\, \gamma \cos (t + c)$.
En prenant pour variable $t + c$, et en faisant tourner les axes
autour de OZ, de l'angle c, on pourrait ramener c à être nul.

639.

$$t = \int \frac{dy}{\sqrt{ a^2 - y^2 }} = \arcsin \frac{y}{a} - c \quad , \quad y = a \sin (t + c)$$

$$x = a \int \frac{\cos^2 (t+c)}{\sin (t+c)}\, dt = a \int \left(-\sin (t+c) + \frac{1}{2 \, \mathrm{tg} \left(\frac{t+c}{2} \right) \cos^2 \left(\frac{t+c}{2} \right)} \right) dt$$

$$= a \left(\cos (t+c) + L\, \mathrm{tg}\, \frac{t+c}{2} \right) + c'.$$

Si $t = \frac{\pi}{2}$, $y = a \sin \left(\frac{\pi}{2} + c \right) = a$, on peut supposer $c = 0$,
alors $x = c' = 0$.

Il faut $\operatorname{tg} \dfrac{t}{2} > 0$, pour que x et $\mathrm{L}\,\operatorname{tg} \dfrac{t}{2}$ soient réels. Si t augmente de 2π, x et y ne changent pas. t devra varier de 0 à π. Si t est changé en $\pi - t$, x devient

$$- a \cos t + a\mathrm{L}\,\operatorname{cotg} \dfrac{t}{2} = - x,$$

y ne change pas, la courbe est symétrique par rapport à OY.

De $t = 0$ à $\dfrac{\pi}{2}$, x croit de $-\infty$ à 0; y décroit de 0 à a; $\dfrac{y'}{x'} = \operatorname{tg} t$, t est l'angle de la tangente avec OX.

Le point $t = \dfrac{\pi}{2}$, $x = 0$, $y = a$, est un point de rebroussement.

$$dx = a\,\dfrac{\cos^2 t}{\sin t}\,dt \quad , \quad dy = a \cos t\,dt \quad , \quad ds = a\,\dfrac{\cos t}{\sin t}\,dt$$
$$s = a\mathrm{L}\,\sin t.$$

$$\dfrac{d^2x}{dt^2} = - a \cos t\,\dfrac{1 + \sin^2 t}{\sin^2 t} \quad , \quad \dfrac{d^2y}{dt^2} = - a \sin t.$$

Le centre de courbure est (§ 170) :

$$\mathrm{X} = x - y' = a\mathrm{L}\,\operatorname{tg}\dfrac{t}{2} \quad , \quad \mathrm{Y} = y + x' = \dfrac{a}{\sin t},$$

car

$$\dfrac{x'^2 + y'^2}{x'y'' - y'x''} = 1$$

$\mathrm{R} = a \operatorname{cotg} t$.

L'aire limitée par XOY et une ordonnnée est :

$$\mathrm{S} = \int_{\frac{\pi}{2}}^{t} y\,dx = a^2 \int_{\frac{\pi}{2}}^{t} \cos^2 t\,dt = \dfrac{a^2}{2} \int_{\frac{\pi}{2}}^{t} (1 + \cos 2t)\,dt = \dfrac{a^2}{4}(2t + \sin 2t - \pi)$$

pour

$$t = \pi \quad , \quad x = + \infty \quad , \quad \mathrm{S} = \pi\,\dfrac{a^2}{4}.$$

La développée est déterminée par les équations du centre de courbure :

$$\operatorname{tg}\dfrac{t}{2} = e^{\frac{\mathrm{X}}{a}} \quad , \quad \mathrm{Y} = \dfrac{a\left(1 + \operatorname{tg}^2 \dfrac{t}{2}\right)}{2\operatorname{tg}\dfrac{t}{2}} = \dfrac{a}{2}\left(e^{\frac{\mathrm{X}}{a}} + e^{-\frac{\mathrm{X}}{a}}\right)$$

c'est une chaînette (§ 346).

640. L'enveloppe est déterminée par les deux équations :

$$x \sin t - y \cos t = u \quad , \quad x \cos t + y \sin t = u'$$

$$x = u \sin t + u' \cos t \quad , \quad y = u' \sin t - u \cos t$$

$$\frac{dx}{dt} = (u + u'') \cos t \quad , \quad \frac{dy}{dt} = (u + u'') \sin t \quad , \quad \frac{dy}{dx} = \operatorname{tg} t$$

t est l'angle de la tangente avec OX, u la distance de l'origine à la tangente, ou à la droite donnée, u' la distance de l'origine à la normale dont l'équation est $x \cos t + y \sin t = u'$ puisque cette droite est perpendiculaire à la première, et passe par le point de contact.

$$x' = (u' + u''') \cos t - (u + u'') \sin t \quad , \quad y' = (u' + u''') \sin t + (u + u'') \cos t$$

$$x'y' - y'x' = (u + u'')^2 = x'^2 + y'^2 \quad , \quad R = u + u''$$

$$\frac{ds}{dt} = s' = u + u'' = R.$$

Si $R = as + b$,

$$u'' + u = s' = as + b \quad , \quad u''' + u' = as' = a(u'' + u)$$

$$\frac{d^3 u}{dt^3} = a \frac{d^2 u}{dt^2} + \frac{du}{dt} - au = o$$

équation linéaire (§ 294) dont la solution générale est

$$u = c_1 e^{at} + c_2 \cos t + c_3 \sin t$$

$$u' = a c_1 e^{at} - c_2 \sin t + c_3 \cos t$$

$$x = c_1 e^{at} (\sin t + a \cos t) + c_3 \quad , \quad y = c_1 e^{at} (a \sin t - \cos t) - c_2$$

on peut supposer $c_2 = c_3 = o$ en déplaçant l'origine.

Soit

$$a = \operatorname{tg} \alpha \quad , \quad x = \frac{c_1}{\cos \alpha} e^{at} \sin (t + \alpha) \quad , \quad y = -\frac{c_1}{\cos \alpha} e^{at} \cos (t + \alpha)$$

en prenant pour variable $t + \alpha$, et en changeant la constante c_1, et le sens de OY, on ramène les équations à la forme :

$$x = c e^{at} \sin t \quad , \quad y = c e^{at} \cos t.$$

641. L'équation de la tangente est $Y - y = y'(X - x)$, le point T a pour coordonnées $\left(x - \dfrac{y}{y'},\ o\right)$; soit A $(o,\ a)$, on a :

$$\overline{MT}^2 = y^2 + \frac{y^2}{y'^2} \quad , \quad \overline{AT}^2 = a^2 + \left(x - \frac{y}{y'}\right)^2$$

$$y^2 = a^2 + x^2 - 2\frac{xy}{y'} \quad , \quad \text{ou} \quad \frac{dy}{dx} = \frac{2xy}{x^2 + a^2 - y^2}$$

$$\frac{dy}{y} = \frac{2x\,dx}{x^2 + a^2 - y^2} = \frac{2(x\,dx + y\,dy)}{x^2 + y^2 + a^2}$$

$$x^2 + y^2 + a^2 = 2cy.$$

L'équation différentielle des trajectoires orthogonales, obtenue en remplaçant $\dfrac{dy}{dx}$ par $-\dfrac{dx}{dy}$, est :

$$\frac{2y\,dy}{y^2 - x^2 - a^2} = \frac{dx}{x} = \frac{2(x\,dx + y\,dy)}{x^2 + y^2 - a^2} \quad , \quad x^2 + y^2 - a^2 = 2c'x$$

ces cercles ont pour centres les points $(o,\ c)$ $(c',\ o)$. On suppose le coefficient angulaire $-\dfrac{c}{c'}$ de la ligne des centres égal à 1, $c' = -c$. Les points d'intersection des deux cercles sont donnés par les équations

$$x^2 + y^2 = 2cy - a^2 = -2cx + a^2.$$

En éliminant c on a l'équation du lieu :

$$(x^2 + y^2)(x + y) = a^2(y - x)$$

cette courbe a l'asymptote $x + y = o$, car $\dfrac{y - x}{x^2 + y^2}$ tend vers o si x devient infini, $\dfrac{y}{x}$ tendant vers -1. L'origine est un centre. En coordonnées polaires :

$$\rho^2 = a^2\,\frac{\operatorname{tg}\omega - 1}{\operatorname{tg}\omega + 1} = a^2\operatorname{tg}\left(\omega - \frac{\pi}{4}\right)$$

de $\omega = \dfrac{\pi}{4}$ à $\dfrac{3\pi}{4}$, ρ varie de o à $+\infty$, on a ensuite la branche symétrique, en changeant ρ en $-\rho$ (*fig.* 54) x et y étant permutés. L'aire comprise entre la courbe et OY, est :

$$S = \frac{1}{2}\int_{\frac{\pi}{4}}^{\pi} \rho^2 d\omega = \frac{a^2}{2}\int_{\frac{\pi}{4}}^{\frac{\pi}{2}} tg\left(\omega - \frac{\pi}{4}\right) d\omega = -\frac{a^2}{2}\left(L\cos\left(\omega - \frac{\pi}{4}\right)\right)_{\frac{\pi}{4}}^{\frac{\pi}{2}}$$

$$= \frac{a^2}{2}L\cos\frac{\pi}{4} = \frac{a^2}{4}L.2.$$

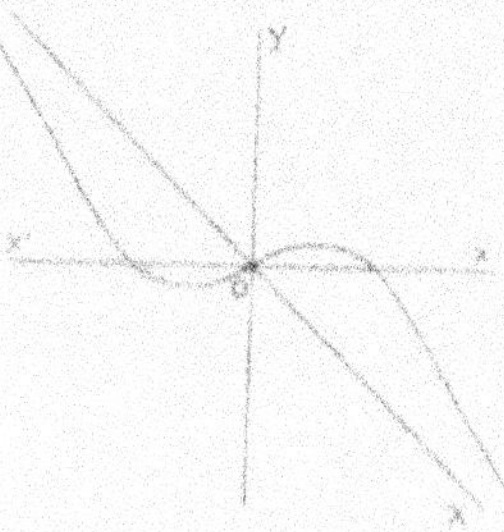

Fig. 54.

642. Si O est le centre de la sphère, AA' l'axe des Z, R le rayon. Soient $x = \rho\cos\omega$, $y = \rho\sin\omega$ les coordonnées de P, celles de Q sont $x = R\cos\omega$, $y = R\sin\omega$. Les carrés des différentielles des arcs décrits sont :

$$ds^2 = d\rho^2 + \rho^2 d\omega^2 = R^2 d\omega^2$$

$$d\omega = \frac{d\rho}{\sqrt{R^2 - \rho^2}} \quad , \quad \omega = \text{arc sin} \frac{\rho}{R} + c$$

on peut supposer $c = 0$ en faisant tourner les axes XOY

$$\rho = R\sin\omega \quad , \quad x^2 + y^2 = Ry \quad \text{et} \quad x^2 + y^2 + z^2 = R^2.$$

La courbe c est l'intersection de ce cylindre et de la sphère, elle est sur le cône de révolution $x^2 + (y - R)^2 = z^2$.

Une courbe quelconque du système est représentée par les équations

$$x = R\cos\omega\sin(\omega - c) \quad, \quad y = R\sin\omega\sin(\omega - c) \quad, \quad z = R\cos(\omega - c).$$

Représentons un point de la sphère, par les coordonnées polaires (θ, φ) (§ 277)

$$x = R\sin\theta\cos\varphi \quad, \quad y = R\sin\theta\sin\varphi \quad, \quad z = R\cos\theta.$$

La courbe précédente est déterminée par les relations $\omega = \varphi$, $\theta = \omega - c$, ou $\varphi = \theta + c$.

Pour un point (x, y, z) de cette courbe $d\theta = d\varphi$

$$\begin{cases} dx = Rd\theta\,(\cos\theta\cos\varphi - \sin\theta\sin\varphi) = R\cos(\varphi + \theta)\,d\theta \\ dy = Rd\theta\,(\cos\theta\sin\varphi + \sin\theta\cos\varphi) = R\sin(\varphi + \theta)\,d\theta \\ dz = -R\sin\theta d\theta. \end{cases}$$

Pour la trajectoire orthogonale passant en ce point, on a :

$$dx = R\,(\cos\theta\cos\varphi d\theta - \sin\theta\sin\varphi d\varphi)$$
$$dy = R\,(\cos\theta\sin\varphi d\theta + \sin\theta\cos\varphi d\varphi)$$
$$dz = -R\sin\theta d\theta$$
$$\cos(\varphi + \theta)\,dx + \sin(\varphi + \theta)\,dy - \sin\theta dz = 0.$$

Et

$$d\theta + \sin^2\theta d\varphi = 0 \quad , \quad d\varphi = -\frac{d\theta}{\sin^2\theta}$$
$$\varphi = \cotg\theta + c$$

alors

$$ds^2 = dx^2 + dy^2 + dz^2 = R^2(d\theta^2 + \sin^2\theta d\varphi^2) = R^2\left(1 + \frac{1}{\sin^2\theta}\right)d\theta^2$$

$$s = R\int_{\frac{\pi}{2}}^{\theta} \frac{d\theta}{\sin\theta}\sqrt{1 + \sin^2\theta} = R\int_{\frac{\pi}{2}}^{\theta}\left(\frac{d\theta}{\sin^2\theta\sqrt{2 + \cotg^2\theta}} - \frac{d\cos\theta}{\sqrt{2 - \cos^2\theta}}\right)$$

$$= RL\frac{\sqrt{2}}{\cotg\theta + \sqrt{2 + \cotg^2\theta}} - R\arcsin\left(\frac{\cos\theta}{\sqrt{2}}\right).$$

643. Un point du lieu sera déterminé par les équations (§ 150) :

$$y = mx \pm \sqrt{b^2 + a^2m^2} \quad , \quad my + x = 0$$

l'élimination de m donne :

$$(x^2 + y^2)^2 = b^2y^2 + a^2x^2$$

ou

$$\rho^2 = b^2\sin^2\omega + a^2\cos^2\omega$$

de $\omega = 0$ à $\frac{\pi}{2}$, ρ diminue de a à b ; la courbe est symétrique par rapport aux axes. L'aire intérieure est :

$$S = 2\int_0^{\frac{\pi}{2}} (b^2\sin^2\omega + a^2\cos^2\omega)d\omega = \int_0^{\frac{\pi}{2}} (a^2 + b^2 + c^2\cos 2\omega)d\omega = \frac{\pi}{2}(a^2 + b^2).$$

On considère la courbe, intersection des surfaces :

$$(x^2 + y^2)^2 = b^2 y^2 + a^2 x^2 \quad , \quad x^2 + y^2 + z^2 = a^2$$

sa projection sur le plan XOZ est :

$$c^2 x^2 = (a^2 - z^2)(c^2 - z^2)$$

courbe symétrique par rapport aux axes. De $z = 0$ à c, x diminue de a à 0; de $z = c$ à a, x est imaginaire; de a à $+\infty$, x augmente de 0 à $+\infty$ ($fig.$ 55).

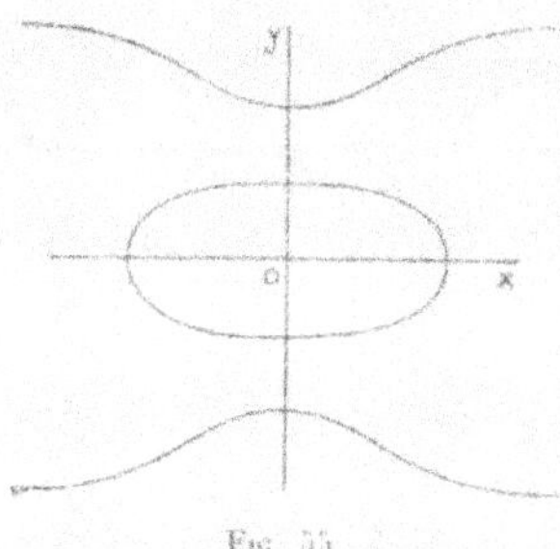

Fig. 55.

Le volume commun est symétrique par rapport aux 3 plans de coordonnées; la base du cylindre est intérieure à la sphère; on a :

$$V = 8 \iint \sqrt{a^2 - \rho^2}\, \rho\, d\rho\, d\omega \; , \quad 0 < \rho < \sqrt{b^2\sin^2\omega + a^2\cos^2\omega} \; , \quad 0 < \omega < \frac{\pi}{2}$$

$$V = 8 \int_0^{\frac{\pi}{2}} \frac{d\omega}{3}(a^3 - c^3\sin^3\omega) = \frac{8}{3}\left(a^3\omega + c^3\cos\omega - \frac{c^3}{3}\cos^3\omega\right)_0^{\frac{\pi}{2}} = 4\,\frac{3\pi a^3 - 4c^3}{9}.$$

L'équation des courbes c peut s'écrire

$$(x^2 + y^2)^2 + c^2 y^2 = a^2(x^2 + y^2)$$

$$2(x\,dx + y\,dy)(x^2 + y^2) + c^2 y\,dy = a^2(x\,dx + y\,dy)$$

$$= (x\,dx + y\,dy)\left(x^2 + y^2 + \frac{c^2 y^2}{x^2 + y^2}\right)$$

quel que soit a elles vérifient l'équation différentielle :

$$(x\,dx + y\,dy)(x^2 + y^2)^2 + c^2 xy (x\,dy - y\,dx) = 0$$

en remplaçant $\dfrac{dy}{dx}$ par $-\dfrac{dx}{dy}$, on a l'équation différentielle des trajectoires orthogonales :

$$c^2\,\frac{x\,dx + y\,dy}{(x^2 + y^2)^2} = \frac{x\,dy - y\,dx}{xy} = \frac{dy}{y} - \frac{dx}{x}$$

$$\frac{c^2}{x^2 + y^2} + 2\,\mathrm{L}\,\frac{y}{x} = c'.$$

644.

$$\sin \alpha = \frac{2ax}{a^2 + x^2} \quad , \quad \cos \alpha = \pm\frac{a^2 - x^2}{a^2 + x^2} \quad , \quad \frac{dy}{dx} = \operatorname{tg}\alpha = \pm\frac{2ax}{a^2 - x^2}$$

$$y = c \pm a\mathrm{L}\left(1 - \frac{x^2}{a^2}\right) \quad , \text{ ou } \quad y = c \pm a\mathrm{L}\left(\frac{x^2}{a^2} - 1\right)$$

suivant que $\dfrac{x^2}{a^2}$ est supposé inférieur ou supérieur à 1.

En choisissant les axes on peut ramener les équations à la forme :

$$y = a\mathrm{L}\left(1 - \frac{x^2}{a^2}\right) \quad , \quad y = a\mathrm{L}\left(\frac{x^2}{a^2} - 1\right)$$

ces courbes sont symétriques par rapport à OY, pour la première x variant de 0 à a, y diminue de 0 à $-\infty$; pour la seconde de $x = a$ à $+\infty$, y augmente de $-\infty$ à $+\infty$. Il y a deux asymp-

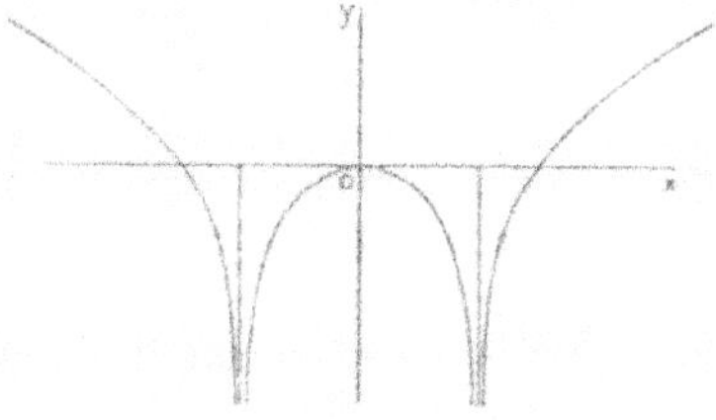

Fig. 56.

totes $x = \pm a$, et une branche parabolique pour la seconde. La *fig.* 56 représente les deux courbes.

$$y' = \pm\frac{2ax}{a^2 - x^2} \quad , \quad y'' = \pm 2a\,\frac{a^2 + x^2}{(a^2 - x^2)^2} \quad , \quad \mathrm{R} = \frac{(a^2 + x^2)^2}{2a(a^2 - x^2)}.$$

L'équation différentielle des trajectoires orthogonales est :

$$\frac{dy}{dx} = \pm \frac{x^2 - a^2}{2 ax} \quad , \quad \frac{x^2}{2} - a^2 Lx = c \pm 2ay.$$

645. La tangente $Y - y = y'(X - x)$ coupe OY au point, $X = 0$, $Y = y - xy'$. La droite PA a pour équation

$$Yy' + X = y'(y - xy').$$

L'enveloppe est déterminée par cette équation, et sa dérivée par rapport au paramètre x,

$$Yy'' = y''(y - 2xy')$$
$$Y = y - 2xy', \qquad X = xy'^2$$

2° Si $MA = c$ on a :

$$c^2 = 4x^2y'^2 + x^2(1 - y'^2)^2 = x^2(1 + y'^2)^2$$

$$\frac{dy}{dx} = \sqrt{\frac{c - x}{x}}.$$

Posons :

$$\frac{c - x}{x} = tg^2 t \quad , \quad x = c \cos^2 t$$

$$dy = - 2c \sin^2 t\, dt \quad , \quad y = - \frac{c}{2}(2t - \sin 2t)$$

$$x = \frac{c}{2}(1 + \cos 2t).$$

La courbe c est une cycloïde (§ 127). Le signe $\pm$ est inutile si on choisit le sens des axes. Pour l'enveloppe, lieu de A, on a :

$$y' = \frac{dy}{dx} = tg\, t \quad , \quad Y = - \frac{c}{2}(2t + \sin 2t) \quad , \quad X = \frac{c}{2}(1 - \cos 2t)$$

c'est également une cycloïde.

3° Dans le cas général, MA passe en O si :

$$\frac{Y}{X} = \frac{y - 2xy'}{xy'^2} = \frac{y}{x} \quad , \quad xy'^2 + 2xy' - y = 0$$

$$dy = \frac{- x \pm \sqrt{x^2 + y^2}}{y}\, dx = \frac{y}{x \pm \sqrt{x^2 + y^2}}\, dx.$$

Posons

$$\frac{y}{x} = t \quad , \quad \frac{dx}{x} = \frac{dt}{t}\left(-1 \pm \frac{1}{\sqrt{1+t^2}}\right) = -\frac{dt}{t} \pm \frac{dt}{t^2\sqrt{1+\frac{1}{t^2}}}$$

$$Lx + Lt = L\left(\frac{1}{t} \pm \sqrt{1+\frac{1}{t^2}}\right) + Lc \quad , \quad y^2 = c(x + \sqrt{x^2+y^2})$$

$$y^2 - 2cx = c^2$$

système de paraboles.

646. Cherchons le lieu des points tels que $MF \times MF' = b^2$, en prenant pour axes $F'F$ et la perpendiculaire au milieu. On a, si $FF' = 2c$:

$$[(x-c)^2 + y^2][(x+c)^2 + y^2] = (x^2 + y^2 + c^2)^2 - 4c^2x^2 = b^4$$
$$(x^2 + y^2)^2 = 2c^2(x^2 - y^2) + b^4 - c^4$$

c'est la lemniscate si $b = c = \frac{a}{\sqrt{2}}$.

L'équation de la surface engendrée autour de OX s'obtient en remplaçant y^2 par $y^2 + z^2$ (§ 103) :

$$(x^2 + y^2 + z^2)^2 = a^2(x^2 - y^2 - z^2).$$

Si z est constant cette équation représente la section parallèle XOY.

$$y^4 + y^2(2x^2 + 2z^2 + a^2) + x^4 + x^2(2z^2 - a^2) + z^2(a^2 + z^2) = 0$$
$$y^2 = -\left(x^2 + z^2 + \frac{a^2}{2}\right) + \frac{a}{2}\sqrt{a^2 + 8x^2}.$$

Si $z > \frac{a}{2\sqrt{2}}$, les valeurs de y^2 sont négatives quel que soit x, la section est imaginaire. Si $0 < z^2 < \frac{a^2}{8}$, on a une courbe symétrique par rapport aux axes, y^2 a une valeur positive, et y deux valeurs réelles, si x^2 est compris entre les valeurs positives :

$$\frac{a^2}{2} - z^2 \pm \frac{a}{2}\sqrt{a^2 - 8z^2}$$

pour lesquelles $y = 0$; on a deux branches fermées symétriques l'une de l'autre, par rapport à OY.

3° Les sections perpendiculaires à OX sont des cercles de rayon y :

$$y^2 = -\left(x^2 + \frac{a^2}{2}\right) + \frac{a}{2}\sqrt{a^2 + 8x^2}$$

le volume

$$V = 2\pi \int_0^a y^2 dx = \pi \int_0^a \left(-2x^2 - a^2 + \frac{a^2 + 16x^2}{2\sqrt{a^2 + 8x^2}}a + \frac{a^3}{2\sqrt{a^2 + 8x^2}}\right)dx$$

$$= \pi\left[-2\frac{x^3}{3} - a^2x + \frac{a}{2}x\sqrt{a^2 + 8x^2} + \frac{a^3}{4\sqrt{2}}L\left(2x\sqrt{2} + \sqrt{a^2 + 8x^2}\right)\right]_0^a$$

$$= \pi a^3\left[-\frac{1}{6} + \frac{1}{4\sqrt{2}}L\left(3 + 2\sqrt{2}\right)\right].$$

4° Si a varie on a :

$$2L(x^2 + y^2) - L(x^2 - y^2) = La^2$$

$$2\frac{xdx + ydy}{x^2 + y^2} = \frac{xdx - ydy}{x^2 - y^2}.$$

L'équation différentielle des trajectoires orthogonales, obtenue en remplaçant $\frac{dy}{dx}$ par $-\frac{dx}{dy}$ est :

$$2\frac{xdy - ydx}{x^2 + y^2} - \frac{xdy + ydx}{x^2 - y^2} = 0$$

$$(3y^2 - x^2)xdy + (3x^2 - y^2)ydx = 0$$

$$(x^2 + y^2)(xdy + ydx) = 4xy(xdx + ydy) \quad , \quad 2\frac{d(x^2 + y^2)}{x^2 + y^2} = \frac{dxy}{xy}.$$

L'équation étant homogène, on aurait pu poser $y = tx$.

$$(x^2 + y^2)^2 = cxy.$$

5° Le volume à calculer étant symétrique par rapport aux trois plans de coordonnées, on a :

$$V = 8\iint \sqrt{a^2 - x^2 - y^2}\,dxdy = 8\iint \sqrt{a^2 - \rho^2}\,\rho d\rho d\omega,$$

$$0 < \rho^2 < a^2\cos 2\omega \quad . \quad 0 < \omega < \frac{\pi}{4}$$

$$V = \frac{8}{3}\int_0^{\frac{\pi}{4}} a^3(1 - 2\sqrt{2}\sin^3\omega)d\omega = \frac{8}{3}a^3\left(\omega + 2\sqrt{2}\cos\omega - \frac{2\sqrt{2}}{3}\cos^3\omega\right)_0^{\frac{\pi}{4}}$$

$$= \frac{8}{3}\left(\frac{\pi}{4} + \frac{5 - 4\sqrt{2}}{3}\right)a^3.$$

6° L'aire de la sphère, intérieure au cylindre est (§ 268) :

$$S = 8 \iint \frac{a}{\sqrt{a^2 - \rho^2}}\, \rho\, d\rho\, d\omega = 8 \int_0^{\frac{\pi}{4}} a\, d\omega \left(-\sqrt{a^2 - \rho^2} \right)_0^{a\sqrt{\cos 2\omega}}$$

$$= 8a^2 \int_0^{\frac{\pi}{4}} (1 - \sqrt{2} \sin \omega)\, d\omega = 8 \left(\frac{\pi}{4} + 1 - \sqrt{2} \right) a^2.$$

647. Sur le cercle, $x = \cos t$, $y = \sin t$, de $t = 0$ à $\frac{\pi}{2}$,

$$\int y^2 dx + (x^2 - 2xy)\, dy = \int_0^{\frac{\pi}{2}} (\cos^3 t - 2\cos^2 t \sin t - \sin^3 t)\, dt$$

$$= \int_0^{\frac{\pi}{2}} (\cos t - \cos t \sin^2 t - \sin t - \sin t \cos^2 t)\, dt$$

$$= \left(\sin t + \cos t - \frac{\sin^3 t - \cos^3 t}{3} \right)_0^{\frac{\pi}{2}} = -\frac{2}{3}.$$

2° Sur la corde $y = 1 - x$, on a

$$\int_1^0 [(1 - x)^2 + 2x - 3x^2]\, dx = \int_1^0 (1 - 2x^2)\, dx = -\frac{1}{3}.$$

3° On doit avoir $\dfrac{\delta (\lambda y^2)}{\delta y} = \dfrac{\delta \lambda (x^2 - 2xy)}{\delta x}$; comme λ est fonction de x seulement,

$$2\lambda y = 2\lambda (x - y) + (x^2 - 2xy) \frac{d\lambda}{dx}$$

$$(2y - x)\left(2\lambda + x \frac{d\lambda}{dx} \right) = 0 \qquad \frac{d\lambda}{\lambda} + 2 \frac{dx}{x} = 0$$

$$L\lambda + Lx^2 = Lc \qquad \lambda = \frac{c}{x^2}$$

$$\frac{y^2 dx + (x^2 - 2xy)\, dy}{x^2} = \frac{y^2 dx - 2xy\, dy}{x^2} + dy = d\left(y - \frac{y^2}{x} \right).$$

648.

$$\left(\frac{1}{\lambda} \right)^3 + \left(\frac{1}{\lambda} \right)^2 x + \frac{1}{\lambda} y + z = 0.$$

Posons $\frac{1}{\lambda} = t - \frac{x}{3}$ (§ 96). L'équation

$$t^3 - \frac{x^2 - 3y}{3} t + z - \frac{xy}{3} + \frac{2x^3}{27} = 0$$

a une seule racine réelle si

$$4(3y - x^2)^3 + (27z - 9xy + 2x^3)^2 > 0$$
$$27z^2 + 2z(2x^3 - 9xy) + 4y^3 - x^2y^2 > 0.$$

Si le premier membre est nul, l'équation $t^3 + pt + q = 0$, où $4p^3 + 27q^2 = 0$, a la racine double

$$t = - \frac{3q}{2p} = \frac{9z - 3xy + \frac{2}{3}x^3}{2(x^2 - 3y)} \quad , \quad \lambda = -\frac{1}{t - \frac{x}{3}} = 2\frac{x^2 - 3y}{9z - xy}.$$

L'équation donnée a trois racines dont la somme est $-\frac{y}{z}$, outre les deux racines égales, il y a une racine simple

$$\lambda = -\frac{y}{z} - 4\frac{x^2 - 3y}{9z - xy} = \frac{xy^2 + 3yz - 4x^2z}{z(9z - xy)}$$

à chaque valeur de λ correspond un plan.

2° La surface enveloppe est celle obtenue en exprimant que λ a deux valeurs égales. L'arête de rebroussement (§ 220) est déterminée par les trois équations :

$$\lambda^3 z + \lambda^2 y + \lambda x + 1 = 0 \quad , \quad 3\lambda^2 z + 2\lambda y + x = 0 \quad , \quad 3\lambda z + y = 0$$
$$x = -\frac{3}{\lambda} \quad , \quad y = \frac{3}{\lambda^2} \quad , \quad z = -\frac{1}{\lambda^3}$$

c'est une cubique (§ 211) intersection des surfaces

$$\frac{3x}{y} = \frac{y}{z} = \frac{9}{x} \quad , \quad \text{par exemple } 3xz = y^2 \quad \text{et} \quad x^2 = 3y$$

qui passent par OZ.

Les génératrices sont les tangentes à la cubique, si $\frac{1}{\lambda} = \mu$, leurs équations sont :

$$\frac{x + 3\mu}{1} = \frac{y - 3\mu^2}{-2\mu} = \frac{z + \mu^3}{\mu^3}$$

c'est l'intersection du plan donné, et du plan représenté par l'équation dérivée.

L'équation de la surface S est :

$$9z = 3xy - \frac{2}{3}x^3 + \frac{2}{3}(x^2 - 3y)^{\frac{3}{2}}$$

$$9\frac{\delta z}{\delta x} = 3y - 2x^2 + 2x(x^2 - 3y)^{\frac{1}{2}} \quad , \quad 3\frac{\delta z}{\delta y} = x - (x^2 - 3y)^{\frac{1}{2}}$$

$$9\frac{\delta^2 z}{\delta x^2} = -4x + 2\frac{2x^2 - 3y}{\sqrt{x^2 - 3y}} \quad , \quad \frac{\delta^2 z}{\delta y^2} = \frac{1}{2\sqrt{x^2 - 3y}}$$

$$3\frac{\delta^2 z}{\delta xy} = 1 - \frac{x}{\sqrt{x^2 - 3y}}$$

$\left(\dfrac{\delta^2 z}{\delta xy}\right)^2 - \dfrac{\delta^2 z}{\delta x^2}\dfrac{\delta^2 z}{\delta y^2}$ est identiquement nul.

La projection, sur XOY, d'une génératrice, a pour équation

$$y + 2\mu x + 3\mu^2 = 0 \quad , \quad \text{d'où } y' + 2\mu = 0$$

et

$$y - xy' + \frac{3}{4}y'^2 = 0$$

équation de Clairaut (§ 292) dont l'intégrale est

$$y = cx - \frac{3}{4}c^2 \quad , \quad \text{ici } c = -2\mu.$$

649. Soit

$$e^{-u} = \rho \quad , \quad x = \rho\cos v \quad , \quad y = \rho\sin v$$

$$z = \int_1^\rho -\sqrt{1 - \rho^2}\,\frac{d\rho}{\rho} = \int_1^\rho \left(\frac{\rho}{\sqrt{1 - \rho^2}} - \frac{1}{\rho^2\sqrt{\frac{1}{\rho^2} - 1}}\right)d\rho$$

$$= -\sqrt{1 - \rho^2} + L\left(\frac{1}{\rho} + \sqrt{\frac{1}{\rho^2} - 1}\right)$$

cette équation représente la méridienne de la surface de révolution S, z et ρ étant les coordonnées d'un point.

$$\frac{dz}{d\rho} = -\frac{1}{\rho}\sqrt{1 - \rho^2} \quad , \quad \frac{d^2z}{d\rho^2} = \frac{1}{\rho^2\sqrt{1 - \rho^2}}.$$

Le rayon de courbure (§ 170) :

$$R = \frac{(1 + z'^2)^{\frac{3}{2}}}{z''} = \frac{1}{\rho}\sqrt{1 - \rho^2}.$$

La tangente à la méridienne a pour équation, dans le plan ZOY :

$$Z - z = - (Y - \rho)\frac{\sqrt{1 - \rho^2}}{\rho}$$

elle coupe OZ au point $Y = 0$, $Z = z + \sqrt{1 - \rho^2}$, la distance de ce point au point de contact (ρ, z) est $\rho^2 + (Z - z)^2 = 1$.

QUATRIÈME PARTIE

MÉCANIQUE

CHAPITRE PREMIER

CINÉMATIQUE

650. Soit la cycloïde § 127 et § 252 :

$$x = a(\theta - \sin \theta) \quad , \quad y = a(1 - \cos \theta) \quad , \quad \frac{ds}{d\theta} = 2a \sin \frac{\theta}{2}$$

si t est le temps, la vitesse

$$v = \frac{ds}{dt} = 2a \sin \frac{\theta}{2} \frac{d\theta}{dt}$$

θ est déterminé en fonction de t par $2a \sin \frac{\theta}{2} d\theta = v dt$, v étant constant, les dérivées de x et y par rapport à t, composantes de la vitesse, sont :

$$\frac{dx}{dt} = a(1 - \cos \theta) \frac{d\theta}{dt} = v \frac{1 - \cos \theta}{2 \sin \frac{\theta}{2}} = v \sin \frac{\theta}{2}$$

$$\frac{dy}{dt} = a \sin \theta \frac{d\theta}{dt} = v \frac{\sin \theta}{2 \sin \frac{\theta}{2}} = v \cos \frac{\theta}{2}$$

les projections de l'accélération sur les axes sont :

$$\frac{d^2 x}{dt^2} = \frac{v}{2} \cos \frac{\theta}{2} \cdot \frac{d\theta}{dt} = \frac{v^2}{4a} \cotg \frac{\theta}{2}$$

$$\frac{d^2 y}{dt^2} = -\frac{v}{2} \sin \frac{\theta}{2} \frac{d\theta}{dt} = -\frac{v^2}{4a}$$

cette accélération est normale à la courbe, et égale à

$$\frac{v^2}{4a}\sqrt{1 + \cot g^2 \frac{\theta}{2}} = \frac{v^2}{4a \sin \frac{\theta}{2}}$$

on peut vérifier qu'elle est égale à $\frac{v^2}{R}$ (probl. 369) où R est le rayon de courbure.

651. OX étant le diamètre du cercle, on peut le représenter par les équations :

$$x = a(1 + \cos 2\omega) \quad , \quad y = a \sin 2\omega \quad , \quad \rho = \sqrt{x^2 + y^2} = 2a \cos \omega.$$

La vitesse aréolaire (§ 307) $2a^2 \cos^3 \omega \frac{d\omega}{dt} = A'$ est constante. La vitesse et l'accélération sont déterminées par leurs composantes :

$$\frac{dx}{dt} = -2a \sin 2\omega \frac{d\omega}{dt} = -2\frac{A'}{a} \operatorname{tg} \omega$$

$$\frac{dy}{dt} = 2a \cos 2\omega \frac{d\omega}{dt} = \frac{A'}{a}(1 - \operatorname{tg}^2 \omega)$$

$$\frac{d^2x}{dt^2} = -2\frac{A'}{a \cos^2 \omega}\frac{d\omega}{dt} = -\frac{A'^2}{a^3 \cos^4 \omega} , \quad \frac{d^2y}{dt^2} = -2\frac{A' \operatorname{tg} \omega}{a \cos^2 \omega}\frac{d\omega}{dt} = -\frac{A'^2 \operatorname{tg}\omega}{a^3 \cos^4 \omega}.$$

652. La vitesse aréolaire (§ 307) est constante $r^2 \frac{d\omega}{dt} = r_0 v_0$ car, pour $t = 0$, la vitesse, perpendiculaire au rayon vecteur, est $r\frac{d\omega}{dt}$. L'accélération, dirigée vers O, est égale à $\frac{v_0^2 r_0^4}{r^4}$, car pour $r = r_0$ elle doit devenir $\frac{v_0^2}{r_0}$. On a donc (§ 307) :

$$\frac{d^2r}{dt^2} = r\left(\frac{d\omega}{dt}\right)^2 - \frac{v_0^2 r_0^4}{r^5} = \frac{v_0^2 r_0^2}{r^3} - \frac{v_0^2 r_0^4}{r^5}.$$

En multipliant par $2\frac{dr}{dt}$, on en déduit :

$$\left(\frac{dr}{dt}\right)^2 = -\frac{v_0^2 r_0^2}{r^2} + \frac{v_0^2 r_0^4}{2 r^4} + c$$

pour

$$t = 0, \quad , \quad \frac{dr}{dt} = 0 \quad , \quad c = \frac{v_0^2}{2} \quad , \quad \left(\frac{dr}{dt}\right)^2 = \frac{v_0^2}{2}\left(1 - \frac{r_0^2}{r^2}\right)^2$$

$$d\omega = \frac{r_0 v_0}{r^2} dt = r_0 \sqrt{2}\frac{dr}{r^2 - r_0^2}.$$

Le signe $\pm$ est inutile, car on peut changer ω en $-\omega$ en choisissant le sens des axes.

$$\omega = \frac{\sqrt{2}}{2} \int \left(\frac{1}{r - r_0} - \frac{1}{r + r_0} \right) dr = \frac{1}{\sqrt{2}} \, L \, \frac{r - r_0}{r + r_0} + c'$$

on peut supposer $c' = 0$.

$$r = r_0 \frac{1 + e^{\omega \sqrt{2}}}{1 - e^{\omega \sqrt{2}}}.$$

653.

$$\omega = ct \quad , \quad x = (a + b \cos ct)\cos ct \quad , \quad y = (a + b \cos ct)\sin ct$$

les composantes de la vitesse sont :

$$x' = - ac \sin ct - bc \sin 2ct \quad , \quad y' = ac \cos ct + bc \cos 2ct$$
$$v^2 = x'^2 + y'^2 = c^2(a^2 + b^2 + 2ab \cos ct)$$

les composantes de l'accélération sont :

$$x'' = - ac^2 \cos ct - 2bc^2 \cos 2ct \quad , \quad y'' = - ac^2 \sin ct - 2bc^2 \sin 2ct$$
$$\gamma^2 = c^4(a^2 + 4b^2 + 4ab \cos ct).$$

654. Prenons pour axes mobiles (§ 308) la droite AB et la perpendiculaire au milieu. Le mouvement du point (x, y) est défini par les équations :

$$X = a + x \cos \omega - y \sin \omega \quad , \quad Y = b + x \sin \omega + y \cos \omega$$

où a, b, ω sont des fonctions de t. Soit $AB = 2c$.

Le point $x = c$, $y = 0$ reste sur OX, $b = - c \sin \omega$.

Le point $x = - c$, $y = 0$ reste sur OY, $a = + c \cos \omega$.

$$X = (x + c) \cos \omega - y \sin \omega \quad , \quad Y = (x - c) \sin \omega + y \cos \omega$$

ω seul varie avec t, la vitesse du point (x, y) est nulle si

$$(x + c)\sin \omega + y \cos \omega = 0 \quad , \quad (x - c)\cos \omega - y \sin \omega = 0.$$

Le centre instantané, dans le plan mobile, décrit le cercle défini par

$$x = c \cos 2\omega \quad , \quad y = - c \sin 2\omega$$

on en déduit

$$X = c\,(1 + \cos 2\omega)\cos\omega + c\sin 2\omega\sin\omega = 2c\cos\omega$$
$$Y = c\,(\cos 2\omega - 1)\sin\omega - c\sin 2\omega\cos\omega = -2c\sin\omega.$$

Le cercle mobile de rayon c roule à l'intérieur d'un cercle fixe de rayon double.

Le centre instantané est sur les perpendiculaires à OX et OY menées par les points mobiles $(x = c,\ y = 0)$ $(x = -c,\ y = 0)$.

655. Prenons pour axe OX la tangente fixe, pour OY le diamètre passant par le point de contact O du cercle de rayon R. Soit :

$$X\sin\omega - Y\cos\omega = R\,(1 - \cos\omega)$$

la tangente mobile, qui coupe OX au point

$$X = R\,\frac{1 - \cos\omega}{\sin\omega} = R\,\mathrm{tg}\,\frac{\omega}{2}.$$

Prenons ce point pour origine des axes mobiles, $o'x$ étant la tangente, qui forme avec OX l'angle ω. On a alors (§ 308) :

$$X = R\,\mathrm{tg}\,\frac{\omega}{2} + x\cos\omega - y\sin\omega$$
$$Y = x\sin\omega + y\cos\omega.$$

Le point (x, y) aura une vitesse nulle si $\dfrac{dX}{d\omega} = \dfrac{dY}{d\omega} = 0$

$$x\sin\omega + y\cos\omega = \frac{R}{2\cos^2\frac{\omega}{2}}\quad,\quad x\cos\omega - y\sin\omega = 0.$$

Ce centre instantané décrit, par rapport aux axes mobiles, la parabole définie par les relations :

$$x = R\,\mathrm{tg}\,\frac{\omega}{2}\quad,\quad y = \frac{R}{2}\left(1 - \mathrm{tg}^2\,\frac{\omega}{2}\right) = \frac{R}{2} - \frac{x^2}{2R}$$

ou

$$x^2 + y^2 = (y - R)^2$$

parabole dont le foyer est l'origine des axes mobiles.

Pour ces valeurs de x et y,

$$X = R \, \mathrm{tg} \, \frac{\omega}{2} \quad , \quad Y = \frac{R}{2 \cos^2 \frac{\omega}{2}} = \frac{R}{2} + \frac{X^2}{2R}$$

le lieu du centre instantané dans le point fixe est également une parabole de foyer O, sur laquelle roule la première.

656. Prenons pour origine des axes fixes le point par lequel doivent passer les accélérations à un instant donné. Soit le mouvement défini par les équations :

$$X = a + x \cos \omega - y \sin \omega \quad , \quad Y = b + x \sin \omega + y \cos \omega$$

où a, b, ω sont fonctions du temps.

$$\begin{cases} X' = a' - (x \sin \omega + y \cos \omega)\,\omega' = a' - (Y - b)\,\omega' \\ Y' = b' + (x \cos \omega - y \sin \omega)\,\omega' = b' + (X - a)\,\omega' \end{cases}$$

$$X'' = a'' - (Y' - b')\,\omega' - (Y - b)\,\omega'' = a'' - (X - a)\,\omega'^2 - (Y - b)\,\omega''$$

$$Y'' = b'' + (X' - a')\,\omega' + (X - a)\,\omega'' = b'' - (Y - b)\,\omega'^2 + (X - a)\,\omega''.$$

L'accélération du point (x, y) ou (X, Y) passe par l'origine si

$$X''Y - XY'' = 0,\ a''Y - b''X + (aY - bX)\,\omega'^2 - (Y^2 + X^2 - bY - aX)\,\omega'' = 0$$

ce lieu est un cercle passant par le point donné O.

657. Le mouvement se fait comme si le centre restait à l'intérieur du parallélipipède ayant les faces

$$x = \pm 5 \quad , \quad y = \pm 10 \quad , \quad z = \pm 15,$$

en se réfléchissant sur ses faces.

Lorsque ce centre se réfléchit sur une face, $x = 5$ par exemple, la projection de la vitesse sur OX change de signe, avec la même valeur absolue, les projections de la vitesse sur les autres axes ne changent pas. La projection de la vitesse sur OX change de signe chaque fois que x atteint les valeurs ± 5. Donc :

$$x = t \text{ de } t = 0, \text{ à } t = 5 ; \quad x = 10 - t \quad , \quad 5 < t < 15 ;$$

x s'annule pour les valeurs $t = 10 n$, si

$$10 n - 5 < t < 10 n + 5 \quad , \quad x = (-1)^n (t - 10 n).$$

De $t = 0$ à $5\sqrt{2}$, $y = t\sqrt{2}$.

Si

$$5(2n' - 1)\sqrt{2} < t < 5(2n' + 1)\sqrt{2} \quad , \quad y = (-1)^{n'}(t - 10n'\sqrt{2})\sqrt{2}.$$

De $t = 0$ à $5\sqrt{3}$, $z = t\sqrt{3}$.

Si

$$5(2n'' - 1)\sqrt{3} < t < 5(2n'' + 1)\sqrt{3} \quad , \quad z = (-1)^{n''}(t - 10n''\sqrt{3})\sqrt{3}.$$

Pour $t = 10$,

$$n = 1 \quad , \quad n' = 1 \quad , \quad n'' = 1$$

$$x = 0 \quad , \quad y = 10(2 - \sqrt{2}) = 5{,}86 \quad , \quad z = 10(3 - \sqrt{3}) = 12{,}68.$$

Pour $t = 1000$,

$$\frac{1000}{5\sqrt{3}} = \frac{200}{3}\sqrt{3} = 115{,}4 \quad , \quad 114{,}4 < 2n'' < 116{,}4 \quad , \quad n'' = 58$$

$$z = 1000\sqrt{3} - 30 \times 58 = -7{,}95.$$

658. Supposons qu'un point de l'axe mobile ox reste dans le plan XOY, et un point (x, y, o) du plan xoy reste dans le plan XOZ. Le cosinus de l'angle ZOx étant nul, $\gamma = 0$; on peut poser $\alpha = \cos\lambda$, $\beta = \sin\lambda$ et $\gamma_1 = \cos\mu$, $\gamma_2 = \sin\mu$ puisque $\alpha^2 + \beta^2 = \gamma_1^2 + \gamma_2^2 = 1$ (§ 178). On en déduit (§ 179) :

$$\alpha_1 = \beta_2\gamma - \gamma_2\beta = -\sin\lambda\sin\mu \quad , \quad \alpha_2 = \beta\gamma_1 - \beta_1\gamma = \sin\lambda\cos\mu$$

$$\beta_1 = \alpha\gamma_2 - \gamma\alpha_2 = \cos\lambda\sin\mu \quad , \quad \beta_2 = \gamma\alpha_1 - \alpha\gamma_1 = -\cos\lambda\cos\mu.$$

Un point (x, y, o) restant dans le plan $Y = 0$, on a (§ 309) $o = \beta x + \beta_1 y$, le rapport $\dfrac{\beta_1}{\beta}$ est constant, soit

$$h = \sin\mu \cot\lambda.$$

Le mouvement d'un point (x, y, z) est déterminé par les relations :

$$X = x\cos\lambda - (y\sin\mu - z\cos\mu)\sin\lambda$$
$$Y = x\sin\lambda + (y\sin\mu - z\cos\mu)\cos\lambda$$
$$Z = y\cos\mu + z\sin\mu.$$

L'axe instantané, s'obtient en exprimant que les dérivées de X, Y, Z par rapport à λ sont nulles, μ étant une fonction de λ.

$$\operatorname{cotg}\lambda\cos\mu\,\frac{d\mu}{d\lambda}=\frac{\sin\mu}{\sin^2\lambda}\quad,\quad \frac{d\mu}{d\lambda}=\frac{\operatorname{tg}\mu}{\sin\lambda\cos\lambda}$$

$$-x\sin\lambda-(y\sin\mu-z\cos\mu)\cos\lambda-(y\cos\mu+z\sin\mu)\frac{\operatorname{tg}\mu}{\cos\lambda}=0$$

$$x\cos\lambda-(y\sin\mu-z\cos\mu)\sin\lambda+(y\cos\mu+z\sin\mu)\frac{\operatorname{tg}\mu}{\sin\lambda}=0$$

$$-y\sin\mu+z\cos\mu=0.$$

Ces trois équations se réduisent à deux :

$$z=y\operatorname{tg}\mu\quad,\quad x\sin\lambda\cos\lambda+y\frac{\operatorname{tg}\mu}{\cos\mu}=0$$

ou

$$-\frac{y}{\cos^2\mu}=\frac{x}{\sin\mu}\frac{\operatorname{tg}\lambda}{1+\operatorname{tg}^2\lambda}=\frac{hx}{h^2+\sin^2\mu}=\frac{hx}{h^2\cos^2\mu+(h^2+1)\sin^2\mu}.$$

En éliminant μ, on a l'équation du cône lieu de cet axe instatané, par rapport aux axes mobiles :

$$hxy+h^2y^2+(h^2+1)z^2=0$$

cône du second degré.

On en déduit :

$$X=x\cos\lambda\quad,\quad Y=x\sin\lambda\quad,\quad Z=\frac{y}{\cos\mu}=-\frac{x\sin\lambda\cos\lambda}{\operatorname{tg}\mu}$$

$$\operatorname{tg}\lambda=\frac{Y}{X}\;,\;\frac{Z^2}{X^2}=\frac{\sin^2\lambda}{\operatorname{tg}^2\mu}=\sin^2\lambda\left(\frac{\operatorname{cotg}^2\lambda}{h^2}-1\right)=\frac{Y^2}{X^2+Y^2}\cdot\frac{X^2-h^2Y^2}{h^2Y^2}$$

$$X^4=h^2(X^2Y^2+X^2Z^2+Y^2Z^2)$$

c'est l'équation du cône fixe, lieu des axes instantanés.

659. Le mouvement d'un point $(x,\ y,\ z)$ est donné par les équations (§ 309) :

$$X=\alpha x+\alpha_1 y+\alpha_2 z\;,\;Y=\beta x+\beta_1 y+\beta_2 z\;,\;Z=\gamma x+\gamma_1 y+\gamma_2 z$$

où les 9 cosinus sont fonctions de t. L'accélération dont les composantes sont X', Y', Z' doit être perpendiculaire à la vitesse, de composantes X', Y', Z'. On a donc à un instant donné :

$$X X'' + Y Y'' + Z Z'' = 0$$

$$(\alpha' x + \alpha'_1 y + \alpha'_2 z)(\alpha'' x + \alpha''_1 y + \alpha''_2 z) + (\beta' x + \beta'_1 y + \beta'_2 z)(\beta'' x + \beta''_1 y + \beta''_2 z)$$
$$+ (\gamma' x + \gamma'_1 y + \gamma'_2 z)(\gamma'' x + \gamma''_1 y + \gamma''_2 z) = 0$$

équation, par rapport aux axes mobiles, du cône lieu des points où l'accélération tangentielle est nulle. On peut avoir son équation par rapport aux axes fixes, en remarquant que $x^2 + y^2 + z^2$ étant constant,

$$\Sigma X X' = 0 \quad , \quad \Sigma(X X'' + X'^2) = 0 \quad , \quad \Sigma(X X''' + 3 X' X'') = 0.$$

Donc, pour ces points :

$$\Sigma X X'' = 0$$

où

$$X'' = \alpha'' x + \alpha''_1 y + \alpha''_2 z = X(\alpha \alpha'' + \alpha_1 \alpha''_1 + \alpha_2 \alpha''_2)$$
$$+ Y(\beta \alpha'' + \beta_1 \alpha''_1 + \beta_2 \alpha''_2) + Z(\gamma \alpha'' + \gamma_1 \alpha''_1 + \gamma_2 \alpha''_2)$$

on remplacera X'', Y'', Z'' par les valeurs analogues.

660. Un point d'une droite mobile est représenté par les équations :

$$X = a + \lambda \alpha \quad , \quad Y = b + \lambda \beta \quad , \quad Z = c + \lambda \gamma \quad , \quad \alpha^2 + \beta^2 + \gamma^2 = 1$$

où a, b, c, α, β, γ sont fonctions de t, λ est une constante qui dépend du point considéré sur la droite. La droite qui représente la vitesse de ce point est :

$$\frac{X - a - \lambda \alpha}{a' + \lambda \alpha'} = \frac{Y - b - \lambda \beta}{b' + \lambda \beta'} = \frac{Z - c - \lambda \gamma}{c' + \lambda \gamma'}$$

en éliminant λ on aura l'équation de la surface lieu de ces vitesses au temps t.

Prenons pour OZ la droite à l'instant considéré ; pour $t = \alpha$, on peut supposer a, b, c, α, β nuls, $\gamma = 1$. L'identité

$$\alpha \alpha' + \beta \beta' + \gamma \gamma' = 0$$

donne $\gamma' = 0$, pour $t = 0$. On a alors les droites :

$$\frac{X}{a' + \lambda \alpha'} = \frac{Y}{b' + \lambda \beta'} = \frac{Z - \lambda}{c'}, \quad \lambda = \frac{Xb' - Ya'}{Y\alpha' - X\beta'}, \quad \frac{Z - \lambda}{c'} = \frac{X\beta' - Y\alpha'}{a'\beta' - b'\alpha'}$$

$$Z(Y\alpha' - X\beta') + Ya' - Xb' = (Y\alpha' - X\beta)c' \frac{X\beta' - Y\alpha'}{a'\beta' - b'\alpha'}$$

équation qui représente un paraboloïde, le cône asymptotique étant formé de deux plans, dont l'un est $X\beta' = Y\alpha'$.

661. Le rayon vecteur OM est $\rho = at$, l'angle du plan MOZ avec XOZ sera $\varphi = bt + c$, on peut supposer $c = 0$, en choisissant l'axe OX. On a alors les coordonnées de M (§ 277) :

$$X = at \sin \theta \cos bt \quad , \quad Y = at \sin \theta \sin bt \quad , \quad Z = at \cos \theta$$

où θ est constant.

$$X' = a \sin \theta (\cos bt - bt \sin bt), \quad Y' = a \sin \theta (\sin bt + bt \cos bt), \quad z' = a \cos \theta$$
$$X'' = ab \sin \theta (-2 \sin bt - bt \cos bt), \quad Y'' = ab \sin \theta (2 \cos bt - bt \sin bt), \quad z'' = 0$$

vitesse

$$V = \sqrt{X'^2 + Y'^2 + Z'^2} = a \sqrt{1 + b^2 t^2 \sin^2 \theta}$$

accélération

$$\gamma = \sqrt{X''^2 + Y''^2 + Z''^2} = ab \sin \theta \sqrt{4 + b^2 t^2}.$$

662. L'angle MOZ est $\frac{\pi}{2} - \omega t$, le plan MOZ forme avec XOZ un angle ωt. Les coordonnées de M sont (§ 277) :

$$X = R \cos^2 \omega t \quad , \quad Y = R \cos \omega t \sin \omega t \quad , \quad Z = R \sin \omega t$$
$$X' = -R\omega \sin 2\omega t \quad , \quad Y' = R\omega \cos 2\omega t \quad , \quad Z' = R\omega \cos \omega t$$
$$X'' = -2R\omega^2 \cos 2\omega t \quad , \quad Y'' = -2R\omega^2 \sin 2\omega t, \quad Z'' = -R\omega^2 \sin \omega t$$
$$v^2 = R^2\omega^2 (1 + \cos^2 \omega t), \quad \gamma^2 = R^2\omega^4 (4 + \sin^2 \omega t)$$
$$v \frac{dv}{dt} = -R^2 \frac{\omega^3}{2} \sin 2\omega t$$

l'accélération tangentielle (§ 306) est :

$$\frac{dv}{dt} = -\frac{R\omega^2 \sin 2\omega t}{2\sqrt{1 + \cos^2 \omega t}}$$

l'accélération normale

$$\sqrt{\gamma^2 - \left(\frac{dv}{dt}\right)^2} = R\omega^2 \sqrt{\frac{5 + 3\cos^2 \omega t}{1 + \cos^2 \omega t}}.$$

2° Les projections de la trajectoire de M, obtenues en éliminant t, sont les 3 courbes :

$$X^2 + Y^2 = RX \quad , \quad RX + Z^2 = R^2 \quad , \quad R^2 Y^2 + Z^4 = R^2 Z^2$$

la première est un cercle, la seconde une parabole.

3° La droite qui représente l'accélération de M est représentée par les équations :

$$\frac{X - R\cos^2 \omega t}{2\cos 2\omega t} = \frac{Y - R\cos \omega t \sin \omega t}{2\sin 2\omega t} = \frac{Z - R\sin \omega t}{\sin \omega t}$$

elle coupe le plan $Z = o$ au point :

$$X = \frac{R}{2}(1 - 3\cos 2\omega t)$$

$$Y = -\frac{R}{2} 3\sin 2\omega t.$$

Ce point P décrit le cercle de centre $\left(\frac{R}{2}, o\right)$, de rayon $\frac{3}{2}R$, avec la vitesse angulaire 2ω.

La droite MP, qui représente l'accélération, coupe le plan $Y = o$ au point

$$X = \frac{R}{2} \quad , \quad Z = \frac{3}{4} R\sin \omega t$$

qui décrit une droite parallèle à OZ.

663. Si le plan du cercle restait fixe, coïncidant avec XOZ, le centre du cercle aurait pour coordonnées $X = a$, $Z = a\omega t$, où a est le rayon, ω la vitesse angulaire constante, car on peut supposer $Z = o$ pour $t = o$. L'axe mobile $o'x$ relié au cercle formerait avec OX et OZ des angles ωt et $\omega t - \frac{\pi}{2}$.

Si le plan XOZ a tourné d'un angle λt autour de OZ, un point de coordonnées x, y, z par rapport à trois axes passant par le centre du cercle, et parallèles aux axes fixes pour $t = 0$, aura après le temps t pour coordonnées :

$$X = (a + x \cos \omega t - z \sin \omega t) \cos \lambda t - y \sin \lambda t$$
$$Y = (a + x \cos \omega t - z \sin \omega t) \sin \lambda t + y \cos \lambda t$$
$$Z = a\omega t + x \sin \omega t + z \cos \omega t$$

les composantes de sa vitesse sont :

$$X' = -\lambda (a + x \cos \omega t - z \sin \omega t) \sin \lambda t - (\omega x \sin \omega t + \omega z \cos \omega t + \lambda y) \cos \lambda t$$
$$Y' = \lambda (a + x \cos \omega t - z \sin \omega t) \cos \lambda t - (\omega x \sin \omega t + \omega z \cos \omega t + \lambda y) \sin \lambda t$$
$$Z' = \omega (a + x \cos \omega t - z \sin \omega t)$$
$$V^2 = (a + x \cos \omega t - z \sin \omega t)^2 (\lambda^2 + \omega^2) + (\omega x \sin \omega t + \omega z \cos \omega t + \lambda y)^2.$$

Pour un point du cercle $y = 0$.

L'axe instantané est le lieu des points de vitesse minima. Ici la la vitesse est nulle si :

$$a + x \cos \omega t - z \sin \omega t = 0 \quad , \quad x \sin \omega t + z \cos \omega t + \frac{\lambda y}{\omega} = 0.$$

Si t est fixe, ces points sont situés sur une droite ; lorsque t varie cette droite engendre la surface :

$$a^2 + \left(\frac{\lambda y}{\omega}\right)^2 = x^2 + z^2$$

hyperboloïde de révolution.

Par rapport aux axes fixes, on a :

$$X = - y \sin \lambda t \quad , \quad Y = y \cos \lambda t \quad , \quad Z = a\omega t - \frac{\lambda y}{\omega}$$

t étant donné, l'axe instantané, lieu de ces points, a pour équations :

$$\frac{X}{\sin \lambda t} = \frac{Y}{- \cos \lambda t} = \frac{\omega (Z - a\omega t)}{\lambda}.$$

Le lieu de ces droites est la surface

$$Z = \frac{\lambda}{\omega} \sqrt{X^2 + Y^2} - \frac{a\omega}{\lambda} \operatorname{arc\,tg} \frac{X}{Y}$$

cette surface est engendrée par une droite qui coupe OZ sous un angle constant, et a un mouvement hélicoïdal.

Si $y = 0$, les composantes de l'accélération d'un point du plan du cercle sont :

$$X' = 2\lambda\omega (x \sin \omega t + z \cos \omega t) \sin \lambda t - a\lambda^2 \cos \lambda t$$
$$- (\lambda^2 + \omega^2)(x \cos \omega t - z \sin \omega t) \cos \lambda t$$

$$Y' = - 2\lambda\omega (x \sin \omega t + z \cos \omega t) \cos \lambda t - a\lambda^2 \sin \lambda t$$
$$- (\lambda^2 + \omega^2)(x \cos \omega t - z \sin \omega t) \sin \lambda t$$

$$Z' = - \omega^2 (x \sin \omega t + z \cos \omega t)$$

$$\gamma^2 = X'^2 + Y'^2 + Z'^2 = \omega^2 (\omega^2 + 4\lambda^2)(x \sin \omega t + z \cos \omega t)^2$$
$$[a\lambda^2 + (\omega^2 + \lambda^2)(x \cos \omega t - z \sin \omega t)]^2.$$

CHAPITRE II

DYNAMIQUE D'UN POINT LIBRE

664. Si M est sur OX, on a les équations du mouvement :

$$\frac{d^2x}{dt^2} = \frac{a^2}{x^2} \, , \quad \frac{d^2y}{dt^2} = \frac{d^2z}{dt^2} = 0$$

la vitesse initiale étant nulle, y et z restent nuls

$$2\frac{d^2x}{dt^2}\frac{dx}{dt} = 2 \frac{a^2}{x^2}\frac{dx}{dt} \, , \quad \left(\frac{dx}{dt}\right)^2 = - \frac{a^2}{x^2} + \frac{a^2}{c^2},$$

pour $t = 0$, $v = 0$, $x = c$

$$dt = \frac{x\,dx}{a\sqrt{\dfrac{x^2}{c^2} - 1}} \, , \quad t = \frac{c^2}{a}\left(\frac{x^2}{c^2} - 1\right)^{\frac{1}{2}},$$

car $x = c$ pour $t = 0$

$$x = \sqrt{c^2 + \left(\frac{at}{c}\right)^2}.$$

665. Le mouvement se fait dans un plan ; en prenant un axe passant par la position initiale, et en appliquant le théorème des aires, et celui des forces vives (§ 323), on a :

$$r^2 \frac{d\omega}{dt} = c^2,$$

car pour $t = 0$, $r = a$, la vitesse $r\dfrac{d\omega}{dt}$, perpendiculaire à l'axe, étant $\dfrac{c^2}{a}$.

Et

$$v^2 = \left(\frac{dr}{dt}\right)^2 + \left(r\frac{d\omega}{dt}\right)^2 = \frac{c^4}{a^2} - 2\int_a^r c^4\left(2\frac{a^2+b^2}{r^3} - 3\frac{a^2b^2}{r^7}\right) dr =$$

$$\frac{c^4}{a^2} + c^4\left(\frac{a^2+b^2}{r^4} - \frac{a^2b^2}{r^6}\right)_a^r = c^4\left(\frac{a^2+b^2}{r^4} - \frac{a^2b^2}{r^6}\right)$$

$$\left(\frac{dr}{dt}\right)^2 = \frac{c^4}{r^2}\left(-1 + \frac{a^2+b^2}{r^2} - \frac{a^2b^2}{r^4}\right) = \frac{c^4}{r^2}\left(1 - \frac{a^2}{r^2}\right)\left(\frac{b^2}{r^2} - 1\right)$$

$$\frac{dr}{d\omega} = \frac{dr}{dt}\frac{dt}{d\omega} = \pm\frac{1}{r}\sqrt{(r^2-a^2)(b^2-r^2)}.$$

Si on pose

$$\frac{r^2-a^2}{b^2-r^2} = \operatorname{tg}^2\theta \quad , \quad r^2 = a^2\cos^2\theta + b^2\sin^2\theta$$

$$r^2 - a^2 = (b^2-a^2)\sin^2\theta,\, b^2-r^2 = (b^2-a^2)\cos^2\theta,\, r\,dr = (b^2-a^2)\sin\theta\cos\theta\,d\theta$$

$$d\omega = \pm\, d\theta \quad , \quad \theta = c' \pm \omega$$

Pour $t = 0$, $\omega = 0$, $r = a$, donc $\theta_0 = 0$ et $c' = 0$.
La trajectoire de M est

$$r^2 = a^2\cos^2\omega + b^2\sin^2\omega \quad , \quad (x^2+y^2)^2 = a^2x^2 + b^2y^2$$

$$c^2 dt = r^2 d\omega = \left(\frac{a^2+b^2}{2} + \frac{a^2-b^2}{2}\cos 2\omega\right) d\omega$$

$$4c^2 t = 2(a^2+b^2)\omega + (a^2-b^2)\sin 2\omega$$

équation qui détermine ω en fonction de t.

666. Soit ma^2r la force d'attraction, dont les projections sur les axes sont $- ma^2x$, $- ma^2y$, o. La pesanteur, parallèle à OZ, est $- mg$. Les équations du mouvement sont :

$$\frac{d^2x}{dt^2} = - a^2x \;, \quad \frac{d^2y}{dt^2} = - a^2y \;, \quad \frac{d^2z}{dt^2} = - g$$

équations linéaires dont les intégrales sont :

$$x = c_1 \cos at + c_2 \sin at \;, \quad y = c_3 \cos at + c_4 \sin at \;, \quad z = c' + c''t - \frac{1}{2} gt^2$$

667. Le mouvement est déterminé, en coordonnées polaires, par les deux équations (§ 159 et 323)

$$r = e^{a\omega} \;, \quad r^2 \frac{d\omega}{dt} = c \;, \quad cdt = e^{2a\omega}\, d\omega$$

$$2\,act = e^{2a\omega} + c' \;, \quad \frac{dr}{dt} = \frac{dr}{d\omega} \cdot \frac{d\omega}{dt} = \frac{ac}{r}$$

$$v^2 = \left(\frac{dr}{dt}\right)^2 + \left(r\,\frac{d\omega}{dt}\right)^2 = c^2\, \frac{1 + a^2}{r^2}.$$

Le théorème des forces vives donne la force d'attraction

$$F = - mv\,\frac{dv}{dr} = mc^2\, \frac{1 + a^2}{r^3}$$

inversement proportionnelle au cube de la distance.

668. Si r est la distance OM, $- mg$ la force constante parallèle à OZ, la fonction des forces (§ 323 et 325) est :

$$U = m \left(\frac{\mu}{r} - gz\right).$$

Si U est constant cette équation représente une surface de niveau (§ 321)

$$\left(\frac{U}{m} + gz\right)^2 (x^2 + y^2 + z^2) = \mu^2.$$

Les composantes de la force sont les dérivées partielles de U, or :

$$dU = - m \left(gdz + \mu\,\frac{xdx + ydy + zdz}{r^3}\right)$$

les équations différentielles des lignes de forces sont :

$$\frac{dx}{\mu x} = \frac{dy}{\mu y} = \frac{dz}{\mu z + gr^3} = \frac{rdr}{\mu r^2 + gzr^3}$$

$$y = cx \quad , \quad \mu \frac{rdz - zdr}{r^2} = g(rdr - zdz) \quad , \quad \frac{2\mu z}{r} = g(r^2 - z^2) + c'$$

Ces courbes sont dans des plans passant par OZ ; et, dans ces plans, représentées par l'équation

$$2\mu z = r(gr^2 - gz^2 + c'),$$

ou

$$4\mu^2 z^4 = (x^2 + z^2)(c' + gx^2)^2 \quad , \quad y = 0.$$

669. La fonction des forces est (§ 325) : $m\mu \int \frac{dv}{r}$, étendue à l'espace v compris entre les deux sphères. Ou la différence des intégrales étendues à la sphère extérieure et à la sphère intérieure, qui sont égales aux produits de $\frac{m\mu}{r}$ par chaque volume. L'attraction est la même que si le point matériel était attiré par une force appliquée au centre de la sphère extérieure, et repoussé par le centre de la sphère intérieure, chaque force étant proportionnelle au volume de la sphère correspondante.

670. Si OZ est vertical, les composantes de la force sont

$$-g\frac{x}{r} \quad . \quad -g\frac{y}{r} \quad , \quad -g\frac{z}{r} - g'$$

la fonction des forces est (§ 321) :

$$U = -g\int\left(\frac{xdx + ydy + zdz}{r} + dz\right) = -g\int(dr + dz) = -g(r + z).$$

2° Les surfaces de niveau sont :

$$U = c'$$

ou

$$(z - c)^2 = x^2 + y^2 + z^2$$

paraboloïde de révolution de sommet $\left(0, 0, \frac{c}{2}\right)$.

3° Au point A,

$$r = z = 100^c \quad , \quad U_0 = -200g$$

Au point B,

$$r = 50 \quad , \quad z = 0 \quad , \quad U = -50g$$

Le travail, en passant de A à B est

$$U - U_0 = 150\,g = 147000$$

4°

$$v^2 = v_0 + 2\,(U - U_0) = 4^2 - 2g\,(r + z) + 400g = 16 + 1960\,(200 - r - z).$$

671.

$$\frac{d^2x}{dt^2} = -\frac{a^2}{4}\,x - k\,\frac{dx}{dt}$$

équation linéaire (§ 295) dont les intégrales sont de la forme

$$x = e^{\alpha t} \quad , \quad \alpha^2 + k\alpha + \frac{a^2}{4} = 0.$$

Si

$$k^2 > a^2 \quad , \quad \alpha = \frac{-k \pm \sqrt{k^2 - a^2}}{2}$$

est réel,

$$x = e^{-\frac{k}{2}t} \left(c_1 e^{\frac{t}{2}\sqrt{k^2 - a^2}} + c_2 e^{-\frac{t}{2}\sqrt{k^2 - a^2}} \right).$$

Si

$$k^2 = a^2 \quad , \quad x = e^{-\frac{k}{2}t} \left(c_1 + c_2 t \right).$$

Si $k^2 < a^2$, α est imaginaire,

$$x = e^{-\frac{k}{2}t} \left(c_1 \cos \frac{t}{2}\sqrt{a^2 - k^2} + c_2 \sin \frac{t}{2}\sqrt{a^2 - k^2} \right)$$

$$\frac{dx}{dt} = \frac{e^{-\frac{kt}{2}}}{2} \left[\left(c_2 \sqrt{a^2 - k^2} - kc_1 \right) \cos \frac{t}{2}\sqrt{a^2 - k^2} \right.$$

$$\left. - \left(c_1 \sqrt{a^2 - k^2} + kc_2 \right) \sin \frac{t}{2}\sqrt{a^2 - k^2} \right]$$

pour $t = 0$, on suppose

$$v = \frac{1}{2}\left(c_2\sqrt{a^2 - k^2} - kc_1\right) = 0 \quad , \quad x_0 = c_1$$

$$x = e^{-\frac{kt}{2}}\, c_1\left(\cos\left(\frac{t}{2}\sqrt{a^2 - k^2}\right) + \frac{k}{\sqrt{a^2 - k^2}}\sin\left(\frac{t}{2}\sqrt{a^2 - k^2}\right)\right)$$

$x = 0$ pour

$$\operatorname{tg}\left(\frac{T}{2}\sqrt{a^2 - k^2}\right) = -\frac{\sqrt{a^2 - k^2}}{k} \quad , \quad \frac{T}{2}\sqrt{a^2 - k^2} = \frac{\pi}{2} + \theta$$

θ est le plus petit arc tel que

$$\cot\theta = \frac{\sqrt{a^2 - k^2}}{k} \quad , \quad \sin\theta = \frac{k}{a}$$

$$T = \frac{\pi}{\sqrt{a^2 - k^2}} + \frac{2}{\sqrt{a^2 - k^2}}\arcsin\frac{k}{a}.$$

Posons

$$\frac{k}{a} = x \quad , \quad y = \frac{\arcsin x}{\sqrt{1 - x^2}} \quad , \quad y'\sqrt{1 - x^2} - \frac{xy}{\sqrt{1 - x^2}} = \frac{1}{\sqrt{1 - x^2}}$$

$$y'(1 - x^2) = 1 + xy$$

en prenant n fois les dérivées (§ 65)

$$y^{(n+1)}(1 - x^2) - n\,2xy^{(n)} - n(n - 1)y^{(n-1)} = xy^{(n)} + ny^{(n-1)}$$

pour $x = 0$,

$$y_0^{(n+1)} = n^2 y_0^{(n-1)} \quad , \quad \text{et } y_0 = 0 \quad , \quad y'_0 = 1$$

$$y_0^{(2n)} = 0 \qquad y_0^{(2n+1)} = (2n)^2(2n - 2)^2 \ldots 2^2$$

on en déduit le développement en série :

$$y = x + \frac{2}{3}x^3 + \frac{2.4}{3.5}x^5 + \ldots$$

$$T = \frac{\pi}{a}\left(1 + \frac{1}{2}\left(\frac{k}{a}\right)^2 + \frac{1.3}{2.4}\left(\frac{k}{a}\right)^4 + \frac{1.3.5}{2.4.6}\left(\frac{k}{a}\right)^6 + \ldots\right)$$

$$+ \frac{2}{a}\left(\frac{k}{a} + \frac{2}{3}\left(\frac{k}{a}\right)^3 + \frac{2.4}{3.5}\left(\frac{k}{a}\right)^5 + \frac{2.4.6}{3.5.7}\left(\frac{k}{a}\right)^7 + \ldots\right).$$

672. Les projections de la force sont égales aux projections de PM multipliées par k^2, ou :

$$k^2x\left(\frac{a^2}{x^2+y^2}-1\right) \quad , \quad k^2y\left(\frac{a^2}{x^2+y^2}-1\right) \quad , \quad -k^2z.$$

2° Il y a une fonction des forces :

$$U = k^2 \int \left(\frac{a^2}{x^2+y^2}-1\right)(x\,dx+y\,dy)-z\,dz$$

$$= \frac{k^2}{2}\left[a^2 L\,(x^2+y^2)-x^2-y^2-z^2\right].$$

Si U est constant, cette équation représente les surfaces de niveau, qui sont de révolution autour de OZ.

Les lignes de forces, dirigées en chaque point suivant la direction de la force, sont représentées par les équations différentielles :

$$\frac{dx}{x\left(\frac{a^2}{x^2+y^2}-1\right)}=\frac{dy}{y\left(\frac{a^2}{x^2+y^2}-1\right)}=\frac{dz}{-z}=\frac{x\,dx+y\,dy}{a^2-x^2-y^2}$$

$$y = c_1 x \quad , \quad a^2-x^2-y^2 = c_2 z^2$$

suivant le signe de c, ce sont des ellipses ou hyperboles, situées dans des plans passant par OZ, dont l'axe perpendiculaire à OZ est égal à $2\,a$.

$$3° \ \frac{d^2z}{dt^2} = -k^2z \quad , \quad z = c_1 \cos kt + c_2 \sin kt \ (\S\ 295.)$$

Pour $t = 0$, $z = c_1$, $\frac{dz}{dt} = kc_2$, c_1 et c_2 dépendent de la position et de la vitesse initiale. Le mouvement de cette projection est périodique, on pourrait écrire $z = c \sin(kt+\alpha)$.

4° Le mouvement de la projection sur XOY est déterminé par les équations :

$$\frac{d^2x}{dt^2} = k^2x\left(\frac{a^2}{x^2+y^2}-1\right) \quad , \quad \frac{d^2y}{dt^2} = k^2y\left(\frac{a^2}{x^2+y^2}-1\right).$$

Le mouvement est le même que si un point du plan XOY était attiré vers O, par la force $k^2\left(r-\frac{a^2}{r}\right)$ dont les composantes s'obtiennent en la multipliant par $-\dfrac{x}{r}$, $-\dfrac{y}{r}$. Si ce point décrit un cercle de centre O, la vitesse initiale doit être perpendiculaire au rayon vecteur ; l'accélération normale est $\dfrac{v^2}{r}$ (§ 306) donc

$$v_0{}^2 = k^2\,(r_0{}^2 - a^2) \quad , \quad r_0 > a.$$

Si ces conditions sont remplies le mouvement de la projection sera uniforme, et peut se ramener à

$$x = r_0 \cos \beta t \quad , \quad y = r_0 \sin \beta t \quad , \quad v = r_0\beta \quad , \quad \beta = k \sqrt{1 - \frac{a^2}{r_0{}^2}}$$
$$z = c \sin (kt + \alpha).$$

673. Soit $\dfrac{\mu}{r^4}$ la force d'attraction pour l'unité de volume de la sphère. Pour un centre d'attraction placé à l'origine, la fonction des forces serait

$$- \mu \int \frac{x dx + y dy + z dz}{r^5} = - \mu \int \frac{dr}{r^4} = \frac{\mu}{3 r^3}.$$

Prenons pour origine le point attiré, le centre de la sphère étant sur OX, soit $(x - a)^2 + y^2 + z^2 = b^2$ son équation. La fonction des forces est $\dfrac{\mu}{3} \int \dfrac{dv}{r^3}$ étendue au volume v de la sphère. Si on décompose ce volume par des sphères infiniment voisines de centre O, une sphère de rayon r sera coupée par la sphère fixe suivant un cercle qui a pour équations

$$x^2 + y^2 + z^2 = r^2 \qquad 2ax = a^2 - b^2 + r^2$$

la zône, de la sphère de centre O, limitée par ce cercle, a pour hauteur $r - \dfrac{a^2 - b^2 + r^2}{2 a}$, et pour surface $\pi r \dfrac{b^2 - (a - r)^2}{a}$. Le volume compris entre deux zônes infiniment voisines est

$$\pi r \frac{b^2 - (a - r)^2}{a}\, dr.$$

La fonction des forces est :

$$\frac{\pi\mu}{3a} \int_{b - a}^{b + a} \frac{b^2 - a^2 - r^2 + 2ar}{r^2}\, dr$$

car la distance OM peut varier entre la somme et la différence des distances a et b.

$$U = \frac{\pi\mu}{3a}\left[\frac{a^2 - b^2 - r^2}{r} + 2aLr\right]_{b-a}^{b+a} = \frac{2\pi\mu}{3}\,L\frac{b+a}{b-a}.$$

Si la sphère donnée a pour centre O, et pour rayon b, le point attiré étant $(x,\ y,\ z)$, $x^2 + y^2 + z^2 = r^2$, la fonction des forces

$$U = \frac{2\pi\mu}{3}\,L\frac{b+r}{b-r}$$

$$dU = \frac{4\pi\mu}{3}\cdot\frac{b}{b^2 - r^2}\,dr = \frac{4\pi\mu b}{3r\,(b^2 - r^2)}\,(xdx + ydy + zdz).$$

La résultante des forces est dirigée vers le centre O, et égale à

$$\frac{4\pi\mu b}{3\,(r^2 - b^2)}.$$

674. L'axe OX étant vertical, l'origine en A, le point M reste sur OX, il est soumis à la force $-mg - ma^2x$.

$$\frac{d^2x}{dt^2} = -a^2x - g.$$

Equation linéaire dont l'intégrale est :

$$x = c_1\cos at + c_2\sin at - \frac{g}{a^2}\quad;\quad \frac{dx}{dt} = ac_2\cos at - ac_1\sin at$$

pour $t = 0$ on suppose $x = c_1 - \frac{g}{a^2} = 0$, $\frac{dx}{dt} = ac_2 = 0$.

Donc

$$x = \frac{g}{a^2}\,(\cos at - 1) = -2\frac{g}{a^2}\sin^2\frac{at}{2}$$

M revient en O après le temps $T = \frac{2\pi}{a}$.

L'attraction est égale au poids si $x = -\frac{g}{a^2}$, $\cos at = 0$ la vitesse $v = \frac{dx}{dt} = -\frac{g}{a}\sin at = \pm\frac{g}{a}$.

Si

$$\frac{g}{a^2} = 10^{cm}\quad,\quad a^2 = 98\quad,\quad T = \frac{2\pi}{\sqrt{98}} = 0^s,63$$
$$v = 10\sqrt{98} = 99^{cm}.$$

675. Le théorème des aires et celui des forces vives donnent (§ 323) :

$$r^2\frac{d\omega}{dt} = c \quad , \quad \left(\frac{dr}{dt}\right)^2 + \left(r\frac{d\omega}{dt}\right)^2 = v_0^2 - \frac{4}{5}a^6\int_a^r \frac{dr}{r^5} = a^2 + \frac{1}{5}\left(\frac{a^6}{r^4} - a^2\right).$$

Pour $t = 0$, la projection de la vitesse sur la perpendiculaire au rayon vecteur

$$r\frac{d\omega}{dt} = a\frac{2}{\sqrt5} \quad , \quad c = \frac{2a^3}{\sqrt5}$$

$$\frac{d\omega}{dt} = \frac{2a^2}{r^2\sqrt5} \quad , \quad \left(\frac{dr}{d\omega}\right)^2 = \left(\frac{dr}{dt}\cdot\frac{dt}{d\omega}\right)^2 = \frac{4r^4 + a^4 - 4a^2r^2}{4a^2}$$

$$d\omega = \frac{2a\,dr}{2r^2 - a^2} = \left(\frac{1}{r\sqrt2 - a} - \frac{1}{r\sqrt2 + a}\right)dr \quad , \quad \frac{dr}{d\omega} > 0 \text{ pour } r = a$$

$$L\frac{r\sqrt2 - a}{r\sqrt2 + a} = \omega\sqrt2 + c \quad , \quad r = \frac{a}{\sqrt2}\frac{e^{\omega\sqrt2 + c} + 1}{1 - e^{\omega\sqrt2 + c}}.$$

Le mouvement sur cette courbe est déterminé par l'équation :

$$\frac{dr}{dt} = \frac{dr}{d\omega}\cdot\frac{d\omega}{dt} = a\frac{2r^2 - a^2}{r^2\sqrt5} \quad , \quad \frac{a}{\sqrt5}t = \int_a^r \frac{r^2 dr}{2r^2 - a^2} = \frac12\int_a^r\left(1 + \frac{a^2}{2r^2 - a^2}\right)dr$$

$$= \frac{r - a}{2} + \frac{a}{4\sqrt2}L\frac{r\sqrt2 - a}{r\sqrt2 + a} + \frac{a}{2\sqrt2}L(1 + \sqrt2).$$

On peut supposer $c = 0$ en faisant tourner l'axe, et :

$$r = \frac{a}{\sqrt2}\left(\frac{2}{1 - e^{\omega\sqrt2}} - 1\right) \quad , \quad \text{pour } t = 0 \quad , \quad \omega_0 = -\sqrt2\,L(1 + \sqrt2)$$

si ω augmente jusqu'à 0, r varie de a à $+\infty$, M tourne autour de O, l'aire variant proportionnellement au temps.

676.

$$dV = F'(\rho)d\rho = F'(\rho)\frac{x\,dx + y\,dy + z\,dz}{\rho} \quad , \quad \rho\,d\rho = x\,dx + y\,dy + z\,dz$$

$$\frac{\partial V}{\partial x} = \frac{x}{\rho}F'(\rho).$$

$$\frac{\partial^2 V}{\partial x^2} = \frac{F'(\rho)}{\rho} + x\left(\frac1\rho F''(\rho) - \frac{1}{\rho^2}F'(\rho)\right)\frac{\partial\rho}{\partial x} = \frac{x^2}{\rho^2}F''(\rho) + \frac{y^2 + z^2}{\rho^3}F'(\rho)$$

$$\frac{\partial^2 V}{\partial y^2} = \frac{y^2}{\rho^2}F''(\rho) + \frac{x^2 + z^2}{\rho^3}F'(\rho) \quad , \quad \frac{\partial^2 V}{\partial z^2} = \frac{z^2}{\rho^2}F''(\rho) + \frac{x^2 + y^2}{\rho^3}F'(\rho)$$

$$\frac{\partial^2 V}{\partial x^2} + \frac{\partial^2 V}{\partial y^2} + \frac{\partial^2 V}{\partial z^2} = F''(\rho) + \frac2\rho F'(\rho).$$

L'équation $F'' + \dfrac{2}{\rho} F' = 0$ donne :

$$\frac{F''}{F'} = -\frac{2}{\rho} \quad , \quad LF' = -2\,L\rho + Lc$$

$$F'(\rho) = \frac{c}{\rho^2} \quad , \quad F(\rho) = -\frac{c}{\rho} + c'$$

$c' = F(\infty)$; sur la sphère $F(r) = c' - \dfrac{c}{r}$, à l'intérieur F conserve la même valeur constante, la couche homogène produisant des forces d'attraction qui se détruisent (§ 325), $c' - \dfrac{c}{r}$ est la valeur de F au centre.

Soit $\dfrac{\mu}{\rho^2}$ l'attraction de l'unité de surface. Pour l'attraction d'un centre unique, la fonction des forces serait $- \mu . \displaystyle\int \frac{d\rho}{\rho^2} = \frac{\mu}{\rho}$. Pour la couche sphérique, on a $\mu . \displaystyle\iint \frac{d\sigma}{\rho}$, étendue à l'aire de la sphère.

A l'infini cette intégrale est nulle, $c' = 0$, car $\dfrac{1}{\rho} = 0$. Pour un point intérieur à la sphère elle est égale à $\mu\, 4\pi r$ (§ 325), où r est le rayon de la couche sphérique, au centre elle tend vers cette valeur constante, quoique ρ tende vers zéro.

$$c' - \frac{c}{r} = \mu\, 4\pi r \quad , \quad c' = 0 \quad , \quad c = -\mu\, 4\pi r^2$$

$$F(\rho) = \frac{\mu\, 4\pi r^2}{\rho} \quad , \quad \rho > r \quad , \quad \text{et } \mu\, 4\pi r \text{ si } \rho < r.$$

CHAPITRE III

DYNAMIQUE D'UN POINT NON LIBRE

677. Le théorème des forces vives (§ 326) donne :

$$mv^2 - mk^2 = -8mk^2 R^2 \int_{R\sqrt{2}}^{r} \frac{dr}{r^3} = 4mk^2 R^2 \left(\frac{1}{r^2} - \frac{1}{2R^2} \right)$$

$$v^2 = 4k^2 \frac{R^2}{r^2} - k^2.$$

Supposons C sur OX,

$$v = R \frac{d\omega}{dt} \quad , \quad r = 2R \sin \frac{\omega}{2} \quad ; \quad \text{pour } t = 0, \ \omega = \frac{\pi}{2}$$

$$\frac{d\omega}{dt} = \frac{k}{R \, \mathrm{tg} \, \frac{\omega}{2}} \quad , \quad \frac{kt}{R} = \int_{\frac{\pi}{2}}^{\omega} \mathrm{tg} \, \frac{\omega}{2} \, d\omega = -2 L \cos \frac{\omega}{2} - L2$$

$$\cos \frac{\omega}{2} = \frac{1}{\sqrt{2}} \, e^{-\frac{kt}{2R}}$$

pour $t = 0$, $\omega = \frac{\pi}{2}$; pour $t = \infty$, $\omega = \pi$.

678. Si OX est le diamètre donné, $m \frac{\mu^2}{y^3}$ la force de répulsion, le théorème des forces vives donne :

$$v^2 = \left(r \frac{d\omega}{dt} \right)^2 = v_0^2 + 2\mu^2 \int_r^y \frac{dy}{y^3} = v_0^2 - \mu^2 \left(\frac{1}{y^2} - \frac{1}{r^2} \right)$$

$$= v_0^2 + \frac{\mu^2}{r^2} - \frac{\mu^2}{r^2 \sin^2 \omega} = \frac{r^2 v_0^2 \sin^2 \omega - \mu^2 \cos^2 \omega}{r^2 \sin^2 \omega}.$$

Si, pour $t = 0$, $\frac{d\omega}{dt}$ est positif, $\omega = \frac{\pi}{2}$, on a

$$dt = \frac{r^2 \sin \omega \, d\omega}{\sqrt{r^2 v_0^2 - (\mu^2 + r^2 v_0^2) \cos^2 \omega}}.$$

Posons, pour simplifier les calculs, $\sqrt{\mu^2 + r^2 v_0^2} = hr^2 v_0$.

$$v_0 ht = \int_{\frac{\pi}{2}}^{\omega} \frac{-d(hr \cos \omega)}{\sqrt{1 - h^2 r^2 \cos^2 \omega}} = -\arcsin (hr \cos \omega)$$

$$\cos \omega = -\frac{1}{hr} \sin (v_0 ht) \quad , \quad \frac{d\omega}{dt} = \frac{hv_0 \cos (v_0 ht)}{\sqrt{h^2 r^2 - \sin^2 (v_0 ht)}}$$

$hr > 1$, ω augmente jusqu'à $t = \frac{\pi}{2hv_0}$, alors $v = 0$, le mouvement est périodique ; $\cos \omega$ reste compris entre $-\frac{1}{hr}$ et $\frac{1}{hr}$.

679. Le théorème des forces vives donne :

$$\left(a \frac{d\omega}{dt} \right)^2 = 2a^2 h^2 - 2 \int_{a\sqrt{2}}^{r} h^2 r dr = h^2 (4a^2 - r^2).$$

Si ω est l'angle des rayons OM, OC, $r = 2a \sin \dfrac{\omega}{2}$

$$\frac{d\omega}{dt} = -2h \cos \frac{\omega}{2} \quad ; \text{ pour } t = 0, \ \omega = \frac{\pi}{2}, \quad v = a\,\frac{d\omega}{dt} = -ah\sqrt{2}$$

$$ht = \int \frac{-\,d\omega}{2\sin\dfrac{\pi+\omega}{2}} = \int_{\frac{\pi}{2}}^{\omega} \frac{d\omega}{4\,\mathrm{tg}\,\dfrac{\pi+\omega}{4}\,\cos^2\dfrac{\pi+\omega}{4}}$$

$$= -\,\mathrm{L}\,\mathrm{tg}\,\frac{\pi+\omega}{4} + \mathrm{L}\,\mathrm{tg}\,\frac{3\pi}{8}$$

$$\mathrm{tg}\,\frac{\pi+\omega}{4} = (1+\sqrt{2})e^{-ht} \quad , \quad \frac{d\omega}{dt} = -\frac{4h(1+\sqrt{2})e^{ht}}{(1+\sqrt{2})^2 + e^{2ht}}$$

ω diminue, devient nul pour $e^{ht} = 1 + \sqrt{2}$, $t = \dfrac{1}{h}\,\mathrm{L}(1+\sqrt{2})$ et tend vers $-\pi$ lorsque t augmente indéfiniment.

L'accélération normale $\dfrac{v^2}{a} = 4ah^2\cos^2\dfrac{\omega}{2}$ correspond à la force $4mah^2\cos^2\dfrac{\omega}{2}$, résultante de la réaction, et de la composante normale de l'attraction $mh^2 r \sin\dfrac{\omega}{2} = 2mh^2 a \sin^2\dfrac{\omega}{2}$

$$\mathrm{R} = 2mah^2\left(2\cos^2\frac{\omega}{2} - \sin^2\frac{\omega}{2}\right).$$

680. Pour $t = 0$, $\omega = 0$, $r = 2a$, $v = \dfrac{a}{2}$. Le théorème des forces vives donne :

$$v^2 = \left(\frac{dr}{dt}\right)^2 + \left(r\,\frac{d\omega}{dt}\right)^2 = \frac{a^3}{4} - 6a^3 \int_{2a}^{r} \frac{dr}{r^4} = \frac{2a^3}{r^3}$$

$$r = a(1+\cos\omega) \quad , \quad \frac{dr}{dt} = -a\sin\omega\,\frac{d\omega}{dt},$$

$$v^2 = 2a^2(1+\cos\omega)\left(\frac{d\omega}{dt}\right)^2 = \frac{2a^3}{r^3}$$

$$t = \int_0^{\omega} (1+\cos\omega)^2\,d\omega = \int_0^{\omega}\left(\frac{3}{2} + 2\cos\omega + \frac{\cos 2\omega}{2}\right)d\omega$$

$$= \frac{3}{2}\omega + 2\sin\omega + \frac{\sin 2\omega}{4}$$

ω augmente avec t, pour $t = \dfrac{3\pi}{2}$, $\omega = \pi$, la vitesse augmente indéfiniment.

Le rayon de courbure en M (probl. 372) est $R = \dfrac{4a}{3}\cos\dfrac{\omega}{2}$, l'accélération normale $\dfrac{v^2}{R} = \dfrac{3a^4}{2\,r^2\cos\dfrac{\omega}{2}}$, la force $\dfrac{v^2}{R}$ est la somme de la réaction, et de la projection sur la normale de l'attraction

$$\operatorname{tg} V = \frac{r}{r'} = -\cot g\,\frac{\omega}{2} = \operatorname{tg}\frac{\pi + \omega}{2}$$

(§ 158) l'angle de la normale et du rayon vecteur est $\dfrac{\omega}{2}$, la projection normale de la force est $\dfrac{3a^3}{r^4}\cos\dfrac{\omega}{2}$, et la réaction

$$\frac{3a^4}{2\,r^3\cos\dfrac{\omega}{2}} - \frac{3a^5}{r^4}\cos\frac{\omega}{2} = 0.$$

La réaction est nulle.

681. Soit la courbe $y = f(x)$, l'axe OY étant vertical, dans le sens de la pesanteur; le théorème des forces vives donne :

$$v^2 = \left(\frac{dx}{dt}\right)^2 + \left(\frac{dy}{dt}\right)^2 = 2g(y-c) \quad , \text{ et } \quad \frac{dy}{dt} = b$$

$$\left(\frac{dx}{dy}\right)^2 = \left(\frac{dx}{dt}\right)^2\left(\frac{dt}{dy}\right)^2 = \frac{2g}{b^2}(y-c) - 1$$

$$dx = \pm\sqrt{\frac{2g}{b^2}(y-c) - 1}\,dy \quad , \quad \pm\left[\frac{2g}{b^2}(y-c) - 1\right]^{\frac{3}{2}} = \frac{3g}{b^2}x + c'.$$

En déplaçant l'origine on peut ramener l'équation à :

$$y^3 = \frac{9\,b^2}{8\,g}\,x^2.$$

682. Si OZ est l'axe du cône, on peut poser :

$$x = \frac{r}{2}\cos\omega \quad , \quad y = \frac{r}{2}\sin\omega \quad , \quad z = \frac{r}{2}\sqrt{3}$$

$$2\,dx = dr\cos\omega - r\sin\omega\,d\omega \;,\; 2\,dy = dr\sin\omega + r\cos\omega\,d\omega \;,\; 2\,dz = \sqrt{3}\,dr$$

$$dx^2 + dy^2 + dz^2 = dr^2 + \frac{r^2}{4}\,d\omega^2.$$

Soit ma^2r la force d'attraction, la normale à la surface du cône $x^2 + y^2 = \frac{z^2}{3}$ a pour cosinus directeurs $-\frac{\sqrt{3}}{2}\cos\omega$, $-\frac{\sqrt{3}}{2}\sin\omega$, $\frac{1}{2}$. Si Rm est la réaction, les équations du mouvement sont :

$$\frac{d^2x}{dt^2} = -a^2x - R\frac{\sqrt{3}}{r}x \;,\quad \frac{d^2y}{dt^2} = -a^2y - R\frac{\sqrt{3}}{r}y \;,\quad \frac{d^2z}{dt^2} = -a^2z + \frac{R}{2}.$$

On en déduit ($\S\,329$) :

$$\frac{d}{dt}\left(r^2\frac{d\omega}{dt}\right) = x\frac{d^2y}{dt^2} - y\frac{d^2x}{dt^2} = 0 \quad,\quad r^2\frac{d\omega}{dt} = c$$

$$\frac{dx}{dt}\frac{d^2x}{dt^2} + \frac{dy}{dt}\frac{d^2y}{dt^2} + \frac{dz}{dt}\frac{d^2z}{dt^2} =$$

$$-a^2\left(x\frac{dx}{dt} + y\frac{dy}{dt} + z\frac{dz}{dt}\right) - \frac{R\sqrt{3}}{r}\left(x\frac{dx}{dt} + y\frac{dy}{dt}\right) + \frac{R}{2}\frac{dz}{dt} = -a^2r\frac{dr}{dt}$$

$$v^2 = \left(\frac{dx}{dt}\right)^2 + \left(\frac{dy}{dt}\right)^2 + \left(\frac{dz}{dt}\right)^2 = \left(\frac{dr}{dt}\right)^2 + \left(\frac{r}{2}\frac{d\omega}{dt}\right)^2 = -a^2r^2 + h$$

$$\left(\frac{dr}{d\omega}\right)^2 = \left(\frac{dr}{dt}\right)^2\left(\frac{r^2}{c}\right)^2 = \frac{r^2}{c^2}\left(hr^2 - a^2r^4 - \frac{c^2}{4}\right)$$

$$d\omega = \frac{c\,dr}{\pm r^2\sqrt{\dfrac{h}{r^2} - a^2 - \dfrac{c^2}{4r^4}}} = \frac{cd\dfrac{1}{r^2}}{\pm 2\sqrt{\dfrac{h^2}{c^2} - a^2 - \left(\dfrac{c}{2r^2} - \dfrac{h}{c}\right)^2}}$$

$$c' \pm \omega = \operatorname{arc\,sin}\frac{\dfrac{c^2}{2r^2} - h}{\sqrt{h^2 - a^2c^2}}.$$

En choisissant le sens et la position de OX, on aura :

$$\frac{c^2}{2r^2} - h = \sqrt{h^2 - a^2c^2}\,\sin\omega$$

cette équation détermine la trajectoire, et sa projection dont les coordonnées polaires sont $\frac{r}{2}$ et ω. Cette courbe est fermée, le mouvement est périodique.

$$\frac{d\omega}{dt} = \frac{c}{r^2} = \frac{2}{c}\left(h + \sqrt{h^2 - a^2 c^2}\,\sin \omega\right)$$

$$a\,dt = \frac{h\,d\omega}{2\,ac\,\cos^2\frac{\omega}{2}\left[1 + \frac{h^2}{a^2 c^2}\left(\operatorname{tg}\frac{\omega}{2} + \sqrt{1 - \frac{a^2 c^2}{h^2}}\right)^2\right]}$$

$$at = \operatorname{arc\ tg}\left[\frac{h}{ac}\left(\operatorname{tg}\frac{\omega}{2} + \sqrt{1 - \frac{a^2 c^2}{h^2}}\right)\right] + c'$$

$$\operatorname{tg}\frac{\omega}{2} + \sqrt{1 - \frac{a^2 c^2}{h^2}} = \frac{ac}{h}\operatorname{tg}(at - c').$$

Lorsque t augmente de $\dfrac{\pi}{a}$, ω augmente de 2π.

La réaction

$$R = 2\left(a^2 z + \frac{d^2 z}{dt^2}\right) = \sqrt{3}\left(a^2 r + \frac{d^2 r}{dt^2}\right)$$

$$\left(\frac{dr}{dt}\right)^2 = h - a^2 r^2 - \frac{c^2}{4 r^2}\quad,\quad 2\frac{dr}{dt}\frac{d^2 r}{dt^2} = \left(\frac{c^2}{2 r^3} - 2 a^2 r\right)\frac{dr}{dt}$$

$$\frac{d^2 r}{dt^2} = \frac{c^2}{4 r^3} - a^2 r\quad,\quad R = \sqrt{3}\,\frac{c^2}{4 r^3}.$$

684. L'axe OZ étant dans le sens de la pesanteur, on a (§ 329) :

$$Z = r\quad,\quad Z_0 = r_0 = a'\quad,\quad v_0 = 2\sqrt{2 ga}$$

$$d\omega = \frac{2 a \sqrt{2 ga}}{r}\sqrt{\frac{2}{2 g (r^2 - 4 a^3 + 3 a r^4)}}\,dr = \frac{2\sqrt{2}\,a\,a\,dr}{r(r + 2 a)\sqrt{r - a}}$$

soit

$$r - a = a u^2,\ \omega = 4\sqrt{2}\int \frac{du}{(1 + u^2)(3 + u^2)} = 2\sqrt{2}\int du\left(\frac{1}{1 + u^2} - \frac{1}{3 + u^2}\right)$$

$$\frac{\omega}{2\sqrt{2}} = \operatorname{arc\ tg}\sqrt{\frac{r - a}{a}} - \frac{1}{\sqrt{3}}\operatorname{arc\ tg}\sqrt{\frac{r - a}{3 a}}\quad,\quad \omega = 0 \text{ pour } t = 0$$

$$r^2\frac{dr}{dt} = \frac{dr}{d\omega}\,2 a\sqrt{2 ag} = r(r + 2 a)\sqrt{g(r - a)}$$

$$\sqrt{g}\,dt = \frac{r\,dr}{(r + 2 a)\sqrt{r - a}} = 2\sqrt{a}\,\frac{1 + u^2}{3 + u^2}\,da$$

$$t\sqrt{\frac{g}{a}} = 2\int_0^u \left(1 - \frac{2}{3 + u^2}\right)du = 2\sqrt{\frac{r - a}{a}} - \frac{4}{\sqrt{3}}\operatorname{arc\ tg}\sqrt{\frac{r - a}{3 a}}$$

r et ω augmentent avec t; lorsque r augmente indéfiniment, t augmente aussi indéfiniment, ω a pour limite $\pi\sqrt{2}\left(1 - \dfrac{1}{\sqrt{3}}\right)$.

685. Soit $x = \mathrm{PM}$, $a = \mathrm{OP}$, et $k^2 mr$ la force d'attraction dont la projection est $- k^2 mx$, la composante normale $k^2 ma$. On a donc :

$$\frac{d^2x}{dt^2} = - k^2 (x - fa) \quad , \quad \frac{dx}{dt} \leqslant 0.$$

Si $h = \mathrm{PM}_0 > 0$, il faut $h > fa$ pour que le mouvement se produise, car x diminue, le frottement ne pouvant pas produire un mouvement en sens opposé de la force.

On a une équation linéaire (§ 296) dont l'intégrale est :

$$x = c_1 \cos kt + c_2 \sin kt + fa.$$

Pour $t = 0$,

$$c_1 + fa = h \quad , \quad \frac{dx}{dt} = kc_2 = 0$$

$$x = h \cos kt + fa (1 - \cos kt) \quad , \quad \frac{dx}{dt} = (fa - h) k \sin kt$$

la vitesse est nulle pour

$$kt = \pi \quad , \quad x = 2fa - h.$$

Si

$$fa < h < 3fa \quad , \quad -fa < 2fa - h < fa$$

le point reste alors en repos.

Si $h > 3fa$, il repart en sens contraire, d'après les mêmes lois, $\dfrac{dx}{dt}$ et le frottement changeant de signe. On a successivement aux temps $\dfrac{\pi}{k}, \dfrac{2\pi}{k}, \dfrac{3\pi}{k}, \ldots$ des points d'arrêt, aux distances

$$h_1 = -(h - 2af) \quad , \quad h_2 = -(h_1 + 2af) = h - 4af,$$

et en général $(-1)^n (h - 2naf)$ jusqu'à $\dfrac{h}{af} + 1 > 2n > \dfrac{h}{af} - 1$. Si

$$h = \frac{a}{2} \quad , \quad f = \frac{1}{9} \quad , \quad \frac{h}{af} = \frac{9}{2} \quad , \quad n = 2.$$

Les points d'arrêts successifs sont

$$x = -\frac{5}{18}\,a \quad , \quad x = \frac{a}{18}.$$

686. Soit x l'espace parcouru après le temps t,

$$\frac{d^2x}{dt^2} = g - \frac{2\,t}{1+t^2}\frac{dx}{dt} \quad , \quad (1+t^2)\frac{d^2x}{dt^2} + 2\,t\frac{dx}{dt} = g(1+t^2)$$

$$(1+t^2)\frac{dx}{dt} = g\left(t+\frac{t^3}{3}\right) \quad . \quad 3\frac{dx}{dt} = g\left(t+\frac{2\,t}{1+t^2}\right),$$

$$x = \frac{g}{3}\left(\frac{t^2}{2} + \mathrm{L}(1+t^2)\right).$$

car x et $\dfrac{dx}{dt}$ sont nuls pour $t = 0$.

687. Soit la cycloïde :

$$x = a(u - \sin u) \quad , \quad y = a(1 - \cos u)$$

OY étant dans le sens de la pesanteur, l'arc $ds = 2\,a\sin\dfrac{u}{2}\,du$, la tangente forme avec OX l'angle $\dfrac{\pi - u}{2}$. On a donc

$$\frac{dx}{dt} = v\sin\frac{u}{2} \quad , \quad \frac{dy}{dt} = v\cos\frac{u}{2}.$$

La résistance mhv a pour projections sur les axes

$$- mhv\sin\frac{u}{2} \quad , \quad - mhv\cos\frac{u}{2},$$

la réaction normale $m\mathrm{R}$ forme avec OX l'angle $-\dfrac{u}{2}$. Les équations du mouvement sont :

$$\frac{d^2x}{dt^2} = \frac{dv}{dt}\sin\frac{u}{2} + \frac{v}{2}\cos\frac{u}{2}\frac{du}{dt} = \mathrm{R}\cos\frac{u}{2} - hv\sin\frac{u}{2}$$

$$\frac{d^2y}{dt^2} = \frac{dv}{dt}\cos\frac{u}{2} - \frac{v}{2}\sin\frac{u}{2}\frac{du}{dt} = g - \mathrm{R}\sin\frac{u}{2} - hv\cos\frac{u}{2}$$

en éliminant R, on a :

$$\frac{dv}{dt} = g \cos \frac{u}{2} - hv \quad , \text{ et } \quad v = \frac{ds}{dt} = 2a \sin \frac{u}{2} \frac{du}{dt}$$

$$\frac{d^2v}{dt^2} + h \frac{dv}{dt} = -\frac{g}{2} \sin \frac{u}{2} \frac{du}{dt} = -\frac{g}{4a} v$$

$$\frac{d^2v}{dt^2} + h \frac{dv}{dt} + \frac{g}{4a} v = 0$$

équation linéaire (§ 295). Si $h < \dfrac{g}{a}$ l'intégrale est

$$v = \frac{ds}{dt} = e^{-\frac{h}{2}t} (c_1 \cos \lambda t + c_2 \sin \lambda t) \quad , \quad \lambda = \frac{1}{2} \sqrt{\frac{g}{a} - h^2}$$

mais, pour $t = 0$, $v = c_1 = 0$

$$\frac{ds}{dt} = c_2 e^{-\frac{h}{2}t} \sin \lambda t \quad , \quad s = ce^{-\frac{ht}{2}} (h \sin \lambda t + 2\lambda \cos \lambda t) + c'$$

$$c_2 = -c \frac{h^2 + 4\lambda^2}{2}$$

au sommet $u = \pi$,

$$\frac{dv}{dt} + hv = 0 \quad , \quad e^{-\frac{h}{2}t} (\lambda \cos \lambda t - \frac{h}{2} \sin \lambda t + h \sin \lambda t) = 0 \quad , \quad s = c'$$

supposons $c' = 0$, l'arc étant compté à partir du sommet.

Pour $t = 0$,

$$s_0 = 2\lambda c ;$$

v s'annule de nouveau pour

$$\lambda t = \pi \quad , \quad s = -2\lambda c e^{-\frac{h\pi}{2\lambda}} ;$$

la vitesse et la résistance de l'air changent alors de sens, et on aura
successivement le même mouvement, v devenant nul aux temps
$\dfrac{n\pi}{\lambda}$ et aux arcs $(-1)^n s_0 e^{-\frac{hn\pi}{2\lambda}}$ qui tendent vers 0.

Si $h > \dfrac{g}{a}$ l'intégrale devient :

$$v = \frac{ds}{dt} = c_1 e^{-\alpha t} + c_2 e^{-\beta t}$$

où α et β ont les valeurs

$$\frac{h \pm \sqrt{h^2 - \dfrac{g}{a}}}{2}$$

pour

$$t = 0 \quad , \quad c_1 + c_2 = v = 0$$

$$s = c\left(\beta e^{-\alpha t} - \alpha e^{-\beta t}\right) + c' \quad , \quad \frac{ds}{dt} = c\alpha\beta\left(e^{-\beta t} - e^{-\alpha t}\right)$$

ici encore, pour $u = \pi$,

$$\frac{dv}{dt} + hv = 0 \quad , \quad \beta e^{-\alpha t} = \alpha e^{-\beta t} \quad , \quad s = c' = 0$$

si t augmente indéfiniment s tend vers zéro.

Si $h = \dfrac{g}{a}$ on a

$$v = \frac{ds}{dt} = e^{-\frac{h}{2}t}\left(c_1 t + c_2\right)$$

où $c_2 = 0$

$$s = ce^{-\frac{h}{2}t}\left(t + \frac{2}{h}\right) + c' \quad , \quad v = -\frac{ch}{2}\,te^{-\frac{h}{2}t}$$

on doit également supposer $c' = 0$, en comptant s à partir du sommet, s tend vers 0 pour $t = \infty$.

688. Prenons pour OZ l'axe de rotation, OY étant dans le plan mobile. Le point M dans ce plan est soumis à son poids $- mg$, à la force centrifuge (§ 332), à la force centrifuge composée, et à la réaction normale du plan dont les projections sur les axes mobiles sont

$$mR\sqrt{\frac{2}{3}} \quad , \quad 0 \quad , \quad -\frac{mR}{\sqrt{3}}.$$

On a donc, si ω est la vitesse angulaire constante :

$$\frac{d^2x}{dt^2} = \omega^2 x + 2\omega\frac{dy}{dt} - R\sqrt{\frac{2}{3}}$$

$$\frac{d^2y}{dt^2} = \omega^2 y - 2\omega\frac{dx}{dt}$$

$$\frac{d^2z}{dt^2} = -g + \frac{R}{\sqrt{3}} \quad , \quad z = x\sqrt{2}.$$

En éliminant R et z :

$$3 \frac{d^2x}{dt^2} = \omega^2 x + 2\omega \frac{dy}{dt} - g\sqrt{2}$$

on a un système de deux équations linéaires à coefficients constants, d'où l'on déduit :

$$\omega^2 y = \frac{d^2y}{dt^2} + 2\omega \frac{dx}{dt} = \frac{3}{2\omega}\frac{d^3x}{dt^3} + 3\frac{\omega}{2}\frac{dx}{dt}$$

$$3\frac{d^4x}{dt^4} + \omega^4 x = g\omega^2\sqrt{2}.$$

Les solutions sont de la forme

$$x = ce^{\alpha t} \quad , \quad 3\alpha^4 = -\omega^4$$

$$\alpha = (\pm 1 \pm i)\frac{\omega}{\sqrt[4]{12}}$$

si on pose

$$\omega = h\sqrt[4]{12}$$

$$x = \frac{g}{\omega^2}\sqrt{2} + e^{ht}(c_1 \cos ht + c_2 \sin ht) + e^{-ht}(c_3 \cos ht + c_4 \sin ht).$$

Pour que M reste immobile il faut que les dérivées de x et y soient nulles, ce qui donne :

$$x = \frac{g}{\omega^2}\sqrt{2} \quad , \quad y = 0.$$

Si, dans cette position, $v_0 = 0$, on en déduit, pour $t = 0$,

$$\frac{dx}{dt} = 0 \quad , \quad \frac{d^2x}{dt^2} = 0 \quad , \quad \frac{d^3x}{dt^3} = 0 \quad , \quad \frac{d^4x}{dt^4} = 0$$

il en résulte que c_1, c_2, c_3, c_4, sont nuls, x et y constants.

689. Soient r, ω les coordonnées polaires de la projection du point M sur un plan perpendiculaire à l'axe du cône. Soit $\frac{mk^2}{r^3}$ la force d'attraction. Un point du cône, d'angle au sommet 2α, a pour coordonnées $r\cos\omega$, $r\sin\omega$, $r\,\mathrm{cotg}\,\alpha$. Le théorème des forces vives donne :

$$v^2 = \left(\frac{dr}{dt}\right)^2 + \left(r\frac{d\omega}{dt}\right)^2 + \left(\frac{dr}{dt}\right)^2 \mathrm{cotg}^2\,\alpha = -2\int \frac{k^2}{r^3}\,dr = \frac{k^2}{r^2} + c.$$

La force et la réaction rencontrant OZ, on peut appliquer, à la projection de M, le théorème des aires :

$$r^2 \frac{d\omega}{dt} = a \quad , \quad \left(\frac{dr}{dt}\right)^2 = \sin^2 \alpha \left(c + \frac{k^2 - a^2}{r^2}\right)$$

$$\frac{dr}{d\omega} = \frac{dr}{dt} \frac{dt}{d\omega} = \pm \frac{r}{a} \sin \alpha \sqrt{cr^2 + k^2 - a^2}$$

$$\pm \frac{\omega \sin \alpha}{a} = \int \frac{dr}{r \sqrt{cr^2 + k^2 - a^2}} = \int \frac{- d\frac{1}{r}}{\sqrt{c + \frac{k^2 - a^2}{r^2}}}$$

Si $k > a$,

$$\frac{\sin \alpha}{a} (\mp \omega - c') = \frac{1}{\sqrt{k^2 - a^2}} L \left(\frac{\sqrt{k^2 - a^2}}{r} + \sqrt{c + \frac{k^2 - a^2}{r^2}}\right)$$

on peut supposer $c' = 0$ et le signe $+ \omega$, en faisant tourner les axes. On en déduit :

$$\alpha \frac{\sqrt{k^2 - a^2}}{r} = e^{\beta \omega} - c e^{-\beta \omega} \quad , \quad \beta = \sqrt{k^2 - a^2} \frac{\sin \alpha}{a}$$

$$\frac{d\omega}{dt} = \frac{a}{r^2} \quad , \quad t = \int \frac{4 (k^2 - a^2) e^{2\beta \omega} d\omega}{a (e^{2\beta \omega} - c)^2} = \frac{2 (k^2 - a^2)}{a\beta (- e^{2\beta \omega} + c)} + c'.$$

Si $k < a$

$$\frac{\omega \sin \alpha}{a} = \frac{1}{\sqrt{a^2 - k^2}} \arcsin \frac{1}{r} \sqrt{\frac{a^2 - k^2}{c}},$$

$$\frac{1}{r} \sqrt{\frac{a^2 - k^2}{c}} = \sin \left(\frac{\omega \sin \alpha \sqrt{a^2 - k^2}}{a}\right).$$

690. Si on prend pour OZ l'axe de rotation horizontal, OX la perpendiculaire commune à cet axe, et au tube tournant, qui forme un angle α avec OZ ; si ω est la vitesse angulaire, après un temps t, la pesanteur forme avec OX l'angle $\omega t + \beta$ et a pour projections

$$mg \cos(\omega t + \beta) \quad , \quad mg \sin(\omega t + \beta) \quad , \quad 0,$$

sur les axes de coordonnées mobiles, sa projection sur le tube est

$$mg \sin(\omega t + \beta) \sin \alpha$$

Les forces fictives (§ 332) ont pour projection, sur la même direction :

$$\left(m\omega^2 y - 2\,m\omega\,\frac{dx}{dt} \right) \sin \alpha,$$

mais x est constant,

$$\frac{dx}{dt} = 0.$$

Soit r la distance de M au point où le tube coupe OX, $y = r \sin \alpha$, et l'on a l'équation du mouvement :

$$\frac{d^2 r}{dt^2} = r\omega^2 \sin^2 \alpha + g \sin \alpha \sin (\omega t + \beta)$$

équation linéaire dont l'intégrale est :

$$r = c_1 e^{\omega t} \sin \alpha + c_2 e^{-\omega t} \sin \alpha - \frac{g \sin \alpha}{\omega^2 \left(1 + \sin^2 \alpha \right)} \sin (\omega t + \beta)$$

c_1 et c_2 dépendent des valeurs initiales de r et $\dfrac{dr}{dt}$.

691. 1° Le mouvement d'entraînement étant une translation, (§ 312) l'accélération complémentaire est nulle. L'accélération d'entraînement est $0^m,50$. Le mouvement relatif est le même que si le point était soumis à son poids vertical mg, et à une force horizontale $\dfrac{m}{2}$ en sens inverse de la vitesse du wagon. Si OX est un axe horizontal de direction opposée à la marche du train, OY dans le sens de la pesanteur, on a :

$$\frac{d^2 x}{dt^2} = \frac{1}{2} \quad , \quad \frac{d^2 y}{dt^2} = g = 9{,}81$$

$$x = \frac{t^2}{4} \quad , \quad y = \frac{g t^2}{2} \quad , \quad \frac{y}{x} = 2g$$

si

$$y = 2^m \quad , \quad t = \sqrt{\frac{4}{g}} = 0^s,64 \quad , \quad x = \frac{1}{g} = 0^m,102.$$

2° La vitesse par seconde est $\dfrac{25^m}{3}$, la vitesse angulaire de rotation

$$\omega = \frac{25}{3 \times 80}.$$

Si OZ est l'axe de rotation vertical, passant par le centre du cercle, en tenant des deux forces fictives (§ 332) on a les équations du mouvement :

$$\frac{d^2x}{dt^2} = 2\,\omega\,\frac{dy}{dt} + \omega^2 x \quad , \quad \frac{d^2y}{dt^2} = -\,2\,\omega\,\frac{dx}{dt} + \omega^2 y \quad , \quad \frac{d^2z}{dt^2} = g$$

$$2\,\omega^3 y = 2\,\omega\,\frac{d^2y}{dt^2} + 4\,\omega^2\,\frac{dx}{dt} = \frac{d^3x}{dt^3} + 3\omega^2\,\frac{dx}{dt}$$

$$\frac{d^4x}{dt^4} + 2\,\omega^2\,\frac{d^2x}{dt^2} + \omega^4 x = 0$$

$$x = (c_1 + tc_2)\cos\omega t + (c_3 + tc_4)\sin\omega t$$

$$y = -(c_1 + tc_2)\sin\omega t + (c_3 + tc_4)\cos\omega t$$

Pour

$$t = 0 \quad , \quad \frac{dx}{dt} = c_2 + \omega c_3 = 0 \quad , \quad \frac{dy}{dt} = c_4 - \omega c_1 = 0.$$

On peut choisir les axes de façon que

$$y_0 = c_3 = 0 \quad , \quad x_0 = c_1 = 80^m$$

$$x = 80\,(\cos\omega t + \omega t\,\sin\omega t) = 80\left(1 + \frac{\omega^2 t^2}{2} - \frac{\omega^4 t^4}{8}\cdots\right)$$

$$y = 80\,(-\sin\omega t + \omega t\,\cos\omega t) = 80\left(-\frac{\omega^3 t^3}{3} + \frac{\omega^5 t^5}{30}\cdots\right)$$

$$z = \frac{g}{2}\,t^2 \quad , \quad x^2 + y^2 = 80^2\left(1 + \frac{2z}{g}\,\omega^2\right).$$

La trajectoire est sur un paraboloïde de révolution.
Si

$$z = 2^m \quad , \quad \omega t = \frac{25}{120\sqrt{g}} = 0{,}0665 \quad \text{ou} \quad \frac{180}{\pi}\,0{,}0665 = 3°49'$$

$$x = 80 + 0^m,177 \quad , \quad y = -0^m,008.$$

692. L'axe OY étant vertical, dans le sens de la pesanteur, on aura

$$x = l\sin\theta \quad , \quad y = l\cos\theta.$$

La résultante $-mkl\,\dfrac{d\theta}{dt}$ forme l'angle $-\theta$ avec OX, la réaction a pour projections $-\mathrm{R}m \sin\theta$, $-\mathrm{R}m \cos\theta$. Les équations du mouvement sont :

$$\frac{d^2x}{dt^2} = l\left(\cos\theta\,\frac{d^2\theta}{dt^2} - \sin\theta\left(\frac{d\theta}{dt}\right)^2\right) = -kl\,\frac{d\theta}{dt}\cos\theta - \mathrm{R}\sin\theta$$

$$\frac{d^2y}{dt^2} = l\left(-\sin\theta\,\frac{d^2\theta}{dt^2} - \cos\theta\left(\frac{d\theta}{dt}\right)^2\right) = kl\,\frac{d\theta}{dt}\sin\theta - \mathrm{R}\cos\theta + g.$$

En éliminant R, on a :

$$\frac{d^2\theta}{dt^2} + k\,\frac{d\theta}{dt} + \frac{g}{l}\sin\theta = 0$$

que l'on remplace par

$$\frac{d^2\theta}{dt^2} + k\,\frac{d\theta}{dt} + \frac{g}{l}\,\theta = 0$$

équation linéaire. Si

$$k < 2\sqrt{\frac{g}{l}}$$

l'intégrale générale est

$$\theta = e^{-\frac{kt}{2}}\left(c_1\cos ht + c_2\sin ht\right) \quad , \quad h = \sqrt{\frac{g}{l} - \frac{k^2}{4}}.$$

Supposons la vitesse nulle pour $t = 0$,

$$c_2 = c_1\,\frac{k}{2h}$$

$$\theta = ce^{-\frac{kt}{2}}\left(\cos ht + \frac{k}{2h}\sin ht\right) \quad , \quad \frac{d\theta}{dt} = -c\,\frac{4h^2 + k^2}{4h}\,e^{-\frac{kt}{2}}\sin ht$$

la vitesse s'annule pour

$$ht = \pi \quad , \quad \theta = -ce^{-\frac{k}{2h}\pi}.$$

Le mouvement se reproduit dans le même temps, avec des amplitudes en progression géométrique

$$\theta_0 = c \quad , \quad \theta_n = (-1)^n\,ce^{-n\frac{k\pi}{2h}}.$$

Si

$$k > 2\sqrt{\frac{g}{l}}$$

soient α et β les deux valeurs

$$\frac{k \pm \sqrt{k^2 - 4\frac{g}{l}}}{2}$$

$$\theta = c_1 e^{-\alpha t} + c_2 e^{-\beta t}$$

si

$$v_0 = 0 \quad , \quad \theta = c(\alpha e^{-\beta t} - \beta e^{-\alpha t})$$

θ diminue et tend vers zéro pour $t = \infty$.

Si

$$k = 2\sqrt{\frac{g}{l}} \quad , \quad \theta = e^{-\frac{kt}{2}}(c_1 + c_2 t),$$

même résultat.

693. **La vitesse** est donnée par le théorème des forces vives :

$$v = \sqrt{2gl} = \sqrt{200 \times 980} = 443^{\text{cm}}.$$

La force $\dfrac{mv^2}{l} = 20\,g$, qui seule produirait le mouvement en M, est la résultante du poids $-10\,g$ et de la réaction

$$R = 30\,g = 29\,400 \text{ dynes}$$

c'est le poids de 30 grammes

CHAPITRE IV

STATIQUE

694. Soit $m_1 r_1$ la force d'attraction du point (x_1, y_1, z_1), la fonction des forces est :

$$U = -\frac{1}{2}\Sigma m_1\left[(x - x_1)^2 + (y - y_1)^2 + (z - z_1)^2\right]$$

($\S\ 323$).

Les dérivées de U donnent la position d'équilibre

$$\Sigma m_1 (x - x_1) = \Sigma m_1 (y - y_1) = \Sigma m_1 (z - z_1) = 0$$

$$x = \frac{\Sigma m_1 x_1}{\Sigma m_1} \quad , \quad y = \frac{\Sigma m_1 y_1}{\Sigma m_1} \quad , \quad z = \frac{\Sigma m_1 z_1}{\Sigma m_1}$$

ce point est le centre de gravité des masses m_1, m_2... situées aux centres d'attraction.

695. La normale à la surface a ses cosinus directeurs proportionnels à y, x, $- a$, la direction de la force est x, y, o. Leur angle θ doit être inférieur à l'angle de frottement φ

$$\cos \theta = \frac{2\,xy}{\sqrt{(x^2 + y^2 + a^2)(x^2 + y^2)}} > \cos \varphi.$$

La projection de M doit être intérieure à l'une des branches infinies de cette courbe.

696. Soit l'hélice

$$x = a \cos \theta \quad , \quad y = a \sin \theta \quad , \quad z = ah\theta$$

le poids $- mg$, la force $\dfrac{mk}{r^2}$ issue du point O. La fonction des forces est :

$$U = m \int \left(- g\,dz + \frac{k}{r^2}\,dr \right) = - m \left(gz + \frac{k}{r} \right)$$

$$= - m \left(gah\theta + \frac{k}{a\sqrt{1 + h^2\theta^2}} \right).$$

Pour la position d'équilibre $\dfrac{\partial U}{\partial \theta} = 0$

$$gah = \frac{kh^2\theta}{a(1 + h^2\theta^2)^{\frac{3}{2}}},$$

posons

$$(\theta h)^{\frac{2}{3}} = u$$

$$u^3 - u \left(\frac{k}{ga^2} \right)^{\frac{2}{3}} + 1 = 0$$

$\dfrac{\partial^2 U}{\partial \varphi^2}$ a le signe de $1 - 2\,h^2\vartheta^2$, l'équilibre est stable si U est maximum, ou $2\,h^2\vartheta^2 > 1$, $2\,u^3 > 1$. Si

$$\left(\frac{k}{ga^3}\right)^2 < \frac{27}{4},$$

u a une seule racine réelle négative, ϑ serait imaginaire, il n'y a pas de position d'équilibre. Si

$$\left(\frac{k}{ga^3}\right)^2 > \frac{27}{4},$$

u a trois valeurs séparées par

$$-\infty,\ 0,\ \frac{1}{\sqrt[3]{2}},\ +\infty$$

à chaque racine positive correspond une valeur ϑ, qui donnent une position d'équilibre stable et une instable.

697. Soit la parabole

$$x^2 + y^2 = (x + p)^2.$$

OX étant vertical, la force mkr issue du foyer O, et le poids, donnent une fonction des forces

$$U = m \int (-\,gdx + krdr) = m\left(\frac{k}{2}\,r^2 - gx\right)$$

où

$$2px = y^2 - p^2$$
$$r^2 = y^2 + \left(\frac{y^2 - p^2}{2p}\right)^2 = \left(\frac{y^2 + p^2}{2p}\right)^2$$
$$U = \frac{m}{2p}\left(k\,\frac{(y^2 + p^2)^2}{4p} - g(y^2 - p^2)\right)$$

ou, en retranchant une constante

$$U = \frac{m}{8p^2}\left(ky^4 + 2p(kp - 2g)y^2\right)$$
$$\frac{\partial U}{\partial y} = \frac{m}{2p^2}\,y(ky^2 + kp^2 - 2gp)$$
$$y = 0\quad,\quad x = -\frac{p}{2}$$

est une position d'équilibre, qui est stable si $k < \dfrac{2g}{p}$.

Dans ce cas

$$y = \pm \sqrt{\frac{2\,gp}{k} - p^2} \quad , \quad x = \frac{g}{k} - p$$

donnent deux positions d'équilibre instable.

Si $k > \dfrac{2\,g}{p}$ la seule position d'équilibre, au sommet, est instable.

698. Soit le parallélogramme ABCD, AEF les points où sont fixés les supports, E sur BC et F sur CD.

Le poids appliqué en O peut se décomposer en trois forces parallèles appliquées en A, E, F. Elles seront égales si O est le centre de gravité du triangle (§ 349), on a alors $2\,\text{OH} = \text{AO}$, H est le milieu de EF et de OC. HE = HF, EF est parallèle à BD. E, F sont les milieux des côtés opposés à A.

699. Soit $AB = l$, θ l'angle du rayon OA avec le rayon vertical, et $OB = x$; on a :

$$l^2 = (\text{R}\cos\theta - x)^2 + \text{R}^2\sin^2\theta \quad , \quad x = \text{R}\cos\theta - \sqrt{l^2 - \text{R}^2\sin^2\theta}.$$

La distance du centre de gravité, milieu de AB, à la tangente horizontale est :

$$y = \text{R} - \frac{x + \text{R}\cos\theta}{2} = \text{R} - \text{R}\cos\theta + \frac{1}{2}\sqrt{l^2 - \text{R}^2\sin^2\theta}$$

$$\frac{dy}{d\theta} = \text{R}\left(\sin\theta - \frac{\text{R}\sin\theta\cos\theta}{2\sqrt{l^2 - \text{R}^2\sin^2\theta}}\right).$$

La position d'équilibre correspond à la valeur de θ qui rend y minimum. Il y a deux solutions $\theta = 0$ et

$$4\,(l^2 - \text{R}^2\sin^2\theta) = \text{R}^2\cos^2\theta \quad , \quad \sin\theta = \sqrt{\frac{4\,l^2 - \text{R}^2}{3\,\text{R}^2}}$$

pourvu que

$$0 < \sin\theta < 1 \quad , \quad \frac{\text{R}}{2} < l < \text{R}.$$

Dans ce cas $\dfrac{d^2y}{d\theta^2} < 0$, y est maximum. l'équilibre est instable.

700. Soient A, B les points d'appui de la droite, C son milieu (fig. 57). $AB = a$, $AC = b$, $OB = l$, θ l'angle AOB. La projection de AB sur la verticale est $\sqrt{a^2 - l^2\sin^2\theta}$, celle de BC est

$\dfrac{b-a}{a}\sqrt{a^2-l^2\sin^2\theta}$, et la distance du centre de gravité C à l'horizontale de O est

$$X = l\cos\theta - \frac{b-a}{a}\sqrt{a^2-l^2\sin^2\theta}$$

$$\frac{dX}{d\theta} = l\sin\theta\left(-1 + \frac{(b-a)\,l\cos\theta}{a\sqrt{a^2-l^2\sin^2\theta}}\right)$$

cette dérivée s'annule pour $\theta = 0$, et, si $b > a$, lorsque

$$a^2(a^2-l^2\sin^2\theta) = (b-a)^2\,l^2\cos^2\theta \quad , \quad \sin^2\theta = \frac{a^4-(b-a)^2 l^2}{l^2 b\,(2a-b)}$$

pourvu que $\sin\theta$ soit compris entre 0 et 1, ce qui a lieu si l est compris entre a et $\dfrac{a^2}{b-a}$.

$$\text{Si } b > 2a,\ \frac{a^2}{b-a} < l < a.$$

Lorsque θ croît à partir de 0, $\dfrac{dX}{d\theta}$ est positif, puis négatif ; la position d'équilibre est stable, car X est maximum, le centre de gravité est le plus bas possible. Si $a < b < 2a,\ a < l < \dfrac{a^2}{b-a}$, l'équilibre est instable.

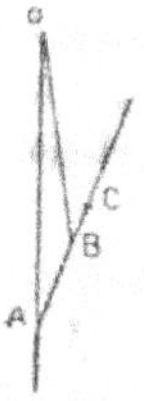

Fig. 57.

701. Soit $2a$ la longueur de la tige, θ l'angle qu'elle forme avec le plan horizontal. Le centre de gravité devant être le plus bas possible, on peut supposer que la tige est dans le plan d'un grand cercle vertical ; autrement on pourrait abaisser le centre de gravité sans changer le point d'appui. La portion de tige intérieure à la sphère est $2R\cos\theta$, la distance du centre de gravité au point situé sur le grand cercle horizontal est $2R\cos\theta - a$, et la distance du centre de gravité au plan de ce grand cercle est :

$$X = (2R\cos\theta - a)\sin\theta,$$

qui doit être positif pour que l'équibre soit possible

$$X' = 2R\cos 2\theta - a\cos\theta \quad , \quad X'' = a\sin\theta - 4R\sin 2\theta.$$

Il y a équilibre si X' est nul,

$$4R\cos^2\theta - a\cos\theta - 2R = 0$$

$$\cos\theta = \frac{a + \sqrt{a^2 + 32R^2}}{8R} < 1 \quad , \quad a < 2R$$

alors X est positif,

$$X' = \sin\theta\,(a - 8\mathrm{R}\cos\theta) < 0$$

X est maximum, le centre de gravité étant le plus bas possible, l'équilibre est stable.

702. Soit c la longueur du fil, $2b$ la base du triangle, a la distance à la base du point d'application de la résultante des forces, poids des côtés, ce point est sur la hauteur ; a est facile à calculer en fonction des côtés en décomposant chaque poids en deux, appliqués aux sommets.

Soit θ l'angle du fil avec la direction de la pesanteur, φ l'angle de la base avec la direction verticale opposée à la pesanteur ; φ est égal à l'angle de la hauteur du triangle avec l'horizontale. On a la relation

$$\frac{\sin\theta}{b} = \frac{\sin\varphi}{c}.$$

La distance du centre de gravité au plan horizontal qui passe par l'extrémité fixe du fil est :

$$X = c\cos\theta + a\sin\varphi = c\left(\cos\theta + \frac{a}{b}\sin\theta\right)$$

$$X' = c\left(\frac{a}{b}\cos\theta - \sin\theta\right).$$

La position d'équilibre est donnée par

$$\operatorname{tg}\theta = \frac{a}{b}.$$

703. Le centre de gravité doit être sur la génératrice de contact. Mais la planche peut faire avec le plan horizontal un angle inférieur à l'angle de frottement.

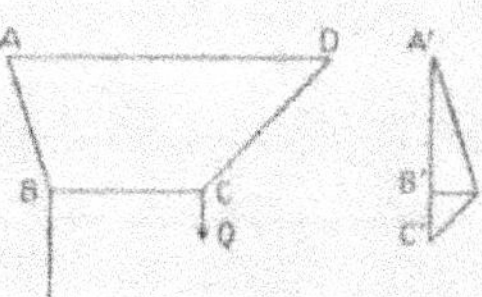

Fig. 58.

704. Soit le polygone funiculaire ABCD (*fig.* 58) $x = $ AB, $y = $ CD et a le côté connu BC. On connaît la somme $x + y = b$. Si on construit le polygone des forces, les côtés OA', OC' seront parallèles à AB et CD, OB' étant horizontal. Soient α et β les angles A et D égaux à A'OB' et B'OC'.

On aura :

$$\operatorname{tg} \alpha = \frac{P}{OB} \quad , \quad \operatorname{tg} \beta = \frac{Q}{OB}$$

$$\operatorname{tg} \alpha = \frac{P}{Q} \operatorname{tg} \beta \quad , \quad x + y = b \quad , \quad x \sin \alpha = y \sin \beta,$$

$$x \cos \alpha + y \cos \beta = h$$

$h + a$ étant la distance fixe AD. On a 4 équations entre x, y, α, β.

$$y \cos \beta \operatorname{tg} \beta = x \cos \alpha \frac{P}{Q} \operatorname{tg} \beta$$

$$\frac{\cos \alpha}{Qy} = \frac{\cos \beta}{Px} = \frac{h}{(P + Q) xy},$$

$$x^2 - y^2 = x^2 \cos^2 \alpha - y^2 \cos^2 \beta = \left(\frac{h}{P + Q}\right)^2 (Q^2 - P^2) \; , \; x - y = \frac{h^2 (Q - P)}{b (Q + P)}$$

$$2x = b + h^2 \frac{Q - P}{b (Q + P)} \quad , \quad 2y = b - h^2 \frac{Q - P}{b (Q + P)}.$$

705. Soit l'hélice $x = a \cos \theta$, $y = a \sin \theta$, $z = ah\theta$, le poids $- mg$ et la force mkr issue de l'origine. La fonction des forces

$$U = - mgz - mk \frac{r^2}{2} = - m \left(gz + k \frac{x^2 + y^2 + z^2}{2} \right)$$

$$= - m \frac{a^2}{2} \left(\frac{2}{a} gh\theta + k + kh^2\theta^2 \right)$$

sa dérivée est nulle pour la position d'équilibre :

$$\theta = - \frac{g}{ahk} \quad , \quad z = - \frac{g}{k} \quad ; \quad \frac{\partial^2 U}{\partial \theta^2} = - ma^2 kh^2 < 0.$$

l'équation est stable.

2° Le théorème des forces vives donne

$$mv^2 = 2 (U - U_0) = ma \left[2gh (\theta_0 - \theta) + akh^2 (\theta_0{}^2 - \theta^2) \right]$$

$$s = a \sqrt{1 + h^2} (\theta - \theta_0)$$

$$v^2 = \frac{- sh}{\sqrt{1 + h^2}} \left[\frac{khs}{\sqrt{1 + h^2}} + 2 (g + akh\theta_0) \right].$$

CHAPITRE V

CENTRES DE GRAVITÉ

706.

$$dy = \left(e^{\frac{x}{a}} - e^{-\frac{x}{a}}\right)\frac{dx}{2} \quad , \quad ds = \left(e^{\frac{x}{a}} + e^{-\frac{x}{a}}\right)\frac{dx}{2}$$

$$s = \frac{a}{2}\left(e^{\frac{x}{a}} - e^{-\frac{x}{a}}\right)$$

$$Xs = \int_0^x x\,ds = \frac{1}{2}\int_0^x \left(e^{\frac{x}{a}} + e^{-\frac{x}{a}}\right)x\,dx$$
$$= \frac{ax}{2}\left(e^{\frac{x}{a}} - e^{-\frac{x}{a}}\right) - \frac{a^2}{2}\left(e^{\frac{x}{a}} + e^{-\frac{x}{a}} - 2\right)$$

$$Ys = \int_0^x y\,ds = \frac{a}{4}\int_0^x \left(e^{\frac{x}{a}} + e^{-\frac{x}{a}}\right)^2 dx = \frac{ax}{2} + \frac{a^2}{8}\left(e^{2\frac{x}{a}} - e^{-2\frac{x}{a}}\right)$$

$$s = \sqrt{y^2 - a^2} \quad , \quad X = x - a\sqrt{\frac{y-a}{y+a}} \quad , \quad Y = \frac{1}{2}\left(y + \frac{ax}{s}\right)$$

707.

$$ds^2 = d\rho^2 + \rho^2 d\omega^2 = 4a^2\cos^2\frac{\omega}{2}\,d\omega^2 \quad , \quad s = 4a\sin\frac{\omega}{2}$$

de 0 à π, $s = 4a$

$$4aX = \int x\,ds = \int_0^\pi 2a^2(1 + \cos\omega)\cos\omega\cos\frac{\omega}{2}\,d\omega$$
$$= 4a^2\int_0^\pi \left(1 - 3\sin^2\frac{\omega}{2} + 2\sin^4\frac{\omega}{2}\right)\cos\frac{\omega}{2}\,d\omega$$
$$= 8a^2\left(\sin\frac{\omega}{2} - \sin^3\frac{\omega}{2} + \frac{2}{5}\sin^5\frac{\omega}{2}\right)_0^\pi = \frac{16}{5}a^2$$

$$4aY = \int y\,ds = \int_0^\pi 2a^2(1 + \cos\omega)\sin\omega\cos\frac{\omega}{2}\,d\omega$$
$$= 8a^2\int_0^\pi \cos^4\frac{\omega}{2}\sin\frac{\omega}{2}\,d\omega = \frac{16}{5}a^2$$

$$X = \frac{4}{5}a \quad , \quad Y = \frac{4}{5}a.$$

708.

$$x = a \cos \theta \quad , \quad y = a \sin \theta \quad , \quad z = ah\theta \quad , \quad -\alpha < \theta < \alpha$$

OX passe par le milieu de l'arc d'hélice.

$$ds = a \sqrt{1 + h^2}\, d\theta$$

$$s = 2a \sqrt{1 + h^2}\, \alpha$$

$$Xs = \int_{-\alpha}^{+\alpha} a^2 \sqrt{1 + h^2} \cos\theta\, d\theta = 2a^2 \sqrt{1 + h^2} \sin\alpha$$

$$Ys = \int_{-\alpha}^{+\alpha} a^2 \sqrt{1 + h^2} \sin\theta\, d\theta = 0 \; , \; Z = \int_{-\alpha}^{+\alpha} a^2 \sqrt{1 + h^2}\, h\theta\, d\theta = 0$$

$$X = a\, \frac{\sin\alpha}{\alpha}.$$

Le centre de gravité est celui de l'arc de cercle, projection de l'hélice sur XOY.

709.

$$\rho = a \sqrt{2 \cos 2\omega} \quad , \quad -\frac{\pi}{4} < \omega < \frac{\pi}{4},$$

l'aire

$$A = 2 \int_{0}^{\frac{\pi}{4}} a^2 \cos 2\omega\, d\omega = a^2.$$

Le centre de gravité est sur l'axe de symétrie OX. En décomposant l'aire par les ordonnées, on a

$$X a^2 = \int 2yx\, dx = \int y\, d(x^2) = yx^2 - \int x^2 dy$$

intégrales curvilignes sur l'arc, de $\omega = \frac{\pi}{4}$ à 0, yx^2 étant nul aux deux limites,

$$Xa^2 = -\int x^2 dy.$$

Posons

$$\cos 2\omega = \cos^2 \theta \quad , \quad \sqrt{2} \sin \omega = \sin \theta$$

$$Xa^2 = -\int_{\frac{\pi}{2}}^{0} a^2 \cos^2 \theta \, (1 + \cos^2 \theta) \, d(a \sin \theta \cos \theta)$$

$$= \frac{a^3}{8} \int_{0}^{\frac{\pi}{2}} (3 + 4 \cos 2\theta + \cos^2 2\theta) \, d(\sin 2\theta)$$

$$= \frac{a^3}{16} \int_{0}^{\frac{\pi}{2}} (8 + 15 \cos 2\theta + 8 \cos 4\theta + \cos 6\theta) \, d\theta = \frac{\pi a^3}{4}$$

$$X = \frac{\pi a}{4}.$$

710. Posons $x = \sin t$, $y = \operatorname{tg} t$; de $t = 0$ à $\frac{\pi}{2}$, x varie de o à 1, y de o à $+\infty$. L'aire est :

$$A = \int_{0}^{a} y \, dx = \int_{0}^{t} \sin t \, dt = 1 - \cos t = 1 - \sqrt{1 - a^2}.$$

L'aire comprise entre les ordonnées d'abscisses x et $x + dx$, a pour surface $y \, dx$, son centre de gravité est $\left(x, \frac{y}{2}\right)$

$$AX = \int_{0}^{a} xy \, dx = \int_{0}^{t} \sin^2 t \, dt = \frac{t}{2} - \frac{\sin 2t}{4} = \frac{1}{2} (\operatorname{arc} \sin a - a\sqrt{1 - a^2})$$

$$AY = \int_{0}^{x} \frac{y^2}{2} \, dx = \frac{1}{2} \int_{0}^{t} \frac{1 - \cos^2 t}{\cos t} \, dt$$

$$= \frac{1}{2} \int_{0}^{t} \left(\frac{1}{2 \operatorname{tg} \dfrac{\pi - 2t}{4} \cos^2 \dfrac{\pi - 2t}{4}} - \cos t \right) dt$$

$$= -\frac{1}{2} \left(\operatorname{L} \operatorname{tg} \frac{\pi - 2t}{4} + \sin t \right) = \frac{1}{2} \operatorname{L} \frac{1 + \cos t + \sin t}{1 + \cos t - \sin t} - \frac{a}{2}$$

$$= \frac{1}{2} \left(\operatorname{L} \frac{1 + a + \sqrt{1 - a^2}}{1 - a + \sqrt{1 - a^2}} - a \right)$$

si

$$a = \frac{1}{2} \;,\; X = \frac{\frac{\pi}{6} - \frac{\sqrt{3}}{4}}{2 - \sqrt{3}} = \frac{2\pi - 3\sqrt{3}}{12}\,(2 + \sqrt{3}) \;,\; Y = \frac{L\,3 - 1}{2}\,(2 + \sqrt{3})$$

si

$$a = \frac{1}{\sqrt{2}} \;,\; X = \frac{\pi - 2}{8}\,(2 + \sqrt{2}) \;,\; Y = \left(L\,(1 + \sqrt{2}) - \frac{1}{\sqrt{2}}\right)\left(1 + \frac{1}{\sqrt{2}}\right)$$

si

$$a = 1 \;,\; X = \frac{\pi}{4} \;,\; Y = \infty.$$

711. Le cercle et la parabole se coupent aux points

$$x = 2p \quad,\quad y = \pm\, 2p$$

et sont tangentes en O. L'aire est limitée par la parabole de $x = 0$ à $2p$, et le cercle de $2p$ à $4p$. Cette aire est égale à (§ 249).

$$A = \frac{16}{3}\,p^2 + 2\pi p^2.$$

Le centre de gravité est sur l'axe de symétrie, $Y = 0$.

Le poids de l'aire $\frac{16}{3}\,p^2$ de parabole, limitée par la corde commune, est appliqué à son centre de gravité $x = \frac{6}{5}\,p$ (§ 352), celui de l'aire $2\pi p^2$ du demi cercle (§ 351) au point :

$$x = 2p + \frac{8p}{3\pi}.$$

En composant ces deux forces on a :

$$X p^2\left(2\pi + \frac{16}{3}\right) = \frac{32}{5}\,p^3 + 4p^3\left(\pi + \frac{4}{3}\right)$$

$$X = \frac{15\pi + 44}{3\pi + 8}\,\frac{2p}{5}.$$

712. Si on décompose la surface par des sections perpendiculaires à l'axe, l'aire d'un tronc de cône de hauteur dx, dont les bases sont des cercles de rayons y et $y + dy$ est égale à

$$\pi(2y + dy)\frac{dx}{\cos\theta},$$

elle est proportionnelle à $y\,dx$, le terme $dx\,dy$ pouvant être supprimé. Il en résulte que le centre de gravité, situé sur l'axe, est le même que celui du trapèze formé par une section passant par l'axe.

713. Soit la surface $y^2 + z^2 = 2px$ et le plan $X = x$.

L'arc de la parabole $y^2 = 2px$ est

$$ds = \sqrt{1 + \frac{p}{2x}}\,dx.$$

L'aire du paraboloïde

$$A = \int 2\pi y\,ds = 2\pi \int_0^x \sqrt{p(2x+p)}\,dx = \frac{2\pi}{3}\sqrt{p}\left[(2x+p)^{\frac{3}{2}} - p^{\frac{3}{2}}\right].$$

Le centre de gravité est sur l'axe de symétrie OX.

$$AX = \int 2\pi xy\,ds = 2\pi \int_0^x \sqrt{p(2x+p)}\,x\,dx$$
$$= \frac{2\pi\sqrt{p}}{15}\left[(3x-p)(2x+p)^{\frac{3}{2}} + p^{\frac{5}{2}}\right].$$

714. Soit la demi-sphère

$$x^2 + y^2 + z^2 = R^2 \quad , \quad x > 0,$$

le centre de gravité est sur OX

$$\frac{2}{3}\pi R^3 X = \int_0^R \pi(R^2 - x^2)x\,dx = \pi\left(\frac{R^4}{2} - \frac{R^4}{4}\right) \quad , \quad X = \frac{3}{8}R.$$

715.

$$x = a(u - \sin u) \quad , \quad y = a(1 - \cos u) \quad , \quad 0 < u < 2\pi$$
$$ds = 2a\sin\frac{u}{2}\,du.$$

Le centre de gravité de la courbe est sur l'axe de symétrie

$$X = a\pi \quad , \quad s = 2a\int_0^{2\pi}\sin\frac{u}{2}\,du = 8a$$

$$8aY = \int_0^{2\pi} y\,ds = \int_0^{2\pi} 4a^2\left(1 - \cos^2\frac{u}{2}\right)\sin\frac{u}{2}\,du$$
$$= 8a^2\left(\frac{1}{3}\cos^3\frac{u}{2} - \cos\frac{u}{2}\right)_0^{2\pi} = \frac{32}{3}a^2$$

$$Y = \frac{4}{3}a$$

$$2° \ A = \int_0^{2\pi} y \, dx = a^2 \int_0^{2\pi} (1 - \cos u)^2 \, du$$

$$= \frac{a^2}{2} \int_0^{2\pi} (3 - 4 \cos u + \cos 2u) \, du = 3 \pi a^2$$

Le centre de gravité (X, Y) sera donné par :

$$X = a\pi$$

$$3\pi a^2 Y = \int_0^{2\pi} \frac{y^2}{2} \, dx = \frac{a^3}{2} \int_0^{2\pi} (1 - \cos u)^3 \, du$$

$$= \frac{a^3}{8} \int_0^{2\pi} (10 - 15 \cos u + 6 \cos 2u - \cos 3u) \, du = \frac{5\pi}{2} a^3,$$

$$Y = \frac{5}{6} a$$

$$V = 3\pi a^2 \times \frac{5}{3} \pi a = 5 \pi^2 a^3$$

716. Le centre de gravité est sur OX intersection de deux plans de symétrie.

Le volume commun (§ 268) est

$$V = \frac{2}{3} \left(\pi - \frac{4}{3} \right) R^3.$$

En décomposant le volume en cylindres de base $dx dy$, on a, pour le centre de gravité :

$$VX = 2 \iint x \sqrt{R^2 - x^2 - y^2} \, dx dy$$

ou, en coordonnées polaires, et en tenant compte de la symétrie par rapport à XOZ :

$$VX = 4 \iint \rho^2 \sqrt{R^2 - \rho^2} \cos \omega \, d\rho \, d\omega \ , \ 0 < \rho < R \cos \omega \ , \ 0 < \omega < \frac{\pi}{2}$$

Posons

$$\rho = \mathrm{R}\sin\theta \quad , \quad 0 < \theta < \frac{\pi}{2} - \omega$$

$$\mathrm{VX} = \mathrm{R}^4 \int_0^{\frac{\pi}{2}} \int_0^{\frac{\pi}{2}-\omega} \cos\omega\,\sin^2 2\theta\,d\omega\,d\theta$$

$$= \frac{\mathrm{R}^4}{2} \int_0^{\frac{\pi}{2}} \cos\omega\,d\omega \left(\theta - \frac{\sin 4\theta}{4}\right)_0^{\frac{\pi}{2}-\omega}$$

$$= \frac{\mathrm{R}^4}{2} \int_0^{\frac{\pi}{2}} \cos\omega \left(\frac{\pi}{2} - \omega + \frac{\sin 4\omega}{4}\right) d\omega$$

$$= \frac{\mathrm{R}^4}{2} \left(\frac{\pi}{2}\sin\omega - \omega\sin\omega - \cos\omega - \frac{\cos 3\omega}{24} - \frac{\cos 5\omega}{40}\right)_0^{\frac{\pi}{2}}$$

$$= \left(1 + \frac{1}{24} + \frac{1}{40}\right) \frac{\mathrm{R}^4}{2}$$

$$X = \frac{12\,\mathrm{R}}{5(3\pi - 4)}.$$

717. Les deux surfaces se coupent suivant le cercle situé dans le plan

$$x = h = -p + \sqrt{p^2 + a^2} \quad , \quad p > 0.$$

Le volume et son centre de gravité, situé sur OX, sont donnés par les relations :

$$V = \pi \int r^2\,dx \quad , \quad VX = \pi \int x r^2 dx$$

$$r^2 = 2px \quad \text{si} \quad 0 < x < h \quad , \quad r^2 = a^2 - x^2 \quad \text{si} \quad h < x < a$$

$$V = \pi \int_0^h 2px\,dx + \pi \int_h^a (a^2 - x^2)\,dx = \pi p h^2 + \frac{\pi}{3}(2a^3 - 3a^2 h + h^3)$$

$$VX = \pi \int_0^h 2px^2 dx + \pi \int_h^a (a^2 - x^2)\,x\,dx$$

$$= \frac{2}{3}\pi p h^3 + \frac{\pi}{4}(a^4 - 2a^2 h^2 + h^4).$$

Et comme

$$2ph = a^2 - h^2$$

$$V = \frac{\pi}{6}(a - h)(4a^2 + ah + h^2) \quad , \quad VX = \frac{\pi}{12}(a^2 - h^2)(3a^2 + h^2)$$

$$X = \frac{a+h}{2}\,\frac{3a^2 + h^2}{4a^2 + ah + h^2}.$$

718. Le paraboloïde

$$\frac{y^2}{p} + \frac{z^2}{q} = 2x,$$

limité au plan $x = a$, a pour centre de gravité le point
$\left(\frac{2}{3} a,\ 0,\ 0\right)$ (§ 357). Il y a équilibre si la normale au point de
contact $(x,\ y,\ z)$ passe par le centre de gravité. Cette normale a
pour équations :

$$\frac{X - x}{-1} = \frac{Y - y}{y}\, p = \frac{Z - z}{z}\, q$$

ce qui donne

$$x - \frac{2}{3} a = -\frac{py}{y} = -\frac{qz}{z}$$

on a les points de contact $x = y = z = 0$, la normale est alors OX.

$$2°\qquad z = 0\quad,\quad x = \frac{2}{3} a - p\quad,\quad y = \pm\sqrt{2px}$$

$$3°\qquad y = 0\quad,\quad x = \frac{2}{3} a - q\quad,\quad z = \pm\sqrt{2qx}.$$

Soit $p > q > 0$. Si $a > \frac{3p}{2}$ il y a 5 positions d'équilibre. Si le
solide, ou son plan tangent, se déplace, l'équilibre est stable
lorsque la distance du centre de gravité à ce plan est minima.
L'équation du plan tangent est

$$X + x - \frac{Yy}{p} - \frac{Zz}{q} = 0$$

la distance du centre de gravité à ce plan est

$$D = \frac{\frac{2}{3} a + x}{\sqrt{1 + \frac{y^2}{p^2} + \frac{z^2}{q^2}}} = \frac{\frac{2}{3} a + x}{\sqrt{1 + \frac{2x}{q} - y^2\, \frac{p - q}{p^2 q}}}$$

si x est fixe, elle augmente avec y, elle est minima pour $y = 0$.
Les points de contact dans le plan $z = 0$ donnent un équilibre instable.

On peut alors supposer que y reste nul.

$$D^2 = \frac{q}{9} \frac{(2a + 3x)^2}{q + 2x}$$

a pour dérivée

$$2\,DD' = \frac{2q}{9} \frac{2a + 3x}{(q + 2x)^2}(3q - 2a + 3x) = \frac{q}{2} - \frac{2q}{9}\left(\frac{4a - 3q}{2(q + 2x)}\right)^2$$

x ne peut pas être négatif, pour

$$x = 0 \quad , \quad D = \frac{2}{3}a \quad , \quad D' = \frac{3q - 2a}{3q}$$

si

$$a > \frac{3}{2}q \quad , \quad D' < 0,$$

D diminue, le sommet est une position d'équilibre instable.

Pour

$$y = 0 \quad , \quad x = \frac{2}{3}a - q \quad , \quad D' = 0,$$

D' a le signe de

$$q + 2x = \frac{4}{3}a - q$$

l'équilibre est stable, car si ces points sont réels $a > \frac{3}{2}q$.

Si $a < \frac{3}{2}q$ il n'y a qu'une position d'équilibre stable au som—
met.

CHAPITRE VI

DYNAMIQUE DES SYSTÈMES

719. Soient les points $(x_1\, y_1\, z_1)\ (x_2\, y_2\, z_2)$ de masses m_1, m_2 et
la force d'attraction

$$\frac{m_1\, m_2}{m_1 + m_2}\, k^2 D.$$

On a les équations :

$$\frac{d^2 x_1}{dt^2} = \frac{m_2 k^2}{m_1 + m_2}(x_2 - x_1) \quad , \quad \frac{d^2 x_2}{dt^2} = \frac{m_1 k^2}{m_1 + m_2}(x_1 - x_2).$$

D'où

$$m_1 \frac{d^2 x_1}{dt^2} + m_2 \frac{d^2 x_2}{dt^2} = 0 \quad , \quad \frac{d^2 (x_1 - x_2)}{dt^2} = k^2 (x_2 - x_1).$$

Equations linéaires ayant pour intégrales :

$$m_1 x_1 + m_2 x_2 = c_1 + c_2 t \quad , \quad x_1 - x_2 = c_3 \cos kt + c_4 \sin kt$$

pour y et z on a des équations analogues.

Le centre de gravité a un mouvement rectiligne uniforme, ce que l'on pouvait prévoir. Si on prend des axes mobiles passant par ce point, et ayant un mouvement de translation, les coordonnées par rapport à ces axes seront

$$X_1 = x_1 - \frac{m_1 x_1 + m_2 x_2}{m_1 + m_2} = m_2 \frac{x_1 - x_2}{m_1 + m_2} = \frac{m_2}{m_1 + m_2}(c_3 \cos kt + c_4 \sin kt)$$

$$X_2 = x_2 - \frac{m_1 x_1 + m_2 x_2}{m_1 + m_2} = \frac{-m_1}{m_1 + m_2}(c_3 \cos kt + c_4 \sin kt)$$

les coordonnées Y, Z sont données par des formules analogues ; en prenant pour variable kt, on voit que les trajectoires relatives sont des ellipses (§ 210).

720. Soient $(x, y)(x', y')$ les coordonnées de M et M'. La force répulsive $6\,MM'$, appliquée à M, a pour projections $6(x - x')$, $6(y - y')$. L'attraction de O a pour projections $-16\,x$, $-16\,y$. On a les équations

$$\frac{d^2 x}{dt^2} = 6(x - x') - 16 x = -6 x' - 10 x, \quad \frac{d^2 x'}{dt^2} = -6 x - 10 x'.$$

Système d'équations linéaires à coefficients constants. y et y' vérifient les mêmes équations. On en déduit :

$$\frac{d^2 (x + x')}{dt^2} = -16 (x + x') \quad , \quad \frac{d^2 (x - x')}{dt^2} = -4 (x - x')$$

$$x + x' = c_1 \cos 4 t + c_2 \sin 4 t \quad , \quad x - x' = c_3 \cos 2 t + c_4 \sin 2 t,$$

Pour $t = 0$,

$$x = 3a \quad , \quad x' = -a \quad , \quad \frac{dx}{dt} = \frac{dx'}{dt} = 0$$

$$c_2 = c_4 = 0 \quad , \quad c_1 = 2a \quad , \quad c_3 = 4a$$

$$x = a(\cos 4t + 2\cos 2t) \quad , \quad x' = a(\cos 4t - 2\cos 2t).$$

De même

$$y + y' = c_1 \cos 4t + c_3 \sin 4t \quad , \quad y - y' = c_2 \cos 2t + c_4 \sin 2t$$

pour $t = 0$,

$$y = y' = 0 \quad , \quad \frac{dy}{dt} = 0 \quad , \quad \frac{dy'}{dt} = 8a \quad , \quad c_1 = c_3 = 0$$

$$c_2 = 2a \quad , \quad c_4 = -4a$$

$$y = a(\sin 4t - 2\sin 2t) \qquad y' = a(\sin 4t + 2\sin 2t).$$

Si on change t en $t + \frac{\pi}{2}$, $\sin 2t$ et $\cos 2t$ changent de signe, le point $x'y'$ prend la position xy. Les deux courbes peuvent coïncider. Ce sont des épicycloïdes engendrées par un point d'un cercle de rayon a qui roule, sans glisser, à l'intérieur d'un cercle de rayon $3a$. Le rayon initial ayant tourné de l'angle $-2t$ le centre de la circonférence mobile a pour coordonnées $2a \cos 2t$, $-2a \sin 2t$. L'arc $AM = AA_0$ (*fig.* 59) les angles au centre sont inversement proportionnels aux rayons, $O'M$ forme avec $O'A$ l'angle $+6t$, et avec OX l'angle $+4t$, pour les coordonnées de M on a ainsi les valeurs x, y.

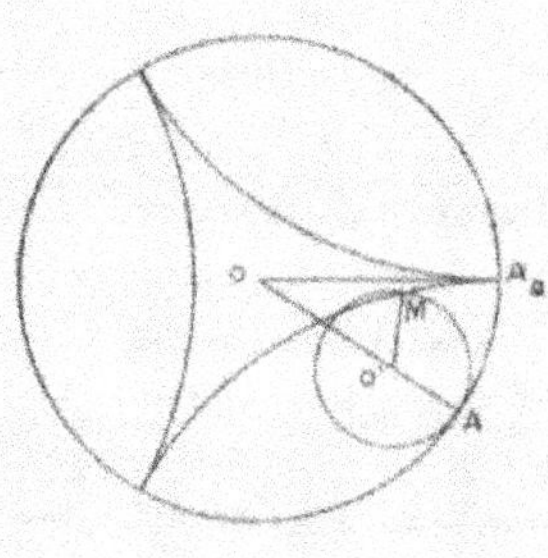

Fig. 59.

Pour construire la courbe, on peut remarquer qu'en changeant t en $\pi - t$, x ne change pas, y change de signe, la courbe est symétrique par rapport à OX.

$$\frac{dx}{dt} = -4a(\sin 4t + \sin 2t) = -8a \sin 3t \cos t$$

$$\frac{dy}{dt} = 4a(\cos 4t - \cos 2t) = -8a \sin 3t \sin t$$

$$\frac{dy}{dx} = \operatorname{tg} t.$$

t est l'angle de la tangente avec OX ; pour $t = \dfrac{\pi}{3}$, les deux dérivées étant nulles, on a un point de rebroussement,

$$x = -\frac{3}{2}\,a \qquad , \qquad y = -\frac{3\sqrt{3}}{2}\,a.$$

De $t = 0$ à $\dfrac{\pi}{3}$, x et y diminuent. De $\dfrac{\pi}{3}$ à $\dfrac{\pi}{2}$ ils augmentent. On a ensuite la partie symétrique.

721. Soient les deux points

$$x_1 = R\cos u \qquad , \qquad y_1 = R\sin u \qquad , \qquad z_1 = 0$$
$$x_2 = \frac{R}{2}\cos v \qquad , \qquad y_2 = \frac{R}{2}\sin v \qquad , \qquad z_2 = a$$

u et v étant seules variables. Le travail de l'attraction est

$$\int - \mu^2 r\,dr = -\frac{\mu^2}{2}\Big[(x_1 - x_2)^2 + (y_1 - y_2)^2 + (z_1 - z_2)^2\Big]$$
$$= -\frac{\mu^2}{2}\Big(a^2 + \frac{5}{4}R^2 - R^2\cos(u - v)\Big).$$

Le théorème des forces vives (§ 364) donne :

$$R^2\left(\frac{du}{dt}\right)^2 + \frac{R^2}{4}\left(\frac{dv}{dt}\right)^2 = \mu^2 R^2\big(\cos(u - v) - \cos(u_0 - v_0)\big).$$

Le théorème des aires (§ 363) sur le plan XOY :

$$2u + v = 2u_0 + v_0 + ct$$

pour $t = 0$, $\dfrac{du}{dt} = \dfrac{dv}{dt} = 0$, $c = 0$. On peut choisir OX de façon que $2u_0 = -v_0$. Alors $v = -2u$

$$\left(\frac{du}{dt}\right)^2 = \frac{\mu^2}{2}(\cos 3u - \cos 3u_0) = \mu^2\left(\sin^2\frac{3u_0}{2} - \sin^2\frac{3u}{2}\right)$$

le rayon $3u$ a le mouvement d'un pendule (§ 328) dont la longueur $l = \dfrac{4g}{9\mu^2}$.

722. Le point A $(x_1 y_1)$ est soumis à l'attraction dont les projections sont $8(x_2 - x_1)$, $8(y_2 - y_1)$ et à une réaction R parallèle à OY.

Les équations du mouvement de A et B (x_2, y_2) sont :

$$\frac{d^2x_1}{dt^2} = 8\,(x_2 - x_1) \quad , \quad 8\,\frac{d^2x_2}{dt^2} = 8\,(x_1 - x_2) \quad , \quad 8\,\frac{d^2y_2}{dt^2} = 8\,(y_1 - y_2)$$

$$y_1 = 0 \quad , \quad R + 8y_2 = 0,$$

on a des équations linéaires à coefficients constants. On en déduit :

$$\frac{d^2\,(x_1 - x_2)}{dt^2} + 9\,(x_1 - x_2) = 0, \quad \frac{d^2x_1}{dt^2} + 8\,\frac{d^2x_2}{dt^2} = 0 \quad , \quad \frac{d^2y_2}{dt^2} + y_2 = 0$$

$$x_1 - x_2 = c_1 \cos 3t + c_2 \sin 3t, \; x_1 + 8x_2 = c_3 + c_4 t, \; y_2 = c_5 \cos t + c_6 \sin t$$

les vitesses initiales étant nulles, $c_2 = c_4 = c_6 = 0$. Les positions initiales donnent

$$c_1 = -9 \quad , \quad c_3 = 72 \quad , \quad c_5 = 9$$

$$x_1 = 8 - 8\cos 3t \quad , \quad x_2 = 8 + \cos 3t \quad , \quad y_2 = 9\cos t.$$

La trajectoire du point B a pour équation

$$x = 8 - \frac{y}{3} + 4\left(\frac{y}{9}\right)^2.$$

723. En une seconde le cube fait un tour et s'élève de $0^m,1$. Le travail de la pesanteur est $-2 \times 0,1 = -0,2$ kilogrammètres. Le sommet B revient dans le plan XOZ, la force appliquée à ce point, parallèle à OX, donne un travail total nul. De même celle appliquée en D. Le sommet C passe de la position

$$x = y = 0,1 \quad , \quad z = 0,1 \quad \text{à} \quad z = 0,2$$

sur la même verticale.

Si $OC = h$ exprimé en mètres, la force de 2 kilogrammes par mètre d'allongement, $2\,(h - h_0)$ donne un travail

$$T = \int_{h_0}^{h} 2\,(h_0 - h)\,dh = -\,(h - h_0)^2$$

$$h^2 = 6 \times \overline{0,1}^2 \quad , \quad h_0^2 = 3 \times \overline{0,1}^2 \quad , \quad T = -\,(9 - 6\sqrt{2})\,\overline{0,1}^2.$$

Pour un tour le couple donne le travail $-2\pi \times 0,1$. Le travail total est $-0,01\,(29 - 6\sqrt{2} + 20\pi) = -0,833$.

724. Si on prend pour axes les axes d'inertie au centre de gravité, soit un point (x, y, z) et une droite de cosinus direc-

teurs α, β, γ. Soit $A\alpha^2 + B\beta^2 + C\gamma^2$ (§ 367) le moment d'inertie par rapport à l'axe parallèle passant par O, et d la distance des deux axes parallèles :

$$d^2 = (\alpha y - \beta x)^2 + (\beta z - \gamma y)^2 + (\gamma x - \alpha z)^2$$

on a le moment d'inertie (§ 366)

$$A\alpha^2 + B\beta^2 + C\gamma^2 + M[(\alpha y - \beta x)^2 + (\beta z - \gamma y)^2 + (\gamma x - \alpha z)^2].$$

L'ellipsoïde d'inertie du point xyz a pour équation

$$AX^2 + BY^2 + CZ^2 + M[(Xy - Yx)^2 + (Yz - Zy)^2 + (Zx - Xz)^2] = 1$$

par rapport à des axes parallèles aux premiers.

Si $z = 0$ on a :

$$(A + My^2)X^2 + (B + Mx^2)Y^2 + (C + Mx^2 + My^2)Z^2 - 2MxyXY = 1.$$

Si on coupe cette surface par la sphère

$$(C + Mx^2 + My^2)(X^2 + Y^2 + Z^2) = 1\ ;$$

par l'intersection passe la surface

$$(A - C - Mx^2)X^2 + (B - C - My^2)Y^2 - 2MxyXY = 0$$

qui est formée de deux plans, parallèles aux sections circulaires (§ 213). Si la surface est de révolution, ces deux plans, ou les valeurs de $\dfrac{Y}{X}$, se confondent, on doit avoir :

$$(B - C - My^2)(A - C - Mx^2) = (Mxy)^2.$$

On a un lieu de points (x, y, z) où l'ellipsoïde d'inertie est de révolution :

$$z = 0\quad ,\quad M\frac{x^2}{A - C} + M\frac{y^2}{B - C} = 1.$$

On aura de même les courbes :

$$x = 0\quad ,\quad M\frac{y^2}{B - A} + M\frac{z^2}{C - A} = 1$$

$$y = 0\quad ,\quad M\frac{z^2}{C - B} + M\frac{x^2}{A - B} = 1.$$

Si $A > B > C$, la première est une ellipse réelle, la seconde est imaginaire, la troisième est une hyperbole.

725. Si θ est l'angle de rotation du cylindre, le poids P est à une distance verticale $x = R\theta$; il est soumis à la force P et à la réaction, ou tension du fil, $- Q$

$$m_1 \frac{d^2 x}{dt^2} = m_1 R \frac{d^2\theta}{dt^2} = P - Q.$$

Le cylindre est soumis à la réaction $+ Q$, à la distance R de l'axe, et au couple $- k \frac{d\theta}{dt}$. Le théorème des moments des quantités de mouvement (§ 365) donne :

$$\frac{d^2\theta}{dt^2} \Sigma m r^2 = QR - k \frac{d\theta}{dt} = R \left(P - m_1 R \frac{d^2\theta}{dt^2} \right) - k \frac{d\theta}{dt}.$$

Soit A le moment d'inertie du cylindre et du poids P.

$$A = \Sigma m r^2 + m_1 R^2$$

$$A \frac{d^2\theta}{dt^2} + k \frac{d\theta}{dt} = PR.$$

Equation linéaire :

$$\theta = \frac{PR}{k} t + c_1 + c_2 e^{-\frac{k}{A} t}$$

si

$$\theta = 0 \quad , \quad \frac{d\theta}{dt} = 0, \text{ pour } t = 0 \quad , \quad c_2 = - c_1 = \frac{APR}{k^2}$$

$$\theta = \frac{PR}{k^2} \left(kt + A e^{-\frac{k}{A} t} - A \right).$$

Si t est grand, $e^{-\frac{k}{A} t}$ est très petit, la vitesse angulaire tend à devenir constante, et égale à $\frac{PR}{k}$.

726. OA étant l'axe OX, on peut appliquer le théorème des moments des quantités de mouvements par rapport à un axe passant par O, perpendiculaire au plan de la barre. Soit $\frac{m}{2l}$ la masse de l'unité de longueur. Un élément M de longueur dr est soumis à la force $\frac{m}{2l} \omega^2 dr \times MA$, dont le moment est $\frac{m}{l} \omega^2 dr$ mul-

tiplié par la surface du triangle OAM ou $\frac{1}{3} lr \sin \theta$, où θ est l'angle de la barre avec OX. Ce moment est $\frac{m}{3} \omega^2 \sin \theta\, r dr$; la somme de ces moments est $2 \frac{m}{3} \omega^2 l^2 \sin \theta$.

Le moment d'inertie de la barre est :

$$\int_0^{2l} \frac{m}{2l} r^2 dr = \frac{m}{2l} \frac{(2l)^3}{3} = \frac{4}{3} ml^2$$

on a donc :

$$4 \frac{m}{3} l^2 \frac{d^2\theta}{dt^2} = - \frac{2}{3} \frac{m}{} \omega^2 l^2 \sin \theta \quad , \quad 2 \frac{d\theta}{dt} \frac{d^2\theta}{dt^2} = - \omega^2 \sin \theta \frac{d\theta}{dt}$$

$$\left(\frac{d\theta}{dt}\right)^2 = \omega^2 \cos \theta + \omega^2 \quad , \quad \text{car } \frac{d\theta}{dt} = \omega \quad , \quad \text{pour } \theta = \frac{\pi}{2}, \text{ et } t = 0$$

$$\omega \sqrt{2}\, dt = \frac{d\theta}{\cos \frac{\theta}{2}} = \frac{d\theta}{2 \operatorname{tg} \frac{\pi + \theta}{4} \cos^2 \frac{\pi + \theta}{4}},$$

$$\frac{\omega t}{\sqrt{2}} = \mathrm{L} \operatorname{tg} \frac{\theta + \pi}{4} - \mathrm{L} \operatorname{tg} \frac{3\pi}{8} \quad , \quad \operatorname{tg} \frac{3\pi}{8} = 1 + \sqrt{2}$$

$$\operatorname{tg} \frac{\theta + \pi}{4} = (1 + \sqrt{2}) e^{\frac{\omega t}{\sqrt{2}}}$$

θ augmente et tend vers π, pour $t = \infty$.

727. Soient $2a$, $2b$, $2c$ les arêtes parallèles aux axes OX, OY, OZ. O étant le centre. Le mouvement d'inertie par rapport à OZ, μ étant la masse de l'unité de volume, est :

$$\mathrm{C} = \mu \int_{-a}^{a} \int_{-b}^{b} \int_{-c}^{c} (x^2 + y^2)\, dx dy dz = 8 c \mu \int_0^a \int_0^b (x^2 + y^2)\, dx dy$$

$$\int_0^a \int_0^b x^2 dx dy = b \frac{a^3}{3} \quad , \quad \int_0^a \int_0^b y^2 dx dy = \frac{ab^3}{3}$$

$$\mathrm{C} = \frac{8}{3} \mu abc (a^2 + b^2) = \frac{\mathrm{M}}{3} (a^2 + b^2).$$

De même

$$\mathrm{A} = \mathrm{M} \frac{b^2 + c^2}{3} \quad , \quad \mathrm{B} = \mathrm{M} \frac{a^2 + c^2}{3}.$$

728. Les coordonnées du point M seront :

$$x = r \cos \theta \quad , \quad y = r \sin \theta \quad , \quad z = \frac{a^2}{a^2 + r^2}.$$

Soit A le moment d'inertie du tube par rapport à OZ. Le théorème des aires, sur le plan XOY, donne :

$$\frac{d\theta}{dt}(A + mr^2) = \omega A.$$

Le carré de la vitesse de M est

$$\left(\frac{dz}{dt}\right)^2 + \left(\frac{dr}{dt}\right)^2 + \left(r\,\frac{d\theta}{dt}\right)^2 = V^2 + \left(r\,\frac{d\theta}{dt}\right)^2$$

où V est la vitesse relative dans le tube.

Le théorème des forces vives donne :

$$\frac{2mga^3}{a^2 + r^2} - 2mga = mV^2 + m\left(r\,\frac{d\theta}{dt}\right)^2 + A\left(\frac{d\theta}{dt}\right)^2 - mV_0^2 - A\omega^2$$

$$\frac{2mgar^2}{a^2 + r^2} + \frac{A^2\omega^2}{A + mr^2} - A\omega^2 + m(V^2 - V_0^2) = 0$$

on aura $V = V_0$ quelque soit r, si

$$A = ma^2 \quad , \quad \omega = \sqrt{\frac{2g}{a}}.$$

729. Le moment d'inertie d'un disque plat, par rapport à un diamètre, est $M\,\dfrac{R^2}{4}$ (§ 370), on peut le considérer comme un cylindre de hauteur nulle. Soit a la distance du centre à l'axe OX, le moment d'inertie est (§ 366) $M\left(\dfrac{R^2}{4} + a^2\right)$. Si θ est l'angle du disque avec le plan vertical XOZ, x l'abscisse du centre. On a :

$$\frac{d^2x}{dt^2} = 0 \quad , \quad \left(a^2 + \frac{R^2}{4}\right)\frac{d^2\theta}{dt^2} = -ag\sin\theta$$

(§ 365).

Dans le sens horizontal le mouvement est uniforme. Les oscillations sont celles d'un pendule de longueur $l = a + \dfrac{R^2}{4a}$, leur durée est

$$T = \pi\sqrt{\frac{l}{g}}$$

T et l sont minimum pour $a = \dfrac{R}{2}$, $l = R$.

730. Le moment d'inertie du disque de rayon R, par rapport à un axe perpendiculaire passant par le centre, est $\dfrac{M}{2} R^2$ (§ 370). Par rapport à un axe parallèle, à la distance a, on a $M\left(a^2 + \dfrac{R^2}{2}\right)$. Les oscillations sont celles d'un pendule simple de longueur

$$l = a + \frac{R^2}{2a} \quad , \quad T = \pi \sqrt{\frac{l}{g}}$$

$$R = 0^m,228 \quad , \quad a = 0^m,981$$

$$T = \pi \sqrt{\frac{0,228^2 + 2 \times 0,981^2}{20 \times 0,981^2}} = 1^s,006.$$

2° Si r est le rayon du trou, le moment d'inertie par rapport à l'axe central devient $\dfrac{M}{2}(R^2 - r^2)$. On a :

$$l = a + \frac{R^2 - r^2}{2a} \quad , \quad I = \pi^2 \frac{2a^2 + R^2 - r^2}{2ag}$$

$$r = \sqrt{2a^2 + R^2 - \frac{2ag}{\pi^2}} = \sqrt{2 \times 0,981^2\left(1 - \frac{10}{\pi^2}\right) + 0,228^2} = 0^m,167.$$

731. Si MK^2 est le moment d'inertie du solide par rapport à un axe passant par G parallèle à OX, on a

$$\frac{T^2}{\pi^2} g = a + \frac{k^2}{a}.$$

Le moment d'inertie par rapport à l'axe de suspension est

$$M(a^2 + k^2) = \frac{aPT^2}{\pi^2}.$$

Le moment d'inertie de la sphère par rapport au même axe est (§ 368) :

$$\frac{p}{g}\left(\frac{2}{5} r^2 + b^2\right).$$

Le centre de gravité du second pendule, de poids $P + p$, est à la distance

$$a' = \frac{aP - bp}{P + p},$$

et le moment d'inertie

$$\frac{P + p}{g} k^2 = \frac{aP}{\pi^2} T^2 + \frac{p}{g}\left(\frac{2}{5} r^2 + b^2\right).$$

La durée des oscillations est :

$$T = \pi \sqrt{\frac{a^2 + k'^2}{ga}}$$

$$a' = \frac{1,5 \times 5 - 2,4 \times 3}{8} = \frac{0,15}{4}$$

$$k'^2 = 2,160735 + 7,\frac{35g}{4\pi^2}$$

$$T = 10^s,33.$$

732. Soient x, y les distances du centre de gravité aux côtés $2b$, Mk^2 le moment d'inertie, par rapport à l'axe parallèle à ces côtés, passant par le centre de gravité. On a

$$\frac{gT_1}{\pi^2} = l_1 = x + \frac{k^2}{x} \quad , \quad \frac{gT_2}{\pi^2} = l_2 = y + \frac{k^2}{y}$$

$$(l_1 - x)x = (l_2 - y)y \quad , \quad x + y = 2a$$

$$l_1 x - l_2 y = x^2 - y^2 = 2a(x - y)$$

$$\frac{x}{2a - l_2} = \frac{y}{2a - l_1} = \frac{2a}{4a - l_1 - l_2}.$$

Le même calcul, pour les autres côtés, détermine G.

CHAPITRE VII

PROBLÈMES GÉNÉRAUX

733. L'équation de la tangente, à la courbe $y = f(x)$, est :

$$Y = Xy' + y - xy'$$

on a l'équation différentielle $y - xy' = kx^n$, équation linéaire (§ 289) dont l'intégrale est :

$$y = cx - \frac{k}{n-1} x^n$$

2° si

$$n = 3 \quad , \quad y = cx - \frac{k}{2} x^3,$$

la courbe est symétrique par rapport à O (§ 137).

$$y' = c - \frac{3}{2} kx^2.$$

Si $c > 0$, lorsque x varie de o à $+ \infty$, y augmente jusqu'à

$$x = \sqrt{\frac{2c}{3k}},$$

puis diminue. Si $c < 0$, y' reste négatif, y diminue constamment (*fig.* 60).
Si

$$n = 4 \quad , \quad y = cx - \frac{k}{3} x^4 \quad , \quad y' = c - \frac{4}{3} kx^3 ;$$

y' est nul pour $x = \sqrt[3]{\frac{3c}{4k}}$. Lorsque x varie de $- \infty$ à $+ \infty$, y augmente puis diminue (*fig.* 61). Si $n = 1$ on a les courbes $y = cx - kx\mathrm{L}x$.

3° Sur la courbe c on a :

$$ydx - xdy = kx^n dx,$$

l'aire à calculer est donnée par l'intégrale curviligne (§ 275), dans le sens direct :

$$A = \frac{1}{2} \int (xdy - ydx) = -\frac{k}{2} \int_x^0 x^n dx = \frac{kx^{n+1}}{2(n+1)}$$

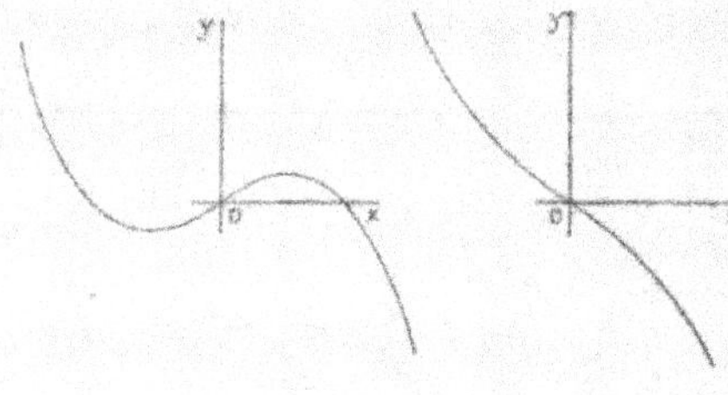

Fig. 60.

Le volume engendré autour de OY est donné par l'intégrale double

$$V = \iint 2\pi x \, dx \, dy$$

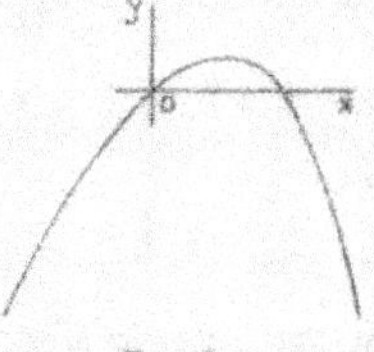

Fig. 61.

étendue à l'aire qui tourne, car l'élément de surface $dxdy$ engendre un volume égal à

$$\pi\left[(x + dx)^2 - x^2\right] dy$$

que l'on peut remplacer par $2\pi x dx dy$. Cette intégrale double peut se remplacer par l'une des intégrales curvilignes (§ 274) :

$$V = \pi \int x^2 dy = -\pi \int 2yx dx$$

étendues au contour, qui limite l'aire, parcouru dans le sens positif. Ou

$$3V = 2\pi \int x (xdy - ydx)$$

Sur la corde OA, $\frac{y}{x}$ est constant, $xdy - ydx = 0$. Sur l'arc AO, on a :

$$xdy - ydx = - kx^n dx$$

$$V = \frac{2\pi}{3} \int_x^0 - kx^{n+1} dx = \frac{2k\pi}{3(n+2)} x^{n+2}$$

Le volume engendré autour de OX est :

$$V_1 = 2\pi \iint ydxdy = 2\pi \int xydy = -\pi \int y^2 dx = \frac{2\pi}{3} \int y (xdy - ydx)$$

intégrales curvilignes prises sur le même contour.

$$V_1 = \frac{2\pi}{3} \int_0^x kx^n ydx = \frac{2\pi}{3} k \int_0^x \left(cx^{n+1} - \frac{k}{n-1} x^{2n} \right) dx =$$

$$\frac{2\pi}{3} k \left[c \frac{x^{n+2}}{n+2} - k \frac{x^{2n+1}}{(n-1)(2n+1)} \right]$$

Supposons $x > 0$. Si $c > 0$ il faut supposer

$$0 < x^{n-1} < \frac{c}{k} (n-1) \quad , \quad \text{ou} \quad y > 0,$$

autrement l'intégrale double V_1 représente une différence de deux volumes correspondant aux parties de l'aire situées de part et d'autre de OX.

Si $c < 0$, y reste négatif, lorsque $x > 0$, V_1 doit être changé de signe.

4° On a

$$c = 0 \quad , \quad y = - \frac{k}{n-1} x^n \quad , \quad y' = - \frac{kn}{n-1} x^{n-1}$$

Pour la courbe cherchée on a :

$$\frac{dy}{dx} = \frac{n-1}{kn} x^{1-n}$$

$$y = \frac{n-1}{kn(2-n)} x^{2-n} + c$$

Si $n = 3$,

$$xy = cx - \frac{3}{3k}$$

hyperboles équilatères

5° Soit la courbe

$$y = cx - \frac{k}{n-1} x^n$$

et la tangente

$$Y - X \left(c - \frac{kn}{n-1} x^{n-1} \right) = kx^n$$

Par un point (X, Y) passent n tangentes, les abscisses x des points de contact sont les racines de cette équation. Il y en a au plus trois de réels. Si $n > 2$, le terme x^{n-2} manque et, pour ces n racines $x_1, x_2, \ldots x_n$,

$$\Sigma x_i x_k = 0.$$

Les points $T, T_1 \ldots T_n$ ont un centre de gravité donné par

$$x = \frac{\Sigma x_i}{n}$$

Les cercles décrits autour de OY ont les surfaces πx^2, on a :

$$n^2 \pi x^2 = \pi (\Sigma x_i)^2 = \pi (\Sigma x_i^2 + 2\Sigma x_i x_k) = \pi (x_1^2 + x_2^2 + \ldots + x_n^2)$$

734. Soit la courbe $y = f(x)$, la corde du cercle passant par A, de coefficient angulaire y', a pour équation

$$Y = y' (X - a).$$

Si R est sa longueur, et d sa distance à l'origine :

$$d^2 = \frac{a^2 y'^2}{1 + y'^2} = a^2 - \frac{R^2}{4} \quad , \quad R^2 = \frac{4a^2}{1 + y'^2}$$

Le rayon de courbure

$$R = \frac{(1 + y'^2)^{\frac{3}{2}}}{y'} = \pm \frac{2a}{\sqrt{1 + y'^2}}$$

$$\frac{y'}{(1 + y'^2)^2} = \pm \frac{1}{2a} \quad , \quad \frac{2y'y'}{(1 + y'^2)^2} = \pm \frac{y'}{a}$$

$$\frac{1}{1 + y'^2} = \pm \frac{y + c}{a}$$

on peut prendre le signe $+$, si a peut être négatif.

$$y' = \frac{dy}{dx} = \sqrt{\frac{a - y - c}{y + c}}$$

Posons

$$\frac{y + c}{a - y - c} = \operatorname{tg}^2 \frac{\theta}{2} \quad , \quad y + c = a \sin^2 \frac{\theta}{2} = \frac{a}{2}(1 - \cos\theta)$$

$$\frac{dy}{dx} = \frac{a}{2}\sin\theta \frac{d\theta}{dx} = \sqrt{\frac{1}{\sin^2 \frac{\theta}{2}} - 1} = \operatorname{cotg} \frac{\theta}{2}$$

$$dx = a\sin^2 \frac{\theta}{2} \, d\theta = \frac{a}{2}(1 - \cos\theta)\, d\theta$$

$$x = \frac{a}{2}(\theta - \sin\theta) + c'$$

Si, en O, la tangente est OX, on aura, pour une valeur de θ,

$$x = c' + \frac{a}{2}(\theta - \sin\theta) = 0$$

$$y = -c + \frac{a}{2}(1 - \cos\theta) = 0$$

$$x' = \frac{a}{2}(1 - \cos\theta) = 0$$

ou

$$\cos\theta = 1 \quad , \quad c = 0 \quad , \quad \theta = 2k\pi \quad , \quad c' + ak\pi = 0$$

On peut supposer $c' = 0$

$$x = \frac{a}{2}(\theta - \sin\theta) \quad , \quad y = \frac{a}{2}(1 - \cos\theta)$$

cette courbe est une cycloïde (§ 127), elle coupe OX, pour

$$\theta = 2\pi \quad , \quad x = a\pi \quad , \quad y = 0$$

La longueur de l'arc est $4a$ (§ 252). Le centre de gravité de l'aire est le point (probl. 715) :

$$X = \frac{a\pi}{2} \quad , \quad Y = \frac{5}{12}a.$$

735. Equation linéaire (§ 289). En posant $y = zx^3$, on a :

$$\frac{dz}{dx}\, x^3 + \frac{2a^3}{x^3} = 0 \quad , \quad z = -\int \frac{2a^3}{x^6}\, dx = \frac{a^3}{2x^5} + c$$

$$y = cx^3 + \frac{a^3}{2x}$$

Si $c = \frac{1}{6a^2}$, on a l'intégrale particulière :

$$y = \frac{1}{2}\left(\frac{a^2}{x} + \frac{x^3}{3a^2} \right)$$

La courbe est symétrique par rapport à l'origine (§ 137),

$$y' = \frac{x^4 - a^4}{2a^2 x^2}$$

Si x varie de 0 à a et $+\infty$, y diminue de $+\infty$ à $\frac{2a}{3}$ puis augmente indéfiniment, ainsi que $\frac{y}{x}$, il y a une branche parabolique (*fig.* 62).

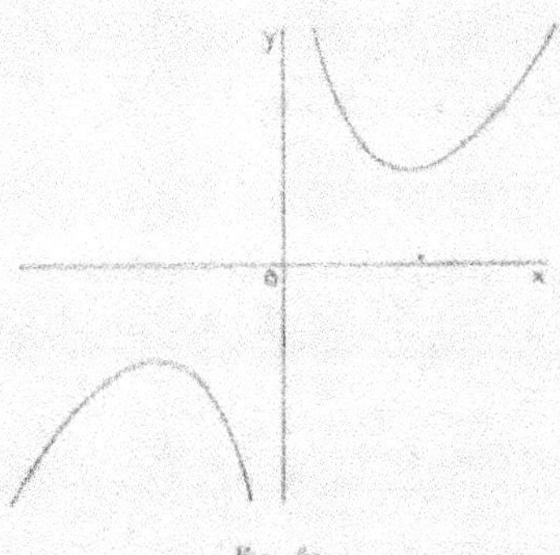

Fig. 62.

L'arc est donné par les relations :

$$ds^2 = dx^2 + dy^2 = \frac{4a^4 x^4 + (x^4 - a^4)^2}{4a^4 x^4}\, dx^2 = \left(\frac{x^4 + a^4}{2a^2 x^2} \right)^2 dx^2$$

$$s = \int_a^x \left(\frac{x^2}{2a^2} + \frac{a^2}{2x^2} \right) dx = \frac{x^3}{6a^2} - \frac{a^2}{2x} + \frac{a}{3} = \frac{x^4 - 3a^4 + 2a^3 x}{6a^2 x}$$

Le centre de gravité de l'arc est donné par les formules (§ 342)

$$sX = \int x\,ds = \int_a^x \frac{x^4 + a^4}{2a^2 x}\,dx = \frac{x^4 - a^4}{8a^2} + \frac{a^2}{2} L\frac{x}{a}$$

$$sY = \int y\,ds = \int_a^x \left(\frac{a^2}{x} + \frac{x^3}{3a^2}\right)\frac{x^4 + a^4}{4a^2 x^2}\,dx = \int_a^x \frac{1}{4}\left(\frac{a^4}{x^3} + \frac{4x}{3} + \frac{x^5}{3a^4}\right)dx =$$

$$= \frac{a^4}{8x^2} + \frac{x^2}{6} + \frac{x^6}{7\,2a^4} - \frac{a^2}{18}$$

Le rayon de courbure

$$R = \frac{(1 + y'^2)^{\frac{3}{2}}}{y''}$$

$$2y' = \frac{x^2}{a^2} - \frac{a^2}{x^2} \quad , \quad 4(1 + y'^2) = \left(\frac{x^2}{a^2} + \frac{a^2}{x^2}\right)^2 \quad , \quad y'' = \frac{1}{x}\left(\frac{x^2}{a^2} + \frac{a^2}{x^2}\right)$$

$$R = \frac{x}{8}\left(\frac{x^2}{a^2} + \frac{a^2}{x^2}\right)^2.$$

736. Si on exprime que t a une racine double (§ 166) on a l'équation de l'enveloppe (§ 83) :

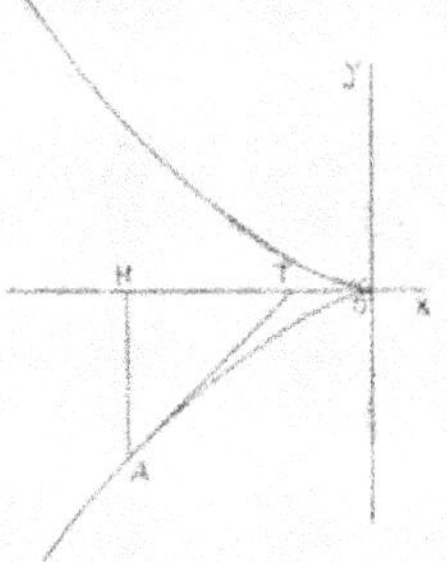

Fig. 63.

$$4x^3 + 27y^2 = 0$$

$$y = \pm \frac{2}{3}x\sqrt{\frac{-x}{3}} \quad , \quad x < 0.$$

O est un point de rebroussement (*fig.* 63). Un point de l'enveloppe est représenté par les deux équations :

$$x = -3t^2 \quad , \quad y = tx + t^3 = -2t^3$$

$$ds^2 = (36t^2 + 36t^4)\,dt^2 \quad , \quad s = 6\int_0^t \sqrt{1 + t^2}\,t\,dt = 2(1 + t^2)^{\frac{3}{2}} - 2$$

Le rayon de courbure

$$R = \frac{(x'^2 + y'^2)^{\frac{3}{2}}}{x'y'' - y'x''} = \frac{(6t)^3(1 + t^2)^{\frac{3}{2}}}{36t^2} = 6t(1 + t^2)^{\frac{3}{2}}$$

On a

$$\frac{dy}{dx} = \frac{-6t^2}{-6t} = t.$$

Au point A,

$$t = 1 \quad , \quad x = -3 \quad , \quad y = -2.$$

La tangente en A a pour équation $y - x = 1$, elle coupe OX au point T, $x = -1$. L'aire OAH, limitée par la courbe, OX et la perpendiculaire AH, est égale à

$$\int -y\,dx = \int_1^0 -12t^5\,dt = \frac{12}{5}.$$

L'aire du triangle ATH est égale à 2. La différence $OTA = \dfrac{2}{5}$.
Le mouvement du point mobile est donné par les équations :

$$x = -3t^2 \quad , \quad y = -2t^3$$
$$v = \sqrt{x'^2 + y'^2} = 6t\sqrt{1 + t^2}$$

L'accélération normale (§ 306) est :

$$\frac{v^2}{R} = 6\frac{t}{\sqrt{1 + t^2}}$$

L'énergie cinétique (§ 322) est :

$$\frac{mv^2}{2} = 6t^2(1 + t^2)$$

En A,

$$t = 1 \quad , \quad \frac{mv^2}{2} = 12.$$

737. Supposons OZ en sens inverse de la pesanteur. La projection du poids sur la droite D, est $-mg\gamma$, les équations de D sont :

$$\frac{x - a}{\alpha} = \frac{y - b}{\beta} = \frac{z - c}{\gamma} = s$$

où s est la distance au point P. On a donc :

$$\frac{d^2s}{dt^2} = -g\gamma \quad , \quad s = -\frac{1}{2}g\gamma t^2$$

$$x = a - \frac{g}{2}\alpha\gamma t^2 \quad , \quad y = b - \frac{g}{2}\beta\gamma t^2 \qquad z = c - \frac{g}{2}\gamma^2 t^2$$

de même :

$$x_1 = a_1 - \frac{g}{2}\,\alpha_1\gamma_1\,t^2 \quad , \quad y_1 = b_1 - \frac{g}{2}\,\beta_1\gamma_1\,t^2 \quad , \quad z_1 = c_1 - \frac{g}{2}\,\gamma_1^2\,t^2.$$

Les coordonnées de G sont :

$$X = \frac{\mu x + \mu_1 x_1}{\mu + \mu_1} = \frac{\mu a + \mu_1 a_1}{\mu + \mu_1} - \frac{g}{2}\,\frac{\mu\alpha\gamma + \mu_1\alpha_1\gamma_1}{\mu + \mu_1}\,t^2$$

$$Y = \frac{\mu b + \mu_1 b_1}{\mu + \mu_1} - \frac{g}{2}\,\frac{\mu\beta\gamma + \mu_1\beta_1\gamma_1}{\mu + \mu_1}\,t^2 \quad , \quad Z = \frac{\mu c + \mu_1 c_1}{\mu + \mu_1} - \frac{g}{2}\,\frac{\mu\gamma^2 + \mu_1\gamma_1^2}{\mu + \mu_1}\,t^2.$$

Il décrit une droite verticale si X et Y restent constants :

$$\mu\alpha\gamma + \mu_1\alpha_1\gamma_1 = 0 \quad , \quad \mu\beta\gamma + \mu_1\beta_1\gamma_1 = 0.$$

Si $\gamma_1 = \gamma$ on a :

$$\alpha^2_1 + \beta^2_1 = \alpha^2 + \beta^2 = 1 - \gamma^2$$

$$\frac{\mu}{\mu_1} = -\frac{\alpha_1}{\alpha} = -\frac{\beta_1}{\beta} = +1,$$

car μ et μ_1 sont positifs

$$\mu_1 = \mu \quad , \quad \alpha_1 = -\alpha \quad , \quad \beta_1 = -\beta.$$

2° On suppose

$$c_1 = c \quad , \quad \gamma_1 = \gamma \quad , \quad \beta_1 = -\beta \quad , \quad \alpha_1 = -\alpha \quad , \quad \mu_1 = \mu$$

$$X = \frac{a + a_1}{2} \quad , \quad Y = \frac{b + b_1}{2} \quad , \quad Z = c - \frac{g}{2}\,\gamma^2 t^2.$$

La droite MM_1, qui passe par le milieu G, a pour équations :

$$\frac{2X - a - a_1}{a - a_1 - g\alpha\gamma t^2} = \frac{2Y - b - b_1}{b - b_1 - g\beta\gamma t^2} \quad , \quad Z = c - \frac{g}{2}\,\gamma^2 t^2$$

en éliminant t^2 on a l'équation de la surface

$$(2X - a - a_1)\left(2\beta\,\frac{Z - c}{\gamma} + b - b_1\right)$$

$$= (2Y - b - b_1)\left(2\alpha\,\frac{Z - c}{\gamma} + a - a_1\right).$$

Surface du second ordre, dont le cône asymptotique

$$\frac{4Z}{\gamma}(\beta X - \alpha Y) = 0$$

est formé de deux plans ; c'est un paraboloïde hyperbolique.

Les génératrices rectilignes (§ 205) sont les droites MM_1 obtenues en supposant Z constant, et les droites :

$$2X - a - a_1 = \lambda\left(2\alpha\,\frac{Z - c}{\gamma} + a - a_1\right)$$

$$\lambda\left(2\beta\,\frac{Z - c}{\gamma} + b - b_1\right) = 2Y - b - b_1.$$

Les diamètres sont parallèles à l'intersection des plans asymptotiques (§ 203)

$$\frac{X}{\alpha} = \frac{Y}{\beta} = \frac{Z}{0},$$

qui est perpendiculaire au plan $\alpha X + \beta Y = 0$. L'axe, diamètre conjugué de ce plan (§ 198), a pour équations :

$$\frac{2\beta\,\dfrac{Z - c}{\gamma} + b - b_1}{\alpha} = \frac{-2\alpha\,\dfrac{Z - c}{\gamma} - a + a_1}{\beta},$$

$$(2X - a - a_1)\beta = (2Y - b - b_1)\alpha$$

il coupe la surface au sommet :

$$X = \frac{a + a_1}{2} \quad , \quad Y = \frac{b + b_1}{2},$$

$$Z = c + \gamma\,\frac{\alpha(a_1 - a) + \beta(b_1 - b)}{2(\alpha^2 + \beta^2)}.$$

3° Si $\beta = \beta_1 = 0$, Y est constant, X sera constant si

$$\frac{\mu}{\mu_1} = -\frac{\alpha_1\gamma_1}{\alpha\gamma_1} = \frac{\sqrt{3}}{2},$$

alors, en tenant compte des valeurs particulières des données, on a :

$$X = 0 \;,\; Y = \frac{4}{2 + \sqrt{3}} \;,\; Z = 1 - \frac{1 + \sqrt{3}}{2 + \sqrt{3}}\frac{g}{4}\ell^2 = 1 - g\,\frac{\sqrt{3} - 1}{4}\ell^2$$

G rencontre OY à l'instant

$$t = \sqrt{\frac{4}{g(\sqrt{3} - 1)}}$$

$$V = \frac{-dZ}{dt} = g\frac{\sqrt{3} - 1}{2}\, t = \sqrt{g(\sqrt{3} - 1)} = 2^m,68$$

$$t = \frac{2}{V} = 0^s,75.$$

738. 1° Les plans polaires du point M_0, plans des courbes de contact des cônes circonscrits aux trois surfaces (§ 215), ont pour équations :

$$(1)\quad 2xx_0 - y = y_0 \quad,\quad xy_0 + yx_0 - z = z_0 \quad,\quad xz_0 - 2yy_0 + zx_0 = 0$$

ces équations résolues par rapport à x, y, z donnent :

$$(2)\quad \left\{ \begin{aligned} &x = \frac{x^2_0 y_0 - 2y^2_0 + x_0 z_0}{2x^3_0 - 3x_0 y_0 + z_0} \quad,\quad y = \frac{2x^2_0 z_0 - y_0 z_0 - x_0 y^2_0}{2x^3_0 - 3x_0 y_0 + z_0}, \\[2ex] &\qquad z = \frac{3x_0 y_0 z_0 - 2y^3_0 - z^2_0}{2x^3_0 - 3x_0 y_0 + z_0}. \end{aligned} \right.$$

Si on change x, y, z en x_0, y_0, z_0 et inversement, les équations ne changent pas. Cette permutation, dans les équations résolues, donne x_0, y_0, z_0 en fonction de x, y, z.

2° Si $y_0 = x^2_0$, $z_0 = x^3_0$, les valeurs de x, y, z prennent la forme $\frac{0}{0}$, les trois équations (1) se réduisent à deux, les trois plans polaires passent par la même droite :

$$2xx_0 - y = x^2_0 \quad,\quad xx^2_0 + yx_0 - z = x^3_0$$

M est un point quelconque de cette droite.

Inversement à un point M de cette droite correspondent trois plans polaires qui passent par le point $M_0(x_0, x^2_0, x^3_0)$.

3° Si $z_0 = 0$, en éliminant y_0, x_0 entre les équations (1), on a l'équation de la surface S :

$$3xyz - 2y^3 = z^2$$

qui contient la courbe $y = x^2$, $z = x^3$.

Une droite $x = az + p$, $y = bz + q$ est sur la surface S si l'équation

$$(3ab - 2b^2)z^2 + (3aq + 3bp - 6b^2q - 1)z^2$$
$$+ 3(pq - 2bq^2)z - 2q^2 = 0$$

est vérifiée quel que soit z, ce qui donne :

$$q = 0 \quad , \quad 3bp = 1 \quad , \quad 3a = 2b^2$$

et les droites :

$$x = \frac{2}{3} b^2 z + \frac{1}{3b} \quad , \quad y = bz,$$

où b est arbitraire. Si M est sur cette droite, comme il est sur S, on aura $z_0 = 0$, les équations (1) donnent alors :

$$z_0 = 0 \quad , \quad \frac{y_0}{x_0} = \frac{z}{2y} = \frac{1}{2b} \quad , \quad y_0 = \frac{3bz}{1 + 8b^2z}$$

M_0 décrit la droite $x_0 = 2by_0$ dans le plan $z_0 = 0$.

4° Les expressions de x_0, y_0, z_0, symétriques de (2), montrent que M_0 est à l'infini, si le dénominateur $2x^2 - 3xy + z$ est nul. M, devant être sur S, sera sur l'intersection des deux surfaces :

$$2x^3 - 3xy + z = 0 \quad , \quad 3xyz - 2y^2 = z^2.$$

Si on élimine z on a :

$$y^3 - 3yx^4 + 2x^6 = 0 \quad \text{ou} \quad (y - x^2)^2(y + 2x^2) = 0.$$

L'intersection des deux surfaces se décompose, elle est formée de la courbe C, $y = x^2$, $z = x^2$, les surfaces sont tangentes en tout point de cette courbe; mais alors M_0 est indéterminé. Le point M_0 n'est à l'infini, dans le plan xoy, que si M est sur la courbe

$$y = -2x^2 \quad , \quad z = -8x^3$$

c'est une cubique, intersection des surfaces

$$y + 2x^2 = 0 \quad , \quad 2y^2 + xz = 0$$

qui passent par OZ.

5° Le plan tangent à la surface $3xyz - 2y^3 = z^2$ au point (x, y, z) $y = tz$, $x = \frac{2}{3}t^2z + \frac{1}{3t}$, a pour équation :

$$3Xyz + 3Y(xz - 2y^2) + Z(3xy - 2z) = z^2$$

ou

$$3Xt^2z + Y(1 - 4t^2z) + tZ(2t^2z - 1) = tz.$$

L'accélération, qui passe par M, est dans ce plan, si

$$3t^2z\frac{d^2x}{dt^2} + (1 - 4t^2z)\frac{d^2y}{dt^2} + t(2t^2z - 1)\frac{d^2z}{dt^2} = 0.$$

Mais les expressions de x, y en fonction de z et t donnent :

$$\frac{d^2x}{dt^2} = \frac{2}{3}t^2\frac{d^2z}{dt^2} + \frac{8}{3}t\frac{dz}{dt} + \frac{4}{3}z + \frac{2}{3t^3}$$

$$\frac{d^2y}{dt^2} = t\frac{d^2z}{dt^2} + 2\frac{dz}{dt}$$

et :

$$\frac{dz}{dt} + 2t^2z^2 + \frac{z}{t} = 0$$

qu'on peut écrire

$$\frac{d\frac{1}{z}}{dt} = \frac{1}{tz} + 2t^2,$$

équation linéaire en $\frac{1}{z}$, dont l'intégrale est :

$$\frac{1}{z} = t^3 + ct$$

$$x = \frac{2t^2z + 1}{3t} = \frac{c + 3t^2}{3t(c + t^2)} \quad , \quad y = tz = \frac{1}{c + t^2}$$

Si

$$c = 0 \quad , \quad x = \frac{1}{t} \quad , \quad y = \frac{1}{t^2} \quad , \quad z = \frac{1}{t^3}$$

décrit la courbe C.

739. 1° Au temps t, le centre de c a pour coordonnées :

$$x = \frac{1 + m}{2}\, a \cos (1 - m)\,\omega t \quad , \quad y = \frac{1 + m}{2}\, a \sin (1 - m)\,\omega t$$

et le point P :

$$x = a\left[\frac{1 + m}{2} \cos (1 - m)\,\omega t + \frac{1 - m}{2} \cos (1 + m)\,\omega t\right]$$
$$= a (\cos \omega t \cos m\omega t + m \sin \omega t \sin m\omega t)$$

$$y = a\left[\frac{1 + m}{2} \sin (1 - m)\,\omega t + \frac{1 - m}{2} \sin (1 + m)\,\omega t\right]$$
$$= a (\sin \omega t \cos m\omega t - m \cos \omega t \sin m\omega t).$$

2°

$$\frac{dx}{dt} = a (m^2 - 1)\, \omega \sin \omega t \cos m\omega t \quad , \quad \frac{dy}{dt} = a (1 - m^2)\, \omega \cos \omega t \cos m\omega t$$

la vitesse de P est

$$a (1 - m^2)\, \omega \cos m\omega t.$$

La vitesse de M forme, avec sa projection sur XOY, l'angle $\frac{\pi}{2} - \theta$

$$a (1 - m^2)\, \omega \cos m\omega t = \frac{dz}{dt}\, \mathrm{tg}\, \theta.$$

Comme $z = 0$, pour $t = 0$, on en déduit :

$$z = \frac{a (1 - m^2)}{m\, \mathrm{tg}\, \theta}\, \sin m\omega t$$

$$\frac{x^2 + y^2}{a^2} = \cos^2 m\omega t + m^2 \sin^2 m\omega t = 1 - \frac{m^2 z^2\, \mathrm{tg}^2\, \theta}{a^2 (1 - m^2)}$$

ou

$$\frac{x^2 + y^2}{a^2} + \frac{z^2}{b^2} = 1 \quad , \quad b = \frac{a}{m\, \mathrm{tg}\, \theta}\sqrt{1 - m^2}$$

et

$$z = b\sqrt{1 - m^2}\, \sin m\omega t.$$

3° La vitesse de M est

$$v = \sqrt{\left(\frac{dx}{dt}\right)^2 + \left(\frac{dy}{dt}\right)^2 + \left(\frac{dz}{dt}\right)^2} = \frac{a(1 - m^2)\omega}{\sin\theta}\cos m\omega t$$

$$\frac{\alpha}{-\sin\omega t} = \frac{\beta}{\cos\omega t} = \frac{\gamma}{\cotg\theta} = \frac{1}{\sqrt{1 + \cotg^2\theta}} = \sin\theta$$

$$s = \int_0^t v\,dt = a\,\frac{1 - m^2}{m\sin\theta}\sin m\omega t$$

on pourrait calculer le rayon de courbure R, par les formules générales (§ 224). Mais on peut remarquer que l'accélération dont les composantes sont

$$\frac{d(v\alpha)}{dt} = \alpha\frac{dv}{dt} + v\frac{d\alpha}{dt} \quad , \quad \beta\frac{dv}{dt} + v\frac{d\beta}{dt} \quad , \quad \gamma\frac{dv}{dt} + v\frac{d\gamma}{dt}$$

est la résultante de l'accélération tangentielle dont les composantes parallèles aux axes sont $\alpha\frac{dv}{dt}, \beta\frac{dv}{dt}, \gamma\frac{dv}{dt}$ (§ 306), et de l'accélération normale, dont les composantes sont

$$v\frac{d\alpha}{dt} = -v\omega\sin\theta\cos\omega t \quad , \quad v\frac{d\beta}{dt} = -v\omega\sin\theta\sin\omega t \quad , \quad v\frac{d\gamma}{dt} = 0.$$

Cette accélération normale est égale à

$$\frac{v^2}{R} = v\sqrt{\left(\frac{d\alpha}{dt}\right)^2 + \left(\frac{d\beta}{dt}\right)^2 + \left(\frac{d\gamma}{dt}\right)^2} = v\omega\sin\theta$$

$$R = \frac{v}{\omega\sin\theta} = \frac{a(1 - m^2)}{\sin^2\theta}\cos m\omega t.$$

4° L'équation du plan osculateur peut s'écrire :

$$\begin{vmatrix} X - x & Y - y & Z - z \\ -\sin\omega t & \cos\omega t & \cotg\theta \\ \cos\omega t & \sin\omega t & 0 \end{vmatrix} = 0$$

$$X\sin\omega t - Y\cos\omega t + Z\,\tg\theta = x\sin\omega t - y\cos\omega t + z\,\tg\theta = \frac{a}{m}\sin m\omega t$$

si θ varie, ces plans passent par la droite $Z = 0$,

$$X\sin\omega t - Y\cos\omega t = \frac{a}{m}\sin m\omega t.$$

5° L'enveloppe de cette droite s'obtient en prenant la dérivée par rapport à t :

$$X \cos \omega t + Y \sin \omega t = a \cos m\omega t$$

$$\left\{ \begin{array}{l} X = \dfrac{a}{m} \sin \omega t \sin m\omega t + a \cos \omega t \cos m\omega t \\[2mm] Y = -\dfrac{a}{m} \cos \omega t \sin m\omega t + a \sin \omega t \cos m\omega t \end{array} \right.$$

ou

$$\left\{ \begin{array}{l} X = \dfrac{a}{m} \left[\dfrac{1+m}{2} \cos(1-m)\omega t + \dfrac{1-m}{2} \cos(1+m)\omega t \right] \\[3mm] Y = \dfrac{a}{m} \left[\dfrac{1+m}{2} \sin(1-m)\omega t - \dfrac{1-m}{2} \sin(1+m)\omega t \right] \end{array} \right.$$

si on remplaçait $\dfrac{a}{m}$ par a, on aurait ainsi l'épicycloïde lieu du point P'.

La normale, perpendiculaire à la droite considérée, a pour équation :

$$X \cos \omega t + Y \sin \omega t = a \cos m\omega t$$

c'est la tangente à l'épicycloïde E.

TABLE DES MATIÈRES

ÉNONCÉS

PREMIÈRE PARTIE

ALGÈBRE

DEUXIÈME PARTIE

GÉOMÉTRIE ANALYTIQUE

TROISIÈME PARTIE

ANALYSE

QUATRIÈME PARTIE

MÉCANIQUE

SOLUTIONS

PREMIÈRE PARTIE

ALGÈBRE

DEUXIÈME PARTIE

GÉOMÉTRIE ANALYTIQUE

TROISIÈME PARTIE

ANALYSE

QUARIÈME PARTIE

MÉCANIQUE